FC精细化工品生产工艺与技术

建筑用化学品生产
工艺与技术

韩长日　宋小平　余章昕　著

科学技术文献出版社
SCIENTIFIC AND TECHNICAL DOCUMENTATION PRESS
·北京·

图书在版编目（CIP）数据

建筑用化学品生产工艺与技术 / 韩长日，宋小平，余章昕著. —北京：科学技术文献出版社，2023.9
ISBN 978-7-5189-9784-8

Ⅰ．①建…　Ⅱ．①韩…　②宋…　③余…　Ⅲ．①建筑化工材料—生产工艺　Ⅳ．① TU53

中国版本图书馆 CIP 数据核字（2022）第 213688 号

建筑用化学品生产工艺与技术

策划编辑：孙江莉　　责任编辑：李　鑫　　责任校对：王瑞瑞　　责任出版：张志平

出　版　者	科学技术文献出版社
地　　　址	北京市复兴路15号　邮编 100038
编　务　部	(010) 58882938，58882087（传真）
发　行　部	(010) 58882868，58882870（传真）
邮　购　部	(010) 58882873
官 方 网 址	www.stdp.com.cn
发　行　者	科学技术文献出版社发行　全国各地新华书店经销
印　刷　者	北京虎彩文化传播有限公司
版　　　次	2023 年 9 月第 1 版　2023 年 9 月第 1 次印刷
开　　　本	787×1092　1/16
字　　　数	801千
印　　　张	36.75
书　　　号	ISBN 978-7-5189-9784-8
定　　　价	98.00元

前　言

　　精细化工品的种类繁多，生产应用技术比较复杂，全面系统地介绍各类精细化工品的产品性能、技术配方、工艺流程、生产工艺、质量标准、产品用途，将对促进我国精细化工的技术发展、推动精细化工产品技术进步，以及满足国内工业生产的应用需求和适应消费者需要都具有重要意义。在科学技术文献出版社的策划和支持下，我们组织编写了这套《精细化工品生产工艺与技术》丛书。《精细化工品生产工艺与技术》是一部有关精细化工产品生产工艺与技术的技术性系列丛书，将按照橡塑助剂、纺织染整助剂、胶粘剂、皮革用化学品、造纸用化学品、农用化学品、电子与信息工业用化学品、化妆品、洗涤剂、涂料、建筑用化学品、石油工业助剂、饲料添加剂、染料、颜料等分册出版，旨在进一步促进和发展我国的精细化工产业。

　　本书为《精细化工品生产工艺与技术》丛书的《建筑用化学品生产工艺与技术》分册。本书介绍了建筑防水材料、水泥混凝土外加剂、人造建筑石材、建筑用高分子材料、建筑用涂料和建筑用胶粘剂的生产工艺与技术。对每种建筑用化学品的产品性能、技术配方、工艺流程、生产工艺、质量标准、产品用途都做了全面系统的阐述，是一本内容丰富、资料翔实、实用性很强的技术操作工具书。本书对于从事建筑用化学品产品研制开发的科技人员、生产人员，以及高等学校应用化学、精细化工等相关专业的师生都具有参考价值。本书在编写过程中参阅和引用了大量国内外有关专利及技术资料，书末列出了主要参考文献，部分产品还列出了相应的原始研究文献和相应的专利号，以便读者进一步查阅。

　　应当指出的是，在进行建筑用化学品产品的开发生产时，应当遵循先小试、再中试，然后进行工业性试产的原则，以便掌握足够的工业规模的生产经验。同时，要特别注意化工生产过程中的防火、防爆、防毒、防腐蚀及环境保护等有关问题，并采取有效的措施，以确保安全顺利地生产。

本书由韩长日、宋小平、余章昕著。本书在选题、策划和组稿过程中，得到了海南科技职业大学、海南师范大学、科学技术文献出版社、海南省重点研发项目（ZDYF2018164）、国家自然科学基金（21362009、81360478）、国家国际科技合作专项项目（2014DFA40850）的支持，孙江莉同志对全书的组稿进行了精心策划，许多高等院校、科研院所和同仁提供了大量的国内外专利和技术资料，在此一并表示衷心的感谢。

由于我们水平所限，错漏和不妥之处在所难免，欢迎广大同仁和读者提出意见和建议。

作　者

2023 年 9 月

目　录

目 录

目　录

第一章 建筑防水材料

1.1 屋顶混合材料防水板

1. 产品性能

这种防水板在室温下具有黏附性，适用于屋顶和作防水结构材料，主要含有沥青、橡胶和高沸点芳烃油。引自日本公开专利 JP 03-70785。

2. 技术配方(质量，份)

	(一)	(二)
40#/60# 直馏沥青	100	100
橡胶（TR 1102）	20	20
无规立构聚丙烯	50	—
无规聚丙烯	—	50
高沸点芳烃油	50	50

3. 生产工艺

混合炼胶，压塑成板。

4. 产品用途

技术配方（一）用于屋顶防水，技术配方（二）可制成防水用黏性隔离膜。直接压黏于防水物表面。

5. 参考文献

[1] 杨元全. 村镇屋面保温防水结构模块化技术研究 [D]. 沈阳：沈阳建筑大学，2015.

1.2 沥青防水卷材

1. 产品性能

沥青是一种用途十分广泛的材料，它具有黏结、防水、防腐及绝缘等多种功能。沥青类防水材料一直是我国建筑防水的主导材料。沥青常制成沥青溶液、沥青胶、沥青封缝油膏、防水卷材、沥青砂浆和沥青混凝土等。当前，我国的建筑防水材料中石油沥青约占全部防水材料的90%。沥青防水卷材由防水黏合剂沥青和填料组成。

2. 技术配方(kg/t)

（1）配方一

煤焦油沥青（软化点104 ℃）	240
聚氯乙烯树脂（M=2.5万～6.2万）	200
邻苯二甲酸二丁酯	160
乙酸铅	8
滑石粉	184

（2）配方二

古马隆树脂	10～14
再生胶粉	40～50
30[#] 石油沥青	40～60
蒽油	10～20
松香	20～30
石棉绒（七级）	20～40

（3）配方三

氯化聚乙烯	50
煤焦油沥青	50
碱式碳酸铅	2.5
助剂	适量

3. 生产工艺

（1）配方一的生产工艺

将聚氯乙烯树脂与粉碎的煤焦油沥青混合，加入邻苯二甲酸二丁酯、乙酸铅和滑石粉拌和均匀，在塑炼机上进行塑炼，塑炼温度150～155 ℃，然后在压延机上压延成毡，压延温度100～110 ℃，压延厚度0.5～2.0 mm。

（2）配方二的生产工艺

将古马隆树脂、再生胶粉、30[#] 石油沥青等物料投入叶片式搅拌机中混合，然后使用压辊压延机压延两次，制成薄板坯，再通过压辊压制成橡胶沥青带。最后把橡胶沥青带施加到铝箔上，通过压辊机压合，压纹机压纹，成卷、切割、包装得成品，即铝箔油毡。

（3）配方三的生产工艺

将氯化聚乙烯、煤焦油沥青与其余物料拌和均匀，用塑炼机进行塑炼，控制塑炼温度140～170 ℃。混炼物在70～90 ℃时，用压延机压延成0.5～0.8 mm 厚的防水卷材，本胶粘材料具有良好的防水可靠性和耐老化能力。

4. 参考文献

[1] 孙晓辉,刘振洋,王永换.SBS改性沥青防水卷材在不同环境中的拉伸性能试验研究[J].中国建筑防水,2021(9):7-10.

[2] 苏醒,周升平,郑烷,等.无胎基自粘聚合物改性沥青防水卷材生产工艺研究[J].中国建筑防水,2012(12):40-43.

[3] 俞捷,马永祥.改性沥青防水卷材生产线的工艺布置[J].化学建材,2008(6):19-20.

1.3 橡胶防水卷材

橡胶基屋面防水材料主要包括 SBS 改性沥青卷材、EPDM、丁基橡胶、TPO、CSPE 等聚合物卷材。橡胶防水卷材是以橡胶为主要粘料的防水卷材,施工时只需橡胶类胶粘剂即可形成弹性防水层。

1. 技术配方(质量,份)

（1）配方一

301# 丁基橡胶	200
石蜡	12
二硫化四甲基秋兰姆	2
抗氧化剂 4010	4
易压炭黑	150
氧化锌	10
二乙基二硫代氨基甲酸锌	6
硫黄	3.0
硬脂酸	2
凡士林	10

（2）配方二

268# 丁基橡胶	50
不饱和树脂	50
聚丁烯	10
甲苯	120
乙烷	120

（3）配方三

丁基橡胶	50.0
炉法炭黑	36.0
软黏土	2.5
锌白	2.5

增黏剂 Escorez 1102B	10.0
抗氧加工油剂	2.5
加工油	3.5

（4）配方四

35#/65# 丁基橡胶	100
高耐磨炭黑（HAF）	50
炉法炭黑（SRF）	25
石蜡	4～5
凡士林	2～3
硬脂酸	1
抗臭氧剂	0～1.5
锌白	5
二乙基二硫代氨基甲酸锌	3
硫黄	1.5

（5）配方五

丁基橡胶	140
炉法炭黑	100
三元乙丙橡胶（EPT301）	60
高耐磨炭黑	100
锌白	10
二乙基二硫代氨基甲酸锌	1
二甲基二硫代氨基甲酸锌	3
MBT	1
硫黄	2
石蜡	6
加工油	4
硬脂酸	2

（6）配方六

丁基橡胶	200
高耐磨炭黑	100
炉法炭黑	50
碳酸钙	0～10
软黏土	0～10
抗臭氧剂	0～3.0
锌白	10
石蜡（熔点 55℃）	8～10
凡士林	4～6
硬脂酸	2
2-巯基苯并噻唑	1
促进剂 TMTD	1

二苄基二硫代氨基甲酸锌	2
硫黄	3

注：该配方为丁基橡胶屋面卷材技术配方。

（7）配方七

氯丁橡胶	200
硬黏土	100
易压炭黑	40
炉法炭黑	40
氧化镁	8
抗氧剂苯基-β-萘胺和二苯基对苯二胺	4
锌白	10
2-巯基咪唑啉（促进剂 NA22）	1.5
轻加工油	24
特种石蜡	6

（8）配方八

氯丁橡胶（氯丁 CN-A）	100
抗氧剂 Akroflex CD（萘胺和对苯二胺衍生物）	2
热裂法炭黑	70
槽法炭黑	20
十八碳酸	0.75
铅丹（Pb_2O_3）	20
特种石蜡	3
轻加工油	3

（9）配方九

丁基橡胶	27.0
三元乙丙橡胶	63.0
炭黑	49.6
填充剂	28.0
硫黄	1.4
复合促进剂	3.2
其他助剂	9.8
三线油	18.0

（10）配方十

混炼再生胶	200
母胶	20
氧化锌	2.4
碳酸钙	60
古马隆树脂	2.0
松焦油	8.0

硫黄	2.0
硬脂酸	1.2
防老剂 RD	0.6
防老剂 4010	0.6
促进剂 DM	0.6
促进剂 TMTD	0.2
石蜡	0.8

该配方为再生橡胶防水卷材的技术配方。

2. 参考文献

[1] 牛光全. 建筑橡胶基防水材料新进展及建议 [J]. 中国橡胶, 2006 (17): 13-16.

[2] 谭万强, 李冬凤. 预铺丁基橡胶 TPO 防水卷材及其地下工程应用工艺 [J]. 中国建筑防水, 2020 (6): 30-33.

1.4 聚烯类防水卷材

二十世纪七八十年代, 世界建筑防水材料发生了革命性的变化, 主要表现在以聚合物为基础的防水卷材、防水涂料和密封膏迅速取代了传统的防水材料纸胎沥青防水卷材。在以聚合物为基础的防水卷材中, 聚烯类防水卷材, 如 PVC 防水卷材仍然是主导性的聚合物防水卷材。

用于聚烯类防水卷材的聚合物主要有聚异丁烯、聚氯乙烯、氯化聚乙烯等。

1. 技术配方(质量, 份)

(1) 配方一

聚异丁烯	80
硬脂酸	3.2
聚乙烯	7.2
炭黑	72

(2) 配方二

聚异丁烯	200
硬脂酸	20
易混炭黑	240
加工油 (石蜡类)	14
热裂法炭黑	160
聚乙烯	80

该配方为聚异丁烯层面卷材的技术配方。

（3）配方三

聚异丁烯	100
稳定剂	25
炭黑	50
填料（轻质碳酸钙）	320
阻燃剂	70
加工油	30

（4）配方四

聚氯乙烯树脂（SX-2）	100
二盐基性亚磷酸铅	3
氯化聚乙烯（含氯量 30%～40%）	40～50
硬脂酸钡	1.0～1.5
碳酸钙或陶土	10～20
增塑剂（邻苯二甲酸酯或磷酸酯）	10～30

（5）配方五

聚氯乙烯	500
邻苯二甲酸酯	20
稳定剂	15
填料	250
颜料	6～8

（6）配方六

氯化聚乙烯	100
邻苯二甲酸二辛酯（DOP）	6
金属皂类稳定剂	8
轻质碳酸钙	210
环氧稳定剂	3～6
颜料	1～2

2. 生产工艺

将各材料按配方量混合均匀后经混炼、热炼、压延、定型、冷却、成卷制得成品。本品低温柔性及防水性均较佳，是一种良好的防水材料。

3. 产品用途

用作屋面防水卷材。

4. 参考文献

[1] 牛光全. 国内外聚合物防水材料的新进展 [J]. 橡胶工业，2000（6）：367-372.

[2] 王丽萍. 聚氯乙烯（PVC）新型防水卷材应用及其质量通病防控工法 [J]. 水利建设与管理，2021，41（1）：80-84.

1.5 耐热热熔沥青胶

沥青和填料的混合物称为沥青胶，这种沥青胶可耐热 85 ℃，用于屋面建筑。

1. 技术配方（质量，份）

30#石油沥青	3.0
10#石油沥青	4.5
滑石粉	2.5

2. 生产工艺

将沥青打成碎块，加热熔化脱水（120 ℃），熬制到沥青表面清亮、不再起泡。然后徐徐掺入预热至 120～140 ℃的干滑石粉填充剂，充分搅拌均匀，保温 200～230 ℃备用。

3. 说明

石油沥青胶加热温度由 230 ℃提高到 275 ℃后，流动性好，又增加了易刷性。铺设的建筑石油沥青胶较薄，不但增加了柔韧性而且节约沥青胶。

4. 产品用途

将热熔态的沥青胶涂抹在建筑物表面。耐烈日暴晒，并防水。

5. 参考文献

[1] 崔树亮. 一种热熔橡胶沥青防水涂料的研制 [J]. 石油沥青，2021，35（2）：55-58.

1.6 冷粘沥青胶

这是溶剂型沥青胶，主要用于屋面、房顶防水卷材的铺贴。

1. 技术配方（质量，份）

10#石油沥青	5.00
轻柴油	2.60
油酸	0.10
熟石灰粉	1.40
6～7 级石棉	0.85

2. 生产工艺

将石油沥青加热熔化脱水，保温 160～180 ℃。然后将定量的轻柴油及油酸在容器中充分搅拌，并缓慢加入石灰粉和石棉搅匀，将此混合物倒入已熬制好的沥青中，不断搅拌使之混合均匀后，装入密封的容器中备用。

3. 产品用途

主要用于屋面、房顶防水卷材的铺贴。将本品涂刷在屋面、房顶处，铺上防水卷材，加压黏合。

4. 参考文献

[1] 梅迎军，吴金航. 沥青胶浆-集料界面水损机制及评价研究进展 [J]. 武汉理工大学学报，2013（3）：46-53.

[2] 刘丽，郝培文. SMA 沥青胶浆的研究 [J]. 中外公路，2004（5）：97-100.

1.7　石灰乳化沥青

1. 产品性能

石油沥青具有良好的粘接性、耐老化性和防水能力，长期以来被广泛用作筑路、防水和密封材料。乳化沥青则是将原来互不相容的沥青、水、乳化剂等按一定的比例，在适宜的温度和机械力作用下，使沥青以细小的微粒（0.1～10.0 μm）均匀地分散成相对稳定的乳状液。乳化沥青由于具有节省能源、提高功效、延长施工季节、减少环境污染、提高沥青路面使用寿命等优点，获得了迅速发展。这里提供了 4 种不同的石灰乳化沥青，它们都具有很好的防水性。

2. 技术配方(质量，份)

	1#	2#	3#	4#
60# 石油沥青	31～33	33.3	29～31	30～33
石灰膏	12.6～14.0	3.33	15～18	25～27
三级石棉纤维（石棉绒）	2.2	—	1.8～2.4	—
水	55.2～50.8	33.3	50～55	40～45

3. 生产工艺

先将 1/2 的水（温度为 70～80 ℃）和石灰膏加入卧式桨叶搅拌机中搅拌3～5 min，再加入石棉绒和剩余的水，搅拌 5 min 备用。使用时加入配方量的石油沥青即可。

4. 产品用途

石灰乳化沥青有不加石棉绒和加石棉绒两种类型。不加石棉绒时，涂刷时基层应干燥清洁，裂缝用沥青腻子填塞，先涂稀乳化沥青（乳化沥青和水按质量比为 1∶1）打底，再涂刷面层乳化沥青涂层，涂刷均匀一致，方向互相垂直，厚度为 4～5 mm，表面做沙子（粒径 3 mm）保护层；加石棉绒时，另掺入填充料，掺入的乳化沥青、滑石粉、石棉绒质量比为 83∶（13～14）∶（4～5），采用辅抹法施工，采取多层做法，即先用稀乳化沥青刷底漆一遍，然后再分层互相垂直涂抹，涂一层干后再抹二层，最后抹压成 4～6 mm 厚，表面再做沙子保护层。

5. 说明

石灰乳化沥青抹压厚度一般在 4～5 mm 较为合适。石灰乳化沥青在施工时进行二次抹压非常重要。二次抹压必须在石灰乳化沥青抹压层收水后、未结膜前进行。抹压过早起不到作用，过晚会黏抹子，而且由于防水层已经结膜，经过抹动会出现裂纹。

6. 参考文献

[1] 郭朝阳. 改性乳化沥青冷再生基层技术应用研究［J］. 山西建筑，2021，47（18）：105-107.

1.8　松香皂乳化沥青

1. 产品性能

松香皂乳化沥青则是将原来互不相容的沥青、水、松香皂乳化剂等按一定的比例，在适宜的温度和机械力作用下，使沥青以细小的微粒均匀地分散成相对稳定的乳状液。乳化沥青由于便于冷施工获得了迅速发展。这种松香皂乳化沥青成本较高，但防水性、防龟裂性优良，耐候性尤为优良。

2. 技术配方(质量，份)

60# 石油沥青	100
松香皂乳化剂	1
烧碱（工业品）	0.8
水	83.9

3. 生产工艺

将水加热至沸腾，将烧碱缓慢加入沸腾的水中，使其完全溶解，然后边搅拌边缓慢加入已磨细的松香皂粉中（颗粒小于 5 mm），勿使其结块，将此混合物在水浴锅上（90～

100 ℃）不断搅拌熬煮 90 min 左右，冷却后即成淡黄色膏状物，此时 pH 为 11～12，然后加入定量的稀释水，则得松香皂乳化液。

将沥青熔化，在 100～200 ℃脱水即得沥青液。

将松香皂乳化液先注入搅拌机的搅拌筒内，然后将沥青液呈细流状徐徐加入筒内，搅拌 2～3 min，再加入 80～100 ℃热水，搅拌 6～8 min，即得松香皂乳化沥青。

4. 使用方法

用于屋面防水、地下防潮、管道防腐、渠道防渗、地下防水等。

5. 参考文献

[1] 朱小银.乳化沥青水稳拌合站改装技术及应用研究 [J].绿色环保建材，2021（8）：17-18.

[2] 韦武举，韩超，黄俊，等.乳化沥青冷拌沥青混合料设计方法研究 [J].石油沥青，2013（2）：43-47.

1.9 非离子型乳化沥青

1. 产品性能

乳化沥青可分为阴离子型、阳离子型和非离子型三大类。乳化沥青发展至今已有 70 多年的历史。非离子型乳化沥青具有不怕硬水、耐酸碱、在水中不电离、可防静电反应、能加水任意稀释和添加填料等优点。主要用于屋面防水、地下防潮、管道防腐、渠道防渗、地下防水等。

2. 技术配方(质量，份)

（1）配方一

60# 石油沥青	75
10# 石油沥青	15
65# 石油沥青	10
氢氧化钠（工业品 95%）	0.88
水玻璃	1.60
聚乙烯醇（聚合度 2000，醇解度 85%）	4
平平加	2
水	100

（2）配方二

茂名 10# 沥青	50
60# 石油沥青	50

水	100
烧碱	0.8
水玻璃	0.8
聚乙烯醇（稳定剂）	4
匀染剂 X-102	2

3. 生产工艺

（1）配方一的生产工艺

将石油沥青放入加热锅内，加热熔化、脱水、除去纸屑杂质后，在160～180 ℃保温。

将乳化剂和辅助材料按配方量依次分别称量，放入一定体积和温度的水中。水加热至20～30 ℃时加入氢氧化钠，物料全部溶解后，升温至80～90 ℃加入聚乙烯醇，充分搅拌溶解，然后降温至60～80 ℃，加入表面活性剂平平加，搅拌溶解即得清澈的乳化液。

将乳化液（冬天60～80 ℃、夏天20～30 ℃）过滤、计量，输入匀化机中。

开动匀化机，将事先过滤、计量并保温180～200 ℃的液体沥青徐徐注入匀化机中，乳化2～3 min后停止，将乳液放出，冷却后过滤即得成品。

（2）配方二的生产工艺

在聚乙烯醇中加入总量50%的水，加热至80～90 ℃使之溶解，溶解完毕后，需补足蒸发掉的水分，另外将余下50%的水加温至40～50 ℃，放入烧碱，溶解后加入水玻璃并加温至70～80 ℃，再与聚乙烯醇水溶液混合倒入立式搅拌机的乳化筒中，再加入匀染剂 X-102，使温度保持70～80 ℃，此混合物即为乳化剂。

将沥青熔化脱水，保温至180 ℃左右，再徐徐加入乳化液中，加完后再搅拌5～7 min过滤即为成品。

4. 产品用途

用于屋面防水、地面防潮、管道防腐、渠道防渗、地下防水等。

5. 参考文献

［1］居浩，黄菲．乳化沥青冷再生设计方法及路用性能研究［J］．石油沥青，2013（2）：59-67．

［2］弓锐，徐鹏，郭彦强．SBS 改性乳化沥青的技术特点及应用前景［J］．内蒙古科技与经济，2013（5）：116-117．

1.10　防水 1#乳化沥青

1. 产品性能

乳化沥青具有良好的粘接性、耐老化性和防水能力，而且便于冷施工，长期以来被广泛用作筑路、防水和密封材料。乳化沥青可分为阴离子型、阳离子型和非离子型三大类。防水 1# 乳化沥青阴离子乳化沥青主要用于建筑物及屋面防水。

2. 技术配方（质量，份）

（1）沥青液配方

10# 石油沥青	30
60# 石油沥青	70

（2）乳化液配方

洗衣粉	0.9
肥皂	1.1
烧碱	0.4
水	97.6

3. 生产工艺

将石油沥青放入锅内，加热至 180～200 ℃ 熔化，脱水、除去杂质，保温 160～190 ℃ 备用（沥青液）。

将水放入锅内烧热，加入烧碱溶解后，将预先溶解的肥皂水和洗衣粉溶液倒入锅内进行搅拌，保温 60～80 ℃ 备用（乳化液）。

将 60～80 ℃ 的乳化液送入匀化机内，喷射循环 1～2 s，再加入 160～190 ℃ 的沥青液（须在 1 min 内全部加完），加沥青时应注意压力在 500 kPa～800 kPa 为宜，乳化时间为 4 min 即可出料。

4. 产品用途

用于建筑物及屋面防水。

5. 参考文献

［1］曲恒辉，张树文，赵佃宝，等 . REOB 改性乳化沥青对冷再生混合料性能的影响［J］. 山东交通学院学报，2021，29（3）：79-84.

［2］赵轩，倪富健，韩亚进 . 改性乳化沥青冷拌碎石封层高温性能研究［J］. 大连交通大学学报，2021，42（3）：87-93.

1.11　筑路用沥青乳液

1. 产品性能

乳化沥青具有许多良好的应用特性，已广泛应用于铺路、土壤改良、固沙和水利建设中的防渗透、建筑防水、防腐、防潮等领域。这种筑路用沥青乳液具有优良的凝结能力，同热水接触时凝结率达 100%。引自德国专利 DE 154297。

2. 技术配方（质量，份）

沥青	60.0
脂肪单/双胺	1.0
壬基酚聚氧乙烯（5～8）醚（APE 5～8）	1.0
壬基酚聚氧乙烯（9～20）醚（APE 9～20）	1.3
水	36.7

3. 生产工艺

将 APE 5～8、APE 9～20 溶于水中，加热至 60 ℃为水相，另将 120 ℃沥青与脂肪单/双胺混合，再与 60 ℃的水相混合，搅拌形成筑路用沥青乳液。

4. 产品用途

用于路面、建筑物防水、防腐、防潮等领域。

5. 参考文献

[1] 弓锐，徐鹏，郭彦强. SBS 改性乳化沥青的技术特点及应用前景 [J]. 内蒙古科技与经济，2013（5）：116-117.

[2] 邵斐. SBS 改性乳化沥青的制备工艺研究 [D]. 上海：华东理工大学，2021.

1.12 阳离子乳化沥青

1. 产品性能

阳离子沥青乳化剂品种繁杂，分类方法各异。按亲油基来源不同，主要分为脂肪胺类、脂肪酸类及木质素类等。按破乳速度快慢又可分成快凝型、中凝型和慢凝型 3 种。乳化剂决定乳化沥青颗粒表面电荷的性质、破乳速度、沥青颗粒大小、贮存稳定性、沥青与骨料黏附力等，对乳化沥青的质量起着决定性作用。该阳离子乳化沥青主要用于水泥板、石膏板和纤维板的防水。

2. 技术配方（质量，份）

（1）配方一

石油沥青（针入度 60～80）	4.00
石蜡	1.00
聚氧乙烯烷基胺（阳离子乳化剂）	0.30
硬脂酸	0.25

| 水 | 5.00 |
| 明胶（稳定剂） | 0.25 |

（2）配方二

直馏沥青	3.00
石蜡（熔点 58.3 ℃）	7.50
阳离子乳化剂	0.30
盐酸	0.10
氯化钠	0.18
水	36.0

3. 生产工艺

（1）配方一的生产工艺

将石油沥青和石蜡、硬脂酸在 130～140 ℃加热熔融制成沥青液，在水中加入聚氧乙烯烷基胺，溶解后，用冰醋酸调节 pH 至 6，加入明胶配制成乳化液。

将 70～75 ℃的乳化液注入匀化机中，然后将 130～140 ℃的沥青液徐徐注入匀化机中进行乳化，则可制成乳化沥青。该配方所得产品作为石膏制品的防水剂。

（2）配方二的生产工艺

将直馏沥青加热熔化脱水，并加热到 140 ℃得沥青液。将阳离子乳化剂、盐酸和氯化钠加入水中充分混合均匀即得乳化液，保温 70 ℃左右。

先将乳化液注入匀化机中，然后徐徐注入沥青液，进行匀化，则可制得稳定性有所改进的乳化沥青。

4. 产品用途

用于水泥板、石膏板和纤维板的防水。

5. 参考文献

［1］彭煜，孔祥军，蔺习雄．高性能阳离子乳化沥青的研制［J］．石油沥青，2009（5）：34.

［2］李强，周震宇，黄绍龙，等．高黏度改性乳化沥青的制备［J］．市政技术，2021，39（5）：159-163.

1.13 黏土乳化沥青

1. 产品性能

沥青是由多种化学成分复杂的长链分子组成的混合物，具有良好的粘接性、耐老化性和防水性，长期以来被广泛用作防水、筑路和密封材料等。乳化沥青就是将沥青热熔，经过机械作用，沥青以细小的微粒状态分散于含有乳化剂的水溶液中，形成水包油型沥青乳状液。乳化沥青由于具有节省能源、提高功效、延长施工季节、减少环境污染、提高沥青路面使用寿命等优点，获得了迅速发展。

黏土乳化沥青耐候性优良、抗流淌性能好，特别是优良抗龟裂方面的性能，大量用于屋面防水或铺筑路面。

2. 技术配方（质量，份）

（1）配方一

沥青	50～69
膨润土	1.5～3.0
水	40～50

（2）配方二

十八烷基氨基丙胺（10%）	2.4
膨润土胶体（含 13.6 膨润土）	48.8

3. 生产工艺

在 80 ℃将上述原料拌成膏状即得。

4. 产品用途

用于屋面防水或铺筑路面。

5. 参考文献

[1] 高玉梅，杨婉怡，王剑. 高渗透型乳化沥青的配制及其渗透性评价 [J]. 市政技术，2021，39（4）：169-173.

1.14 乳化沥青防水剂

1. 产品性能

乳化沥青防水剂由沥青、乳化剂（表面活性剂）、石蜡等复配而成，具有良好的粘接性、耐老化性和防水性。

2. 技术配方（质量，份）

（1）配方一

石油沥青（针入度 60～80，软化点 49 ℃）	80
硬脂酸（促乳剂）	0.5

石蜡（相对密度 0.879）	20
明胶	0.5
聚氧乙烯烷基胺	0.6
水	100

（2）配方二

直馏沥青	60.00
氯化钠	0.36
石蜡	25.00
盐酸	0.20
阳离子乳化剂	0.72
水	72.00

3. 生产工艺

（1）配方一的生产工艺

将石油沥青、石蜡及硬脂酸在 130～140 ℃，加热熔融制成沥青液，在水中加入聚氧乙烯烷基胺（阳离子乳化剂）溶解后，用冰醋酸调节 pH 至 6，加入明胶制成乳化液。

将 70～75 ℃的乳化液注入匀化机中，然后将 130～140 ℃的沥青液徐徐注入匀化机中进行乳化，即可制成乳化沥青防水剂。

（2）配方二的生产工艺

将沥青和石蜡混合加热熔化、脱水，然后加热至 140 ℃制得直馏沥青液。将阳离子乳化剂、氯化钠、盐酸、水混合均匀，并保持温度在 70 ℃制得乳化液。一边搅拌一边缓慢将直馏沥青注入乳化液中，充分混匀得乳化沥青防水剂。

4. 产品用途

用作建筑防水剂。

5. 参考文献

[1] 孔林，李骏，罗群星，等. 水性环氧树脂乳化沥青制备及性能研究 [J]. 应用化工，2021，50（8）：2076-2081.

1.15　硅橡胶密封胶

硅橡胶密封胶（Silicone rubber sealant）由硅橡胶、补强剂等组成。

1. 技术配方(质量，份)

（1）配方一

| SD-33 有机硅橡胶 | 100 |

三氧化二铁	101
气相法白炭黑	42.2
二苯基二乙氧基硅烷	5.5

（2）配方二

SD-33 有机硅橡胶	152
二氧化硅（经处理）	24
甲基三乙酰氧基硅烷	7.9
三氧化二铬	128

（3）配方三

二甲基硅橡胶	70.0
膏状过氧化二苯甲酰	4.2
氧化锌	175.0
氧化钛	21.0

（4）配方四

A 组分

107# 硅橡胶	100
补强填料	15～50
增塑剂	20～80
增黏剂	1～5

B 组分

交联剂	1～10
扩链剂	0.1～1.0
催化剂	0.1～0.5

2. 生产工艺

（1）配方二的生产工艺

将 SD-33 有机硅橡胶与各物料混合捏合均匀，即得 GD-405 胶。

（2）配方三的生产工艺

将二甲基硅橡胶与其余物料混合即得。挤出成条与密封布配合，刮涂或注入缝内。于 200 ℃固化 12 h。粘接铝-钢抗剪强度≥1.1 MPa。

（3）配方四的生产工艺

先将 107# 硅橡胶和补强填料投入搅拌机中，开始搅拌升温至 100 ℃，并在 100 ℃下混炼 0.8～1.2 h 抽真空；冷却至 60 ℃，按比例加入增塑剂和增黏剂，继续抽真空混炼 25～ 30 min；出料得 A 组分；将交联剂、扩链剂和催化剂按比例混合均匀得 B 组分；将 A 组分和 B 组分按质量比 1：（0.01～ 0.03）的比例混合均匀即得双组分室温硫化硅橡胶密封胶材料产品。

3. 质量标准

（1）配方一所得产品质量标准

脆点/ ℃	<−60
邵氏硬度	70
体积电阻/（Ω·cm）	>10^{14}
介电常数（1 MHz）	5
介电损耗角正切（1 MHz）	≤$6×10^{-2}$
耐老化性（250 ℃、100 h）	
抗张强度/MPa	≥3
伸长率	≥50%
氧-乙炔烧蚀率（500～3000 ℃）/（mm/s）	<0.3

（2）配方二所得产品质量标准

外观	白色或草绿色膏状物
脆性温度/ ℃	<−70
体积电阻系数/（Ω·cm）	≥$6.7×10^{15}$
介电常数（1 MHz）	3.0
介电损耗角正切（1 MHz）	≤$3.1×10^{-3}$
击穿电压/（kV/mm）	≥20
耐老化性（200 ℃、168 h）	
抗张强度/MPa	≥2.5
伸长率	≥300%

4. 产品用途

（1）配方一所得产品用途

可作为耐烧蚀密封腻子或高低温绝缘，防潮密封材料。常温硫化 30 min。

（2）配方二所得产品用途

可用作耐高低温绝缘、防潮、防震的密封材料。使用温度范围：−60～200 ℃。固化条件：常温、30～60 min 硫化。

（3）配方三所得产品用途

用于−60～250 ℃（200 h）和 350 ℃（5 h）铆焊结构的密封，无腐蚀作用。

（4）配方四所得产品用途

该产品具有自流平性，与基材黏合强度高且施工简单，可用于交通和建筑领域。

5. 参考文献

［1］赵敏. 一种双组分室温硫化硅橡胶密封胶材料及其制备方法［J］. 橡胶工业，2011（2）：127.

［2］庞文武，陈炳耀，陈德启，等. 高性能脱醇型单组分硅橡胶密封胶的研究［J］. 化学与粘合，2021，43（2）：129-132.

1.16　防水密封油膏

防水密封油膏为不定型密封材料，广泛用于建筑物的接缝、屋面及地下工程等部位，具有优良的气密性和水密性。

1. 技术配方(质量，份)

（1）配方一

60#石油沥青	100
废橡胶粉	15
硫黄粉	15
石棉绒	40.0
30#机油	35.1
重松节油	32.1
松焦油	17.1
滑石粉	42.0

该配方为沥青废橡胶防水油膏的技术配方。

（2）配方二

苯乙烯焦油	100
硫化鱼油	19
滑石粉	83
石棉粉	35.7

（3）配方三

稠化植物油	50.0
碳酸钙	24.1
长纤维石棉	11.5
聚异丁烯	35
短纤维石棉	13.5
乙酸钴	0.1
钛白粉	8.5

该配方为油基嵌缝油膏的技术配方。

（4）配方四

10#石油沥青	94
硫化鱼油	40
60#石油沥青	106
滑石粉	262
松焦油	20
石棉绒	175
重松节油	120

该配方为沥青硫化鱼油油膏的技术配方，该材料适合南方湿热地区使用。

（5）配方五

10#石油沥青	100
熟石灰粉	23.7
油酸	1.7
石棉（6～7级）	14.4
轻柴油	44

（6）配方六

10#石油沥青（软化点 90～100 ℃）	52
重松节油（馏分为 170～190 ℃）	32
黑脚料（精制松节油后的下脚料）	160
石棉绒	30
滑石粉	70

（7）配方七

10#石油沥青	80.0
重柴油	10.0
桐油	12.0
长纤维石棉绒	9.6

（8）配方八

60#石油沥青	60
植物油渣	144
松焦油	42
石棉绒	19.8
橡胶粉	42
硫黄粉	4.2
重松节油	30
滑石粉	258
硫化鱼油	60

（9）配方九

60#石油沥青	140
10#石油沥青	60
硫化鱼油	60
松焦油	30
重松节油	120
石棉绒	133
滑石粉	310

（10）配方十

10#石油沥青	104

60#石油沥青	96
脂肪酸沥青	20
废橡胶粉	30
松焦油	20
生桐油	10
10#机械油	40
滑石粉	190
石棉绒（5级）	90

（11）配方十一

石油沥青（软化点70℃）	500
硫化鱼油	100
重松节油	300
松焦油	50
滑石粉	437
石棉绒（5级）	656

（12）配方十二

石油沥青	120
废橡胶粉	75
香豆酮树脂	10
废机油	40
硅藻土	200
石棉绒	25

（13）配方十三

60#石油沥青	40
10#石油沥青	60
废机油	24
蓖麻油	60
滑石粉	176
石棉绒（5级）	40

（14）配方十四

橡胶沥青	100
环氧树脂	2
松香	1
蓖麻油	4
磺化蓖麻油	6
木质素磺酸钙	9
环烷酸钴	5
甲苯	20

该配方为沥青蓖麻油防水油膏的技术配方。

（15）配方十五

喷射沥青	93.4
苯乙烯-丁二烯嵌段共聚物	10
煤焦油	20
亚磷酸三（壬基苯）酯	0.4

该配方为共聚物改性沥青密封防水膏的技术配方。

（16）配方十六

$10^{\#}$石油沥青	78
生桐油	26
松焦油	18.4
重松节油	12.8
机械油	64
石棉绒	62
滑石粉	138

2. 生产工艺

（1）配方二的生产工艺

先将苯乙烯焦油加热至 200 ℃脱水，并除去浮渣，降温至 170 ℃左右，在搅拌下加入其余物料，搅拌均匀得防水密封油膏。

（2）配方五的生产工艺

在 200 ℃左右，将 $10^{\#}$石油沥青脱水除杂，然后在 160～170 ℃保温备用，另将油酸和轻柴油混合均匀，并于搅拌下缓慢加入熟石灰粉，搅拌均匀后加入沥青中，并加入石棉，再搅拌均匀得沥青油酸油膏。

（3）配方六的生产工艺

先将 $10^{\#}$石油沥青加热熔化脱水；再在搅拌下加入黑脚料，调制均匀；最后加入滑石粉和石棉绒，并继续搅拌至不见白色石棉纤维。

（4）配方七的生产工艺

配方中的 10 份重柴油也可以用 5 份轻柴油代替，9.6 份长纤维石棉绒也可用 12 份短纤维绒代替。先将沥青加热熔化脱水，脱水完毕，熄火于 130～140 ℃加入桐油和重柴油，搅拌均匀后，加入干燥过的石棉绒，然后于 180 ℃搅拌 0.5 h，得到桐油沥青防潮油。

（5）配方八的生产工艺

该配方为松焦油沥青建筑油膏的基本配方，制备时先将沥青加热至 200 ℃熔化脱水，除去杂质，在 180～200 ℃时，加入松焦油，边加边搅拌，加后继续搅拌0.5～1.0 h，使气泡完全消失。再加入硫黄粉混合搅拌 0.5 h，用部分重松节油稀释备用。

将已处理好的沥青混合物，加入专用的有加热保温套的搅拌机中，边热边搅拌，使塑化温度升至约 100 ℃，并加其余物料搅拌均匀即成为制品。

用作屋面防水油膏。屋面板缝宜上大下小，缝内下层填灌 $200^{\#}$细混凝土，一定要填实、压平，上面留 20～30 mm 深嵌填油膏。填油膏前应使板缝干燥干净，不刷冷底子油也可保证油膏与屋面板黏结良好。

在熬制锅中，将石油沥青加热，熔化脱水，除去浮渣。然后在 180～200 ℃，边搅拌边加入松焦油，于 170～190 ℃搅拌 30～60 min。另将硫化鱼油加热脱水，再与沥青混合物混合，搅拌下加入其余物料，搅拌均匀得北方适用的沥青硫化鱼油油膏。

（6）配方十的生产工艺

将石油沥青加热熔化脱水后，于 160～180 ℃加入废橡胶粉，搅拌均匀后，再在搅拌下依次加入已脱水的脂肪酸沥青、生桐油、松焦油、10# 机械油，温度控制在 170～180 ℃，加入已烘干的石棉绒和滑石粉，搅拌均匀后得到防水密封油膏。

（7）配方十一的生产工艺

将沥青加热熔化脱水后，加入已脱水的硫化鱼油、重松节油、松焦油，搅拌均匀加入已干燥的石棉绒和滑石粉，搅拌均匀得适用于南方的防水沥青油膏。北方适用的防水沥青膏配方（质量，份）如下：

石油沥青（软化点 60 ℃）	500
硫化鱼油	150
重松节油	300
松焦油	75
滑石粉	332.5
石棉绒	775

（8）配方十二的生产工艺

将沥青加热脱水后，于 170 ℃左右加入废橡胶粉、香豆酮树脂和废机油，搅拌均匀后加入硅藻土和石棉绒，充分搅拌均匀后得防水油膏。

（9）配方十三的生产工艺

将两种石油沥青投入熬制锅中，加热熔化脱水，除去浮渣和杂质，在 180 ℃左右加入蓖麻油，搅拌均匀后，恒温 3 h，再升温至 280 ℃，搅拌下缓慢加入废机油搅拌，然后加入填料，搅拌均匀得防水沥青油膏。

（10）配方十六的生产工艺

将石油沥青投入熬制锅中，加热熔化脱水，除去杂质，于 200 ℃左右搅拌下加入生桐油，搅拌均匀后，升温至 240 ℃，恒温 0.5 h 后降温，加入机械油，于 180 ℃加入松焦油、重松节油，然后在搅拌下加入已干燥的填料，搅拌均匀得防水油膏。

3. 参考文献

[1] 汪投. 沥青防水密封胶的制备 [J]. 农村新技术，2013（11）：31.
[2] 王岚. 用石油沥青改性聚硫密封胶 [J]. 世界橡胶工业，2005（4）：11-12.

1.17　建筑防水密封带

1. 产品性能

密封材料可分为定型密封材料和不定型密封材料，定型密封材料有密封条、密封垫片和密封带。密封带的基体有塑料和橡胶两大类。橡胶防水密封带用于建筑物的接缝、裂缝、连接部位，起到防水、防渗漏的作用，是接缝、裂缝、连接部位防水体系的一个重要组成部分。它具有施工简单、质轻、耐老化、造价低的特点，因而在工程领域得到了广泛的应用。

2. 技术配方（质量，份）

（1）配方一

丁基弹性体	30
聚丁烯 H-300	60
乙烯基甲苯-植物干性油共聚物	15
触变胶	1.95
碳酸钙	195
石油溶剂	50
酚醛树脂（70%二甲苯溶液）	1.5
滑石	125
抗氧化剂	0.6
氧化钴干燥剂（6%）	0.15
钛白粉	20

该配方为聚丁烯建筑密封带的技术配方。

（2）配方二

聚丙烯树脂	120
聚异丁烯	6.00
蜜胺树脂	0.36
硬脂酸锌	0.60
氧化锌	18.00
抗氧剂 1010	0.60
抗氧剂 264	0.36
抗老剂 MB	1.80

该配方为耐老化型聚丙烯防水密封条的技术配方。

（3）配方三

聚乙烯 H-100	60
交联丁基-异戊二烯橡胶	40
水合二氧化硅	24

滑石粉	20
硬土	16
氢化松香甘油酯	32
铅粉	适量

该配方为聚丁烯-丁戊橡胶建筑密封带的技术配方。

（4）配方四

聚丁烯 H-100	60
交联丁基-异戊二烯橡胶	40
氢化松香甘油酯（Foral 85）	8
热塑性酚醛树脂	8
硬土	16
滑石	20
碳酸钙	24
钛白粉	4

该配方为聚乙丁烯-丁戊橡胶建筑密封带的技术配方。

（5）配方五

聚丁烯 H-300	80.0
活性白土	40.0
丁基橡胶	20.0
硅藻土二氧化硅	12.5
碳酸钙	87.5
钛白粉	10.0

该配方为聚乙烯建筑密封带的技术配方。

（6）配方六

氯丁橡胶	100.00
丁腈橡胶	100.00
固体古马隆树脂	10.00
炉黑	60.00
喷雾炭黑	60.00
氧化镁	10.00
氧化锌	8.00
陶土	114.60
硬脂酸	6.00
邻苯二甲酸二丁酯（DBP）	56.00
促进剂 DM	1.20
促进剂 TMTD	0.20
防老剂甲	4.00

该配方为耐油型橡胶防水密封条的技术配方。

（7）配方七

聚丁烯 H-100	60

交联丁基‑异戊二烯橡胶	40
硬土	20
多萜树脂	6
半补强炭黑	48

该配方为聚丁烯建筑密封带的技术配方。

（8）配方八

聚丁烯 H‑300	100.00
无规聚丙烯均聚物	21.00
丁基橡胶	7.16
硅藻土二氧化硅	16.66
碳酸钙	183.50
黏土	68.20
棉纤维	20.00

该配方为不干性聚丁烯建筑密封带的技术配方。

3. 产品用途

主要用于建筑物的接缝、裂缝、连接部位、屋面、墙体、地下工程等部分，起到封水、封气的作用。

4. 参考文献

[1] 张庆虎，仇建春．橡胶防水卷材自粘接缝密封带 [J]．新型建筑材料，2000（9）：28‑29.

1.18　耐臭氧橡胶

1. 产品性能

该耐臭氧胶料具有良好的耐臭氧性能，用于耐臭氧环境作弹性、密封材料。

2. 技术配方(质量，份)

（1）配方一

天然橡胶	70.0
微晶蜡	2.0
聚乙二醇 1000	2.0
聚氧化丙二醇	0.5
聚丁二烯橡胶	30.0
炭黑 N330	45.0

抗氧剂（对亚苯基二胺为基质）	1.5

将各物料按配方量混合均匀，经捏合，在 150 ℃硫化 0.5 h 即得到耐臭氧橡胶（制件）。

（2）配方二

天然橡胶	100
补强剂	40～60
增塑剂	0～5
硬脂酸	0.5～3.0
活性剂	4～8
二氢化喹啉类防老剂	1～3
对苯二胺类防老剂	2～5
物理防老剂	1～3
促进剂	1.5～5.0
硫化剂	0.8～2.0

3. 产品用途

用于耐臭氧环境作弹性、密封材料。

4. 参考文献

［1］赵敏. 一种耐臭氧橡胶组合物［J］. 橡胶工业，2009（12）：734.

［2］王峰，马妍. 丁腈橡胶耐臭氧性能的研究［J］. 特种橡胶制品，2021，42（4）：23-25.

1.19 聚氨酯嵌缝材料

1. 产品性能

聚氨酯材料因其结构特点、耐水解性和憎水性好，并带有活性基团，具有良好的粘接性能，适合作为防水材料的基体材料。广泛用作防水涂料、胶粘材料及密封嵌缝材料。

聚氨酯嵌缝材料具有很好的弹性和较强的黏合力，其性能已符合壁板建筑嵌缝防水的要求，由于嵌缝材料中渗有大量的填料，因此材料成本低，为推广使用聚氨酯嵌缝材料创造了条件。聚氨酯嵌缝材料比丁苯橡胶乳、丙烯酸酯乳液、丁基橡胶溶液等嵌缝材料的性能好且价格低廉。

聚氨酯嵌缝材料在常温下固化，具有优良的橡胶弹性；固化前后不会收缩；对金属、塑料、混凝土等建筑材料，只要使用底涂料，就能发挥优越的黏合力；耐油、耐水、耐化学药品性能优良；在低温下也不会失去橡胶弹性；耐磨性能良好，可长久使用。

但双组分聚氨酯嵌缝材料必须科学配比，充分搅拌均匀，否则固化不好，以致影响材料的物理性能与使用寿命。若表面留下黏性,容易污染。施工温度较高(特别夏季)时,应注意可能会产生气泡。

2. 技术配方

聚氨酯嵌缝材料分双组分型与单组分型两种。双组分型有夏季施工用与冬季施工用两种,主要由固化剂组分内催化剂的含量不同区分。单组分嵌缝材料不需要按季节调整固化时间,但因空气中的湿气含量多或少,固化时间有差异。

嵌缝材料配方中添加白炭黑、炭黑和石棉等,可防止嵌缝材料在施工中的垂直向下流问题。在固化剂组分中增加二官能团聚醚的用量,可降低嵌缝材料的定伸强度(模量),同时也可添加稀释剂、邻苯二甲酸二丁酯或二辛酯等增塑剂,但为了防止不发黏时间的延长及其黏合强度降低,必须严格控制其添加量。

在基层上涂一层聚氨酯或环氧树脂类的底涂料可使被粘材料的黏合力增加,一般用量为 $0.2\sim0.3\ kg/m^2$。在配方中添加苯酚,石油树脂等增粘剂也使嵌缝材料的黏合力增加。

为获得墙壁嵌缝材料的阻燃性,在制备聚氨酯嵌缝材料中使用的预聚体及其固化剂的聚醚中都必须采用阻燃型,也可在配方中添加氯化石蜡等阻燃剂。

(1)聚氨酯嵌缝材料的预聚体配方(g)

	A	B
聚丙二醇(相对分子质量为 2000)	560 (0.28)[①]	220 (0.11)
聚丙三醇(相对分子质量为 3000)	240 (0.08)	660 (0.22)
TDI(纯度 98%)	143 (0.8)	118 (0.66)
PAPI(纯度 94.4%)	—(—)	58 (0.22)

注:①括号内的数据为物质的量。

(2)醇交联双组分聚氨酯嵌缝材料的配方(质量,份)

	1	2	3	4
预聚体	120 (A)	100 (A)	100 (B)	100 (B)
甘油	2~3	1.8~2.5	2.5~3.5	2~3
蓖麻油	12~6	12~6	12~6	12~6
邻苯二甲酸二丁酯	—	1.5~3	—	2~3
煤焦油	—	100	—	200
滑石粉	100~130	100~150	100~130	100~150
二月桂酸二丁基锡	0.1~0.3	0.3~0.6	0.1~0.25	0.3~0.6

注:使用胺交联剂,则预聚体采用聚醚-异氰酸制备,固化剂采用液体 MOCA 与多元醇聚醚组合物。

3. 生产工艺

将 200 份含有 MOCA 液体与多元醇聚醚的混合物,8 份辛酸铅(40%),89 份重质碳酸钙、40 份白土、30 份白炭黑、30 份二氧化钛及 3 份颜料混合均匀,经过研磨后组成固化剂。预聚体与固化剂按质量比为 1∶2 的比例配制后进行嵌缝施工。该聚氨酯嵌缝材料的可操作时间 60～90 min，固化时间 12～18 h，不黏手时间 36～48 h，坍落度等于零。

4. 质量标准

双组分聚氨酯嵌缝材料的质量标准如表 1-1 所示。

表 1-1　双组分聚氨酯嵌缝材料的质量标准

物理性能		硬度（邵氏 A）		拉伸强度/MPa	100%定伸强度/MPa	撕裂强度/（kN/m）
原始样品		14～16	1170%～1240%	0.23～0.24	2.12～2.45	9.90～10.49
耐化学药品	3%硫酸	11～12	1380%～1400%	0.27～0.28	2.60～2.63	6.96～8.53
	10%氯化钠	11～12	1160%～1250%	0.23～0.25	2.19～2.30	8.53～9.02
	蒸馏水	10～11	1200%～1360%	0.27～0.29	2.18～2.47	7.84～8.13
耐热水试验		10～12	1360%～1460%	0.16～0.20	1.95～2.00	6.17～7.06

5. 产品用途

用于屋内混凝土地板、天花板等装配式壁板建筑的板缝，地铁及其地下各种土建工程的接缝、高速公路和飞机跑道膨胀伸缩等工程的嵌缝。也用于大型体育场的看台混凝伸缩缝的防水。

6. 参考文献

[1] 南阳，杜存山，祝和权，等．高速铁路无砟轨道混凝土伸缩缝用聚氨酯嵌缝胶研究 [J]．聚氨酯工业，2019，34（6）：34-36.

[2] 邹德荣．聚氨酯防水嵌缝材料研制中的填料选择 [J]．中国建筑防水，2003（12）：19.

[3] 陈晓明，郑水蓉，杨琪，等．双组分聚氨酯嵌缝密封剂的制备与性能研究 [J]．中国胶粘剂，2011（11）：45.

1.20　环氧树脂补强补漏剂

1. 产品性能

环氧树脂补强补漏剂由环氧树脂、增塑剂、固化剂等组成，具有优良的补强、堵漏止水性能，广泛用于大坝、涵管、桥梁、地下建筑物、民间建筑等混凝土结构物的裂缝等缺陷处理和破碎岩层的补强固结处理中。

2. 技术配方

（1）配方一

E-44 环氧树脂/g	1000
煤焦油/g	250
乙二胺/mL	100
促进剂 DMP-30/mL	50
邻苯二甲酸二丁酯/mL	100
环氧氯丙烷/mL	200
二甲苯/mL	400

该配方为环氧树脂灌浆材料的技术配方，该材料可用于潮湿混凝土裂缝的补强防漏。

（2）配方二（质量，份）

E-44 环氧树脂	150
糠醛	75
703# 固化剂	30
硅烷偶联剂 KH550	7.5
促进剂 DMP-30	4.5
乙二胺	22.5
丙酮	120

该环氧树脂补强剂可在 $-11\,^{\circ}\!C$ 低温下固化。

（3）配方三（质量，份）

E-44 环氧树脂	100
糠叉丙酮	70
二亚乙基三胺（固化剂）	20~22
丙酮	20~40

该配方为环氧树脂灌浆材料的技术配方，该环氧树脂灌浆材料固化速度快。其中糠叉丙酮由糠醛与丙酮在氢氧化钠存在下，于 $100\,^{\circ}\!C$ 发生羟醛缩合制得。

（4）配方四（质量，份）

E-44 环氧树脂（6101）	40
654# 环氧树脂	20
669# 环氧树脂	10
酮亚胺	21
糠醛	21
促进剂 DMP-30	21
丙酮	21
乙醇	0.7
水泥	2.1

该环氧树脂灌浆材料采用潜性固化剂酮亚胺，它遇水水解产生固化剂胺，可有效改善环氧树脂浆料对潮湿或有水裂缝的黏结性能。

（5）配方五（质量，份）

E-44 环氧树脂	80
甘油环氧树脂（662# 活性稀释剂）	24
501# 活性稀释剂（环氧丙烷丁基醚）	32
二亚乙基三胺（固化剂）	14.4

该环氧树脂灌浆材料采用活性稀释剂代替非活性的二甲苯、丙酮等，由于克服了有机溶剂对固化的影响，因此具有更加优良的补强防漏性。

（6）配方六（质量，份）

E-44 环氧树脂	150
邻苯二甲酸二丁酯	15
环氧氯丙烷	30
间苯二胺	25.5
二甲苯	90

该环氧树脂灌浆料黏度低，固化过程放热效应小，使用方便。多用于建筑工程，也用于处理地震后混凝土柱裂缝和混凝土地板裂缝。

（7）配方七（质量，份）

E-42 环氧树脂	50
E-44 环氧树脂	50
304# 聚酯树脂	5～10
乙二胺（固化剂）	10
二甲苯	15

该配方为环氧树脂浆液，固化时间 12～24 h。处理裂缝宽度 1.0～1.5 mm。

（8）配方八（质量，份）

E-44 环氧树脂	100
糠醛	30～50
二亚乙基三胺（固化剂）	16～20
丙酮	30～50

配方中的固化剂用量视溶剂（糠醛和丙酮）的量而改变。该环氧树脂灌浆材料黏度低，提高了对混凝土细微裂缝的可灌性，提高了对混凝土含水裂缝的黏结补强性。

3. 产品用途

用于大坝、涵管、桥梁、地下建筑物、民间建筑等混凝土结构物的裂缝等缺陷处理和破碎岩层的补强固结防漏处理中。

4. 参考文献

[1] 杨小马，刘暹宏. 环氧树脂补强材料及其施工 [J]. 广东建材，2001（9）：28.

[2] 况永武. 嵌段聚合物增韧环氧树脂复合材料制备及性能研究 [D]. 绵阳：西南科技大学，2015.

1.21　硅橡胶防水密封剂

1. 产品性能

硅橡胶是一种可以在室温下固化或加热固化的液态橡胶，具有优良的耐候性、耐老化、耐紫外线、耐臭氧、耐高温、耐化学介质等性能，在变形缝和腐蚀性接缝等部位，硅橡胶是优良的密封防水嵌缝材料。

2. 技术配方（质量，份）

（1）配方一

有机硅橡胶 SD-33	80.00
二苯基二乙氧基硅烷	4.40
二氧化硅	33.76
三氧化二铁	81.00

室温硫化（固化）。该密封剂耐高低温性能优良、密封性能好，但强度较差。

（2）配方二

羟端基二甲基硅橡胶	200.0
三甲氧基甲基硅烷	10.0
异丙氧基钛	1.2
双（二酰丙酮基）二异丙氧基钛	0.8
二氧化钛（金红石型）	12.0
气相二氧化硅（经硅氧烷 D_4 处理）	40.0
Y 型氧化铁	220.0
氧化铜	10.0

该配方为脱醇型硅橡胶密封胶的配方。

（3）配方三

A 组分

硅橡胶（$M=60\ 000$）	175.4
二氧化硅（沉淀）	24.6

B 组分

硼酸（回流液）	17.40
二月硅酸二丁基锡	0.78
甲苯	81.82

该配方为双组分硅橡胶密封剂。A、B 两组分分别配制、分别包装，使用时按 m（A）：m（B）$=2:1$ 混合。于 150 ℃固化 1 h。

（4）配方四

硅橡胶 SD-33	120
二氧化硅（经 D_4 处理）	30
甲基三丙酮肟基硅烷甲苯溶液	140
二丁基氧化锡/正硅酸乙酯（1/10）	0.35
二氧化钛（金红石型）	5.00

常温接触压下固化 1～2 h。该密封剂适用于防震、防潮，高低温绝缘密封材料，使用温度为 -60～200 ℃。

（5）配方五

端羟基硅橡胶	100
甲基三乙酸酯硅烷	2.5～8.00
有机锡化合物	0.01～0.10
超细二氧化硅粉	10～25
颜料	0～3

该配方为单组分硅橡胶密封膏的配方。

（6）配方六

苯基甲基乙烯基硅橡胶	107.20
二氧化硅	26.80
三氧化二铁	118.00
甲基三乙酰氧基硅烷	9.60
氧化亚铜	5.40
二月桂酸二丁基锡	0.26

先将硅橡胶与二氧化硅混合制得膏状物，再加入其余物料，得到单组分硅橡胶密封材料。用于耐高温绝缘防潮密封。

3. 参考文献

[1] 赵敏. 一种双组分室温硫化硅橡胶密封胶材料及其制备方法 [J]. 橡胶工业，2011（2）：127.

[2] 陈德启，徐尚仲，陈炳耀，等. 贮存稳定快速固化型的单组分硅橡胶密封胶研制 [J]. 化学与粘合，2021，43（1）：41-43.

1.22　JLC 型聚硫密封材料

1. 产品性能

液态聚硫橡胶含有活泼硫醇端基，常温下可硫化为高分子弹性体，具有优异的耐烃类溶剂、耐水、耐候老化性能，良好的低温柔曲性，对金属和非金属材质具有良好的粘接性，主要用于制造密封材料，广泛应用于飞机、建筑、汽车、造船、铁路等各行业。

JLC 型聚硫密封材料（JLC polysulfide sealant）主要由液态聚硫橡胶与补强填料、固化剂、增塑剂、增黏剂等组成。聚硫橡胶分子主链上含有硫原子，能在常温甚至−10 ℃硫化，硫化产品收缩性很小。JLC 型聚硫密封材料具有良好的耐臭氧性、耐候性、耐油性、耐水性、耐化学试剂性，湿气透过率低，对各种被黏物有良好的黏合性，适用温度范围为−40～120 ℃。

JLC 型聚硫橡胶密封材料中使用的固化剂有较高分子量，常用的有二氧化铅、二氧化锰、过氧化锌、氧化锌、过氧化镉、二氧化锑、铬酸盐、重铬酸盐、过氧化氢异丙苯等；较低分子量常用的有对苯二肟、二氧化锰、过氧化锌、二氧化碲、重铬酸盐等。

在液态聚硫橡胶中加入补强填料，可提高密封材料的机械性能。炭黑是常用的补强填料，其中半补强炭黑和中热裂炭黑最常用。用超细二氧化硅可使固化胶有良好的触变性。高岭土、二氧化钛、锌钡白、超细石英粉、碳酸钙等用于白色或带色密封材料中。煤焦油、沥青、水泥是廉价的填料。

在液态聚硫橡胶中常用的增黏剂有液态酚醛树脂、环氧树脂及硅烷等。

2. 技术配方（质量，份）

（1）配方一

A 组分

液态聚硫橡胶 JLy-121	50
液态聚硫橡胶 JLy-124	50
钛白粉（填料）	30
二氧化硅（填料）	20
氧化锌	5
硫黄	0.3

B 组分

活性二氧化锰	6
邻苯二甲酸二丁酯（增塑剂）	4
6101# 环氧树脂（增黏剂）	8

C 组分

二苯胍（促进剂 D）	0.1～0.8

该配方为 JLC-2 聚硫密封材料的技术配方。使用时按 m（A）：m（B）：m（C）＝100：（10～14）：（0.1～0.8）比例混合，常用 m（A）：m（B）：m（C）＝100：11.6：0.3 比例混合。

（2）配方二

A 组分

液态聚硫橡胶	100～140
填料	40～60
稳定剂	4～8

B 组分

增塑剂	6～8
固化剂	8～10
增黏剂	6～8
促进剂	0.4～1.0
偶联剂	1～2

（3）配方三

液态聚硫橡胶	100～120
增强填料	50～80
触变剂	6～8
偶联剂	0.8～1.6
邻苯二甲酸二丁酯	4～6
固化剂	4～8
增黏剂	4～8
促进剂	0.5～1.2

（4）配方四

A 组分

液态聚硫橡胶 JLy-124	100～120
钛白粉	40～60
触变剂	6～10

B 组分

邻苯二甲酸二丁酯	6～10
固化剂	6～10
6101# 环氧树脂	6～10

C 组分

促进剂 D	0.15～1.80

（5）配方五

液态聚硫橡胶	50～70
填料	80～120
增塑剂	30～50
触变剂	2～4
固化剂	6～8
增黏剂	3～5
促进剂 D	0.4～1.6
硫化调节剂	0～0.4

（6）配方六

液态聚硫橡胶	40～60
填料	80～120

增塑剂	30～50
触变剂	1～3
固化剂	4～6
增黏剂	1～2
促进剂 D	1～2
硫化调节剂	0.4～2.0

（7）配方七

液态聚硫橡胶	50～70
增强填料	80～120
增塑剂	30～50
增黏剂	1～2
触变剂	4～6
固化剂	4～6
促进剂	0.1～0.6
硫化调节剂	0.1～0.6

（8）配方八

A 组分

| 液态聚硫橡胶 | 60～80 |
| 增强填料 | 60～80 |

B 组分

| 增塑剂 A | 20～40 |
| 触变剂 | 2～4 |

C 组分

增塑剂 B	6～20
增黏剂	6～8
炭黑	6～8
固化剂	4～6
辅助固化剂	1～2
促进剂	1～2
抑制剂	0.2～1.0

3. 质量标准

（1）配方一所得产品质量标准

拉伸强度/MPa	≥2.5
相对伸长率	≥150%
永久变形	≤20%
邵氏硬度	≥40
剥离强度（铁－铁）/（kN/m）	2～9

(2) 配方二所得产品的质量标准

拉伸强度/MPa	≥1.96
相对伸长率	≥150%
永久变形	≤10%
邵氏硬度	≥40
表面电阻率/Ω	≥2.0×10^{12}
介电常数（1 MHz）	≤9.5
介电损耗角正切（1 MHz）	≤0.03
介电强度/（kV/mm）	≥8.00

(3) 配方三所得产品的质量标准

拉伸强度/MPa	≥2.45
相对伸长率	≥300%
永久变形	≤20%
剥离强度（玻璃-铝）/（kN/m）	≥2.0

(4) 配方四所得的质量标准

拉伸强度/MPa	≥2.0
相对伸长率	≥200%
永久变形	≤6%
邵氏硬度	≥40
剥离强度（铁-铁）/（kN/m）	≥2

(5) 配方五所得的质量标准

拉伸强度/MPa	≥0.196
相对伸长率	≥350%
永久变形	≤50%
邵氏硬度	≥30
剥离强度（铁-铁）/（kN/m）	≥0.147

(6) 配方六所得的质量标准

外观	
A组分	白色膏状
B组分	棕黑色膏状
拉伸强度/MPa	≥0.49
相对伸长率	≥150%
永久变形	≤20%
T剥离强度/（kN/m）	≥10

(7) 配方七所得产品质量标准

外观	
A组分	白色膏状物
B组分	黑褐色膏状物
拉伸强度/MPa	≥1.2

相对伸长率	≥150%
剥离强度（玻璃-铝）/（kN/m）	≥2.0

（8）配方八所得产品质量标准

外观	
A组分	白色均匀膏状物
B组分	深褐色均匀膏状物
C组分	黑色均匀膏状物
拉伸强度（常温、24 h，100 ℃、8 h）/MPa	≥1.96
相对伸长率	≥160%
永久变形	≤20％
邵氏硬度	≥45
剪切强度（聚酯玻璃钢-涂漆钢板）/MPa	
常温、1 天	≥0.294
常温、1 天，80 ℃、8 h	≥0.98
常温、7 天	≥0.98

4. 产品用途

（1）配方一所得产品用途

用于汽车接缝防水、防尘、防震的粘接密封，也可用于混凝土的粘接密封。

（2）配方二所得产品用途

该配方为双组分 JLC-3 聚硫灌注密封剂的技术配方。使用时按 m（A）∶m（B）= 100∶12.8 的比例混合，主要用于绝缘、密封、保护电器连接件电线、电缆和其他电气装置的灌封，船用电缆隔舱密封等。

（3）配方三所得产品的用途

该配方为 JLC-5 聚硫粘接密封剂的技术配方，为双组分密封剂，使用时按 m（A）∶m（B）=100∶（10～12）的比例混合。用于光学元器件的粘接密封。

（4）配方四所得产品的用途

用于金属、非金属材料的粘接密封及金属燃油罐和软化水罐的衬里防腐。直接刮涂或加溶剂稀释后刷涂、灌注。该配方为 JLC-1 聚硫密封材料的技术配方。使用时，按 m（A）∶m（B）∶m（C）=100∶（9～10）∶（0.1～1.0）的比例混合使用。使用温度为－45～100 ℃。

（5）配方五所得产品用途

用于汽车车身钢板焊缝粘接密封及门窗玻璃粘接密封，有防止漏雨、进灰和防蚀、防震的功效。使用挤胶枪挤出涂于被粘接密封部位。该配方为双组分 JLC-6 聚硫密封材料的配方。使用时按 m（A）∶m（B）=100.0∶13.5 的比例混合。

（6）配方六所得产品用途

主要用于铁路信号箱盒的防水、防尘密封及门窗玻璃的密封，也用于其他金属材料和非金属材料的粘接密封。室温固化。该配方为 JLC-8 聚硫密封材料的配方，是以液态聚硫橡胶为基料，以金属氧化物为固化剂的双组分膏状密封材料。使用时按 m（A）：m（B）＝10：1 的比例混合，每次配胶 5 kg，施工期 1～3 h。

（7）配方七所得产品用途

用于中空玻璃及玻璃的密封。该配方为 JLC-11 中空玻璃聚硫密封剂的基本配方，是双组分密封剂。使用时按 m（A）：m（B）＝10：1 的比例混合。

（8）配方八所得产品用途

该配方为三组分 JLC-15 汽车用聚硫橡胶密封胶的基本配方。使用时按 m（A）：m（B）：m（C）＝100：（10～11）：11 的比例混合。用于汽车聚酯玻璃钢顶盖与车身的粘接密封、挡风玻璃与窗框的粘接密封等。室温固化 1～7 天。

5. 参考文献

［1］付亚伟，王硕太，蔡良才，等．改性聚硫氨酯密封材料的制备及性能［J］．高分子材料科学与工程，2011（7）：136．

［2］李金锋．高性能聚硫密封剂的研制［D］．杭州：浙江大学，2011．

［3］章谏正，任杰，刘艺帆．抗压缩聚硫代醚密封剂的制备及性能研究［J］．化工新型材料，2021，49（1）：190-193．

1.23 聚硫橡胶密封胶

1. 产品性能

聚硫橡胶很早就被应用于建筑工程的密封中，从结构上看，液态聚硫橡胶的分子结构中含有饱和的 C—H 键和 S—S 键，因而具有良好的耐候性、耐油性、耐溶剂性，以及对碱、稀酸、盐水等具有较好的化学稳定性。在聚硫橡胶分子链末端有活泼的高反应性硫醇基，可用金属氧化物、无机氧化物、过氧化物和氧化剂在常温或低温下固化形成固体聚硫胶，并且可以与其他聚合物相键合。固化后的聚硫橡胶分子主链全部由单键组成，由于每个键都能向内旋转，有利于其分子链的运动，因而具有良好的低温屈挠性，并且能使黏结体系的两种分子容易相互靠近并产生吸附力，而且有良好的黏结性能。

2. 技术配方（质量，份）

（1）配方一

780# 聚硫橡胶	77
炭黑	23
二氧化锰	2.84～3.98
邻苯二甲酸二丁酯（DBP）	2.16～3.02
二苯胍	0.1～1.0

（2）配方二

620#聚硫橡胶	80
半补强炭黑	24
硫化膏（Al_2O_3、DBP、硬脂酸）	12.8

（3）配方三

聚硫橡胶 LP-2	200
E-44 环氧树脂	10
二氧化锰	14
半补强炭黑	60
二苯胍	0.2～2.0

（4）配方四

聚硫橡胶	100
半补强炭黑	30
气相白炭黑	10
二氧化钛	10
二氧化锰	1
E-20 环氧树脂	4
E-35 环氧树脂	4
丙酮	5
促进剂 NA-22	1.5

（5）配方五

聚硫橡胶	80
E-44 环氧树脂	4
炉黑（四川炉黑）	24
硬脂酸铅	0.16
5#油膏*	12
多乙烯多胺	0.4

* 5#油膏配方（质量，份）

二氧化铅	5
邻苯二甲酸二丁酯	45
硬脂酸钙	5

（6）配方六

LP-32 聚硫橡胶	100
6101#环氧树脂	3
半补强炭黑	30
9#硫化膏*	8
二苯胍	0.4
二氯乙烷	100
四氯乙烷	100

*9# 硫化膏配方（质量，份）

二氧化锰	100.00
邻苯二甲酸二丁酯	76.00
硬脂酸	0.42

（7）配方七

LP-32 聚硫橡胶	100.000
半补强炭黑	30.000
k-18 酚醛树脂	3.000
邻苯二甲酸二丁酯	3.446
二氧化锰	4.535
硬脂酸	0.019
二苯胍	0.800
溶剂	适量

（8）配方八

JLY-121 液体聚硫橡胶	80
2124# 酚醛树脂	44.0
滑石粉	51.2
石棉粉	48.0
炭黑	4.8

（9）配方九

JLY-121 聚硫橡胶	80
糠醛	16
甲醛	4

（10）配方十

聚硫橡胶	80.000
邻苯二甲酸二丁酯	0.080
石棉	40.000
促进剂 TMTD	0.336
氧化锌	1.000
二苯胍	0.200

（11）配方十一

液体聚硫橡胶	80.0
二氧化硅（气相）	2.4
钛白粉	8.0
碳酸钙	24.0
氧化锌	8.0
硫黄	0.8
硬脂酸	0.4
氯化联苯	10.4
促进剂 TT	2.4

（12）配方十二

聚硫橡胶	92.4
炭黑	27.6
9#硫化膏*	6.0～8.4
二苯胍	0.12～0.48

3. 生产工艺

（1）配方一的生产工艺

将780#聚硫橡胶与炭黑捏合得30#密封膏。另将二氧化锰与DBP混合得9#密封膏。将30#密封膏与9#密封膏捏合，加入二苯胍，充分捏合得XM-1聚硫橡胶密封胶。

（2）配方四的生产工艺

将聚硫橡胶、半补强炭黑、气相白炭黑混炼均匀得混炼胶。再将环氧树脂、二氧化钛、二氧化锰与丙酮混合成硫化膏。然后将混炼胶、硫化膏和促进剂NA-22混合制得XS-1聚硫橡胶密封胶。

（3）配方七的生产工艺

将聚硫橡胶与半补强炭黑和二苯胍混炼得混炼胶；邻苯二甲酸二丁酯、二氧化锰、硬脂酸按质量比76：100：0.42的比例混合得9#硫化膏。然后将混炼胶、酚醛树脂、9#硫化膏与溶剂混合得产品。

（4）配方十一的生产工艺

将液体聚硫橡胶投入配胶锅中，搅拌下加入其余物料，混合均匀得液体聚硫橡胶密封胶。

4. 产品用途

（1）配方一所得产品用途

主要用于螺栓密封。室温下固化10天以上。该胶密封性能好，耐油、耐化学介质。

（2）配方二所得产品用途

该胶主要用作航空密封材料，用于固体火箭推进剂粘接、飞机油箱衬里修补等。80 ℃接触压固化5 h。该密封胶粘接钢材的拉伸强度＞2.5 MPa。

（3）配方三所得产品用途

该胶具有良好的耐老化性，主要用作密封胶。在室温下固化5天，或70 ℃固化24 h。

（4）配方四所得产品用途

主要用于密封。具有耐燃油性和耐老化性。使用温度为－50～130 ℃。100 ℃固化8 h，或常温固化10天。

（5）配方五所得产品用途

该胶主要用于金属与橡胶间的密封。金属表面涂聚异氰酸酯，橡胶表面涂氯丁聚异氰酸酯，然后将该胶夹于中间进行硫化。剥离强度：35 ℃、2天为36.8 N/cm。拉伸强度：35 ℃硫化 4 天为 3.22 MPa。

（6）配方六所得产品用途

该密封胶主要用于航空密封材料、飞机油箱衬里修补及固体火箭推进剂粘接。在 100 ℃接触压下固化 8 h。粘接铝合金的剥离强度＞100 N/cm。

（7）配方七所得产品用途

该胶主要用于航空密封材料、飞机油箱衬里修补和固体火箭推进剂的粘接。100 ℃接触压下固化 8 h。粘接铝合金的剥离强度＞122 N/cm。

（8）配方八所得产品用途

该密封胶具有良好的耐汽油、矿物油、煤气和水等性能，主要用于齿轮油箱密封。

（9）配方九所得产品用途

该胶具有良好的耐老化性能，主要用作密封剂。常温固化 18 h。

（10）配方十所得产品用途

该胶为不干性密封腻子，可塑性好，耐水、耐油性好。可用于密封胶接金属和非金属材料。

（11）配方十一所得产品用途

用于一般密封胶后。涂胶后在相对湿度 50％和室温条件下固化 1 天。

（12）配方十二所得产品用途

该胶为 XM-15 密封胶（XM-15 sealant），主要用于飞机整体油箱结构密封。长期使用温度－55～110 ℃，20 ℃固化 7～10 天。

5. 质量标准

（1）配方四所得产品质量标准

外观	光滑黑色胶状
伸长率	512％
拉伸强度/MPa	4.00～5.78
永久变形	17％
剥离强度（粘接铝）/（N/cm）	＞40

（2）配方十二所得产品质量标准

外观	深黑色
密度/（g/cm³）	1.4
脆性温度/℃	≤－40
拉伸强度/MPa	≥2.94
断裂伸长率	≥300％
永久变形	≤10.0％
T 剥离强度/（kN/m）	≥5.9

6. 参考文献

[1] 杨敏，回颖，张桂林．液态聚硫橡胶在防水密封中的应用［J］．橡塑资源利

用，2006（3）：30-32.

［2］章谏正，任杰，刘艺帆．抗压缩聚硫代醚密封剂的制备及性能研究［J］．化工新型材料，2021，49（1）：190-193.

［3］叶李薇，张亚博，彭华乔，等．聚硫醚密封剂研究进展［J］．化工新型材料，2017，45（9）：201-203.

1.24　沥青防水密封胶

1. 产品性能

本品是一种塑性或弹塑性的嵌缝密封材料，主要用于各式混凝土装配结构的接缝，使之不透水、不透气、耐久性好，还具有隔热防震和低温抗裂性。

2. 技术配方（质量，份）

石油沥青	475.0
E-51 环氧树脂	140.0
间苯二胺	15.0
石棉粉	13.5
二甲苯	140.0
邻苯二甲酸二丁酯	20.0
4％生橡胶二甲苯溶液	75.0

3. 生产工艺

将小块沥青放入二甲苯中浸泡 24 h，并把浸好的沥青液在电热套上加热至 120 ℃左右，加入 E-51 环氧树脂、4％生橡胶二甲苯溶液和邻苯二甲酸二丁酯搅拌均匀，80～85 ℃时，把熔融的间苯二胺加入胶液中，最后加入石棉粉，搅拌均匀即得沥青防水密封胶。

4. 产品用途

将该密封胶涂在各式混凝土装配结构的接缝处，加压黏合，干燥固化后即可防水。

5. 参考文献

［1］陈宏喜，文举．SBS 改性沥青弹性密封胶的研制及应用［J］．中国建筑防水，2012（2）：9-12.

［2］陈磊．沥青路面热熔密封胶灌缝施工技术对策［J］．交通世界，2017（18）：130-131.

1.25 XM-18 密封胶

1. 产品性能

XM-18 密封胶（XM-18 sealant）由环氧树脂、酚醛树脂、聚硫橡胶、白炭黑、二苯胍等组成，具有良好的耐油性，使用温度范围为 $-60 \sim 150 \, ℃$。

2. 技术配方（质量，份）

酚醛树脂	1.5
聚硫橡胶	77
沉淀白炭黑	8
气相白炭黑	8
三醋酸甘油酯	2.59
二氧化锰	3.41
E-44 环氧树脂	1.5
二苯胍	0.7~1.5

3. 生产工艺

先将聚硫橡胶、酚醛树脂和两种白炭黑混合，制得 18# 基膏。另将三醋酸甘油酯和二氧化锰混合，制得 10# 膏。将 18# 基膏、E-44 环氧树脂、10# 膏和二苯胍混合，制得 XM-18 密封胶。

4. 质量标准

剥离强度（粘接氧化铝）/（N/cm）	≥90
拉伸强度/MPa	≥3
相对伸长率	≥550%

5. 产品用途

主要用于耐油密封和缝内密封，使用时配制。在常温下硫化 10 天或 100 ℃ 下硫化 8 h。

6. 参考文献

[1] 王翠花，赵瑞，韩胜利，等. 耐油性单组分酮肟型有机硅密封胶的研制 [J]. 粘接，2012（4）：57-59.

1.26 有机硅酮结构密封胶

1. 产品性能

有机硅酮结构密封胶具有优异的性能，在电子、建筑、交通运输、机械及化工等行业的应用越来越广泛。该密封胶由有机硅酮、氨基硅烷、填料等组成。

2. 技术配方(质量，份)

有机羟基硅酮	90
有机甲基硅酮	30
甲基肟基硅烷	6
气相二氧化硅	12
硅酸钙	60
二丁基二月桂酸锡	0.08
氨基硅烷	0.80

3. 生产工艺

按配方量将上述物料在真空下常温混合 0.5 h 即得。

4. 产品用途

用作结构密封胶。

5. 参考文献

[1] 王沛喜. 有机硅结构密封胶 [J]. 中国胶粘剂，2009 (2)：32.

[2] 覃玲意，钟玲萍，马剑平，等. 纳米碳酸钙与重质碳酸钙复配强化有机硅酮密封胶性能 [J]. 大众科技，2021，23 (5)：21-24.

1.27 GD-404 单组分硅橡胶密封剂

GD-404 单组分硅橡胶密封剂（GD-404 one-component silicone rubber adhesive sealant）由硅橡胶和甲基三乙酰氧基硅烷组成。

1. 技术配方(质量，份)

硅橡胶 SDL-1-4	156
甲基三乙酰氧基硅烷	4.36

2. 生产工艺

将硅橡胶与甲基三乙酰氧基硅烷按配方量混合即得。甲基三乙酰氧基硅烷是室温硫化硅橡胶的关键组分,可由甲基三氯硅烷与乙酰化剂反应制得。将甲基三氯硅烷与醋酸酐在回流温度下反应几小时,然后在常压下蒸出反应副产物乙酰氯和醋酸酐,再在真空下蒸出甲基三乙酰氧基硅烷,产品为无色透明或浅黄色液体。

3. 质量标准

拉伸强度/MPa	$\geqslant 1$
伸长率	$\geqslant 300\%$
脆性温度/ ℃	<-70
体积电阻率	$\geqslant 3.4 \times 10^{15}$
介电常数	3
介电损耗角正切	$\leqslant 1.28 \times 10^{-3}$
击穿电压/(kV/mm)	$\geqslant 17$
邵氏硬度	30
抗老化(200 ℃、168 h)	
拉伸强度/MPa	$\geqslant 0.7$
伸长率	$\geqslant 250\%$

4. 产品用途

主要用于绝缘、防潮、防震密封及材料粘接。常温固化 1 h。

1.28　香豆酮树脂油膏

1. 产品性能

本品为建筑用嵌缝密封材料,使建筑物接缝处不透水、不透气。具有防水隔热等性能。

2. 技术配方(质量,份)

香豆酮树脂	2
废轮胎胶粉	15
废机油	8
石油沥青	24
石棉粉	5
硅藻土	40

3. 生产工艺

将香豆酮树脂、废轮胎胶粉、废机油、石油沥青在 170 ℃下搅拌 10 min，添加石棉粉、硅藻土，在 190 ℃搅拌 10 min，然后在 80 ℃均化 15 min 即得成品。

4. 产品用途

将该膏涂抹于建筑物接缝处，加压黏合。

1.29　民用大板建筑封缝膏

随着全装配壁板和大模板内浇外挂建筑体系施工技术的不断推广，大板建筑嵌缝防水材料亟待解决。该民用大板建筑封缝膏主要用于大板建筑嵌缝防水。

1. 技术配方(质量，份)

10# 石油沥青（软化点 90～110 ℃）	2.6
松节油精制的下脚料（黑脚料）	0.8
松节重油（馏程为 170～190 ℃）	1.6
石棉绒	1.5
滑石粉	3.5

2. 生产工艺

将沥青加热熔化脱水，在搅拌下加入黑脚料拌匀，再加入松节重油、石棉绒、滑石粉，继续搅拌至不见白色石棉绒为止。

3. 产品用途

用于大板建筑嵌缝防水，将该膏涂抹于接缝处，加压黏合。

1.30　沥青类嵌缝防水密封剂

装配式预制的防水屋面板和大型墙板的接缝，需要用防水嵌缝油膏进行防水处理。沥青类嵌缝防水密封剂（也称防水油膏）具有生产工艺简单、投资少、成本低廉、施工方便等特点。

1. 技术配方(质量，份)

（1）配方一

10# 石油沥青	60
60# 石油沥青	140

松焦油	30
重松节油	120
硫化鱼油	60
滑石粉	310
石棉绒	133

（2）配方二

60# 石油沥青	90
废橡胶粉	13.5
硫黄粉（占胶粉的质量分数）	5%
石棉绒	42
松焦油	19.5
30# 机油	21
松节重油	30
滑石粉	84

（3）配方三

60# 石油沥青	90
10# 石油沥青	90
滑石粉	36
天然橡胶	4
汽油	180

（4）配方四

沥青	100
废橡胶粉	25
合成橡胶	10
松焦油	20
重松节油	90
石棉粉	90
加工油	40
滑石粉	120

（5）配方五

石油沥青	200
松香酚醛树脂	30
硫化鱼油	55
松焦油	35
氧化钙	4
滑石粉	220
铝银浆	20
氧化铁黄	60
云母粉	220
汽油	300

重溶剂油	35
煤油	80

（6）配方六

石油沥青	20
再生橡胶	30
旧橡胶粉	55
石油软化剂	85

（7）配方七

60# 石油沥青	140
茚-香豆树脂	6
废橡胶粉	24
聚异丁烯	2
石棉	20

（8）配方八

石油沥青	100
聚异丁烯	25
无规则聚丙烯	75
高岭土（粒径＜5 μm）	300

2. 生产工艺

（1）配方一的生产工艺

将 10# 石油沥青及 60# 石油沥青倒入锅内加热，熔化脱水，除去杂质，温度保持在 180～200 ℃，加入松焦油边加边搅拌，连续搅拌 30～60 min，待气泡消失后方可使用，松焦油加入后温度保持在 170～190 ℃。

将鱼油在 100～110 ℃脱水，和已熔化脱水的石油沥青按 m（沥青）：m（鱼油）：m（硫黄）＝10：7：2 的比例混合搅拌 30 min，待硫化鱼油沥青混合物的软化点达（80±3）℃，用部分重松节油稀释备用。

将已处理好的沥青和硫化鱼油混合物装入 80～100 ℃的搅拌机内，按比例加入填料和部分松节油，搅拌均匀即成油膏。

该产品为沥青硫化鱼油油膏，适合北方使用。

（2）配方二的生产工艺

先将 60# 石油沥青加热脱水并除去杂质，温度升至 140～150 ℃，边搅拌边加入干燥的废橡胶粉，温度升到 180 ℃恒温 35 min，温度降到约 160 ℃，在搅拌下加入硫黄粉，保温 30 min。温度降到 140 ℃后加入热松焦油，再加 30# 机油。温度降到 100 ℃左右于搅拌下加松节重油、滑石粉、再加石棉绒，搅拌均匀即得嵌缝密封剂。

（3）配方三的生产工艺

先将天然橡胶用汽油溶胀、溶解，得天然橡胶溶液。另将两种石油沥青加热熔化、脱水，在 170 ℃下加入预干燥处理的滑石粉（也可用 425# 水泥），搅拌均匀。当温度降到 100 ℃时，于搅拌下加入橡胶汽油溶液，再搅拌 15 min，得到橡胶沥青密封胶。

（4）配方四的生产工艺

将废橡胶粉加入已脱水的 170～180 ℃沥青中，于 170～180 ℃保温并搅拌 40～60 min，使胶粉沥青能拉成均匀而光滑细长的丝。将合成橡胶与加工油加热熔解成为均匀的液体。将制备好的胶粉沥青和橡胶溶液在搅拌机内搅拌均匀后，加入松焦油、重松节油和填料，充分混合搅匀得防水嵌缝密封材料。适用于我国大部分地区，常温施工，使用简便。

（5）配方五的生产工艺

将石油沥青切成碎块，加热脱水，在 250 ℃左右搅拌下加入硫化鱼油、松焦油、氧化钙和松香酚醛树脂，搅拌 0.5 h，均匀后于 120 ℃加入其余物料，加料完毕，继续搅拌 1 h，即得沥青密封胶。

（6）配方六的生产工艺

将沥青在锅中加热，升温到 120～180 ℃脱水，过滤除去杂质，再加入其余组分熬炼即成制品。得到的沥青胶在 -40～80 ℃都可使用，柔软压缩恢复率 70% 以上。它是建筑中各种接缝的理想且廉价的嵌缝密封材料。

（7）配方七的生产工艺

将 60# 石油沥青加热至 200 ℃脱水，去杂质、然后在 160 ℃左右加入石棉（或者碳酸钙），充分搅拌均匀后，于搅拌下加入茚-香豆树脂、废橡胶粉、聚异丁烯，加料完毕，继续搅拌 0.5 h，得到密封沥青胶。

（8）配方八的生产工艺

将石油沥青加热至 200 ℃脱水，加入聚异丁烯、无规则聚丙烯，搅拌均匀后，加入高岭土，充分搅拌 0.5 h 得沥青嵌缝胶。

1.31 聚氯乙烯-煤焦油胶泥

聚氯乙烯-煤焦油胶泥是以煤焦油为基料，加入适量的聚氯乙烯粉、邻苯二甲酸二丁酯、硬脂酸钙及滑石粉填料配制而成的。聚氯乙烯-煤焦油胶泥是一种抗硫酸、盐酸、氢氧化钠腐蚀的嵌缝材料。

1. 技术配方（质量，份）

聚氯乙烯粉	1.0～1.5
煤焦油	10.0
邻苯二甲酸二丁酯	1.0～1.5
滑石粉（填料）	1.0～1.5
硬脂酸钙	0.1

2. 生产工艺

先将聚氯乙烯粉与硬脂酸钙混合均匀，加入邻苯二甲酸二丁酯搅拌成糊状，倒入煤焦油（事先脱水）中，搅拌均匀后徐徐加入填料，边加边搅拌，同时徐徐升温，当锅内料温度升至 130～140 ℃时，保持 10 min 即可完全塑化，应立即浇注使用。

1.32　堵漏用环氧树脂胶泥

1. 产品性能

环氧树脂胶泥具有优异的粘接性能力学性能、耐介质性和电绝缘性，而且在其固化过程中收缩率低、尺寸稳定，易于加工成型，对被粘接面预处理要求宽松，粘接适用范围广。

2. 技术配方（质量，份）

	（一）	（二）
E-44 环氧树脂	100	100
乙二胺	8～10	6～8
乙醇（或丙酮）	20～40	1～10
邻苯二甲酸二丁酯	5～10	10～20
T_{31} 固化剂	—	15～40
水泥（或石膏粉）	—	20～200

3. 生产工艺

技术配方（一）所得产品为粘接性能良好的环氧树脂粘接剂。建筑上堵漏、填缝一般采用技术配方（二）所得产品。将上述原料除乙二胺、T_{31}固化剂及水泥后加入外，其余均在搅拌情况下，依次加入混合均匀，最后加入乙二胺、T_{31}固化剂。配制时若环氧树脂过稠，宜加热至 40 ℃左右或多加稀释剂乙醇（或丙酮），调匀后再配制。

4. 产品用途

用于建筑物屋顶和家用水池、厕所、浴室等下水管周围因施工质量发生渗漏的堵漏。技术配方（一）所得产品为环氧树脂浆液，技术配方（二）所得产品为环氧树脂胶泥，都要现配现用。配制胶泥时，要把浆液拌匀，然后加入填料水泥或石膏粉，最后才加固化剂。补裂缝时，应沿缝剔成适当宽度和深度的凹槽，并清洗干净，先用技术配方（一）浆液涂一遍，待快干时再以技术配方（二）的胶泥填实，最后用浆液和玻璃丝布粘贴于漏缝面上。面积要比实际裂缝大，即可达到堵漏、填缝的目的。

5. 参考文献

[1] 张能，周卫宏，张金仲，等．环氧密封胶泥的研制与应用 [J]．化学与粘合，2009（5）：64.

1.33　耐酸胶泥

1. 产品性能

耐酸胶泥具有良好的耐酸性能、耐热性能和力学强度。因此，在电解槽、酸洗槽、贮酸池/槽、高烟囱内衬砌体的砌筑等防腐工程中，耐酸胶泥是砖板衬里施工中重要的材料。

2. 技术配方（质量，份）

氟硅酸钠	12
耐酸粉料	200
水玻璃	80

3. 生产工艺

按配方量先将干燥的耐酸粉料和氟硅酸钠拌和均匀，徐徐加入定量的水玻璃，不断搅拌至均匀为止。

4. 产品用途

用于电解槽、酸洗槽、贮酸池/槽、高烟囱内衬砖板衬里的施工。

5. 参考文献

[1] 任如山，石发恩，蒋达华．单组份硅酸钠耐酸胶泥的研究 [J]．腐蚀与防护，2006（9）：466.

1.34　热固性酚醛胶泥

1. 产品性能

热固性酚醛胶泥是一种优良的耐酸材料，它可用作塑料、橡胶衬里的粘接剂，并可用于耐酸砖衬里的填缝。除强氧化性酸外，它在浓度 70％以下的硫酸、任何浓度沸腾的盐酸、氢氟酸、醋酸及大多数有机酸中都稳定；并在 pH＜7 的大多数盐溶液中也较稳定。其最高使用温度为 120 ℃。这种塑料胶泥是由苯酚和甲醛在碳酸钠存在下缩合而成的热固性树脂、添加填料、增塑剂和固化剂复配而成的。

2. 技术配方（质量，份）

（1）酚醛树脂配方

苯酚	200
碳酸钠	2
甲醛（37%）	240
盐酸	约3.2

（2）酚醛胶泥配方

酚醛树脂	40
苯磺酰氯（70%丙酮溶液）	6.4
松香钙皂与桐油熬炼物	4
石墨（或磁粉）	40

3. 生产工艺

在夹层反应釜中，装入甲醛，并在搅拌下加入部分碳酸钠，调 pH 至 7.0。接着将苯酚及剩下的碳酸钠加入反应釜中，搅拌，加热至 50~60 ℃，保持 2 h，然后在 98~102 ℃保温 1 h。加 50 kg 水冷却，用 5%盐酸中和 pH 至 7。真空（<60 ℃）下脱水，当脱水量达 200 kg，即可出料得酚醛树脂。取 40 kg 酚醛树脂与 40 kg 石墨及其余物料拌和均匀，即得到酚醛胶泥。

4. 说明

①合成的树脂外观为棕色均匀黏稠液体，其中游离酚含量<12%，水分含量<12%。
②胶泥随配随用，超过 4 h 树脂将逐渐固化。

5. 产品用途

用于化工等防腐涂层及塑料中。拌和的胶泥应在 4 h 内用完。

1.35　糠酮胶泥

1. 产品性能

糠酮胶泥是由糠酮树脂、耐腐蚀填料、固化剂等调配而成，可用作石油、化学工业生产中砖板衬里的胶接材料，具有良好的耐腐蚀性、胶接性和密封性。其原料易得、成本低、施工方便。

2. 技术配方（质量，份）

	（一）	（二）	（三）	（四）
糠酮树脂	10	10	10	10
硫酸乙酯	0.8~1.0	—	0.8~1.0	—
对甲苯磺酸	—	1.0~1.2	—	1.0~1.2
硅石粉	4	—	—	—
石墨粉	—	—	15~20	15~20
瓷粉	—	15~20	—	—
石英粉	16	—	—	—

3. 生产工艺

将各物料混合捏合均匀得到胶泥。配方（一）、配方（二）所得产品为一般胶泥，配方（三）、配方（四）所得产品为导热胶泥。

4. 质量标准

使用温度/ ℃	180
抗压强度/MPa	60~80
密度/ (kg/m³)	(1.6~2.2)×10³
拉伸强度/MPa	8~10
吸水率	1%~2%
冲击强度/ (N/mm²)	15~25

5. 产品用途

在金属或混凝土等化工设备内壁用该胶泥衬砌（黏合）耐腐蚀砖板等块状材料。

6. 参考文献

[1] 王德堂，夏先伟，王峰，等. 低黏度热固性糠酮树脂的合成新工艺研究 [J]. 江苏化工，2008（5）：35-38.

1.36 呋喃树脂胶泥

1. 产品性能

呋喃树脂胶泥是一类重要的防腐胶泥品种，使用广泛主要用作防腐蚀地坪、酸洗槽罐的防腐蚀衬里，以及用于其他有腐蚀介质和温度同时作用或酸碱介质交替作用的防腐蚀工程中。

2. 技术配方（质量，份）

	（一）	（二）	（三）
呋喃树脂	7～9	—	—
糠醇改性酚醛树脂	—	6.2	3.25
沥青	1～3	—	—
硫酸乙酯	1	—	—
瓷粉	—	6.2	3.25
石英粉	10～25	3.72	2.6
苯磺酰氯	—	0.21	0.14

3. 生产工艺

将各物料捏合均匀即得。

4. 说明

①配方（一）所得产品为呋喃沥青胶泥。配方（二）、配方（三）所得产品为糠醇改性酚醛胶泥。其中糠醇改性酚醛树脂的配料比为：

	（二）	（三）
苯酚（100％计）	9.4％	9.4％
甲醛（100％计）	4.8％	9.0％
糠醇（100％计）	8.82％	26.46％

以氢氧化钠为催化剂进行缩聚。

②树脂中水分含量不能超过 5％，填料应在 90～100 ℃烘干，水分含量小于 1％方可使用，否则会引起胶泥无法固化，造成施工事故。

③填料中的微量碳酸盐，都将影响胶泥使用寿命。这是因为碳酸盐与酸性催化剂接触后，产生二氧化碳气体，使胶泥发泡，从而造成腐蚀性介质向胶泥渗透。

④使用催化剂时应注意胶泥焦化问题。

⑤一般不宜用低沸点的溶剂作稀释剂，因为溶剂挥发后胶泥孔隙率增大，容易渗漏。

5. 产品用途

广泛用于石油、化工等设备内壁衬里材料的黏合，也可用于其他防腐蚀设备内壁衬里材料的粘接。

6. 参考文献

［1］马杰，王学俭，石冰. CY-4 呋喃树脂胶泥在耐酸工程中的应用［J］. 建筑技术，2000（7）：485-486.

1.37 多用修补胶泥

该胶泥含有磺化蓖麻醇酸钠、甘油三油酸酯、蓖麻油、二聚戊烯、石油溶剂、硅油、助剂等。引自法国公开专利 FR 2598428。

1. 技术配方（质量，份）

脱臭灯油	67.00
表面活性剂	0.07
硅藻土	24.31
脱臭油	3.17
甘油三油酸酯	5.15
二氧化硅	3.33
蓖麻油	1.50
甘油	1.75
石油溶剂	40.00
水	55.90
粗棕土粉	0.70
磺化蓖麻醇酸钠	0.10
蒙脱土	3.33
菜籽油	3.15
辛醇	0.67
乙醇	9.80
硅油	122.50
二聚戊烯	52.50
脱臭灯油	32.20

2. 生产工艺

连续搅拌下制备含表面活性剂 0.07 份、水 10 份、脱臭灯油 30 份和石油溶剂 40 份的混合物 A。另外将硅藻土、粗棕土粉、脱臭油、磺化蓖麻醇酸钠、甘油三油酸酯、水 0.9 份混合得混合物 B。再将蒙脱土、二氧化硅、菜籽油、蓖麻油、脱臭灯油 2.2 份混合并与辛醇、甘油、乙醇的混合物拌和后与水 45 份混合，得到混合物 C。将混合物 A、混合物 B、混合物 C 与二聚戊烯混合，最后加入硅油和剩余物料，得多用修补胶泥。

3. 产品用途

用于修补金属、塑料、天然材料和陶瓷。

1.38　沥青密封防水胶泥

1. 产品性能

沥青密封防水胶泥具有优良的耐热性、耐寒性、黏结强度、弹塑性、防水性能及抗老化性能，是建筑行业广泛使用的防水密封材料，这种不定型密封材料胶料主要是沥青，具有优良的防水密封性能。

2. 技术配方(质量，份)

(1) 配方一

煤焦油沥青	100
煤焦油	40
硬脂酸	12
石棉粉	48

该防水胶泥可耐 60 ℃高温。

(2) 配方二

煤焦油沥青	100
桐油	10
煤焦油	50
矿粉	90

这种煤焦油沥青胶泥耐热度为 60 ℃。

(3) 配方三

10# 石油沥青	100
油酸	2
轻柴油	52
氢氧化钙	29
石棉（6～7 级）	17

该配方为冷沥青胶泥的配方。

(4) 配方四

石油沥青	95
E-51 环氧树脂	28
邻苯二甲酸二丁酯	4
4%生天然胶二甲苯溶液	15
间苯二胺	3
二甲苯	28
石棉粉	2.7

该防水密封胶泥的使用温度为－45～48 ℃

（5）配方五

石油沥青（软化点 110 ℃）	100
石棉粉	5
粉料	50

该配方为沥青防腐密封胶泥。其中粉料视使用环境分别使用耐酸、耐碱、耐氢氟酸粉料。耐酸粉料有瓷粉、石英粉和辉绿岩粉等，耐碱粉料有氢氧化钙、滑石粉，耐氢氟酸粉料主要是硫酸钡粉。粉料中水分要求小于 1%。

（6）配方六

煤焦油沥青	94
蒽油	6
煤焦油	30
石棉粉	70

该煤焦油沥青胶泥耐热度为 60 ℃。

（7）配方七

煤焦油沥青	90
煤焦油	30
蒽油	6
硬脂酸	6
粉料	18

该胶泥耐热度为 70 ℃。

（8）配方八

30# 石油沥青	78
石棉（6 级）	22

该石油沥青胶泥耐热度为 90 ℃。调整配方中两者比例，其耐热度发生变化。例如，30# 石油沥青为 82 份，石棉（6 级）为 18 份，则耐热度为 85 ℃；30# 石油沥青为 87 份，石棉（6 级）为 13 份，则耐热度为 75 ℃。

（9）配方九

煤焦油沥青	110
煤焦油	30
桐油	10
石棉粉（6 级）	50

该煤焦油沥青胶泥的耐热度为 70 ℃。

（10）配方十

石油沥青	70
二甲基双十四烷基氯化铵	1.3
活性白土	16.0
硅灰石	20.7

该配方为沥青屋顶胶泥的配方。将石油沥青加热熔化脱水，混合均匀后，搅拌下加

入阳离子表面活性剂，然后加入活性白土，中速搅拌均匀后加入硅灰石粉，混合均匀得沥青胶泥。

3. 产品用途

用于建筑行业中的密封防水。

1.39　焦油聚氨酯防水材料

1. 产品性能

焦油聚氨酯防水材料是在固化剂组分中渗进一定数量的焦油与预聚体（基剂）制成的。由于这种防水材料具有优越的弹性，在基层龟裂时也不会产生断裂，并和混凝土成水泥砂浆黏合得非常牢固，耐水与耐候性良好，同时价格低廉、施工方便，因此，焦油聚氨酯防水材料已在建筑工程上得到普遍应用。

焦油聚氨酯防水材料同纯聚氨酯防水材料一样，也是由基剂与固化剂组成，固化剂也是用多元醇或芳香二胺类，但物理性能与施工性能和无焦油聚氨酯防水材料不同，其优点是黏度较低、容易施工；受到压力时，不会发生变化；受水分影响较小；但焦油的扩散会引起污染，有焦油的臭味；反应速度不容易调节。

焦油聚氨酯防水材料的基本原料即基剂（预聚体）、多元醇、交联剂等均与纯聚氨酯防水材料相同，主要的不同点是在固化剂中添加一定数量的焦油，可采用煤焦油、油气焦油等。熔点较高的焦油可加热到 $70\sim100\ ℃$ 与其他固化剂组分熔解在一起。含水分较多的焦油，可预先用氧化钙进行脱水处理。

芳香二胺或多元醇是常用的交联剂。胺类交联剂除用 MOCA 外，目前还使用液体 MOCA。在配方中也添加炭黑与二氧化硅等无机填料，可提高焦油聚氨酯防水材料的拉伸强度。为了避免防水材料产生气泡，在配方中添加氧化钙、氢氧化钙、硫酸钙均有效果，特别是氢氧化钙与焦油混合吸收二氧化碳的能力更强。即使用水作交联剂时，也不会使焦油聚氨酯防水材料在施工时产生气泡。在表面涂一层含铝粉的聚氨酯涂料，可防止长期暴露在室外的焦油聚氨酯防水材料吸收太阳热量。

2. 生产工艺

将 2 mol 聚丙三醇（羟值为 84 mg KOH/g）、1 mol 聚丙二醇（羟值为 112 mg KOH/g）与 8 mol 2，4-二甲苯二异氰酸酯反应制得预聚体，用二甲苯配成 50% 的预聚溶液。将 100 份预聚体溶液与 20 份铝粉进行混合，制得含铝粉的涂料，涂布于以上焦油聚氨酯防水材料上，形成银白色的涂膜。

在反应器中，将 400 份聚丙二醇（羟值为 56 mg KOH/g）、52.4 份甲苯二异氰酸酯反应后制得预聚体。用 200 份预聚体与含 60 份油气焦油、10 份焦油沥青（软化点 50 ℃）、20 份氢氧化镁和 10 份水（交联剂），经研磨后组成 200 份的固化剂加以混合，在基层上涂 1～3 mm 厚的涂层即得。这种含焦油的聚氨酯防水材料具有很好的延展性，在混凝土表面上形成防水层，能防止混凝土龟裂渗水和漏水。

3. 质量标准

拉伸强度（醇交联，强度低；胺交联，强度高）/MPa	0.98～3.92
伸长率	300％～1000％
撕裂强度/（kN/m）	10～14.7
100％定伸强度/MPa	0.98～1.47
硬度（邵氏 A）	40～55
吸水率	1％～5％
透湿量/（g/m²）	0.02～0.10
对灰浆的黏合力/MPa	0.98～1.96
耐水解、耐酸碱及耐油性能	良好
耐候性能	较好
阻燃性能	一般
使用年限/年	10～15

4. 参考文献

[1] 徐均. 聚氨酯煤焦油型防水材料 [J]. 四川化工，2004（5）：10.

[2] 徐忠珊. 石油沥青聚氨酯防水材料的研制 [J]. 化学建材，2004（5）：46-49.

[3] 刘楠，李新法，牛明军，等. 环保型改性聚氨酯防水材料的研制 [J]. 化学建材，2005（2）：42-43.

1.40　乳胶水泥防水材料

1. 产品性能

乳胶水泥具有黏着力好、韧性强、透水性小、能防止震裂、耐反复冲击而不剥离或崩裂等性能。它与混凝土、钢材、木材、砖瓦等建筑材料的黏着力良好，并且具有一定的防化学腐蚀、耐磨、隔音、保温等性能。它的配制与一般水泥砂浆的类似，适于在潮湿的基面上施工。广泛应用于地下工程的防水和水利工程的防水，还用于飞机场跑道和港口码头等建筑的修补，道路地面的接缝。

2. 技术配方（质量，份）

丁苯橡胶乳胶（固体分 60％）	45
苯丙乳胶（固体分 57％）	24
非离子乳化剂和阴离子乳化剂 [m（非离子乳化剂）：m（阴离子乳化剂）＝1∶1] 混合物	1.3

水	5
120 ℃直链沥青	100
橡胶伸展油	13

3. 生产工艺

将丁苯橡胶乳胶、苯丙乳胶、非离乳化剂和阴离子乳化剂混合和物及水混合均匀，然后在搅拌下加入 120 ℃直链沥青，调匀后加入橡胶伸展油充分混合，得到固体分 65% 的乳胶，这种乳胶可以加入 m（水）：m（水泥）＝100：60 的水泥中，形成水泥防水层。

4. 产品用途

该乳胶水泥防水材料可用于铺地面或修补各种防水层的裂缝，硬化速度快、操作时间短、防水密封性好，可有效防止地下室和底层地面的地下水渗出，保持室内的干燥。也用于修补顶层漏水。

1.41　丙烯酰胺补漏浆料

1. 产品性能

丙烯酰胺等单体在过硫酸盐引发下发生聚合，可形成富有弹性的高分子凝胶。适用于隧道、涵洞、水坝、地下工程、泵房的补漏防渗。一般为双组分，施工时使用两只等压、等量喷枪、喷射注入补漏防渗部位混合，于常温下快速聚合凝结。从而达到补强补漏的目的。

2. 技术配方（质量，份）

（1）配方一

A 组分

丙烯酰胺	96
二甲基双丙烯酰胺	5
β-二甲氨基丙腈	4
水	440

B 组分

过硫酸铵	3～4
水	440

使用时，按 m（A 组分）：m（B 组分）＝1：1 的比例喷射于补漏部位混合，配制温度为 23 ℃。凝固温度 45 ℃，凝结时间 3 min。得到的聚丙酰胺凝胶的性能如下：

抗压强度极限变形	30%～50%

拉伸极限变形	20%～40%
抗压强度/MPa	0.01～0.06
拉伸强度/MPa	0.02～0.04

（2）配方二

A 组分

丙烯酰胺	5～20
N,N'-亚甲基双丙烯酰胺	0.3～0.7
硫酸亚铁	0.02～0.10
铁氰化钾	0.02～0.10
三乙醇胺	0.5～2.0
水	加至 100

B 组分

过硫酸铵	0.5～2.0
水	加至 100

配制时通常以 10%化学灌浆材料作为标准浓度。

（3）配方三

A 组分

丙烯酰胺	38
N,N'-亚甲基双丙烯酰胺	2
β-二甲氨基丙腈	0.6～1.4
水	160

B 组分

过硫酸铵	2
水	200

3. 生产工艺

该生产工艺为配方三的生产工艺。β-二甲氨基丙腈为促进剂，也可使用三乙醇胺作为促进剂。配制时，先用 60 ℃温水溶解 N,N'-亚甲基双丙烯酰胺，再加入丙烯酰胺加水稀释，然后加入促进剂，搅拌均匀得 A 组分。将过硫酸铵溶于水得 B 组分。灌注时 A 组分与 B 组分等量混合。用于水坝、泵房、涵洞、地下工程的堵漏补修。

4. 参考文献

[1] 刘学贵. 新型聚丙烯酰胺改性膨润土防渗材料的研究 [D]. 沈阳：东北大学，2010.

[2] 白炼. 丙烯酸盐化学灌浆材料的研制 [D]. 武汉：武汉工程大学，2010.

1.42 聚合物水泥补漏浆料

1. 产品性能

聚合物水泥防水浆料作为一种新型的环保型防水材料，结合了水泥的刚性和高分子材料的柔性，具有良好的物理力学性能和耐久性。聚合物水泥补漏浆料使用聚合物单体、预聚体或聚合物与水泥混合制浆，能有效渗入建筑物、混凝土或岩层裂缝中，形成高强度的不透水抗渗凝胶物。

2. 技术配方（质量，份）

（1）配方一

聚氨酯预聚体（TT-1）	200
水泥（325#普通硅酸盐水泥）	100
邻苯二甲酸二丁酯	20
稀释剂（丙酮）	20
乳化剂（吐温-80）	2

（2）配方二

A 组分

丙烯酰胺（单体）	6
水泥	400
硫酸亚铁	18
水	460

B 组分

过硫酸铵（引发剂）	12
水泥	400
水	460

A 组分、B 组分别配制，使用时 A 组分和 B 组分按质量比 1∶1 混合。用于裂缝补漏。

（3）配方三

聚氨酯预聚体（TT-1）	80
聚氨酯预聚体（TP-1）	20
邻苯二甲酸二丁酯	10
丙酮	10
乳化剂（吐温-80）	1
水泥（325#硅酸盐水泥）	80

该配方为聚氨酯-水泥浆液 TPC-2 的技术配方。

（4）配方四

聚氨酯预聚体（TT-1）	70

聚氨酯预聚体（TP-1）	28～30
增塑剂	10
乳化剂（吐温-80）	1
水泥（325#硅酸盐水泥）	200
三乙醇胺	0.5

3. 生产工艺

该生产工艺是配方三的生产工艺。配制时，先将 TT-1 投入配制锅，搅拌下依次加入 TP-1、增塑剂、乳化剂，最后加入水泥。施工注缝前再加入三乙醇胺。

4. 参考文献

[1] 刘晓斌，熊卫锋，段文锋，等. 单组分聚合物水泥防水浆料的应用性能研究[J]. 中国建筑防水，2012（6）：4.

[2] 王岳，聂雁翔，张军，等. 聚合物水泥防水浆料的性能研究[J]. 中国建筑防水，2013（5）：13.

1.43　密封塑料块

1. 产品性能

这种密封塑料块是软质聚氨酯泡沫塑料，主要用于炼油厂贮油罐的密封，具有密封效果好、浮动灵活、成本低等特点。

2. 技术配方（质量，份）

甘油聚醚（羟值 56 mg KOH/g）	1000
发泡灵	20
二月桂酸二丁基锡	1～2
水	27
三乙撑二胺	2
甲苯二异氰酸酯	375～390
2,6-二特丁基对甲酚	2～4

3. 生产工艺

将配方中的物料经一次发泡工艺得到软质泡沫块，即密封塑料块。

4. 产品用途

这种软质泡沫塑料密封结构由密封胶袋、软泡沫塑块、防护板、固定带、固定环组成。将技术配方制得的软质泡沫块用耐油橡胶布包裹起来，填塞在贮油罐中浮顶和罐壁之间的环形间隙内，因具有弹性，能保持密封，而且浮动自如。

5. 参考文献

[1] 王铭琦. 浇注型低透水聚氨酯密封材料的研制 [J]. 化学工程师，2004（12）：14-15.

[2] 黄汉东. 单组分湿固化聚氨酯密封材料的研制 [J]. 福建建材，2002（1）：20-22.

1.44　屋顶沥青涂料

1. 产品性能

该涂料具有很好的耐候性，其中主要含沥青、硅氧烷和填料。

2. 技术配方（质量，份）

沥青	10
三氧化二铁	5
硅氧烷（每 100 个硅原子中带有 120 个苯基和 10 个甲基）	10
硅氧烷（每 100 个硅原子中带有 180 个甲基）	5
石英粉	45
三氯乙烯	10
甲苯	5
乙酸丁酯	5
甲乙酮	5

3. 生产工艺

将沥青加热熔融以后，加入填料和硅氧烷及混合溶剂，充分搅拌分散均匀即得成品。

4. 产品用途

在屋顶涂刷 1 mm 厚的涂层，耐候 12 个月，其损失只有 85 g/m^2，同期沥青涂层损失为 360 g/m^2。

1.45　焦油屋顶涂料

1. 产品性能

该涂料适用于建筑屋顶、活动房顶。能耐 -25 ℃ 低温，其涂层在熟化后具有长期耐 80 ℃ 高温的特性。引自德国公开专利 DE 3424293。

2. 技术配方(kg/t)

废焦油	1600
邻苯二甲酸二丁酯	340
铝粉	50
丙酮	660
醋酸乙烯-氯乙烯共聚物	425

3. 生产工艺

将各物料按配方量混合均匀即得成品。

4. 产品用途

与一般房顶涂料相同。

5. 参考文献

[1] 藤野，健一，张国富. 环保型环氧煤焦油涂料 [J]. 燃料与化工，2002（5）：276-279.

1.46 沥青防潮涂料

沥青防潮涂料广泛应用于建筑工程，如屋面防水、厕卫间防水、地下室的防水，隧道、涵洞的隔水防潮等。

1. 技术配方(质量，份)

	（一）	（二）
10# 茂名石油沥青	100	—
10# 兰州石油沥青	—	100
重柴油	12.5	8
石棉绒	12	6
桐油	15	—

2. 生产工艺

将石油沥青熔化脱水，温度控制在 190～210 ℃，除去杂质，降温至 130～140 ℃再加入重柴油、桐油搅拌均匀后，加入石棉绒，边加边搅拌，然后升温至 190～210 ℃，熬炼 30 min 即得。

1.47　聚醋酸乙烯防水涂料

本品具有良好的防水性能，且施工方便、干燥快。

1. 技术配方（质量，份）

（1）底漆配方

聚醋酸乙烯乳液	10.0
水	3.0

（2）面漆配方

聚醋酸乙烯乳液	1.0
白垩粉（320目）	0.2
水	3.0
滑石粉	2.0

2. 生产工艺

将底漆和面漆分别按配方量搅拌均匀即可。

3. 产品用途

防水涂料。使用时，先涂底漆，稍干后再涂面漆。

4. 参考文献

[1] 王敏. 改性乙烯-醋酸乙烯共聚物（EVA）彩色防水涂料及施工 [J]. 涂料工业，2003（5）：26.

1.48　沥青聚烯烃防水涂料

本品具有良好的耐候性和耐久性。

1. 技术配方（质量，份）

软石油沥青	20
高岭土（粒度<5 μm）	60
聚异丁烯	5
无规则聚丙烯	15

2. 生产工艺

将石油沥青聚异丁烯和无规则聚丙烯在 200 ℃下混合 0.5 h，然后再加入高岭土搅匀即得沥青聚烯烃防水涂料。

3. 产品用途

用于建筑物、屋面防水。

1.49　新防水涂料

1. 产品性能

该涂料主要用于木材、混凝土、砖石建筑等底材的涂装，具有优良的防水性、吸水率低。引自美国专利 US 5178668。

2. 技术配方(kg/t)

氨乙基氨丙基三甲氧基硅烷	222.1
氢氧化钠	168
甲基三甲氧基硅烷	408
水	656
甲醇	适量

3. 生产工艺

先将 110 g 氢氧化钠溶于 456 g 水中，另将氨乙基氨丙基三甲氧基硅烷、甲基三甲氧基硅烷和 58 g 氢氧化钠配成混合物，将配好的氢氧化钠水溶液缓慢加入上述混合物中，于 80 ℃加热 1 h，再于 100 ℃加热除去甲醇和部分水，然后加 200 g 水进入混合物中，并于 150 ℃加热 45 min，制得含固量 46%的新防水涂料。

4. 产品用途

主要用于木材、混凝土、砖石建筑等底材的防水涂装。将底材用涂料浸涂所形成涂层在水中浸泡 7 天后，吸水率为 6.43%。

5. 参考文献

[1] 窦国庆，吕兆萍，刘道辉，等．新型环保型防水涂料的改性研究进展 [J]．化学与粘合，2012（5）：63-66.

[2] 荆鹏，刘峰，王晓蕾，等．一种新型防水涂料的制备 [J]．化工科技，2011（4）：19-22.

1.50　强防水涂料

1. 产品性能

该涂料具有极强的防水性，贮存稳定性好，主要用于建筑或其他防水渗透部位的涂饰。

2. 技术配方（质量，份）

沥青	37.0
聚氯乙烯	0.4
聚丙烯	0.4
焦油（沸点 170 ℃）	6.2
氢氧化钠	0.4
水	37.0
熟石灰	2.7
漂白土	6.3
聚苯乙烯废料	10.0

3. 生产工艺

将技术配方中的各物料按配方量混合后，于球磨机上研磨到一定细度，制得焦油-聚合物乳液的强防水涂料。

4. 产品用途

用于建筑或其他防水渗透部位的涂饰。涂刷于底材上，干燥 7 天，即形成防水性涂层。

1.51　溶剂型苯乙烯防水涂料

本品具有良好的防水性能，且施工简便。

1. 技术配方（质量，份）

苯乙烯清漆*	10.0
氧化铁红	0.4
炭黑	0.1
重晶石粉（320 目）	4.0
滑石粉（320 目）	1.0
溶剂	1.0～2.0

* 苯乙烯清漆的配方

苯乙烯焦油	5.0
蓖麻油（或蓖麻油脚料）	0.4
溶剂	4.5

2. 生产工艺

（1）苯乙烯清漆

将苯乙烯焦油放入锅内加热熬炼，当温度升到 60～70 ℃时，于搅拌下加入蓖麻油并控制 2～3 h 后升温至 140 ℃，恒温熬制 1～5 h，直至取样检查性能符合后，倒出冷却，以溶剂溶解之，加溶剂时不断搅拌，待全溶后，以 80 目筛过滤即成苯乙烯清漆。

（2）涂料

将颜料、填充料混合均匀后，加入少量溶剂混匀调成浆状。然后加入苯乙烯清漆，搅拌均匀后，以 80～120 目过滤即得。

3. 产品用途

用作防水涂料。

4. 参考文献

[1] 殷锦捷，周华利，姜胜男. 新型苯乙烯-丁二烯-苯乙烯（SBS）防水涂料的制备 [J]. 电镀与涂饰，2010（8）：47.

1.52　沥青硫化油酚醛防水涂料

1. 产品性能

本涂料防水性能好，且具有较好的低温抗裂性，主要用于屋面防水。

2. 技术配方（质量，份）

（大庆 55#）石油沥青	100
硫化鱼油	30
210# 松香酚醛树脂	15
松焦油	10
重溶剂油	15
松节重油	15
氧化钙	2
滑石粉	120
云母粉	120
氧化铁黄	30

铝银浆	10
汽油	150
煤油	37.6

3. 生产工艺

将石油沥青切成碎块，放在熔化锅内加热熔化脱水（240～260 ℃），在搅拌下，加入硫化鱼油、松节重油、松焦油和氧化钙等进行搅拌和反应 30 min。

当温度降至 120 ℃左右时，将填料和颜料、210# 松香酚醛树脂、汽油和煤油加入装有搅拌器的反应锅内，再继续搅拌 45～60 min，合格后出锅。

4. 产品用途

用作防水涂料。将配好的涂料涂刷于屋面上。

1.53　沥青橡胶防水涂料

1. 产品性能

由于沥青的感温性强，涂层存在着热流淌、冷脆裂的缺陷，所以通过在沥青中加入其他改性材料的办法来改善其性能，以确保涂层的防水性。沥青橡胶防水涂料采用的废橡胶粉为改性材料和沥青为有效成分，用溶剂分散均匀即得，具有良好的耐热、耐寒性、防水性和抗老化性。涂层自然干燥后，即形成连续的封闭层。若加衬玻璃丝布形成的防水层，不仅防水性能提高，而且与油毡防水层相比，可减轻重量 80%，节约沥青 80%。

2. 技术配方（质量，份）

60# 石油沥青	100
废橡胶粉	96
10# 石油沥青	84
90# 汽油	96

3. 生产工艺

将石油沥青投入混合锅内，加热熔化、脱水，滤出杂质，然后继续加热，于搅拌下加入废橡胶粉，于 180～200 ℃保温 30 min，待混合液为稀糊状并能拉出均匀的细丝时，降温至 100 ℃左右，最后于 80 ℃加入汽油溶剂，搅拌均匀得屋面用沥青橡胶防水涂料。

4. 产品用途

屋面防水涂料。扫除干净后涂刷（直接冷涂），自然干燥，形成连续封闭的涂层。

也可做成"二布三液一砂"的防水层。

5. 参考文献

[1] 杨人凤，刘平. 橡胶沥青技术的发展与应用 [J]. 筑路机械与施工机械化，2009（2）：14.

1.54 沥青再生橡胶防水涂料

1. 产品性能

这种涂料主要用作屋面防水，具有较好的弹性、延展性和耐久性，适应基层的结构变化。

2. 技术配方（质量，份）

石油沥青	10.0
再生橡胶浆胶 [m（鞋再生胶）：m（双戊二烯）＝1：3]	8.0
云母粉	7.6
氧化钙	0.2
铝粉	1.0
煤油	3.0
滑石粉	7.6
氧化铁黄	3.0
汽油	12.0

3. 生产工艺

将石油沥青加热熔融，于240～260 ℃脱水至液面无气泡生成，加入氧化钙搅拌冷至130～150 ℃，加入再生橡胶胶浆搅拌 30 min，然后加入云母粉、滑石粉及煤油搅拌15 min 后，再加入氧化铁黄、铝粉及汽油（注意：汽油易燃！操作时注意防火安全），最后，再搅拌30～40 min，即得成品。

4. 产品用途

用作屋面防水涂料。

5. 参考文献

[1] 董诚春. 特种再生橡胶的生产工艺及配方 [J]. 橡塑资源利用，2016（5）：24-31.

[2] 李子安，郑健红，韩玉. 液体再生橡胶的开发及制备功能性材料的研制 [J]. 橡塑资源利用，2015（4）：4-9.

1.55 水乳型苯乙烯防水涂料

本涂料防水性能好，使用方便。

1. 技术配方（质量，份）

苯乙烯焦油乳液*	10.0
石英粉	1.0
氧化铁红	1.5

* 苯乙烯焦油乳液的配方

苯乙烯焦油	10.0
烷基磺酸钠	0.4
10%干酪素溶液	0.3
邻苯二甲酸二丁酯	0.4
水	2.0
水（稀释用）	3.2～3.7

2. 生产工艺

将苯乙烯焦油放入容器内，加入邻苯二甲酸二丁酯搅拌均匀成混合物，加热至60～70 ℃；另取一容器作乳化桶，将10%干酪素溶液、水和烷基磺酸钠搅拌均匀，加热至60～70 ℃，然后将加热的苯乙烯焦油混合物在搅拌下加至乳化桶内，在乳化机中高速搅拌下使苯乙烯焦油分散悬浮于水中成乳液，搅拌15 min即成白色乳液，最后加水稀释即成乳液。

向配好的乳液中按比例加入填料、颜料，搅拌均匀，即得水乳型苯乙烯防水涂料。

3. 产品用途

用作屋面防水。至少涂刷两遍。

4. 参考文献

[1] 吴军，肖海宏，黎明，等. 用废聚苯乙烯制备有机硅聚苯乙烯丙烯酸酯乳液建筑防水胶 [J]. 粘接，2018，39（6）：25-28.

[2] 刘双奇，冯世宏，薛韵甜，等. 利用废聚苯乙烯泡沫塑料制备防水涂料的研究 [J]. 辽宁化工，2016，45（3）：294-296.

1.56 聚氨酯灌浆材料

1. 产品性能

聚氨酯灌浆材料的制备分为两部分，即预聚体的合成和浆液的配制。

（1）预聚体的制备

聚氨酯浆液中所需的预聚体，不论是油溶性灌浆材料还是水溶性灌浆材料，影响制备工艺的因素基本相同。不同的是所选用的聚醚多元醇的品种及规格有所差别。水溶性聚氨酯灌浆材料所需的是聚氧化乙烯多元醇或氧化乙烯含量占 80% 以上的氧化乙烯-氧化丙烯共聚醚多元醇；油溶性聚氨酯灌浆材料所需是聚醚品种（表1-2）。

表1-2　聚氨酯灌浆材料用的预聚体配方和聚醚规格

参数	水溶性		油溶性	
	1	2	1	2
聚醚多元醇平均分子量	3000	3000	336	400
羟值/（mg KOH/g）	56	75	500	280
官能度	3	4	3	2
w（氧化乙烯）：w（氧化丙烯）	90%：10%	85%：15%	0：100%	0：100%
用量/g	300	300	100	100
w（甲苯-2，4-二异氰酸酯）：w（甲苯-2，6-异氰酸酯）	80%：20%	80%：20%	80%：20%	80%：20%
用量/g	67	71	348	174
合成条件				
温度/℃	90	80	50	50
反应时间/h	3	2	3	3
—NCO 含量	5.1%	4.5%	28%	23%

聚醚多元醇在久贮之后易吸收湿气中的水分。在合成预聚体之前，需将聚醚多元醇进行脱水处理。脱水条件：120 ℃减压（20×133.322 Pa）脱水 2～3 h。

预聚体的制备是将所需量的甲苯二异氰酸酯先置于干燥反应器中，搅拌下缓慢地加入所需量的聚醚多元醇。控制温度要严格。反应过程中放出的热量要移出，恒温搅拌 2～3 h，取样分析—NCO 含量。降温出料。所得预聚体保存在密封干燥的容器中。

影响预聚体合成的主要因素有反应温度、加料方式、搅拌速度及水分等。温度影响反应速度及产品黏度。反应初期速度快，体系放热量大，必须及时冷却，否则会导致温度过高，使游离的异氰酸酯基团进一步与氨基甲酸酯键中的氢原子反应生成交联的脲基甲酸酯，造成产品黏度增加，甚至凝胶。尤其用高羟值聚醚多元醇为原料时，要特别注意。

在合成预聚体的实际操作中，加料顺序非常关键，因为所合成的预聚体末端是异氰酸酯基团，且异氰酸酯的用量又是过量的，所以必须将异氰酸酯化合物先置于反应容器内，然后缓慢、分批地加入聚醚多元醇。这样才能保证参与反应的多元醇羟基全部与异氰酸酯反应，使产物末端含异氰酸酯基团。若将异氰酸酯化合物反过来加入聚醚多元醇中，就会导致开始羟基过量，使分子链增长，发生交联而凝胶。

为了防止局部聚醚多元醇过量及将反应热及时移出，并保证体系尽可能生成均一的低黏度预聚体，必须进行有效搅拌。搅拌器形式、功率与速度取决于合成预聚体的体系黏度。一般采用推进式搅拌器，转速大于 250 r/min。搅拌效果差，或者反应中途突然停电，会引起产物黏度过大，甚至凝胶和交联结块。

生产原料聚醚和容器都要充分干燥，同时在反应过程中还必须保证反应物料不要与湿空气接触，一般应采用反应物料在干氮气氛下反应，或者反应器各个出口部分用氯化钙干燥器保护。

（2）灌浆材料的配制

聚氨酯灌浆材料的配制方法是比较简单的，将预聚体、溶剂、增塑剂、表面活性剂、催化剂与填料等物料按顺序计量加入容器中，密闭条件下搅拌均匀后即制得。因预聚体中异氰酸酯基团极易与水反应，所以各种物料必须经脱水处理。

同时，异氰酸酯基在某些催化剂作用下，不仅能进一步与预聚体中的氨基甲酸酯基中的氢原子反应生成脲基甲酸酯键，而且异氰酸酯基团还能自身发生二聚与三聚反应，所以，聚氨酯灌浆材料一般以双组分形式提供。将预聚体、增塑剂、缓凝剂及部分溶剂组成主浆液；而将催化剂及另一部分溶剂组成促进剂，二者分别贮藏，使用时按工程凝胶时间的要求进行配制。

2. 生产工艺

（1）矿井壁堵水

当矿井壁出现涌水现象时，用水泥、水玻璃类材料注浆一般效果很差，使用水溶性聚氨酯浆液注浆堵漏，具有很好的效果。

水溶性聚氨酯浆液配方（质量，份）

聚氧化乙烯、氧化丙烯三元醇-TDI预聚体 [w（氧化乙烯）：w（氧化丙烯）＝90%：10%，w（—NCO）＝6%～75%]	100
丙酮	20
邻苯二甲酸二丁酯	20
催化剂	若干

井筒水温 13 ℃，井筒温度 17 ℃，水溶液 pH 至 6.4，催化剂于注浆时加入水中，按双液形式注浆。水溶性聚氨酯浆液无论在井深多少，都可以与水以任何比例均匀混合，在一定范围内，凝胶时间和含水量无关。水溶性聚氨酯浆液可灌性较好，扩散半径可达 1.5 m 左右，它的强度优于聚丙烯酰胺系浆液，浆液使用方便，不必现场配制，贮存性稳定，施工和清洗方便。

（2）钻井护壁堵漏剂

在钻井探矿中，经常遇到破碎坍塌层及漏水层。遇到这类地层，常常是用大量的黏土球、挤压稠泥浆钻井，有时灌注几吨到几十吨的水泥，停机 7～8 天待水泥固化后钻井。即使如此，有时还达不到效果。采用油溶性聚氨酯浆液护壁堵漏，具有良好堵漏效果。

堵漏剂灌注器是由 3 个部分组成：注射头（单向阀）、注射筒（浆液贮藏部分）和活塞杆（注浆压力传递杆）。

堵漏剂配方（质量，份）

	1	2	3	4
聚甘油-氧化丙烯三元醇-TDI 预聚体 [w（—NCO）=28%]	40	20	30	80
聚丙二醇-氧化丙烯二元醇-TDI 预聚体 [w（—NCO）=23%]	40	60	50	—
丙酮	10	10	10	10
增塑剂（DOP）	10	20	20	10
吐温-80	1	1	1	1
硅油	1	1	1	1
催化剂（三乙胺）	1.5	1.5	1.5	1.5

将浆液配制后，装入灌注器中，用钻杆送入孔内所需部位，然后用钻机主轴推动活塞压浆，使浆液灌入孔壁岩石裂隙或破碎层中，与水反应膨胀，渗透而固化，达到堵水和固结的目的。部分浆液则沿孔壁与灌注器外环状间隙上升，形成新的塑料孔壁而达到堵漏护孔的目的。配方 1、配方 2、配方 3 浆液的固结物韧性好，固结岩心强度可达 5.88 MPa～6.37 MPa。配方 4 浆液的固结物刚性好，岩心强度可达 12.74 MPa～14.7 MPa。

（3）船坞底板裂缝堵漏剂

浆液配方（质量，份）

预聚体	100
硅油	1
吐温	1
邻苯二甲酸二丁酯	10
丙酮	15
三乙胺	0.2～0.3

先将所有注浆嘴阀门打开，选择合适的注浆嘴注入浆液，所有注浆嘴溢出浆后，恒压 5 min（注浆压力为 0.49 MPa）后停止注浆。注浆后 3 天拆除注浆管。

3. 参考文献

[1] 沈春林，褚建军. 聚氨酯灌浆材料及其标准 [J]. 中国建筑防水，2009（6）：41.

[2] 谢丽丽，郑先军. 互穿网络型改性聚氨酯灌浆材料的开发及应用 [J]. 新型建筑材料，2021，48（8）：147-149.

[3] 赵鑫. 一种聚醚多元醇及其制备的聚氨酯防水灌浆料研究 [J]. 化学推进剂与高分子材料，2021，19（3）：46-51.

1.57　建筑用化学灌浆液

1. 产品性能

化学灌浆属于专业性很强的范畴，主要是指利用化学材料配制成的真溶液为主体材料的灌浆方法，具有渗透能力强、可灌性好、材料性能广泛、适用性强、固化性能灵活可控等优点。用压送设备将其灌入地层或缝隙内，使其扩散、胶凝或固化，以达到加固或防渗堵漏的目的。

2. 技术配方（质量，份）

（1）配方一

环氧氯丙烷	20
邻苯二甲酸二丁酯	10
煤焦油	25
促进剂 DMP-30	5
E-44 环氧树脂	100
二甲苯	40
乙二胺	10

（2）配方二

混合树脂 [m（6105# 环氧树脂）：m（654# 环氧树脂）：m（669# 环氧树脂）＝4：2：1]	10.0
糠醛	3.0
促进剂 DMP-30	3.0
乙醇	0.1
425# 水泥	0.3

其中潜在固化剂酮亚胺，遇水可分解为固化剂胺，从而有效固化环氧树脂。

（3）配方三

重铬酸钠	9
硫酸亚铁	2
氯化铁	1～3
纸浆废液（干粉含量 25～35 份）	100

（4）配方四

普通硅酸盐水	50~80
邻苯二甲酸二丁酯	10
聚氨酯预聚体	100
吐温-80	80
丙酮	80
三乙胺	3~6

（5）配方五

甲基丙烯酸甲酯	100
丙烯腈	15
甲基丙烯酸	0.5
过氧化二苯甲酰	1
对甲苯亚磺酸（抗氧剂）	0.5
水杨酸	1
二甲基苯胺（促凝剂）	0.5
铁氰化钾	0.3

3. 生产工艺

（1）配方一的生产工艺

将各组分加热混匀即得。该配方可用于潮湿混凝土裂缝的处理。

（2）配方三的生产工艺

灌浆时，可直接将盐加入纸浆废液中拌和溶解即得。

（3）配方五的生产工艺

将各物料按配方量混合搅拌均匀即得。

4. 产品用途

用于加固或防渗堵漏。用压送设备将灌浆液注入裂缝处。

5. 参考文献

［1］何巍，李芹峰，谭日升.AC-VE 灌浆材料的研究与应用［J］.隧道与轨道交通，2017（S1）：77-79.

［2］于莉，程学礼.环氧树脂化学灌浆液的微乳化在防渗堵漏方面的应用［J］.化工新型材料，2013，41（8）：176-178.

第二章 水泥混凝土外加剂

2.1 HZ-4 泵送剂

HZ-4 泵送剂（HZ-4 type pumping aid）由木质素磺酸盐减水剂、缓凝剂和引气剂组成。

1. 产品性能

浅黄色粉末。能有效改善混凝土拌和泵送性能，并能使新拌混凝土在 120 min 内保持其流动性和稳定性的外加剂。掺入量为 0.7%～1.4%，减水率为 10%～20%，1 天、3 天、7 天强度分别提高 30%～70%、40%～80% 和 30%～50%，初凝可延长 1～3 h，终凝可延长 1～3 h，含气量 3%～4%。

2. 生产工艺

将木质素磺酸盐减水剂与缓凝剂、引气剂等按配方量混合均匀，即得 HZ-4 泵送剂。

3. 工艺流程

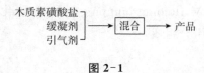

图 2-1

4. 质量标准

	一等品	合格品
外观	浅黄色粉末	
细度（4900 孔标准筛筛余量）	≤15%	
pH	10～11	
坍落度增加值/cm	≥10	≥8
常压泌水率比	≤10%	≤120%
含气量	≤4.5%	≤5.5%
坍落度保留值/cm		
30 min	≥12	≥10

60 min	≥10	≥8
抗压强度比		
3 天	≥85%	≥80%
7 天	≥85%	≥80%
28 天	≥85%	≥80%
90 天	≥85%	≥80%
收缩率比（90 天）	≤135%	≤135%
相对耐久性（200 次）	≥80%	≥300%
含固量或含水量	固体泵送剂应在生产厂控制值相对量的≤5%	
密度	液体泵送剂就在生产厂控制值的±0.02%	
氯离子含量	应在生产厂控制值相对量的 5%	
水泥净浆流动度	应不小于生产厂控制值的 95%	

5. 产品用途

用作混凝土砂浆泵送剂。用于配制商品混凝土、泵送混凝土、高流态混凝土、高强混凝土。

6. 参考文献

[1] 吴本清. HZ 液体泵送剂的研制及应用 [J]. 山东建材，2008（1）：43-45.

[2] 岳灿，王芳. 木质素磺酸盐减水剂对防止混凝土水泥颗粒分散的作用分析 [J]. 当代化工，2019，48（11）：2529-2532.

2.2 JM 高效流化泵送剂

JM 高效流化泵送剂（JM fluiding pumping aid）由磺化三聚胺甲醛树脂高效减水剂、缓凝剂、引气剂和流化组分组成。

1. 产品性能

JM 高效流化泵送剂具有减水率高、泵送性能好等特点。在掺入量范围内，减水率可达 15%～25%。由于不含氯盐，不会对钢筋产生锈蚀。

在使用三胺树脂高效减水剂的基础上复合了缓凝、引气、流化组分，因此可泵性好，混凝土不泌水、不离析、坍落度损失小。同时能显著提高混凝土的强度与耐久性。由于减水率高，该产品 3 天、7 天、28 天强度增加值均可达 15%～25%甚至更高。抗折强度等其他强度指标也有明显改善。由于具有引气组分，使加入该产品的混凝土具有良好的密实性及抗渗、抗冻性能。

2. 生产工艺

以三聚氰胺、甲醛、磺化剂为主要原料，按一定比例配料经羟甲基化反应，磺化反应、催化缩合反得到磺化三聚氰胺甲醛树脂（具体生产工艺可参见 SM 高效减水剂）的母液，再按配方比加入缓凝、引气、流化等组成，复配均匀，得 JM 高效流化泵送剂。

3. 工艺流程

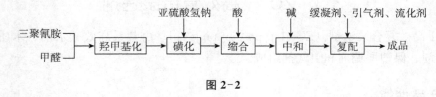

图 2-2

4. 质量标准

	一等品	合格品
坍落度增加值/cm	≥10	≥8
常压泌水率比	≤10%	≤120%
压力泌水率比	≤9.5%	≤100%
含气量	≤4.5%	≤5.5%
坍落度保留值/cm		
30 min	≥12	≥10
60 min	≥10	≥8
抗压强度比		
3 天	≥85%	≥80%
7 天	≥85%	≥80%
28 天	≥85%	≥80%
90 天	≥85%	≥80%
收缩率比（90 天）	≤135%	≤135%
相对耐久性（200 次）	≥80%	≥300%
含固量或含水量	液体泵送剂应在生产厂控制值相对量的 3% 之内 固体泵送剂应在生产厂控制值相对量的≤5%	
密度	液体泵送剂就在生产厂控制值的 ±0.02% 之内	
氯离子含量	应在生产厂控制值相对量的 5% 之内	
细度	应生产厂控制值≤±2%	
水泥净浆流动度	应不小于生产厂控制值的 95%	

5. 产品用途

用作混凝土砂泵送剂。适用于商品混凝土、泵送混凝土及高强、超高强混凝土。

6. 参考文献

[1] 刘剡．HJL 型混凝土泵送剂的研制与应用［J］．山东建材，2000（1）：27-29.

　［2］徐阳，陈会琴，陈晨，等．磺化三聚氰胺-对羟基苯甲酸-甲醛树脂高效减水剂的合成［J］．中国胶粘剂，2016，25（2）：12-15．

2.3　ZC-1 高效复合泵送剂

ZC-1 高效复合泵送剂（ZC-1 type pumping aid）由萘系高效减水剂、木质磺酸钙缓凝减水剂、保塑增稠剂和引气剂组成。

1. 产品性能

ZC-1 高效复合泵送剂具有较高的减水率、良好的保塑性，并对水泥有较好的适应性，混凝土早期强度高，14～20 h 即可脱模，适合于 C10～C60 不同强度的商品混凝土。

2. 生产工艺

ZC-1 高效复合泵送剂的配制中选用了高效减水剂，减水率达 18％～25％，可增大混凝土的流动性，选择以木质钙、柠檬酸为缓凝材料，能抑制水泥水化，使拌和物在一定时间保持塑性，减少混凝土的坍落度经时损失。为了满足混凝土保塑性，选用了离子表面活性组成的保塑剂、增稠剂，与高效减水剂、缓凝剂复合使用，保塑效果良好。ZC-1 高效复合泵送剂中掺入适量的引气剂，在混凝土拌制过程中，能引入适量微细而稳定的泡沫，从而减少了混凝土的用水量，增大了混凝土的黏稠性，提高泵送混凝土的工作性和流动性，减少混凝土坍落度的损失。

3. 主要原料

（1）萘磺酸甲醛缩合物减水剂（萘系高效减水剂）

萘系高效减水剂对水泥浆具有较强的分散作用，能使水灰比不变的情况下，大幅提高混凝土拌和物的流动性，能大幅度减少混凝土用水量。高效减水剂是阴离子型高分子表面活性剂，具有固-液界面活性作用，对水泥浆有较强的分散作用，减水率一般在 20％～25％。

（2）木质磺酸钙缓凝减水剂

调节水泥凝结时间，延长水泥水化反应的速度，推迟或延长水泥水化时放热峰的出现，降低水泥水化热，同时对混凝土的品质改善提供辅助作用。

（3）保塑、增稠剂

选用水溶性化合物，能显著增加水的黏度，具有保塑、增稠、增强、不离析、不沁水和缓凝作用，使混凝土保持稳定、分散状态的时间延长，混凝土加水后，2 h 混凝土仍具有 180～200 mm 的坍落度，能保证混凝土施工时的质量和进度。

（4）引气剂

引入大量稳定的、封闭的微小气泡。气泡可分为 3 种：气泡单独存在的；具有共同膜的泡与泡聚集体；气溶胶性气泡的泡各自独立存在，其周围被黏稠液体、半固体或固体所包裹而不易消失。引气混凝土中的气泡属于溶胶性气泡范畴。引气剂能显著提高混凝土的可泵送性和耐久性。

4. 工艺流程

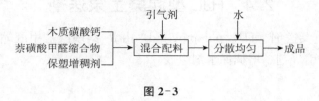

图 2-3

5. 质量标准

	一等品	合格品
坍落度增加值/cm	≥10	≥8
常压泌水率比	≤100%	≤120%
压力泌水率比	≤95%	≤100%
含气量	≤4.5%	≤5.5%
坍落度保留值/cm		
30 min	≥12	≥10
60 min	≥10	≥8
抗压强度比		
3 天	≥85%	≥80%
7 天	≥85%	≥80%
28 天	≥85%	≥80%
90 天	≥85%	≥80%
收缩率比（90 天）	≥135%	≥135%
相对耐久性（200 次）	≥80%	≥300%
含固量	32%～38%	
相对密度	1.12～1.18	
氯离子含量	≤5%	
水泥净浆流动度	≥95%	

6. 产品用途

用于配制泵送混凝土。

7. 参考文献

[1] 周胜军. ZC-1 高效复合泵送剂的配制与应用 [J]. 新疆有色金属，2005（4）：50-51.

[2] 李凯斌，张星，张洁玉，等. 萘系减水剂对发泡水泥浆体及制品的影响 [J]. 当代化工，2021，50（1）：60-67.

2.4 HJL 型混凝土泵送剂

HJL 型混凝土泵送剂（HJL pumping aid）由 β-萘磺酸盐甲醛缩合物高效减水剂、早强剂、缓凝剂、引气剂、增稠保水剂组成。

1. 产品性能

具有良好的减水、引气性能，可提高水泥浆的流动性。将 HJL 型泵送剂掺入混凝土中，20 ℃条件下，可使混凝土 1 天达到设计强度的 50% 左右，3 天可达到设计强度的 95%～100%，并且混凝土的 28 天强度和后期强度不降低。

掺入 HJL 型泵送剂，混凝土坍落度 1 h 之内稳定在 180～200 mm，而且混凝土的可泵性好。

2. 生产工艺

由减水剂、早强剂、缓凝剂、引气剂和增稠剂复配而成。其中减水剂采用 β-萘磺酸盐甲醛缩合物高效减水剂，掺入混凝土中，吸附在水泥颗粒表面，使其带有相同符号的电荷，在电性斥力作用下，促使水泥和水初期形成的絮状结构解体，释放出其中的游离水，这样在保持用水量不变的情况下，可增大混凝土的流动性，使混凝土在低水灰比的条件下达到高坍落度，满足了泵送混凝土高流比、高流态的要求。

在满足泵送混凝土高流化的基础上，根据施工进度的需要，适当加入早强剂组分来提高混凝的早期强度，加快施工进度。建筑上普遍使用的早强剂组分大体可分为无机类和有机类，由于无机类早强剂易造成混凝土的坍落度损失，所以使用有机类早强剂。

引起混凝土坍落度损失的原因很多，但主要是水泥颗粒水化反应所产生的化学凝聚及水泥颗粒之间相互碰撞所引起的物理凝聚。为了解决这一问题，一般可采用添加缓凝剂和引气剂。缓凝剂可与水泥浆的碱性介质中的 Ca^{2+} 形成不稳定的络合物，在水泥表面形成一层厚实的无定形膜层，阻止了水渗入水泥颗粒引起的进一步水化，延缓了水泥的初期水化析出，但随着时间的推移，不稳定络合物自行分解，水泥继续水化硬化。引气剂为混凝土中引入了大量微小密闭气泡，隔离润滑水泥颗粒，减少了水泥颗粒之间因碰撞而引起的物理凝聚，显著降低混凝土拌和物的黏滞性，另外，加入缓凝剂和引气剂，可以弥补减水剂的经时消耗，维持了水泥颗粒表面电位不降低，这些作用可延缓水泥的凝结时间 2～6 h，3 h 内混凝土拌和物仍可保持良好的泵送性。在减水剂和引气剂的作用下，混凝土早期强度并不降低。

在混凝土砂浆中加入增稠剂，可使混凝土拌和物黏度增加，对混凝土拌和物起到保水作用，改善混凝土的和易性，减少混凝土坍落度的经时损失。

3. 质量标准

	一等品	合格品
坍落度增加值/cm	≥10	≥8
常压泌水率比	≤10%	≤120%
压力泌水率比	≤90%	≤100%
含气量	≤4.5%	≤5.5%
坍落度保留值/cm		
30 min	≥12	≥10
60 min	≥10	≥8
抗压强度比		
3 天	≥85%	≥80%
7 天	≥85%	≥80%
28 天	≥85%	≥80%
90 天	≥85%	≥80%
收缩率比（90 天）	≤135%	≤135%
相对耐久性（200 次）	≥80%	≥300%
含固量或含水量	液体泵送剂应在生产厂控制值相对量的 3% 之内	
固体泵送剂	应在生产厂控制值相对量的 ≤5%	
密度	液体泵送剂就在生产厂控制值的 ±0.02% 之内	
氯离子含量	应在生产厂控制值相对量的 5% 之内	
细度	应在生产厂控制值 ≤±2%	
水泥净浆流动度	应不小于生产厂控制值的 95%	

4. 产品用途

用作混凝土泵送剂。混凝土中使用 HJL 型泵送剂，能有效提高泵送性能，同时，混凝土 3 天强度即达 95%，拆模期由 7～8 天缩短至 1～2 天，这使模板周转期大幅缩短，解决了由于作业段少而造成的劳力损失和工期拖长的问题。最佳使用温度 10～40 ℃。

5. 参考文献

[1] 刘剡. HJL 型混凝土泵送剂的研制与应用 [J]. 山东建材，2000（1）：27-29.

[2] 刘军华，张常明，张英男. PCB 混凝土泵送剂的试验研究 [J]. 辽宁建材，2000（4）：14-15.

2.5　萘系减水剂

减水剂是一种能保持混凝土工作性能不变而显著减少其拌和水量的外加剂。自 1962 年成功研制以 β-萘磺酸盐甲醛缩合物为主要成分的萘系减水剂以来，在世界各地得到了广泛的应用。近几年，虽然相继研制了一系列的高效减水剂，但到目前为止，萘系减水剂仍占主导地位。萘系减水剂具有减水率高、对混凝土的强度不产生有害影响且成本低的优点，因此，从性价比上，萘系高效减水剂仍有不可替代的优点。萘系减水剂通常在混凝土中掺和量占水泥重的 0.2%～1.5%，在保持混凝土流动性不变的情况下，可减少水的拌和量 5%～25%，并可提高混凝土强度，能满足大规模泵送混凝土的新施工工艺要求；在保持强度不变的情况下，可以降低水泥用量 5%～20%。

1. 技术配方（质量，占比）

（1）配方一

氯化钠	0.50%
亚硝酸钠	1.00%
三乙醇胺	0.05%
扩散剂 N	1.00%

（2）配方二

扩散剂 N	0.75%
三乙醇胺	0.02%
硫酸钠	0.50%

（3）配方三

亚甲基二萘磺酸钠	1.00%
三乙醇胺	0.03%
元明粉	0.50%

（4）配方四

纸浆废液	0.3%
亚甲基二萘磺酸钠	0.8%

2. 生产工艺

各配方均为占水泥重量的百分比，将各配方的各组分混合均匀即得。

3. 产品用途

将混合好的成品加入拌和水中。

4. 参考文献

[1] 王磊. 离心混凝土专用复合萘系高效减水剂的配制 [J]. 广东建材，2012（10）：16-18.

[2] 陈铁海，吴文明，马永腾. 一种萘系高效减水剂的制备方法 [J]. 工程质量，2020，38（6）：95-97.

[3] 郑广军，邰炜，纪晓辉，等. 萘系改性减水剂的配制与性能研究 [J]. 新型建筑材料，2012（8）：25-27.

2.6 扩散剂 CNF

扩散剂 CNF（Diffusion agent CNF）又称分散剂 CNF（Dispersing agent CNF），是苄基萘磺酸与甲醛的缩合物，结构式为：

$(n=0，1，2\cdots)$。

1. 产品性能

属阴离子表面活性剂，褐棕色粉末，易溶于水，有吸湿性。1‰水溶液的 pH 为 6.4。可与其他阴离子型、非离子型表面活性剂混用。具有优良的扩散性、无渗透性和起泡性，耐酸、耐碱、耐硬水、耐无机盐，热稳定性与分散剂 MF 相仿，比分散剂 NNO 高。

2. 生产工艺

氯化苄与萘在少量酸催化下发生 Friedel-Crafts 反应，生成苄基萘。苄基萘再与浓硫酸作用，发生磺化反应，生成苄基萘磺酸，再与甲醛缩合，制得分散剂 CNF。

$(n=0，1，2\cdots)$。

3. 工艺流程

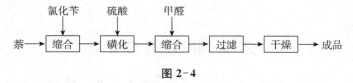

图 2-4

4. 技术配方（质量，份）

精萘（工业品）	30.0
甲醛（30%）	12.0
氯化苄（工业品）	29.6
发烟硫酸（SO_3 含量 20%）	10.0
硫酸（98%）	20.0
液碱（30%）	33.4

5. 主要设备

反应釜	氯化氢吸收塔
吸滤装置	干燥箱
粉碎机	贮槽

6. 生产工艺

在带有搅拌装置的反应釜中投入精萘 30 kg，加热升温，搅拌熔化。加入少量硫酸，将温度保持在 110 ℃左右，缓慢加入氯化苄 29.6 kg。反应放出热量，为控制温度，应注意热量的引出。反应放出的氯化氢气体，用尾气处理装置吸收得到副产物盐酸。氯化苄加完后，继续保温在 110 ℃左右，搅拌反应数小时，直至反应体系中无氯化氢气体放出，即可制得苄基萘。接着向物料中缓缓加入硫酸和发烟硫酸的混合物 30 kg，反应放出热量，将温度控制在 160～165 ℃。加完混酸后，再保温反应 2 h，使磺化反应完全。然后将物料冷却到 136～140 ℃，加入甲醛 12 kg，保温反应 2 h。缩合反应制得缩合和多缩合产物的混合物。反应完成后加入碱液，中和磺酸基。再用石灰乳调节 pH 至 7，析出结晶后进行吸滤，收集滤饼，烘干，粉碎后磨细，即制得成品扩散剂 CNF。

7. 质量标准

外观	褐棕色粉末
pH（1%水溶液）	7～9
扩散力	≥100%

8. 质量检验

（1）pH 测定

取样品配成 1%水溶液，然后用广泛 pH 试纸测定，或用 pH 计测定。

（2）扩散力测定

一定量的扩散剂掺入一定量的水泥砂浆中，测得其在平面的展开直径，与标准品比较，计算其百分比。

9. 产品用途

主要用作建筑工业水泥的减水剂和分散、还原等染料的分散填剂。还可用作印染工业染料工业的匀染剂。另外，还可作皮革工业的助鞣剂、橡胶工业乳胶的阻凝剂。

10. 安全与贮运

在磺化反应中，要通过控制硫酸的加入速度以保持反应在合适的温度下顺利反应。原料氯化苄有毒，有较强的刺激性和催泪作用。甲醛有毒，有刺激性。车间应保持良好的通风状态，操作人员应穿戴好劳保用具。内衬塑料袋的铁桶包装贮于通风、干燥处，注意防潮。贮存期1年。

11. 参考文献

[1] 陈铁海，吴文明，马永腾．一种萘系高效减水剂的制备方法［J］．工程质量，2020，38（6）：95-97.

[2] 杨冲，乔敏，张敏，吴井志，等．新型改性萘系减水剂的制备与性能研究［J］．广东化工，2019，46（18）：37-39.

2.7　FDN-2 缓凝高效减水剂

缓凝高效减水剂是一种阴离子表面活性剂，通过表面活性剂的吸附分散作用和润湿作用，使水泥浆体絮凝性结构变成均匀的分散结构，絮凝结构解体，包裹的游离水被释放出来，从而有效地增加了混凝土拌和物的流动性。FDN-2 缓凝高效减水剂（FDN-2 water reducing retarding agent）的化学成分为 β-萘磺酸盐甲醛缩合物，分子式 $C_{11(n-1)+10}H_{(n-1)+7}(SO_3Na)_n$（$n=9\sim11$），相对分子质量 2100~2700，结构式：

1. 产品性能

棕褐色粉末，水泥高效减水剂。在同配合比、同坍落度条件下，掺入量为 0.5%~1.2% 时，减水率为 14%~25%。在合理掺入量范围内，可延缓混凝土的凝结时间 4~12 h。在同配合比、同坍落度条件下，可使混凝土 3 天，7 天强度提高 30%~50%，28 天强度可提高 20% 以上。可使混凝土内部温升有所下降，延缓温峰出现。

2. 工艺流程

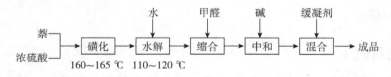

图 2-5

3. 生产工艺

萘在 160~165 ℃下与浓硫酸发生磺化得 β-萘磺酸，得到的 β-萘磺酸与甲醛缩合，再用碱中和成盐得高效水剂，最后加入缓凝剂得 FDN-2 缓凝高效减水剂。

高效减水剂合成中的原料配比不仅影响最终产品的性能，并且还影响合成工艺。通常原料配合为 n（工业萘）：n（浓硫酸）：n（甲醛）=1：（1.30~1.42）：（0.7~1.0）。浓硫酸既是磺化剂又是缩合反应的催化剂。提高浓硫酸的比例，有利于磺化反应的进行，且可缩短缩合反应的时间。但是，浓硫酸用量增大，不但增加了产品的成本，还会使成品中硫酸钠含量有所增加，影响产品的减水率。因此，在满足工艺要求的前提下，应尽量降低硫酸的用量。为提高劳动生产效率，宜将合成总时间压缩在 10 h 内，提高反应速度可以通过提高反应物浓度来实现。考虑到反应过程中甲醛挥发带来的甲醛损失，决定适当提高甲醛的用量。这样，既保证反应物浓度，又可缩短反应时间。一般原料配合比为 n（工业萘）：n（浓硫酸）：n（甲醛）=1：1.36：1。

磺化的目的是取代芳香环上的氢而形成磺基（—SO_3H）。磺化后，在萘环上原来直接与碳原子相连的 1 个氢原子被磺酸基所取代而形成磺酸衍生物。在萘分子中由于有 2 个苯环相连接，所以 α 位电子云密度更大些，也比较活泼。萘的磺化是可逆反应，且磺酸基进入的位置与反应条件有关。在较低温度磺化时，易产生 α-萘磺酸；而在较高温度磺化时，主要产生 β-萘磺酸。

磺化温度对减水剂的性能影响较大。155~160 ℃合成品引气量较大，水泥净浆的流动性差，这是由于生成了大量的 α-萘磺酸所至。磺化温度为 160~170 ℃的产品质量最好。磺化温度进一步提高至 166~170 ℃，则高效减水剂的性能又开始降低，其原因是磺化生成了二萘磺酸和多萘磺酸。因此，选择最佳磺化温度为 160~165 ℃。

磺化反应时间一般为 2~3 h。如果磺化时间为 1.5 h，则后继的缩合阶段反应的较慢，达到最佳效果的缩合时间为 4~5 h，而磺化时间超过 2 h，后继反应非常顺利，滴加完甲醛后，反应物在较短时间内便有黏稠的现象，缩合反应时间较短；将磺化时间从 0.2 h 增加到 3.0 h，合成的高效减水剂的性能差异不大，缩合反应时间大约缩短了 0.5 h。在 161~165 ℃下的最佳磺化时间为 2.5 h。

尽管磺化反应在较高温度下进行，但仍不可避免地生成一部分 α-萘磺酸。α-萘磺酸的存在影响产品性能必须除去。在 120 ℃左右加水，α-萘磺酸会水解成萘，而 β-萘磺酸却能稳定存在。传统合成工艺的水解温度为 100~120 ℃，水解时间为 0.5 h。这样，磺化反应物从 165 ℃的高温降到 100～120 ℃，需要的时间较长，影响工业生产周期。水解温度设在 130 ℃左右。β-萘磺酸在 130 ℃以下，短时间与水共存较稳定。水解温度设在 130 ℃左右合成的高效减水剂与 110 ℃时进行水解的产品性能基本没有差异。

萘磺酸与甲醛的反应是一个复杂的羰基加成取代反应。缩合反应温度高，反应速度快，可以缩短缩合反应时间。但是，高温缩合在工业生产中不易控制。因为在反应釜中，如果要将大部分反应物的温度控制在 110～120 ℃，则与反应釜内壁相接触的部分反应温度大于 120 ℃。局部的高温导致缩合反应易生成聚合物 $n>13$ 的高聚物，影响产品的性能。而且，在高温下反应，甲醛易挥发，不但影响后继反应，影响合成品的质量。如果缩合成反应温度过低，则缩合反应时间又大幅度地延长。

在 95 ℃下，将甲醛缓慢地加入萘磺酸中，甲醛在较低温度时充分反应生成甲醛萘磺酸的低聚物，然后再适当提高反应温度（100～105 ℃），让低聚物再次缩合成 $n=5\sim11$ 的缩聚物。这样，既让甲醛充分反应、减少挥发，又易于控制反应温度，同时合成的产品性能好，而且生产时甲醛排放少，改善了生产工人的工作环境。

中和反应是合成反应的最后阶段。通常是向反应物中加入 NaOH 溶液，使反应生成的 β-萘磺酸甲缩合物和残余硫酸形成相应的钠盐。中和反应控制反应物的 pH 为 9～11。

得到的减水剂与缓凝剂混合，或在中和反应用时加入缓凝剂，则得到 FDN-2 缓凝高效减水剂。

FDN-2 缓凝高效减水剂合成工艺参数范围如下。

①原料配合物（物质的量的比）：n（硫酸）：n（工业萘）＝（1.3～1.42）：1，n（甲醛）：n（工业萘）＝（0.7～1.0）：1。

②磺化反应：反应温度最低为 130～140 ℃，最高为 163～165 ℃；磺化时间一般为 2～3 h。

③水解反应：时间均为 0.5 h；水解温度变化较大，为 100～120 ℃。

④缩合反应：与反应物酸度、温度、反应压力和反应时间有关，不同厂家差异较大。缩合反应时间最短的不足 2 h，最长时间的可达 5～6 h。

4. 质量标准

	一等品	合格品
减水率	≥12%	≥10%
泌水量	≤90%	≤95%
含气量	≥3.0%	≥4.0%
凝结时间差/min	−90～120	
抗压强度比		
1 天	≥140%	≥130%
3 天	≥130%	≥120%
7 天	≥125%	≥115%
28 天	≥120%	≥110%
收缩率比	≤135%	

对钢筋锈蚀作用	对钢筋无锈蚀危害
含固量或含水量	液体外加剂应在生产厂控制值的相对量 3％之内 固体外加剂应在生产厂控制值的相对量 5％之内
相对密度	应在生产厂控制值的±0.2 之内
水泥净浆流动度	应在不小于生产厂控制值的95％
细度（0.315 mm 筛）	筛余小于 15％
pH	应在生产厂控制值的±1 之内
表面张力	应在生产厂控制值的±1.5 之内
还原糖	应在生产厂控制值的±3％之内
总碱量	应在生产厂控制值的相对量 5％之内
Na_2SO_4 含量	应在生产厂控制值的相对量 5％之内
泡沫性能	应在生产厂控制值的相对量 5％之内
砂浆减水率	应在生产厂控制值的±1.5％之内

注：该产品质量符合《混凝土外加剂》GB 8076—1997 的规定。

5. 产品用途

适用于配制大体积混凝土，可广泛应用基础工程、矿山、码头、商品混凝土等。

FDN-2 缓凝高效减水剂的适宜掺入量为 0.5％～1.0％，适合配制中高标号混凝土。使用 FDN-2 缓凝高效减水剂时，可采取与水泥、骨料同掺或略滞后拌和水 0.5～1.0 min加入，或在拌和好后一段时间再加入继续搅拌。

6. 参考文献

[1] 黄宇琳，李庆春，秦英. 缓凝高效减水剂的开发及应用［J］. 房材与应用，2003（4）：13.

[2] 樊寅岗，王茂林. 混凝土萘系减水剂合成工艺研究［J］. 四川水泥，2019（4）：326.

2.8　无色透明减水剂

该减水剂属三聚氰胺甲醛树脂磺化物类减水剂。

1. 技术配方（质量，份）

三聚氰胺	56
水杨酸	69
氨基磺酸	128
37％甲醛	295
氢氧化钾（固体）	71
水	150

2. 生产工艺

在反应釜中加入大部分氨基磺酸、水杨酸、水和部分氢氧化钾，然后加入三聚氰胺和 37% 甲醛，生成透明的溶液，在 80 ℃下加热反应 2 h 后，用余下的氨基磺酸调节反应液的 pH 至 5.5，并在 85 ℃下再加热反应 2 h。冷却至 20 ℃，将剩余的氢氧化钾加入，调 pH 至 9，即得无色透明减水剂。

3. 质量标准

	一等品	合格品
外观	无色透明黏稠状液体	
含固量	≥55%	
减水率	≥12%	≥10%
泌水率比	≥100%	≥100%
含气量	<4.5%	<4.5%
凝结时间差/min	−90～120	
抗压强度比		
1 天	≥140%	≥130%
3 天	≥130%	≥120%
7 天	≥125%	≥115%
28 天	≥120%	≥110%
收缩率比	≤135%	
对钢筋锈蚀作用	对钢筋无锈蚀危害	
含固量或含水量	液体外加剂应在生产厂控制值的相对量 3% 之内	
相对密度	应在生产厂控制值的 ±0.2 之内	
水泥净浆流动度	应在不小于生产厂控制值的 95%	
pH	应在生产厂控制值的 ±1 之内	
表面张力	应在生产厂控制值的 ±1.5 之内	
还原糖	应在生产厂控制值的 ±3% 之内	
总碱量	应在生产厂控制值的相对量 5% 之内	
Na_2SO_4 含量	应在生产厂控制值的相对量 5% 之内	
泡沫性能	应在生产厂控制值的相对量 5% 之内	
砂浆减水率	应在生产厂控制值的 ±1.5% 之内	

4. 产品用途

用作混凝土减水剂。

5. 参考文献

[1] 张恂，顾丽瑛. 国内减水剂用两亲性聚合物的研究进展 [J]. 胶体与聚合物，2006（2）：39-41.

2.9　改性萘系减水剂

萘系减水剂主要成分是萘磺酸甲醛缩合物，它是一种极性分子，其中的磺酸基是强亲水基团。改性萘系减水剂是在 β-萘磺酸与甲醛缩合的反应中，同时加入三（2-羟乙基）异氰酸酯参与反应所得。

1. 技术配方（质量，份）

萘	230
三（2-羟乙基）异氰酸酯	2
浓硫酸	230
甲醛（37％）	146
水	200

2. 工艺流程

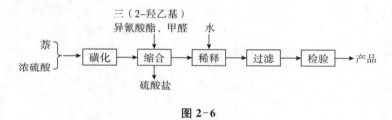

图 2-6

3. 生产工艺

将萘加入反应器中，升温到 120～130 ℃，缓慢加入浓硫酸并同时搅拌。加完后，在 1 h 内升温至 160 ℃，保持温度在 155～160 ℃，进行磺化反应 4 h。磺化反应完成后，降温至 100 ℃时，开始添加三（2-羟乙基）异氰酸酯，然后保持温度在 80～90 ℃添加甲醛，时间 2 h，随后通入氮气，使温度升至 115～120 ℃，压力为 30 kPa～50 kPa，反应 7 h，同时搅拌。当反应液黏稠时，适当加水稀释。直至反应完全，加水（约 100 g）降低反应器压力至常压，去除游离硫酸盐后，加水得到含固量为 42％的高效改性萘系减水剂。

4. 质量标准

	一等品	合格品
减水率	≥12％	≥10％
泌水率比	≥100％	≥100％
含气量	<4.5％	<4.5％
凝结时间/min		−90～120
抗压强度比		

1 天	≥140%	≥130%
3 天	≥130%	≥120%
7 天	≥125%	≥115%
28 天	≥120%	≥110%
收缩率比	≤135%	
对钢筋锈蚀作用	对钢筋无锈蚀危害	
相对密度	应在生产厂控制值的±0.2之内	
水泥净浆流动度	应在不小于生产厂控制值的95%	
pH	应在生产厂控制值的±1之内	
表面张力	应在生产厂控制值的±1.5之内	
还原糖	应在生产厂控制值的±3%之内	
总碱量	应在生产厂控制值的相对量5%之内	
Na_2SO_4 含量	应在生产厂控制值的相对量5%之内	
泡沫性能	应在生产厂控制值的相对量5%之内	
砂浆减水率	应在生产厂控制值的±1.5%之内	

5. 产品用途

用作混凝土减水剂，用量为水泥质量的0.5%左右。

6. 参考文献

[1] 齐亚非，高俊刚. 改性萘系减水剂的合成与性能表征 [J]. 新型建筑材料，2003 (3)：28-30.

[2] 樊寅岗，王茂林. 混凝土萘系减水剂合成工艺研究 [J]. 四川水泥，2019 (4)：326.

2.10　KR-FDN 高效减水剂

KR-FDN 高效减水剂（KR-FDN high efficient water reducing agent for concrete）的主要成分为 β-萘磺酸甲醛缩合物钠盐。其结构式为：

式中，n 越大，减水剂对水的分散能力越强，混凝土的减水增强效果越好。

1. 产品性能

具有高分散性、低起泡性和减水、增强作用。本品对各种水泥和外加剂适应性强，属于高分子阴离子表面活性剂。由于含有极性基，定向吸附于水化的水泥颗粒表面形成双电层，使水泥颗粒之间的排斥力增强，促使水泥浆体中形成的絮凝状结构分散解体，从而可以降低水胶比，达到减水的目的，从而改善混凝土的内部结构，提高混凝土的流动性。对水化热有延时、降温作用，减少混凝土温度应力，提高混凝密度，可起抗渗、防裂等作用。掺入量为水泥用量的 0.15%～1.00%。可减少拌和用水量 14%～30%，1 天、3 天混凝土强度可以提高 50%～120%，7 天混凝土强度提高 3%～60%，28 天可提高 20%～50%。在标号强度不变下，掺本品可节约水泥 10%～25%。在相同水灰比下，可使混凝土坍落度提高 3 倍以上。

2. 生产工艺

萘于 160～165 ℃下与浓硫酸磺化，经水解分去 α-萘磺酸，得到的 β-萘磺酸缩合，缩合物用碱中和得 KR-FDN 高效减水剂。

3. 工艺流程

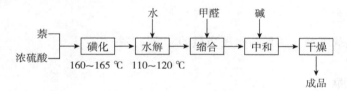

图 2-7

4. 说明

萘的磺化是可逆性亲电取代反应，磺化时，萘环上的氢原子被磺酸基取代而得萘磺酸。由于萘的磺化反应比较复杂，当反应温度与磺化剂浓度等反应条件不同时，萘磺酸异构体生成物的比例也随之不同。理论上，在 60 ℃进行磺化反应时，产物为 α-萘磺酸，α-萘磺酸的异构体高达 96%；当温度升到 165 ℃，磺化反应的产物主要是 β-萘磺酸，β 位异构体高达 85%；为了使萘充分反应，一般应加入浓度为 98% 的浓硫酸，但不宜过量，否则会生成萘二磺酸。所以，必须严格控制磺化反应条件，才能获得较高比例的萘磺酸。

为了使萘能够充分磺化，加入的浓硫酸应过量 10% 左右。随时对磺化产物进行酸度检测，以控制反应的酸度，延长磺化反应时间，尽可能提高反应物的转化率，并严格控制反应温度在 160～165 ℃。

在萘在磺化反应过程中，尽管严格控制反应条件，但仍不可避免地产生 α-萘磺酸。由于 α-萘磺酸的活性较大，它的存在会影响接着进行的缩合反应。萘磺酸在 120 ℃极易水解，而 β-萘磺酸在此温度下比较稳定。因此，可利用水解反应将 α-萘磺酸除去。

缩合反应必须先在酸作催化剂的条件下，将甲醛转化为反应性很强的羰离子，再与 β-萘磺酸发生亲电缩合反应。羰离子加成在萘环上，萘再逐步发生亲电取代反应，最后生成萘系磺酸甲醛缩合物，缩合物反应是合成高效减水剂的关键反应。

缩合反应是在常温常压下进行的，温度对反应的影响不是十分明显，但总体上讲缩合反应速度较慢，为保证一定的反应速率，温度应控制在 110 ℃左右，为了使反应完全和提高产品质量还可适当延长反应时间及加入过量的甲醛（约过量 10％），以保证缩合物的聚合度。

在整个反应过程中，均保持有一定的酸度，且缩合反应中还可以加适量 H_2SO_4 作为缩合反应的催化剂，因此，在反应结束后需要加入 NaOH，中和溶液中过量的酸，同时使产物变为易溶于水的钠盐，以增强减水剂的水溶性。

$$H_2SO_4 + 2NaOH \longrightarrow Na_2SO_4 + 2H_2O。$$

中和反应后生成的硫酸钠对减水剂有许多负面效应，且影响混凝土的耐久性。上述中和反应发生后，产物中硫酸钠占 25％左右。采用物理降温与过滤技术使减水剂中的硫酸钠以结晶形式析出，使其含量大幅降低，获得高浓度、高减水率的 KR-FDN 高效减水剂。

在中和反应时，为避免生成过多的硫酸钠，先加入适量的 NaOH，然后再加入适量石灰乳，使 $Ca(OH)_2$ 与中和釜中过量的硫酸反应生成微溶于水的 $CaSO_4$。经匀质槽静置沉降，过滤除去 $CaSO_4$。生产中经过滤而被除去的 $CaSO_4$ 杂质约占减水剂重量的 15％。

5. 质量标准

	一等品	合格品
减水率	≥12％	≥10％
泌水率比	≥100％	≥100％
含气量	<4.5％	<4.5％
凝结时间/min	−90～120	
抗压强度比		
1 天	≥140％	≥130％
3 天	≥130％	≥120％
7 天	≥125％	≥115％
28 天	≥120％	≥110％
收缩率比	≤135％	
对钢筋锈蚀作用	对钢筋无锈蚀危害	
含固量或含水量		
液体外加剂	应在生产厂控制值的相对量 3％之内	
固体外加剂	应在生产厂控制值的相对量 5％之内	
相对密度	应在生产厂控制值的±0.2 之内	
水泥净浆流动度	应在不小于生产厂控制值的 95％	
细度（0.315 mm 筛）	筛余小于 15％	
pH	应在生产厂控制值的±1 之内	
表面张力	应在生产厂控制值的±1.5 之内	
还原糖	应在生产厂控制值的±3％	

总碱量	应在生产厂控制值的相对量 5%之内
Na₂SO₄ 含量	应在生产厂控制值的相对量 5%之内
泡沫性能	应在生产厂控制值的相对量 5%之内
砂浆减水率	应在生产厂控制值的±1.5%之内

6. 产品用途

适用于基础混凝土、大体积混凝土、流态混凝土、泵送混凝土、蒸养混凝土、预制构件、高强混凝土施工等。

加入方式可采用同掺法或滞水法，并适当延长搅拌时间。对减水剂掺入量、拌和时间和掺加方法可做必要实验试配，严格控制好减水剂和拌和水的用量。

7. 参考文献

[1] 樊寅岗，王茂林. 混凝土萘系减水剂合成工艺研究 [J]. 四川水泥，2019 (4)：326.

[2] 宁宇平，蔡颖，王胜平，等. NFG 高效减水剂合成工艺探讨 [J]. 内蒙古石油化工，2002 (27)：16.

2. 11 扩散剂 MF

扩散剂 MF（Dispersant MF）又称亚甲基双甲基萘磺酸钠、甲基萘磺酸钠甲醛缩合物。其结构式为：

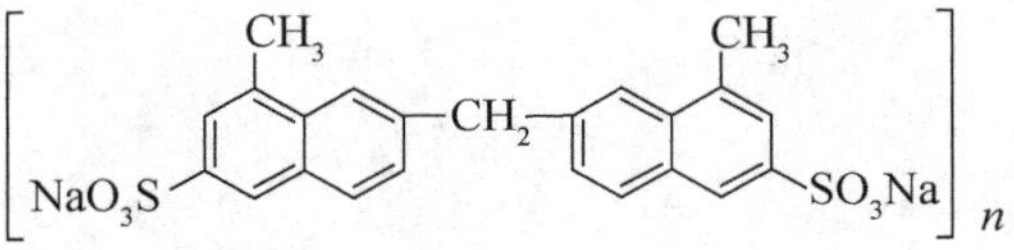

1. 产品性能

本品属阴离子表面活性剂，具有优良的乳化分散性，可与阴离子表面活性剂混合使用。外观为棕色至深棕色粉末，易溶于水，易吸潮，耐酸、碱及硬水。1%水溶液 pH 为 8.5 左右。

2. 生产方法

甲基萘与硫酸磺化，再与甲醛缩合，氢氧化钠中和后喷雾干燥即得。

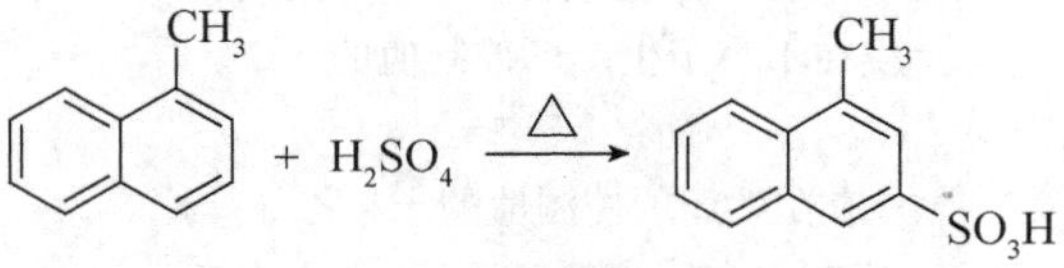

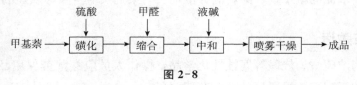

3. 工艺流程

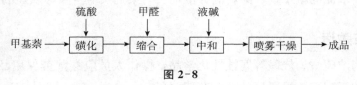

图 2-8

4. 技术配方(kg/t)

甲基萘（工业品）	650
甲醛（37%）	300
硫酸（98%）	650
液碱（30%）	680

5. 主要设备

磺化反应釜	贮料槽
喷雾干燥塔	

6. 生产工艺

将 650 kg 甲基萘投入磺化釜中，加热熔化，搅拌升温至 130 ℃，逐渐从高位槽向反应磺化釜加入硫酸，注意控温在 155 ℃以下。加完硫酸后，保温 155~160 ℃磺化反应 2 h。然后加入 210 L 水，再搅拌 10 min。冷却至 90~100 ℃，一次性加入 37%甲醛 300 kg，反应自然升温升压，不断搅拌，控制反应温度 130~140 ℃、压力 0.1 MPa~ 0.2 MPa，反应 2 h 以上。缩合完毕，加入 30%液碱 680 kg，中和 pH 至 7。

后处理有两种方法：一种是喷雾干燥；另一种是吸滤后，烘干、粉碎。

7. 质量标准

	一级品	二级品
外观	棕色至深棕色粉末	
扩散力（为标准品的）	≥100%	≥90%
1%水溶液 pH	7.0~9.0	7.0~9.0

硫酸钠含量	5%	8%
不溶于水杂质	0.1%	0.2%
耐热稳定性/℃	130	120
起泡性/mm	≤250	≤290
钙镁离子含量/（mg/kg）	≤2000	≤5000
沾污性（涤沾）/级	4	3
细度（过 60 目余量）	5%	5%

8. 产品用途

用作建筑业水泥的减水剂、染料的分散剂、匀染剂及航空喷雾农药的分散剂。

9. 安全与贮运

生产中使用浓硫酸、烧碱等腐蚀性化学品，操作人员应穿戴劳保用品。内衬塑料的编织袋包装，贮于阴凉干燥通风处。贮存期两年。

10. 参考文献

[1] 张师恩. JN-3B 缓凝高效减水剂研制及应用 [J]. 混凝土，2004（9）：54-55.

2.12　MF 减水剂

MF 减水剂（MF water reducing agent）的化学成分为聚亚甲基双甲基萘磺酸钠，其结构式为：

1. 产品性能

具有扩散性和减水性，属引气型减水剂，在适宜掺入量下混凝土的含气量为 6%～8%，混凝土的抗渗性及耐久性均有所提高。对于混凝土的其他物理力学性能，如抗折强度、弹性模量略有提高，干缩率有所增加。对钢筋无锈蚀作用。

在保持相同的混凝土强度下，可节约水泥 10%～20%，混凝土拌和水量可降低 15%～20%。混凝土 1～3 天抗压强度提高 50%～100%，28 天抗压强度提高 8%～30%；2 年强度仍有不同程度的提高。混凝土的各个施工性能均可得到改善，如提高和易性、减小泌水率等，从而可以减轻操作工人的劳动强度，减少混凝土施工机具和设备的损耗，加快施工设备的周转，提高劳动生产率。

2. 生产方法

β-甲基萘与浓硫酸磺化后，水解脱 α-磺化物，再与甲醛缩合，缩合物经碱中和得 MF 减水剂。

3. 工艺流程

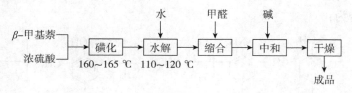

图 2-9

4. 生产工艺

将 β-甲基萘投入反应釜中，升温，80 ℃时开始搅拌，150～160 ℃条件下，于 40 min内加完定量的浓硫酸，158～162 ℃保温磺化 2 h。降温，120 ℃加水水解 30 min。降温至 85～95 ℃，2.5 h 内加完甲醛，恒温缩合 2 h，用碱液中和，即得 MF 减水剂。

5. 质量标准

	一等品	合格品
减水率	≥12%	≥10%
泌水率比	≥90%	≥95%
含气量	≤3.0%	≤4.0%
凝结时间/min	—90～120	
抗压强度比		
1 天	≥140%	≥130%
3 天	≥130%	≥120%
7 天	≥125%	≥115%
28 天	≥120%	≥110%
收缩率比	≤135%	
对钢筋锈蚀作用	对钢筋无锈蚀危害	

6. 产品用途

用作水泥高效减水剂，适用于高强混凝土、泵送混凝土。

7. 参考文献

[1] 刘潮霞，郑文嫣，黄丹丹，等. 新型萘系减水剂的合成与性能研究 [J]. 化学建材，2007 (5)：53-55.

[2] 郝聪林，朱卫中. 合成工艺参数对萘系减水剂引气性影响 [J]. 低温建筑技术，2011 (7)：1-3.

2.13　ASR 高效减水剂

ASR 高效减水剂（ASR high efficient water reducing agent）属氨基苯磺酸酚醛树脂，其基本结构为：

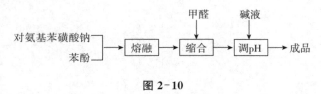

。

1. 产品性能

ASR 高效减水剂减水率高，能控制混凝土坍落度损失，使混凝土具有良好的工作性和耐久性，是当今最具有发展前途的新型高效减水剂之一。

2. 生产方法

将对氨基苯磺酸钠、苯酚与甲醛缩合，经后处理得 ASR 高效减水剂。

3. 工艺流程

甲醛　碱液

对氨基苯磺酸钠

苯酚 → 熔融 → 缩合 → 调pH → 成品

图 2-10

4. 生产工艺

首先，将水加入反应器中，并控制恒温水浴锅 50～60 ℃，再加入对氨基苯磺酸钠，并开动电搅拌器搅拌，待溶解完全，加入一定量的苯酚，反应 40 min。控制升温到 68 ℃，滴加甲醛溶液，控制在 1～2 h 加完，后半段时间每 10 min 滴加一次且量相应增多，这是因为甲醛反应剧烈，在滴加甲醛时搅拌速度要加快；滴加完后控制温度为 90～95 ℃，反应 4 h；然后加入一定量的脲，控温 80 ℃反应 4 h，降温，用 30%氢氧化钠调节 pH 为 7～9，即为成品 ASR 高效减水剂。

最佳原料配比：n（对氨基苯磺酸钠）：n（苯酚）＝1：1.16，n（甲醛）：n（对氨基苯磺酸钠＋苯酚）＝1.25：1.00。

5. 说明

苯酚氨基磺酸钠甲醛缩合物主要是以氨基苯磺酸及苯酚为主要原料，在含水条件下与甲醛加热聚合而成。在缩聚过程中加入尿素，这样一方面可以节约成本；另一方面可以有效地降低最终产品中的游离甲醛含量。

苯酚的邻对位、对氨基苯磺酸钠的邻位及氨基和尿素中氨基对甲醛均有相当高的反应活性，所以苯酚除了线性缩聚外，还有网状缩聚，因此，氨基磺酸系减水剂分子实际上是多支链甚至网状结构，分支多、疏水基分子链短、极性较强是其主要特点。由于分支多，氨基磺酸钠分子一般在混凝土粒子表面呈立式吸附，这种立体效应可以使混凝土在较长的时间内保持其坍落度及流动性。但分子中疏水基分子链短、极性较强的结构却决定了其应用于混凝土时保水性能差、容易泌水。由于加入尿素的量仅占反应物总量的2％，在反应过程中只起吸收过量甲醛的作用，一般不会影响分子结构，且能保持好的混凝土性能。

①对于缩聚反应，在低浓度条件下，合成出的氨系高效减水剂比高效浓度条件下合成的氨系高效减水剂的初始流动度大，这是因为浓度影响反应体系中各单体之间的碰撞概率。在低浓度情况下，合成的产品分子量较高浓度条件下合成的产品分子量小。但这种小分子量产品对水泥净浆的分散性能要大于其分量大的产品。

②在缩聚反应中，对氨基苯磺酸与苯酚的比例（简称酸酚比）显著影响产物性能。在甲醛用量一定时，酸酚比从1.0：1.0增至1.0：2.0，水泥净浆流动度逐渐增大，以1.0：2.0为最佳。继续增至1.0：2.2时，产物黏度较大，对水泥净浆基本无分散作用，对氨基苯磺酸是含有主导官能团磺酸基和非主导官能团氨基的共聚单体，苯酚中含非主导官能团羟基。从理论上说，磺酸基含量高，产物分散性好，但实际上，由于对氨基苯磺酸的反应活性不及苯酚，若在反应物中所占比例过大，造成分子链长不足；提高酚的用量，对增长链长有利，但若苯酚含量太高，易形成体型酚醛树脂，产物黏度很大且不溶性降低，这些结果均使合成产物分散性变差。

③缩合反应的 n（酸＋酚）： n（甲醛）＝1：1～1：1.5，产物分散性能较好，其中，以1.00：1.25为最佳。继续增加甲醛比例，产物分散性降低。因为，甲醛用量过大，使苯酚生成较多三元羟甲基酚，又使对氨基苯磺酸的氨基两邻位被羟甲基化，还可在氨氮原子上进行羟甲基化，这些带三官能团的中间体进行下一步缩合时，易形成体型聚合物，导致分散性能下降。但若甲醛用量过小，羟甲基化产量不足，缩合反应时分子链无法正常增长，同样导致产物分散性能差。

④缩合反应体系的酸碱度对产品的性能影响明显，在酸性条件下产品的分散性能很差。这是由于在酸性条件下，三者极易发生缩合反应，生成相对分子质量很高的体型产物，进而影响最终的性能。pH达7.5时，分散性能显著提高；pH达8.5以上时，增加不再明显。

反应的第一步是羟甲基化反应。虽然苯酚与甲醛在酸、碱催化下均可进行羟甲基反应，但在碱性条件下更易进行。对氨基苯磺酸只在氨基游离时才可能发生羟甲基化。因此，在弱酸性条件下，可能造成羟甲基中间体含量不足，难于进行下一步缩合反应；在强碱性条件下，苯酚与甲醛易生成多羟甲基酚，对氨基苯磺酸在氨基的两个邻位甚至氮原子上均可进行羟甲基化，造成过度羟甲基化，进行下一步缩合反应时易形成体型聚合物。所以，反应体系在适宜的 pH 条件下进行，才可得到性能理想的产物。

⑤由于反应体中同时存在苯酚、氨基苯磺酸与甲醛的反应，因此反应物品加料顺序直接影响产物性能。反应初始是在酸性条件下，由于苯酚和甲醛容易缩合成线形酚醛树脂，所以单体苯酚和甲醛不宜同时投放。如果滴加苯酚，反应中甲醛过量，这样甲醛容易发生自聚，苯酚也容量在邻位和对位发生羟甲基化而交联，不能达到预期的分子结构，最终影响产物的性能，因此，采用滴加甲醛溶液的方法。在滴加甲醛的过程中，苯酚相对过量，这样有利于苯酚和对氨基苯磺酸钠充分缩合，较多地缩合成理想的线形分子结构。

⑥通常缩合成反应的分子量随反应时间的延长而增大，而减水剂的性能又与其分子量密切相关，因此需要控制合适的缩合时间。通过对 n（酸＋酚）：n（甲醛）＝1.00：1.25 时的工艺研究表明，缩合反应时间增长，水泥净浆流动度增大；缩合时间控制在 4 h 左右，产物的分散性能最好。

6. 质量标准

	一等品	合格品
减水率	≥12%	≥10%
泌水率比	≤90%	≤95%
含气量	≥3.0%	≥4.0%
凝结时间/min	−90～120	
抗压强度比		
1 天	≥140%	≥130%
3 天	≥130%	≥120%
7 天	≥125%	≥115%
28 天	≥120%	≥110%
收缩率比	≤135%	
对钢筋锈蚀作用	对钢筋无锈蚀危害	
含固量或含水量		
液体外加剂	应在生产厂控制值的相对量 3%之内	
水泥净浆流动度	应在不小于生产厂控制值的 95%	
pH	应在生产厂控制值的±1 之内	
表面张力	应在生产厂控制值的±1.5 之内	
还原糖	应在生产厂控制值的±3%之内	
总碱量	应在生产厂控制值的相对量 5%之内	
Na₂SO₄ 含量	应在生产厂控制值的相对量 5%之内	
泡沫性能	应在生产厂控制值的相对量 5%之内	
砂浆减水率	应在生产厂控制值的±1.5%之内	

7. 产品用途

用作水泥减水剂，广泛用于混凝土工程中。

8. 参考文献

[1] 邱学青，蒋新元，欧阳新平．氨基磺酸系高效减水剂的研究现状与发展方向 [J]．化工进展，2003，22（4）：336.

[2] 飞宇，邱聪，麻秀星，等．氨基磺酸系高效性能减水剂的研究开发 [J]．化学建材，2004（1）：54.

2.14　SAF 高效减水剂

SAF 高效减水剂（SAF water reducing agent ）的化学成分为磺化丙酮－甲醛缩合物。

1. 产品性能

SAF 高效减水剂减水效果不受温度的影响，具有掺入量小（硫酸钠含量小于 1％）、生产工艺简单、对环境污染小等优点。对水泥品种适应性优于萘系产品。

2. 生产工艺

将磺化剂亚硫酸氢钠溶于一定量的水，加入反应器中，加入催化剂调至碱性。在常温下滴加丙酮，温度不超过 56 ℃。随着丙酮的加入，有白色不溶物出现，直至滴加结束。在低温反应 2 h 后，滴加 37％甲醛白色不溶物逐渐溶解，变为黄色，最后成为深红色。在滴加过程中需控制滴加速度，使体系温度不超过 70 ℃，滴加甲醛结束后，在 70～80 ℃反应 1 h，在较高的温度继续反应 4 h，即得含固量约为 32％的深红色溶液，即 SAF 高效减水剂。

3. 说明

①甲醛与丙酮的物质的量比对 SAF 高效减水剂的性能有直接影响。当甲醛与丙酮物质的量比在 2.0∶1 附近时，SAF 高效减水剂的黏度最大，分散性能最好，进一步增大甲醛和丙酮的比，黏度和分散性能都降低。

②磺化剂用量对 SFA 高效减水剂的性能的影响。当磺化剂与丙酮物质的量比在 0.45∶1.00 时，水泥净浆流动度达到最大值，再增加磺化剂时分散性能反而下降。同时物质的量比为 0.45∶1.00 时，SAF 高效减水剂的黏度也达到最大值。当物质的量的比为 0.55∶1.00 时，产物的黏度反而下降，说明磺化剂用量不仅决定磺化缩聚物的水溶性，而且直接影响 SAF 高效减水剂的分散性能与产物的黏度。

③反应温度是控制反应进程的关键因素之一，提高反应温度可以缩短反应时间，最

佳温度为 70～80 ℃，不宜超过 80 ℃。

4. 质量标准

	一等品	合格品
含固量	≥30%	
硫酸钠含量	≤1%	
减水率	≥12%	≥10%
泌水率比	≤90%	≤95%
含气量	≥3.0%	≥4.0%
凝结时间差/min	−90～120	
抗压强度比		
1 天	≥140%	≥130%
3 天	≥130%	≥120%
7 天	≥125%	≥115%
28 天	≥120%	≥110%
收缩率比	≤135%	
对钢筋锈蚀作用	对钢筋无锈蚀危害	
相对密度	应在生产厂控制值的±0.2之内	
水泥净浆流动度	应在不小于生产厂控制值的95%	
pH	应在生产厂控制值的±1之内	
表面张力	应在生产厂控制值的±1.5之内	
还原糖	应在生产厂控制值的±3%之内	
总碱量	应在生产厂控制值的相对量5%之内	
Na_2SO_4	应在生产厂控制值的相对量5%之内	
泡沫性能	应在生产厂控制值的相对量5%之内	
砂浆减水率	应在生产厂控制值的±1.5%之内	

5. 产品用途

用作水泥减水剂。用量为水泥用量的 0.5% 左右。

6. 参考文献

[1] 赵晖，高玉武，王毅，等.SAF 高效减水剂的合成分散性研究 [J]. 低温建筑技术，2005（6）：10.

2.15　SMF 减水剂

SMF 减水剂（SMF water reducing agent）的主要化学成分为磺化三聚氰胺树脂。1963 年，德国首次研制成功 SMF 减水剂。

1. 产品性能

SMF 减水剂对水泥分散性好、减水率高、早强效果显著，基本不影响混凝土凝结时间和含气量，在高性能混凝土中有着广泛的用途。另外，还可用于石膏制品、彩色水泥制品及耐火混凝土等特殊工程中。

2. 生产方法

三聚氰胺与甲醛发生羟甲基化反应，再与亚硫酸氢钠发生磺化反应，最后缩合得到 SMF 减水剂。

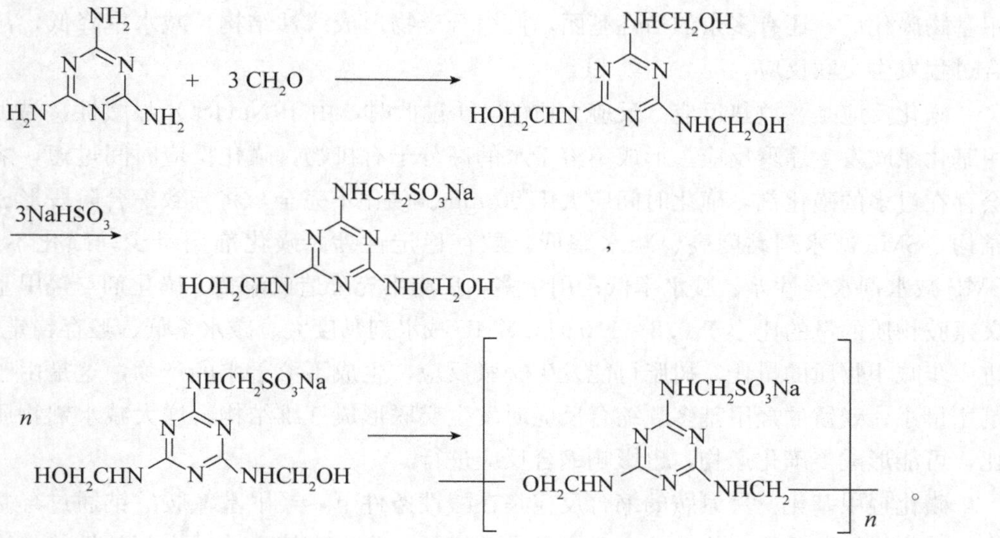

3. 工艺流程

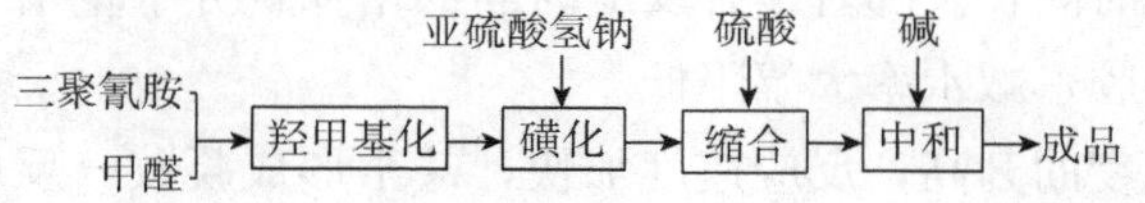

图 2-11

4. 生产工艺

在反应器中，按计量加入甲醛，加碱调 pH 至碱性升温，加入三聚氰胺，反应一段时间后，加亚硫酸氢钠进行磺化，然后加酸，并在此条件下反应 60 min。最后调 pH 至 7.5～9.5，冷却出料得成品。

5. 说明

羟甲基化反应是一个不可逆放热反应。影响羟甲基反应的主要因素有反应介质 pH、反应时间和投料比。

①反应介质的 pH 过低，易产生胶凝；pH 过高甲醛会发生 Cannizzaro 歧化反应，歧化反应使甲醛转变为甲酸，引起体系 pH 降低，影响羟基化数量，从而影响产物的缩合度。

②反应时间短，羟甲基化不完全，甲醛残余量大，影响缩合和贮存稳定性。羟甲基反应非常迅速，十几分钟即接近平衡。

③投料比影响三聚氰胺分子结构上羟甲基数量，从而影响产物的结构和缩合度，影响减水率和贮存稳定性。改变甲醛与三聚氰胺的摩尔比，对羟甲基数量影响非常大，当 n（甲醛）：n（三聚氰胺）<3.0：1.0 时，三聚氰胺羟甲基物磺化后，无多余的活性基团以致不能发生缩合反应，当 n（甲醛）：n（三聚氰胺）<5.0：1.0 时，三聚氰胺羟甲基物磺化后，还有多余的活性基团，使缩合产物形成线性结构，减水率降低，甚至缩合过程发生交联反应。

磺化反应是一放热反应。反应介质的 pH 过低时，由于 $NaHSO_3$ 显酸性，易引起羟甲基化氰胺发生缩聚反应，形成不溶于水的高分子有机物。磺化反应时间过短，溶液中会存在过多的磺化剂，磺化时间应大于 90 min。磺化不完全，将导致缩合阶段形成三维结构，SMF 减水剂黏度高、减水率低、贮存稳定性差。磺化剂用量少，磺化不充分，SMF 减水剂水溶性差、减水率低；用量多，反应不充分造成浪费。磺化剂与羟甲基化三聚氰胺物质的量的比小于 0.8：1.0 时，SMF 减水剂黏度大、减水率低、贮存稳定性差，进一步减小物质的量比，树脂可能发生交联反应，生成不溶于水的产物，这是由于磺化剂用量小、残留的羟甲基多、缩合反应时发生交联形成三维结构。增大减水剂物质的量比，可能形成多磺化产物，也影响缩合反应进行。

磺化羟甲基化三聚氰胺的缩合反应是在酸性条件下，羟甲基氰胺酸钠通过羟基间脱水，生成线性分子聚合物。缩合反应是最关键的一步，直接影响减水剂的性能。缩合介质的 pH 大小直接影响缩合反应速度，pH 小缩合反应速度快，生产不易控制；pH 大缩合反应速度慢，反应时间长。随着缩合反应时间的增加，分子量增大黏度增加，达到一定时间，将会发生凝胶，减水率大幅降低。

随着缩合反应温度的升高，反应速度加快，甚至形成凝胶，反应温度过低，反应时间很长。反应物浓度过低，反应体系分子发生碰撞概率减小，缩合时间过长；反应物浓度过高，缩合速度太快，不易控制。

6. 质量标准

	一等品	合格品
减水率	≥12%	≥10%
泌水率比	≤90%	≤95%
含气量	≥3.0%	≥4.0%
凝结时间差/min		−90~120
抗压强度比		
1 天	≥140%	≥130%

3 天	≥130%	≥120%
7 天	≥125%	≥115%
28 天	≥120%	≥110%
收缩率比	≤135%	
对钢筋锈蚀作用	对钢筋无锈蚀危害	
含固量或含水量		
液体外加剂	应在生产厂控制值的相对量 3% 之内	
固体外加剂	应在生产厂控制值的相对量 5% 之内	
相对密度	应在生产厂控制值的 ±0.2 之内	
水泥净浆流动度	应在不小于生产厂控制值的 95%	
细度（0.315 mm 筛）	筛余小于 15%	
pH	应在生产厂控制值的 ±1 之内	
表面张力	应在生产厂控制值的 ±1.5 之内	
还原糖	应在生产厂控制值的 ±3%	
总碱量	应在生产厂控制值的相对量 5% 之内	
Na_2SO_4 含量	应在生产厂控制值的相对量 5% 之内	
泡沫性能	应在生产厂控制值的相对量 5% 之内	
砂浆减水率	应在生产厂控制值的 ±1.5% 之内	

7. 产品用途

适用于工业、民用、国防工程、预制、现浇的早强、高强、超高强混凝土，蒸养混凝土，超抗渗混凝土，在高性能混凝土中有着广泛的用途。另外，还可用于石膏制品、彩色水泥制品及耐火混凝土等特殊工程中。

8. 参考文献

[1] 卢艳霞，唐建平，王超. SM 高效减水剂及锆英石对耐火浇注料性能的影响 [J]. 耐火与石灰，2012（4）：1.

[2] 卞荣兵，缪昌文，顾保生. 三聚氰胺高效减水剂的合成研究 [J]. 建筑技术开发，2000，27（2）：33.

[3] 李永德. 三聚氰胺系高效减水剂的合成工艺研究 [J]. 化学建材，2000（5）：42.

2.16　JM 高效减水剂

JM 高效减水剂（JM high efficient water reducing agent）的主要成分为磺化三聚氰胺甲醛树脂。

1. 产品性能

JM 高效减水剂属于一种水溶性聚合物树脂，无色、热稳定性好，在混凝土拌和物中使用时，具有对水泥分散性好、减水率高、早强效果显著、基本不影响混凝土凝结时间和含气量的特点。JM 高效减水剂减水率高，在掺入量范围内，可达 15％～25％。混凝土的耐久性能显著提高。由于具有引气组分，使加入该产品混凝土具良好的抗渗、抗冻性能，不含氯盐，不会对钢筋产生腐蚀。早强效果明显，后期强度有效大幅提高。3 天、7 天强度增长迅速，与基准混凝土对比可提高 20％～25％；28 天强度与基准对比可达 120％～135％。

作为分散剂既能作用于硅酸盐水泥也可用于石膏制品，在彩色装饰混凝土、耐热防水混凝土及一些特殊工程中有很好的应用前景。

2. 生产方法

三聚氰胺与甲醛发生羟甲基化反应，再与亚硫酸氢钠发生磺化反应，最后缩合得到 JM 高效减水剂。

$$C_3H_6N_6 + 3CH_2O \longrightarrow C_3H_3N_6(CH_2OH)_3,$$

$$C_3H_3N_6(CH_2OH) + NaHSO_3 \longrightarrow (CH_2OH)_2C_3H_3N_6-CH_2SO_3Na + H_2O,$$

$$n(CH_2OH)_2C_3H_3N_6-CH_2SO_3Na \longrightarrow$$

$$[O-CH_2-C_3H_3N_6(CH_2-SO_3Na)-CH_2]_n + nH_2O.$$

（1）三聚氰胺与甲醛发生羟甲基化反应

甲醛与三聚氰胺的亲核加成反应是由于甲醛对三聚氰胺的亲电进攻，借氨基提供的电子对而形成碳氮键，生成羟甲基三聚氰胺。

羟甲基化的程度主要取决于三聚氰胺与甲醛的物质的量比。工业生产中两者的物质的量比控制在 1.0∶2.5～1∶3。另外，三羟甲基三聚氰胺很容易进一步缩聚成树脂，在缩聚的初期，树脂仍有水性溶性，随着时间的推移，则树脂很快失去水溶性。因此，工业生产中通过控制反应温度、时间及体系的 pH 使缩聚反应尽量不发生，反应停留在生成具有良好水溶性的羟甲基三聚氰胺阶段。

（2）羟甲基三聚氰胺与亚硫酸氢钠发生磺化反应

磺化反应发生在羟甲基的碳原子与磺化剂亚硫酸根的硫离子之间。引入的磺酸基是活性基团，因此，磺化反应程度对减水剂减水效果影响甚大，反应体系的 pH、反应温度及反应时间等是磺化反应进行完全的主要控制参数。

（3）缩聚反应

缩化反应是在酸性条件下进行的，缩聚反应是由低分子单体合成高分子化合物的重要反应。反应逐步进行，最终形成分子量较大的缩聚产物。

在酸催化下，磺化三羟甲基三聚氰胺上的羟甲基之间发生缩聚，并通过甲醚键连接起来。反应速度随温度增加而增加，而且反应体系的 pH 对反应速度也有很强烈的影响。聚合得到的低聚物可生成完全与水混合兼容的浆状树脂溶液，该兼容性随缩聚反应进行而减少。进一步加热反应，一段时间后树脂开始出现疏水性。继续加热反应，树脂疏水性渐增。体系冷却时分为水相和树脂相。若反应再继续进行下去，体系黏度会突然增大，出现"凝胶化"现象，此时的反应点称为凝胶点（Pc），缩聚物完全丧失水溶性。

因此，缩聚反应严格控制反应条件，必要时可采取突然降温的方式，使反应终止在反应物具有一定聚合度（$n=9\sim100$）的水溶性阶段，防止发生凝胶。

3. 工艺流程

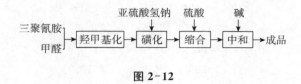

图 2-12

4. 生产工艺

在装有温度计、冷凝器和搅拌器的反应器中依次加入三聚氰胺、水、37％甲醛溶液，搅拌下升温至 60 ℃。开始的溶液为乳白色混浊状，反应 20 min 后，溶液变为无色透明溶液，再反应 20 min 后，羟甲基化反应结束。用 30％NaOH 溶液将体系的 pH 调至 10～11。在 60 ℃时，三聚氰胺溶解度较低，溶液呈乳白色，当反应基本完成时，溶液变清。羟甲基化反应的影响因素有：n（三聚氰胺）：n（甲醛）的值，一般为 3：1～5：1；介质 pH 的影响，pH＝7～8，形成稳定的羟甲基三聚氰胺；反应温度 60 ℃ 为最佳。

将羟甲基化产物和亚硫酸氢钠投入反应器中，升温到 80 ℃，维持溶液的 pH 在 10～11，反应 2 h。磺化反应目的是将—NH—CH₂OH 转变化—NH—CH₂SO₃Na，在羟甲基化三聚氰胺分子中引入阴离子表面活性基团—SO₃Na。羟基化三聚氰胺磺化反应由在碱性介质中，体系中的过量甲醛在高 pH 下会发生 Canizzarro 歧化反应，生成甲醇和甲酸，使反应体系 pH 下降，易过早发生羟甲基之间的缩聚反应，使体系的黏度增大。为确保磺化反应的顺利进行，在反应过程中应不断地检测体系 pH，及时地用 30％NaOH 溶液将体系的 pH 调到 10～11。

将反应体系的反应温度降低到 50 ℃，用 30％硫酸调整体系的 pH 为 5～6，低 pH 缩合反应时间为 1 h。羟甲基化三聚氰胺单体分子虽然已引入阴离子表面活性基团—SO₃Na，但是仍然不具有分散能力。在酸性条件下，上述单体进行失水缩合反应，从而达到阴离子小分子链增长和分子量增大的目的。由于磺化羟甲基化三聚氰胺单体平均官能度为 2 左右，缩合反应的产物应为线形高分子，由于仍有少量未磺化的羟甲基化三聚氰胺单体参与反应，因而生成带支链的线形大分子。在 pH 5～6 条件下得到的缩合物的活性基为磺酸基，用碱中和至 pH 7～9，使之转变为阴离子表面活性剂。缩合反应也可在高 pH 下进行。将反应体系温度升到 85 ℃，用 30％NaOH 溶液体系的 pH 调到为 8～9，高 pH 缩合反应维持 1 h。pH 缩合反应可以提高产品的贮存稳定性。

5. 质量标准

	一等品	合格品
减水率	≥12％	≥10％

泌水率比	≤90%	≤95%
含气量	≥3.0%	≥4.0%
凝结时间差/min	−90～120	
抗压强度比		
1天	≥140%	≥130%
3天	≥130%	≥120%
7天	≥125%	≥115%
28天	≥120%	≥110%
收缩率比	≤135%	
对钢筋锈蚀作用	对钢筋无锈蚀危害	
含固量或含水量		
液体外加剂	应在生产厂控制值的相对量3%之内	
固体外加剂	应在生产厂控制值的相对量5%之内	
相对密度	应在生产厂控制值的±0.2之内	
水泥净浆流动度	应在不小于生产厂控制值的95%	
细度 (0.315 mm 筛)	筛余小于15%	
pH	应在生产厂控制值的±1之内	
表面张力	应在生产厂控制值的±1.5之内	
还原糖	应在生产厂控制值的±3%	
总碱量	应在生产厂控制值的相对量5%之内	
Na_2SO_4 含量	应在生产厂控制值的相对量5%之内	
泡沫性能	应在生产厂控制值的相对量5%之内	
砂浆减水率	应在生产厂控制值的±1.5%之内	

6. 产品用途

适用于工业、民用、国防工程、预制、现浇的早强、高强或超高混凝土，蒸养混凝土，超抗渗混凝土，超 1000 ℃ 的耐高温混凝土，大体积及深层基础的混凝土，以及利于布筋较密、立面、斜面浇注及炎热条件下施工的混凝土。

7. 参考文献

[1] 卞荣兵，缪昌文，顾保生. 三聚氰胺高效减水剂的合成研究 [J]. 建筑技术开发，2000，27 (2)：33.

[2] 徐子芳，王贞平，徐国财. ASR 氨基磺酸盐高效减水剂的合成及性能研究 [J]. 化工进展，2005，24 (10)：1181.

2.17 SM 高效减水剂

SM 高效减水剂（SM high range water reducing agent）的主要成分为磺化三聚氰胺

甲醛树脂（Suffocated melamine-formaldehyde resin）。

其单体结构为：

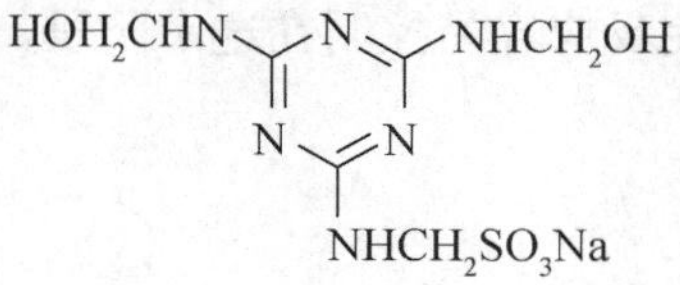

$$HOH_2CHN-\underset{N}{\overset{N}{\underset{|}{\overset{|}{C}}}}-NHCH_2OH$$

（三嗪环结构，底部为 $NHCH_2SO_3Na$）

。

1. 产品性能

SM 高效减水剂是磺化三聚氰胺甲醛树脂水溶性阴离子型高聚物。对水泥有大体系强烈吸附、分散作用，具有减水率高、匀质性、触变性好、坍落度损失小等特点，可明显改善混凝土和易性，大幅度提高流动，有显著早强、增强效果，可节约水泥，可配制早强、高强、超高强混凝土和流动态泵送混凝土，用普通方法较易配制 50 MPa～80 MPa 以上的抗压强度的混凝土，对多种水泥适应性好。可增加密实度，可提高抗渗性 2～6 倍，混凝土其他性能可大幅度改善。无毒、不燃烧，对钢筋无锈蚀。在适宜掺入量下，可使砂浆混凝土 1 天强度提高 30%～60%，7 天强度超过空白的 28 天强度，28 天强度提高 30% 左右；1 年后强度仍有所提高，提高 20% 左右。可使混凝土坍落度净增值 12～20 cm，可节省水泥 15%～20%，双掺可节省水泥 20% 以上，可缩短蒸养周期 1/3，减水率 12%～25%。

用普通方法可配制 50 MPa～80 MPa 的高度混凝土。掺 SM 高效减水剂产品用硫酸盐水泥可配制 1000 ℃ 以上的耐高温混凝土。

2. 生产方法

三聚氰胺与甲醛发生羟甲基化反应，再与亚硫酸氢钠发生磺化反应，最后缩合得到 SM 高效减水剂。

$$C_3H_6N_6+3CH_2O \longrightarrow C_3H_3N_6(CH_2OH)_3,$$
$$C_3H_3N_6(CH_2OH)+NaHSO_3 \longrightarrow (CH_2OH)_2C_3H_3N_6-CH_2SO_3Na + H_2O,$$
$$n(CH_2OH)_2C_3H_3N_6-CH_2SO_3Na \longrightarrow$$
$$\underset{}{[O-CH_2-C_3H_3N_6(CH_2-SO_3Na)-CH_2]}_n + n H_2O.$$

3. 工艺流程

图 2-13

4. 生产工艺

将三聚氰胺、甲醛、水按照一定配比加入反应釜中，开动搅拌装置，逐渐加热至

65～75 ℃，保温 60 min 左右。该反应是一个不可逆的放热反应，反应进程与介质的 pH 有关。在酸性介质中可以非常快的速度生成树脂并同时凝胶化。在中性或碱性介质中反应生成羟甲基三聚氰胺。为了使反应容易控制在这个阶段，反应控制在弱碱性介质（pH ＝8.5）中进行。

5. 说明

①反应介质酸碱度：pH 过低，反应过快，易产生凝胶；pH 过高，甲醛会发生 Cannizzaro 副反应。

②反应时间：反应时间短、转化率降低，羟甲基化将不完全。

③投料比例将影响羟甲基三聚氰胺的分子结构及后续工艺的参数。将羟甲基化产物和亚硫酸氢钠加入反应器中，搅拌下加热至 85～95 ℃，保温反应 2 h，得到磺化的羟甲基三聚氰胺。

④磺化反应时间：合成时间过短，溶液中会存在过多的磺化试剂。磺化剂的量：用量少，反应快、转化率高；用量多，反应不充分。磺化介质 pH：pH 过低，易缩聚交联而不能磺化。反应温度：温度低于 80 ℃，反应进行缓慢，转化率低；高于 95 ℃，易于发生副反应，减水率降低。

⑤羟甲基三聚氰胺磺酸盐在酸性条件下，通过羟基间的脱水发生缩合反应，生成高分子聚合物。缩合反应是合成工艺条件中最关键的一步，影响缩合反应的因素很多。通常加入一定量的浓 H_2SO_4 作为反应的催化剂，根据酸度的大小控制反应时间。

⑥缩合反应温度一般超过 75 ℃便会凝胶，即使合成得到产品，减水率也很差，达不到高效减水剂的要求。反应温度通常控制在 50～60 ℃。

⑦缩合反应体系随着反应时间的增加，体系黏度将增加；达到一定时间，将会发生凝胶现象，减水作用减弱甚至丧失。

⑧反应物的浓度过低，反应体系的反应分子碰撞概率降低，反应时间过长；浓度过高，缩聚很快，极易凝胶，反应不易控制。通常浓度在 20～50 mol/L 较好。

⑨在缩聚反应产物中加入碱液中和，升温至 75～90 ℃，稳定 60～120 min，调节 pH 至 7～9。最后得到浓度为 40% 的水溶液产品，或者经真空胶水浓缩后，喷雾干燥得白色粉状产品，即 SM 高效减水剂。

6. 工艺条件

羟甲基化温度/℃	65～75
磺化 pH	≥10
缩合温度/℃	50～65
缩合反应 pH	≤6
缩合终点	无甲醛味
中和反应终点 pH	7～9

7. 质量标准

	一等品	合格品
减水率	≥12%	≥10%
泌水率比	≤90%	≤95%
含气量	≥3.0%	≥4.0%
凝结时间/min	−90～120	
抗压强度比		
1 天	≥140%	≥130%
3 天	≥130%	≥120%
7 天	≥125%	≥115%
28 天	≥120%	≥110%
收缩率比	≤135%	
对钢筋锈蚀作用	对钢筋无锈蚀危害	
含固量	(20±1)%或 (40±2)%	
常温密度/ (g/cm^3)	1.13±0.02	
pH	7～9	
黏度（涂-4 黏度计测）/s	10～14	
表面张力 20℃溶液/ (N/m)	(71.0±0.5) ×10^{-3}	
净浆流动度 1%溶液/mm	220～240 (无色或淡黄色)	
稳定性	有效期 1 年以上	

8. 产品用途

适用于工业、民用、国防工程、预制、现浇的、早强、高强或超高混凝土，蒸养混凝土，超抗渗混凝土，超 1000 ℃的耐高温混凝土，大体积及深层基础的混凝土及利于布筋较密、立面、斜面浇注及炎热条件下施工的混凝土，SM 型产品是高压电瓷环的有效胶结材料，也是高级纸张、塑料、装板、涂料、胶粘剂、织物等及人造花岗岩的高强分散光亮结晶剂。掺入量为水泥量的 0.3%～1.3%，配制高强混凝土掺入量可适当放大。

SM 型产品含固量为 20%或 40%两种，请按说明书计量换算。可直接掺入拌和水中，也可在拌和中或拌和后掺入，适当延长搅拌时间。

9. 参考文献

[1] 李永德．三聚氰胺系高效减水剂的合成工艺研究 [J]．化学建材，2000 (5)：42.

[2] 卞荣兵，缪昌文，顾保生．三聚氰胺高效减水剂的合成研究 [J]．建筑技术开发，2000，27 (2)：33.

2.18　WRDA 普通减水剂

WRDA 普通减水剂（WRDA water reducing agent）的主要成分为木质磺酸钙，相对分子质量 2000~100 000。其主要成分结构为：

1. 产品性能

其属阴离子表现面活性剂，对混凝土中水泥颗粒有扩散作用。不含氯盐，无腐蚀性。WRDA 普通减水剂对混凝土减水率达 15%，并能保持混凝土良好的工作性能，增加混凝土的强度，降低渗透性，提高耐久性。减水率高，易于振捣密实，易于浇注、抹光，增加混凝土的黏合性，降低分层，在标准掺入量范围内，对初凝和终凝时间影响很小。提高混凝土各龄期的强度，优于常规外加剂。密度大、耐久性好，对多种水泥包括含粉煤灰及高炉矿渣混合物水泥都能起作用。

2. 生产工艺

WRDA 普通减水剂是从纸浆废液中提取的木质素磺酸钙盐。制造人造纤维或造纸工业在高温、高压下蒸煮木材时，加入亚硫酸盐使木材中的纤维素和非纤维分离，所得纤维素即为人造丝、人造毛、纸等的原材料。溶解在溶液中的非纤维素以木质素磺酸盐为主，伴有少量糖分。这种溶液称为纸浆废液。从废液中提炼出酒精、醇母后，剩余物质木质素磺酸钙含量为 45%~50%，还原物质含量低于 12%，即为木质素磺酸钙溶液，再经热风喷雾干燥后成棕色粉末，即为木质素磺酸钙粉。

3. 质量标准

	一等品	合格品
外观	深棕色液体	
对钢筋锈蚀作用	对钢筋无锈蚀危害	
相对密度（20 ℃）	1.15±0.01	
含固量	32%~34%	

减水率	8%	5%
含气量	≤3.0%	≤4.0%
泌水率比	95%	100%
收缩率比（28天）	≥135%	
凝结时间差/min	—90～120	
抗压强度比		
3天	115%	110%
7天	115%	110%
28天	110%	105%
引气作用	取决配比及骨料，最大增加2%	
氯离子含量（占外加剂的重量百分比）	0.2%	
木质素磺酸钙含量	＞55%	
还原物含量	≤12%	
水不溶物含量	2%～5%	
pH	4%～6%	
水分含量	≤9%	

4. 产品用途

水泥混凝土减水剂。可用于预拌混凝土产品、预制混凝土构件、预应力构件、现场浇筑等使用的混凝土。

5. 参考文献

［1］王玲，田培，白杰，等．我国混凝土减水剂的现状及未来［J］．混凝土与水泥制品，2008（5）：1.

［2］李诚．木质素磺酸钙减水剂的改性研究［D］．济南：济南大学，2007.

2.19　高效减水剂PC

高效减水剂PC（High efficient water reducing　PC）的化学成分为甲基丙烯磺酸钠与丙烯酸聚合物的聚乙二醇酯化物。

1. 产品性能

高效减水剂PC属聚羧酸系高性能减水剂，通过甲基丙烯磺酸钠与丙烯酸在一定条件下发生聚合反应生成含有羧基、磺酸基的高分子主链MAS—AA，然后再与一定分子量的聚乙二醇发生酯化反应合成含有羧基、磺酸基、聚氧乙烯链侧链的高效减水剂PC。聚羧酸系高性能减水剂除具有高性能减水（最高减水率可达35%）、改善混凝土孔结构和密实程度等作用外，还能控制混凝土的坍落度损失，更好地控制混凝土的引气、缓凝、泌水等问题。它与不同种类的水泥都有相对较好的相容性，即使在低掺入量时，也能使混凝土具有高流动性，并且在低水灰比时具有低黏度及坍落度经时变化小的性能。

该减水剂具有高减水率，通过复配减水剂掺入量为 0.08％（含固量）时，净浆流动度可达到 260 mm，能有效地抑制坍落损失。

2. 生产方法

通常有先酯化后聚合和先聚合后酯化两种合成方法。采用先酯化合成大分子单体聚乙二醇单丙烯酸酯，然后再与一些含有活性基团的单体甲基丙烯磺酸钠共聚得到减水剂。大分子聚乙二醇单丙烯酸酯的合成工艺还不成熟，直接影响了减水剂先酯化后聚合合成工艺的工业化。先用含有活性基团的单体甲基丙烯磺酸与丙烯酸合成高分子主链，再酯化接枝聚乙二醇侧链。先聚合后酯化合成工艺对合成条件要求不高，控制难度低，适合工业化生产。

3. 生产工艺

在 78～82 ℃条件下，将丙烯酸、引发剂缓慢滴加到甲基丙烯磺酸钠溶液中，大约 1.5 h 滴完，然后保温搅拌反应 7 h，生成一定分子量的主链 MAS—AA。在制得的聚合物 MASS—AA 中加入聚乙二醇与酯化催化剂，在 (100±5)℃条件下，搅拌酯化反应 10 h，待反应完全后，加入适量水溶解，用氢氧化钠中和 pH 至 7 得到 30％的聚羧酸系减水剂溶液。

4. 质量标准

	一等品	合格品
减水率	≥12％	≥10％
泌水率比	≤90％	≤95％
含气量	≥3.0％	≥4.0％
凝结时间差/min	−90～120	
抗压强度比		
1 天	≥140％	≥130％
3 天	≥130％	≥120％
7 天	≥125％	≥115％
28 天	≥120％	≥110％
收缩率比	≤135％	
对钢筋锈蚀作用	对钢筋无锈蚀危害	
含固量或含水量		
液体外加剂	应在生产厂控制值的相对量 3％之内	
水泥净浆流动度	应在不小于生产厂控制值的 95％	
pH	应在生产厂控制值的±1 之内	
表面张力	应在生产厂控制值的±1.5 之内	
还原糖	应在生产厂控制值的±3％	
总碱量	应在生产厂控制值的相对量 5％之内	
Na_2SO_4 含量	应在生产厂控制值的相对量 5％之内	
泡沫性能	应在生产厂控制值的相对量 5％之内	
砂浆减水率	应在生产厂控制值的±1.5％之内	

5. 产品用途

用作水泥减水剂，广泛用于混凝土工程中。

6. 参考文献

［1］马军委，张海波，张建锋，等．聚羧酸系高性能减水剂的研究现状与发展方向 ［J］．国外建材科技，2007（1）：24-28.

［2］王志来，李红双，张连臣．聚羧酸系高性能减水剂的合成及适用性研究 ［J］．粉煤灰综合利用，2009（2）：44-46.

［3］陈新秀．聚羧酸系高性能减水剂的合成试验研究 ［J］．福建建材，2011（8）：17-18.

2.20　CRS 超塑化剂

超塑化剂可大幅降低混凝土单位用水量从而大幅提高混凝土强度、改善混凝土工作性和耐久性，已成为现代混凝土中必不可少的一种组分，并在高性能混凝土的配制技术中发挥主导作用。CRS 超塑化剂（CRS type super plasticizer）的化学成分为氧茚树脂磺酸钠。其结构式为：

1. 产品性能

CRS 超塑化剂属非引气型水泥高效减水剂，在普通混凝土中的掺入量为 0.2%～0.7%，减水率为 18%～29%，CRS 在高混凝土中的掺入量为 0.8%～1.0%，减水率大于 30%。可节省水泥 10%～20%。对钢筋锈蚀、混凝土干缩及徐变均无不良影响。可使混凝土坍落度由 3～5 cm 增加到 20 cm 左右。3 天强度可提高 40%～130%，28 天强度可提高 20%～65%。

2. 生产方法

氧茚树脂又称香豆酮-茚树脂、古马隆树脂、苯并呋喃-茚树脂，由煤焦油的 160～185 ℃馏分（主要含香豆酮和茚树脂）聚合而成。氧茚树脂经磺化、中和得氧茚树脂磺酸钠。

3. 工艺流程

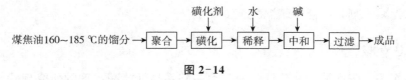

图 2-14

4. 质量标准

	一等品	合格品
减水率	≥12%	≥10%
泌水率比	≤90%	≤95%
含气量	≥3.0%	≥4.0%
凝结时间差/min	-90~120	
抗压强度比		
1 天	≥140%	≥130%
3 天	≥130%	≥120%
7 天	≥125%	≥115%
28 天	≥120%	≥110%
收缩率比	≤135%	
对钢筋锈蚀作用	对钢筋无锈蚀危害	

5. 产品用途

用作水泥减水剂，适用于混凝土/钢筋混凝土和预应力混凝土构件及配制高强/早强及流态混凝土。

6. 参考文献

[1] 周科利. 新型聚羧酸系超塑化剂的合成与性能研究 [D]. 合肥：安徽建筑工业学院，2011.

[2] 张师恩，卞葆芝，张云理. 氨基磺酸盐系超塑化剂研制 [J]. 混凝土，2006 (11)：30-33.

[3] 左彦峰，王栋民，李伟，等. 超塑化剂与水泥相互作用研究进展 [J]. 混凝土，2007 (12)：79-83.

2.21 711 型速凝剂

711 型速凝剂是一种能促进水泥或混凝土快速凝结的化学外加剂，在矿山井巷、隧道等工程锚喷支护，以及堵漏和抢修工程中得到广泛应用。

1. 技术配方（质量，份）

铝矾土	2.0
生石灰	1.2
碳酸钠	2.8

2. 生产工艺

将上述 3 种物料按配比混匀后，经高温（1290 ℃）煅烧制得熟料。再按熟料与无水石膏质量比为 3∶1 进行配料，经磨细过筛（4900 孔/cm²）得粉状产品。

3. 产品用途

用于矿山井巷、隧道等工程锚喷支护以及堵漏和抢修工程中。该速凝剂初凝在 5 min 内，终凝在 10 min 内。其 1 天后强度相当于不掺者的 2～6 倍。掺用量一般占水泥重的 4%。

4. 参考文献

［1］潘志华，程建坤．水泥速凝剂研究现状及发展方向［J］．建井技术，2005（2）：22-27.

［2］张勇．铝酸盐液体速凝剂的研究［D］．西安：西安建筑科技大学，2005.

［3］肖国碧．低碱液体速凝剂的研究［D］．长沙：湖南大学，2011.

2.22 快干促凝剂

1. 产品性能

在建筑施工中，遇到施工场地基层潮湿或稍有渗水时，水泥不易干固凝结。使用本快干促凝剂，可加速水泥的凝结、硬化，以加快施工进度。

2. 技术配方（质量，份）

硫酸铜	1
硫酸铬钾	1
硫酸亚铁	1
重铬酸钾	1
硅酸钠（水玻璃）	400
硫酸铝钾	1
水泥	适量
水	60

3. 生产工艺

先将定量的水加热至 100 ℃沸腾，再将硫酸铜（蓝矾）、硫酸铬钾（紫矾）、硫酸亚铁（绿矾）、硫酸铝钾（明矾）、重铬酸钾（红矾）依次放入沸水中，并不断搅拌，继续加热至 5 种矾盐完全溶解，停止加热，冷至 30～40 ℃，将此溶液倒入定量的水玻璃中，搅拌均匀，放置半小时后，即可与水泥配合使用。

4. 产品用途

用于矿山井巷、隧道等工程锚喷支护及堵漏和抢修工程中。促凝剂与水的配合比为（0.6～1.0）：1 及适量水泥配成胶浆，沿基层表面纵横方向各涂刷 1 遍。若个别部位尚存在渗水现象时，则继续涂刷几遍至不渗水为止。

5. 参考文献

[1] 彭志刚，王成文. 新型油井水泥促凝剂 LT-A 及其性能 [J]. 天然气工业，2012（4）：63-65.

2.23　J85 混凝土速凝剂

速凝剂是调节混凝土（或砂浆）凝结时间和硬化速度的外加剂，是混凝土锚喷支护工程中必不可少的一种外加剂。J85 混凝土速凝剂（J85 type rapid setting admixture）的主要成分为偏铝酸钠，分子式为 $NaAlO_2$。

1. 产品性能

该速凝剂为灰白色或深灰色粉末，碱性小，低腐蚀性，具有微膨胀作用，可提高混凝土的抗渗、抗裂和抗冻性。黏性好，回弹率一般在 35% 左右。促凝效果好，对水泥适用性强。碱性弱，对锚喷作业人员危害小。混凝土后期强度损失少，具备微膨胀性能。掺入量为 3%～5%。凝结时间：初凝≤3 min、终凝≤5 min。

2. 生产方法

氧化铝与烧碱或纯碱反应，得到偏铝酸钠。

$$Al_2O_3 + 2NaOH = 2NaAlO_2 + H_2O,$$
$$或\quad Al_2O_3 + Na_2CO_3 = 2NaAlO_2 + CO_2\uparrow 。$$

3. 说明

J85 混凝土速凝剂所要求的细度和水泥一样。细度越细促凝效果越好，但细度过细会影响磨机产量。权衡技术和经济两个方面的因素，细度控制在边长 0.008 mm 方孔筛，筛余小于 12% 为宜。

4. 质量标准

	一等品	合格品
净浆凝结时间/min		
初凝	≤3	≤5
终凝	≤10	≤10
1 天抗压强度/MPa	≥8	≥7
28 天抗压强度比	≥75%	≥70%
细度（筛余）	≤12%	≤15%
含水率	≤2%	≤2%

5. 产品用途

适用于喷射混凝土施工的各种工程，如矿山、井巷、铁路、隧道及要求速凝的混凝土工程。喷射混凝土是我国矿山、隧道建设过程中的较为经济的支护形式，速凝剂是喷射混凝土所必不可少的一种外加剂，速凝剂的质量直接关系到喷射混凝土的工程质量。

2.24　防水促凝剂

防水促凝剂是能提高混凝土防水性或抗渗性，而起防水作用的外加剂，同时具有防水和促进混凝土快速凝固的双重作用。

1. 技术配方（质量，份）

硅酸钠	20.00
重铬酸钾	0.05
硫酸铜	0.05
水	3

2. 生产工艺

将水加热至沸，加入重铬酸钾和硫酸铜，待溶解后冷却至 30～40 ℃，然后将此溶液倒入硅酸钠（相对密度 1.63）中，搅拌均匀，静置半小时后即可使用。

3. 产品用途

用作修补渗漏水中，配成促凝水泥浆（掺入量占水泥重的 1%）。快干水泥砂浆 [按质量比 1:1 的比例将促凝剂与水混合，达到水灰质量比（0.45～0.50）:1]、快凝水泥胶浆 [m（水泥）:m（促凝剂）＝1:（0.5～0.9）] 用于堵塞局部渗漏。

4. 参考文献

[1] 潘志华，程建坤. 水泥速凝剂研究现状及发展方向 [J]. 建井技术，2005

— 125 —

（2）：22-27.

[2] 王芳，孟赟. 水泥基渗透结晶型防水材料的研制 [J]. 中国建筑防水，2010 (13)：4-7.

2.25 混凝土促凝剂

混凝土促凝剂是促进水泥混凝土快速凝结的外加剂。一般与水泥中矿物作用生成稳定的难溶化合物，加速水泥浆凝聚结构的生成。

1. 技术配方（质量，份）

（1）配方一

偏铝酸钠	18
碳酸钠	60
硫酸钙	20

（2）配方二

硫酸钠	22
氢氧化铝	5

2. 生产工艺

将各物料磨细混匀即得。

3. 产品用途

（1）配方一所得产品用途

直接加入混凝土拌和料中，用量为水泥用量的 5%～10%。

（2）配方二所得产品用途

用量为水泥用量的 2.5%～3.0%。

2.26 混凝土硬化剂

混凝土硬化剂具有速凝、防水、防渗等性能。

1. 技术配方（质量，份）

（1）配方一

白蜡	36.4
大豆油	6.6
精制亚麻仁油	8.4

三聚氧酸乙酯	适量
椰子油	8.4
二十六烷酸	3.2
硬脂酸	6.8
水	25

（2）配方二

碳酸钠	120
偏铝酸钠	36
硫酸钙	44

（3）配方三

硫酸铜	2
水玻璃（相对密度 1.63）	2
重铬酸钾	2
水	120

（4）配方四

氢氧化铝	100
硫酸钠	44

（5）配方五

碳酸钠	4.2
氟化钠	0.1
硬脂酸	82.6
20％氨水	62.0
氢氧化钾	16.4
水	183.7

2. 生产工艺

（1）配方一的生产工艺

将上述物料（除三聚氧酸乙酯、白蜡外）混合，缓慢加热至白蜡溶解，反应温度保持在80～83 ℃，然后加入三聚氧酸乙酯，保持反应温度，搅拌 2 h，乳化反应完全即得混凝土硬化剂。

（2）配方二的生产工艺

将各物料混合研磨均匀即成为速凝硬化剂。使用时直接掺入混凝土拌和料中，掺入量为水泥用量的 0.5％～1.0％。

（3）配方三的生产工艺

将水加热至沸腾，加入硫酸铜及重铬酸钾搅拌使之溶解后，冷却至 30～40 ℃，最后将此溶液倒入水玻璃中，搅拌均匀，放置 30 min 后即成为速凝、防水硬化剂。

（4）配方四的生产工艺

将物料按配方比混合研磨均匀，即得速凝剂硬化，用时直接与混凝土拌和料混合拌匀，掺入量为水泥用量的 2.5%～3.0%。

（5）配方五的生产工艺

将硬脂酸溶在水中，再加入其余物料混合搅拌均匀即成。本硬化剂具有速凝、防水、防渗、抗渗、抗冻等作用，可用于配制水泥砂浆，还可用于地下水管、水池、水塔等建筑工程。掺入量为水泥用量的 4% 左右。

2.27　混凝土养护剂

1. 产品性能

在混凝土施工中混凝土养护是一个非常重要的环节。混凝土的强度来源于水泥的水化，而水泥水化只能在被水填充的毛细管内发生，因此，必须创造条件防止水分由毛细管蒸发失去，才能使水泥充分水化，以保证混凝土的强度不断增长。如果混凝土在干燥的环境中养护，水泥水化作用会随着水分的逐渐蒸发而停止，并引起混凝土干缩裂缝及结构疏松，从而严重影响混凝土的强度和耐久性。化学养护法一般是在新浇注的混凝土表面涂抹养护剂，与传统的养护法相比，具有省工、省时、节水等优点。适用于公路、机场道坪、高层建筑、桥梁等工程的养护。对水源缺乏地区或无法采用常规方法养护的工程，更显示出其优越性。

该混凝土养护剂由油相成分、乳化剂和水组成。其中，煤油、石蜡、蒸煮松脂为油相成分，能在水泥颗粒表面形成疏水膜，防止水分蒸发，起养护作用；聚乙二醇、$C_{18\sim24}$ 伯脂醇为保湿成分，使水泥硬化过程中有足够的水分；$C_{10\sim20}$ 脂肪醇聚氧乙烯醚为非离子型表面活性剂，起乳化作用；水为乳化液的水相成分。

2. 技术配方（质量，份）

煤油	40～50
石蜡	0.5～1.5
聚乙二醇	0.004～0.010
$C_{18\sim24}$ 脂肪醇	4～5
蒸煮松脂	0.4～0.6
$C_{10\sim20}$ 脂肪醇聚氧乙烯醚	2～3
水	39～53

3. 生产工艺

将油相混合加热，与溶有表面活性剂的水相混合乳化，即得混凝土养护剂。

4. 产品用途

用于公路、机场道坪、高层建筑、桥梁等混凝土工程的养护。

5. 参考文献

[1] 吴少鹏，张恒荣. 复合型混凝土养护剂的研制 [J]. 新型建筑材料，2002 (5)：14-15.

[2] 贺晟. CLT 型混凝土养护剂的研究与应用 [J]. 山西建筑，2008 (30)：190-191.

2.28 混凝土缓凝剂

1. 产品性能

缓凝剂（Retarding agent）是一种能推迟水泥水化反应，从而延长混凝土的凝结时间，使新拌混凝土在较长时间保持塑性，方便浇注，提高施工效率，同时对混凝土后期各项性能没有造成不良影响的外加剂。一般施工要求是日最低气温不低于 5 ℃，不宜单独用于有早强要求的混凝土和蒸汽养护的混凝土工程。主要有木质磺酸盐、羟基羧酸、糖类及碳水化合物、氨基酸及其盐、腐殖酸、丹宁酸、氟化镁、磷酸及其盐或酯类、硼酸类、锌盐、苯酯、聚丙烯酸类化合物等。实际应用中为复配物。

2. 技术配方（质量，份）

（1）配方一

己内酰胺水蒸气萃取残渣	20~50
$C_{1~6}$羧酸钠	50~80

（2）配方二

葡萄糖酸钙	0.2
木质磺酸钙	1.5
水	100

（3）配方三

酸式磷酸乙酯	1
柠檬酸	15
水	100

3. 生产工艺

（1）配方一的生产工艺

将各物料混合均匀而成高效缓凝剂。配方中萃取残渣由硫酸钠 58.5%~65.4%、己内酰胺 32.1％～37.1％、氨基己酸钠 1.3％～3.9％、水溶性聚酰胺树脂 0.5％～1.3％组成。这种缓凝剂能改善混凝土的流动性，提高其强度性能。

（2）配方二的生产工艺

将各物料溶于水即得混凝土缓凝剂。

（3）配方三的生产工艺

将柠檬酸和酸式磷酸乙酯溶于水，即得缓凝剂。

4. 参考文献

[1] 车广杰. 混凝土缓凝剂的分类及其作用机理 [J]. 黑龙江科技信息，2009 (10)：236.

[2] 张惠芬. 水泥混凝土缓凝剂在公路工程的应用 [J]. 交通世界（建养·机械），2010 (10)：142-143.

2.29　枸橼酸

枸橼酸（Citric acid）又称柠檬酸、2-羟基丙三羧酸（2-Hydroxy-1，2，3-propan-etricarboxylic acid），分子式 $C_6H_8O_7 \cdot H_2O$，相对分子质量为 210.14，结构式为：

$$
\begin{array}{c}
COOH \\
| \\
HO\!-\!C\!-\!COOH \cdot H_2O \\
| \\
COOH
\end{array} \text{。}
$$

1. 产品性能

纯枸橼酸为无色半透明晶体或白色颗粒或白色结晶性粉末，无臭，具有强烈的令人愉快的酸味，稍有一点苦涩味。它在温暖的空气中渐渐风化，在潮湿空气中微有潮解性。根据结晶条件的不同，它的结晶形态有无水枸橼酸和含结晶水枸橼酸。商品枸橼酸主要是无水枸橼酸和一水枸橼酸。一水枸橼酸是由低温（低于 36.6 ℃）水溶液中结晶析出，经分离干燥后的产品，相对分子质量 210.14，熔点 70～75 ℃，密度 1.542 g/cm³。放置在干燥空气中时，结晶水逸出而风化。缓慢加热时，先在 50～70 ℃ 开始失水，70～75 ℃ 晶体开始软化，并开始熔化。加热到 130 ℃ 时完全失去结晶水。最后在 135～152 ℃ 完全熔化。一水枸橼酸急剧加热时，在 100 ℃ 熔化，结块变为无水枸橼酸。无水枸橼酸是在高于 36.6 ℃ 的水溶液中结晶析出的。相对分子质量 192.12，相对密度为 1.6650。一水枸橼酸转变为无水枸橼酸的临界温度为 (36.6±0.5)℃。

2. 生产方法

由淀粉类原料（如白薯粉、玉米、小麦等）或糖蜜（如甜菜、甘蔗、糖蜜、葡萄糖结晶母液等）经黑曲霉发酵、提取、精制而得。

3. 工艺流程

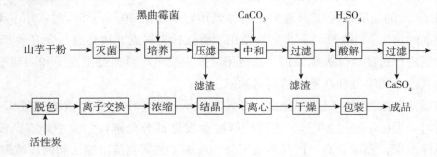

图 2-15

4. 技术配方(kg/t)

山芋干粉	2280
碳酸钙（工业品）	1040
硫酸（98%）	960
盐酸（32%）	700

5. 主要设备

灭菌釜	发酵罐
压滤机	空气压缩机
中和槽	酸解槽
脱色釜	离子交换柱
减压浓缩釜	烘房

6. 生产工艺

采用深层发酵工艺，发酵培养基为 12% 或 16% 山芋干粉（白薯干粉），菌种为黑曲霉菌，发酵温度 28～33 ℃，pH 1.5～2.8，发酵周期取决于溶液中糖的浓度，一般为 5～12 天。发酵应通入无菌空气，并搅拌。发酵完毕，滤去菌丝体及残存固体渣滓，滤液进入提取工序。

将滤液泵入中和槽中，通蒸汽升温，开动搅拌。直接加固体 $CaCO_3$ 时，先将料温升至 70 ℃，$CaCO_3$ 逐步添加，注意勿使泡沫溢出，切不可中和过头。万一中和过头，应及时补加料液，以防形成过多胶体不溶物。中和终点用精密 pH 试纸测试，控制在 6.0～6.8。pH 测试合格后，还应滴定残留酸度，蔗糖原料 0.05%～0.10%，白薯干粉原料 0.15%～0.20%，糖蜜原料 0.20%～0.25%。最后维持料温在 85 ℃左右，搅拌 0.5 h，使硫酸钙充分析出，再放料到抽滤桶。在中和枸橼酸钙分离的整个过程中，温度皆不得低于 85.1 ℃。这样可以减少枸橼酸的损失，使草酸钙、葡萄糖酸钙的溶解度增大，便于除去。枸橼酸钙盐滤饼的洗涤也要用 95 ℃的热水，间歇地进行，每洗涤一次后应抽滤干，翻料和消除裂缝后才可进行下一次洗涤。在酸解槽内加入 2 倍钙盐重量的稀酸液或水，开始搅拌，小心倒入枸橼酸钙盐，调成浓浆状，同时用蒸汽升温至 40～50 ℃，以 1～3 L/min 的速度加入 35％硫酸。当加到预定酸量的 80％～85％时，用 pH 试纸检测，放慢加酸速度。当 pH 达到 2 时，要用双管法检查终点。达终点后升温至 85 ℃，搅拌数分钟后进行过滤，除去硫酸钙。滤液用活性炭脱色，再通过阳离子和阴离子交换树脂以除去其他金属离子和杂质，然后送浓缩工序。

枸橼酸溶液浓缩时，温度不能高。开始一般不超过 70％，当溶液浓缩至 35％以上，酸度增高时，温度不超过 60 ℃。否则枸橼酸会发生部分分解，溶液中尚有杂质也发生变化，色泽加深，黏度升高，产品质量下降。浓缩工艺有直接浓缩法和两段浓缩法。

直接浓缩是将溶液一次浓缩到所需浓度。在浓缩过程中，料液浓度达到 50％以上时，体系的压力不要超过 14 kPa，浓缩后期要频繁测试浓缩液的密度，当达到 1.37 g/cm³（含枸橼酸约 80％），及时放料结晶。这种直接浓缩法适用于净化后，$CaSO_4$ 含量已符合要求的场合。

两段浓缩法是在第一段浓缩到密度为 1.2625 g/cm³（含枸橼酸约 45％）时，放入沉降槽中保温 70 ℃，澄清 1～2 h，使所含的 $CaSO_4$ 沉降至 95％以上。抽出上层清液继续浓缩。沉降槽中的 $CaSO_4$ 过滤除去，仔细洗下所附着的枸橼酸液，这种淡酸液可用作酸解时的调浆水。

当浓缩液浓度约 80％，温度为 55 ℃时，已呈过饱和状态。这时放料到冷却式结晶器中，开动搅拌，任其自然冷却。当温度降到 40 ℃以下，这时可以刺激起晶或添加晶种，开始结晶。同时打开冷却水，小心控制使体系的温度不超过 36％，以保证枸橼酸以一水枸橼酸的形式析出。

7. 质量标准

外观	无色半透明结晶，或白色颗粒或白色结晶性粉末
灼烧残渣	≤0.1％
硫酸盐（SO_4^{2-}）	≤0.05％
枸橼酸含量（一水物）	≥99％

8. 质量检验

（1）含量测定

称取 1 g 样品（称准至 0.0002 g），加 40 mL 新经煮沸并冷却的水，待样品溶解后加 3 滴酚酞指示剂，用 0.5 mol/L 氢氧化钠标准溶液滴定至淡红色。

$$含量（\%）=\frac{V\times c\times 0.07005}{G}\times 100。$$

式中，V 为滴定样品耗用氢氧化钠标准溶液体积，mL；c 为氢氧化钠标准溶液物质的量浓度，mol/L；G 为样品质量，g。

（2）草酸盐测定

称取 1 g 样品（称准至 0.1 g），加 10 mL 水，待样品溶解后，用 V（氨）：V（水）＝2：3 的氨水中和，再加 2 mL 7.5％氯化钙溶液，不得出现混浊。

（3）钙盐测定

称取 1 g 样品（称准至 0.1 g），加 10 mL 水，待样品溶解后，用 V（氨）：V（水）＝2：3 的氨水中和，加数滴草酸铵溶液，不得出现混浊。

（4）重金属测定

称取 2 g 样品（称准至 0.01 g），置于 50 mL 比色管中。加 10 mL 水溶解样品，加 1 滴酚酞指示剂，滴加适量氨水使呈淡红色，加 0.5 mL 30％酸溶液，用水稀释至 25 mL，加 10 mL 饱和硫化氢水溶液，摇匀，在暗处放置 10 min，与标准管比色。

（5）标准管的制备

准确吸取若干毫升铅标准溶液（如重金属规格为 0.001％，则吸取 2 mL，相当于 0.02 mgPb），置于 50 mL 比色管中，加 0.5 mL 30％酸，然后与样品同时同样处理。

$$重金属（以 Pb 计）\% = \frac{0.1V}{1000G} \times 100。$$

式中，V 为吸取铅标准溶液体积，mL；G 为样品质量，g。

9. 产品用途

枸橼酸广泛用于食品工业、医药工业和其他行业。建筑工业用作混凝土缓凝剂。食品工业用作清凉饮料、糖果的酸味剂；医药工业用于制造补血剂枸橼酸铁铵或输血剂枸橼酸钠，也可用作碱性解毒剂；印染工业用作媒染剂；机械工业用作金属清洁剂；油脂工业用作油脂抗氧剂；电镀工业用作无毒电镀；涂料及塑料工业用于制造枸橼酸钡；日化工业代替磷酸酯生产洗涤剂。此外，还用作锅炉清洗剂、管道清洗剂、无公害洗涤剂等。

10. 安全与贮运

操作人员应穿戴劳保用品。本品无毒。内衬聚氯乙烯塑料袋的编织袋包装，贮存于阴凉、干燥处。注意防热、防潮。

11. 参考文献

[1] 伍时华，路敏，童张法. 从发酵液中提取柠檬酸的研究进展 [J]. 广西工学院学报，2005（3）：9.

[2] 汪多仁. 柠檬酸（钠）的开发与应用进展 [J]. 化工中间体，2004（5）：30.

[3] 韩德新，高年发，周雅文. 柠檬酸提取工艺研究进展 [J]. 杭州化工，2009（3）：3.

2.30　膨胀剂

1. 产品性能

膨胀剂是能使水泥在凝结硬化时伴随体积膨胀，以达到补偿收缩和张拉钢筋产生预应力的一种化学外加剂。本品膨胀耐热性好、膨胀稳定，适于干热环境使用，如冶金厂房填灌热车间底脚螺栓等。

2. 技术配方（质量，份）

氯化钠	1.200
海波	1.500
拉开粉	0.200
精萘减水剂	0.300
氯化铵	0.800
铝粉	0.005
铁粉	95

3. 生产工艺

将各物料调拌均匀即得成品。

4. 产品用途

用量占水泥用量的 0.3%～1%，使用时与水泥拌和均匀即得。

5. 参考文献

［1］刘德春，熊小丽. 新型双膨胀源膨胀剂的研究［J］. 新型建筑材料，2011(6)：8-11.

［2］徐鹏，邹建龙，赵宝辉，等. 油井水泥膨胀剂研究进展［J］. 油田化学，2012(3)：368-374.

2.31　普通复合膨胀剂

长期以来，混凝土裂缝防治为工程界致力研究的问题。众多裂缝控制方法中，利用膨胀剂的补偿收缩作用控制混凝土裂缝的方法在工程中极为普遍。现阶段混凝土的膨胀剂种类大致可分为硫铝酸盐系膨胀剂、氧化钙系膨胀剂、氧化镁系膨胀剂和复合混凝土膨胀剂。

1. 产品性能

深色粉状物，加入普通水泥混凝土中，水化产生膨胀结晶体，以此补偿水泥水化时产生的收缩，从而配制成补偿收缩或膨胀混凝土，用以克服普通水泥凝土收缩开裂和超长钢筋混凝土温差裂缝的缺陷，借此可以使混凝土结构自身防水。28天抗压强度为47 mPa，置于水中14天限制膨胀率为0.02%。

2. 生产工艺

普通型复合膨胀剂CEA是用石灰质原料、黏土质原料、铁质原料按特定比例配料后研磨，然后用回转窑在1400~1500 ℃温度下烧成膨胀熟料，再加一定矿物质改性成分研磨而成。多功能复合膨胀剂CEA-B是在此基础上，根据使用时的施工性能要求，另按一定比例加入表面活性物质、水化阻滞物质等成分，混合搅拌而成，既保持CEA膨胀功能，又具特定施工性能。

3. 工艺流程

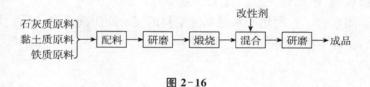

图 2-16

4. 质量标准

含水率	≤3.0%
总碱量	≤0.75%
Cl⁻含量	≤0.05
比表面积/（m²/kg）	≥250%
0.08 mm筛筛余	≤10%
1.25 mm筛筛余	≤0.5%
凝结时间/min	
初凝	≥45
终凝	≤600
限制膨胀率	
水中7天	≥0.025%
水中28天	≤0.01%
空气中28天	≥-0.020%

抗压强度/MPa	
7 天	≥25.0
28 天	≥45.0
抗折强度/MPa	
7 天	≥4.5
28 天	≥6.5

5. 产品用途

用作混凝土膨胀剂，替代 10% 的水泥，拌制混凝土时加入即可。主要用于有防水要求的混凝土结构，使混凝土结构自身具有防水能力，用于大体积（最小方向尺寸 1 m）混凝土结构，以抵抗温差应力、防止温差裂缝。用于预留后浇灌带或伸缩缝的超长钢筋混凝土结构，取消后浇灌带，实施无缝连续施工。

6. 参考文献

[1] 复合膨胀剂（CEA）[J]. 建材工业信息，2004（6）：30.

[2] 曾明，周紫晨. 一种用于水泥基灌浆料的复合膨胀剂研究 [J]. 混凝土与水泥制品，2011（2）：6.

2.32 铝酸钙膨胀剂

铝酸钙膨胀剂（Calcium aluminium expansion agent，AEA），是一种硫铝酸钙型混凝土膨胀剂。在制备混凝土时，掺入水泥用量的 8%～12% 代替相同重量的水泥，可制成补偿收缩混凝土，强度高，干缩小，能防止混凝土建筑物的开裂，提高抗渗性能。

1. 产品性能

具有补偿收缩、导入自应力和提高混凝土密实度等性能。混凝土限制膨胀率 0.02%～0.04%，导入自应力 0.3 MPa～0.9 MPa。耐蚀性优于普通混凝土，对水质无污染，对钢筋无锈蚀，无坍落度损失。

膨胀稳定快，后期强度较高，能防止混凝土建筑物的开裂，提高抗渗性能。掺 10% AEA 制成的 1：2 砂浆，限制膨胀率≥0.04%，空气中养护 28 天，基干缩率小于 0.02%；1：2.5 砂浆 28 天抗压强度≥47.0 MPa；28 天抗折强度≥6.8 MPa。抗冻性 D≥150。黏结力比普通混凝土提高 20%～30%。

2. 生产工艺

AEA 是以一定比例的高铝熟料、天然明矾石、石膏共同粉磨而制成的膨胀型混凝土外加剂。其原材料化学成分，AEA 的化学组成中，原材料品质指标与化学成分如表

2-1所示。

表 2-1　AEA 的化学组成中原料品质指示与化学成分

原料	SiO_2 含量	Al_2O_3 含量	Fe_2O_3 含量	CaO 含量	TiO_2 含量	MgO 含量	SO_3 含量	K_2O 含量	Na_2O 含量
高铝熟料	4.39%	53%	2.59%	33.53%	2.74%	0.56%	—	—	—
明矾石	43.27%	>18%	1.91%	0.54%	0.51%	0.19%	>18%	4.88%	0.67%
石膏	2.12%	0.38%	0.17%	39.71%	—	0.39%	>45%	—	—

AEA 的化学组成如表 2-2 所示。

表 2-2　AEA 的化学组成

物质	SiO_2	Al_2O_3	Fe_2O_3	CaO	MgO	SO_3	$K_2O+0.658\,Na_2O_2$
含量	9.82%	16.62%	2.66%	28.60%	1.58%	26.86%	0.52%

3. 说明

AEA 是一种硫铝酸钙复合型膨胀剂，高铝熟料在石膏作用下生成的钙矾石为早期膨胀，具有较大的膨胀能。水化钙矾石与水化氢氧化铝凝胶同时生成，膨胀相与胶凝相合理配合，膨胀和强度协调发展。明矾石水化生成的钙矾石具有后期微量膨胀，能够减少水泥石后期的应力损失，因此，AEA 的膨胀效应是这两种膨胀效应综合的结果。

高铝熟料在石膏和 $Ca(OH)_2$ 作用下的早期膨胀能呈现较大的膨胀效应。由于钙矾石与水化氢氧化铝凝胶同时生成，使膨胀相与胶凝相合理配合，既保证了膨胀效能又保证了强度。而由于明矾石形成的钙矾石在后期有微量膨胀，它使水泥石后期具有微膨胀势头，改善了水泥一集料界面微区结构，有利于提高混凝土的性能。可以根据工程实际需要，合理选择 AEA 在水泥中的掺入量，不但可获得适度体积膨胀，在钢筋等限制条件下，导入 0.2 MPa～0.7 MPa 自应力，起到良好的收缩补偿或张拉钢筋的作用。因钙矾石具有填充堵塞孔隙的作用，提高了混凝土的密实度和抗渗性能，从本质上改善了普通混凝土的孔结构和应力状态。

4. 质量标准

氧化镁	≤5.0%
含水率	≤3.0%
总碱量	≤0.75%
氯离子含量	≤0.05%
细度	
比表面积/（m^2/kg）	≥250
0.08 mm 筛筛余	≤10%
1.25 mm 筛筛余	≤0.5%
凝结时间	

初凝/min	≥45
终凝/h	≤10
限制膨胀率	
水中 7 天	≥0.025%
水中 28 天	≤0.01%
空气中 28 天	≥-0.020%
抗压强度/MPa	
7 天	≥25.0
28 天	≥45.0
抗折强度/MPa	
7 天	≥4.5
28 天	≥6.5

5. 产品用途

适用于建造地下铁道、地下室、隧道、游泳池、水塔、储水池；建造桥梁、桥墩与桥板间的支座灌浆；建造混凝土管；建造无缝路面、飞机跑道。

适用于 425# 以上五大水泥，AEA 掺入量为 8%～12%；要求搅拌均匀，其拌和时间比普通混凝土延长 30～60 s。

为充分发挥其膨胀效能，适时和充分地保湿养护最为重要，混凝土浇筑后，一般在终凝后 2 h 开始浇水养护，养护期 7～14 天。为保证大体积混凝土内部膨胀所需要的水分，在有条件时最好拌入多孔骨料，以孔中饱含的水分作为补充水源。要求振捣密实，不要过振或漏振。

掺入不同品种的外加剂在补偿收缩混凝土中会产生不同的效果，因此，使用时须经过试验后才能确定。

6. 参考文献

[1] 李建杰. 铝酸钙膨胀剂的性能及水化机理 [J]. 山东建材，2007（4）：21.

[2] 方毓隆. 铝酸钙膨胀剂的性能与应用 [J]. 广东建材，2004（8）：4.

2.33　复合混凝土膨胀剂

复合混凝土膨胀剂（united expansing agent，UEA）是硫酸铝 $[Al_2(SO_4)_3]$、氧化铝（Al_2O_3）、硫酸铝钾 $[KAl_3(SO_4)_2(OH)_6]$ 和硫酸钙（$CaSO_4$）等无机物的混合物。

1. 产品性能

粉状产品，易吸潮。在硅酸盐水泥内掺 10%～15% 的 UEA 可制成具有抗裂防渗、补偿收缩、自应力等性能优良的防水混凝土，黏结力比普通混凝土提高 20%～30%，对钢筋无锈蚀，并能提高混凝土强度，增强抗冻性能，降低混凝土水化热等。

在钢筋等限制条件下，在混凝土中的自应力为 0.2 MPa～0.8 MPa，以补偿混凝土的干缩和冷缩，通过膨胀结晶不断填充混凝土孔隙，可提高混凝土的密实度达到抗裂防渗效果。

2. 生产工艺

复合混凝土膨胀剂由硫酸铝、氧化铝、硫酸铝钾、硫酸钙等无机化合物特制而成，作为外加剂掺入普通水泥凝土中，形成膨胀结晶水化物——钙矾石。

3. 工艺流程

原料 → 检验 → 混配 → 粉碎 → 研磨 → 包装 → 成品

图 2-17

4. 质量标准

含水率	≤3.0%
总碱量	≤0.75%
氯离子含量	≤0.05%
比表面积/（m²/kg）	≥250
0.08 mm 筛筛余	≤10%
1.25 mm 筛筛余	≤0.5%
凝结时间/min	
初凝	≥45
终凝	≤600
限制膨胀率	
水中 7 天	≥0.025%
水中 28 天	≤0.01%
空气中 28 天	≥0.020%
抗压强度/MPa	
7 天	≥25.0
28 天	≥45.0
抗折强度/MPa	
7 天	≥4.5
28 天	≥6.5

5. 产品用途

作用混凝土膨胀外加剂，主要用于建筑物地下室、刚性防水屋面、填充后浇缝、水泥制品等。用量为 10%～15%。水泥用量不得低于 300 kg/m³，搅拌时间延长 30 s，

UEA 混凝土养护不少于 14 天。

6. 参考文献

[1] 钟业盛，姚晓，董淑慧．复合混凝土膨胀剂研究初探［J］．低温建筑技术，2005（1）：13-15.

[2] 陈建兵，石立民，康惠荣，等．复合膨胀剂限制膨胀率检测方法［J］．商品混凝土，2011（8）：41.

2.34 氧化铁灌注砂浆膨胀剂

1. 产品性能

防治和控制混凝土裂缝的方法中，利用膨胀剂的补偿收缩作用控制混凝土裂缝的方法在工程中极为普遍。氧化铁灌注砂浆膨胀剂由铁粉加氧化剂组成。使用时是借助金属铁氧化成氧化铁和氢氧化铁等产物引起膨胀效应。该膨胀剂耐热性好、膨胀稳定，适于干热环境使用。

2. 技术配方（质量，份）

	（一）	（二）
铁粉	95	95
氯化钠	1.2	1.2
氯化氨	0.8	0.8
高锰酸钾	0.9	0.9
硫代硫酸钠	1.5	1.5
拉开粉	0.2	—
精萘（水泥用量的）	0.30%	—
NNO（水泥用量的）	0.75%	—

3. 产品用途

在配制得砂浆时，将氧化铁灌注砂浆膨胀剂适量掺入混合均匀即得。

4. 参考文献

[1] 游宝坤，赵顺增．我国混凝土膨胀剂发展的回顾和展望［J］．膨胀剂与膨胀混凝土，2012（2）：1-5.

2.35　明矾石膨胀水泥

1. 产品性能

明矾石膨胀水泥是以硅酸盐水泥熟料为主料，将天然明矾石、石膏和粒化高炉矿渣（或粉煤灰）按适当比例磨细制成的，具有膨胀性能的水硬性胶凝材料，简称 AEC。其特点是具有补偿收缩，后期强度高，能显著提高混凝土的抗裂防渗性能。

2. 技术配方（质量，份）

普通水泥熟料	58～63
天然无水石膏	9～11
天然明矾石	12～15
粉煤灰（或矿渣）	15～20

3. 产品用途

将各物料混合后粉磨即得明矾膨胀水泥。制作工艺简单，成本低，产品性能良好。

4. 参考文献

[1] 明矾石膨胀水泥（AEC）[J]. 建材工业信息，2004（1）：35.
[2] 杨永建. 明矾石膨胀混凝土分类与应用 [J]. 混凝土，1992（5）：32-36.

2.36　混凝土密实剂

混凝土密实剂是一种能有效减小混凝土的早期收缩，降低混凝土开裂风险进而提高其防水性能及密实性的外加剂。通常用的减水剂都是良好的密实剂。

1. 技术配方（质量，份）

硫酸铜	0.1
铬矾	0.1
重铬酸钾	0.1
水玻璃	40.0
钾铝矾	0.1
水	6.0

2. 生产工艺

将 4 种矾盐按比例溶于沸水中，然后降温至 50 ℃，加入水玻璃搅匀即得混凝土密实剂。

3. 产品用途

掺入量一般为水泥用量的 3% 左右。

4. 参考文献

[1] 郭自利，刘宝影，孔祥明，等．混凝土减缩防水密实剂干缩性能试验研究 [J]．混凝土，2010（12）：54-56．

2.37　发气剂

1. 产品性能

发气剂（Air entrainer）又称加气剂、引气剂。掺入普通混凝土或砂浆中，可使搅拌过程中混入的空气形成微小而稳定的气泡，改善混凝土的使用性能，减少泌水和离析，提高混凝土的抗渗性、抗冻性和抗侵蚀性。

2. 技术配方（质量，份）

（1）配方一

1，2，3-混合三醇胺（一乙醇胺、二乙醇胺、三乙醇胺混合）	0.48
碳酸钠	4
松香皂	16
水	24

掺入量为水泥用量的 0.2%。

（2）配方二

松香酸钠	16.0
10%氢氧化钠溶液	3.0
十二烷基苯磺酸钠	4.0
水	40.0

掺入量为水泥用量的 0.15%。

（3）配方三

松香	20
氢氧化钠	30
骨胶	2.5
水	43.8

（4）配方四

铝粉	0.1
海波	30.0

铁粉	18.0
拉开粉	4.0
氯化钠	24.0
萘系减水剂	6.0
氯化铵	16.0

掺入量为水泥用量的 0.3%～1.0%。

（5）配方五

苯酚	70.00
氢氧化钠	8.00
松香粉	140.00
硫酸（98%）	3.68

3. 生产工艺

（1）配方三的生产工艺

将碱用部分水溶解后，加入松香，在 100 ℃水浴锅内搅拌皂化 1.5～2.0 h。另将骨胶加水在水浴锅内搅拌皂化 1.5～2.0 h。然后将二者充分混合，并在 100 ℃水浴锅内搅拌30 min，即浓缩加气剂。使用时在 60 ℃下加 4～5 倍水稀释即可。掺入量为水泥用量的 0.5%左右。

（2）配方五的生产工艺

将苯酚、松香粉、硫酸混合，边搅拌边加热，温度控制在 70～80 ℃，反应 6 h。然后，停止加热，加入氢氧化钠溶液（用水先溶解），继续边搅拌边加热，保温 2 h，温度不能超过 100 ℃反应完毕后，停止加热，静置即得加气剂添加量为水泥用量的 0.5%～1.5%。

2.38　混凝土的加气剂

1. 产品性能

在混凝土中掺有这种加气剂后，使混凝土具有分布均匀的细小气孔，本身容重减轻，又有抗渗性、耐火性及保温隔热的性能，是现代厅堂建筑、高层建筑隔热、隔声常用的墙体材料。

2. 技术配方(质量，份)

松香	1
氢氧化钠（工业）	1
水	适量

3. 生产工艺

将松香加热熔融，边熔边搅拌，温度约升到 200 ℃冒青烟，呈红棕色时，停止加热，冷却后将此松香碾成细粉。再将比重调为 1.125～1.160 的氢氧化钠溶液煮沸，在搅拌下慢慢加入松香粉，待全部松香加完溶解后，再继续熬煮半小时，使之完全液化成松脂酸钠，并随时补充蒸发掉的水分。到表现为澄清透明液体，无混浊物及沉淀物即液化完全，加温水稀释至 5%左右即为加气剂备用。

4. 产品用途

在混凝土搅拌机中，先将混凝土搅拌一会，然后加入配制的加气剂，继续搅拌几分钟即得加气混凝土。其用量为 3%～5%，水泥用量不少于 320 kg/m³。

2.39　引气剂

1. 产品性能

引气剂是混凝土中使用得最早的外加剂，是一种搅拌过程中具有在砂浆和混凝土中引入大量均匀分布的微气泡，而且在硬化后能保留在其中的外加剂。引气剂的掺入量通常在 0.002% ～ 0.010%，使混合物中引气量达到 3% ～ 5%。引气剂能改善新拌混凝土的易和性，引气剂能降低固-液-汽相界面张力，提高气泡膜强度，使混凝土中产生细小均匀分布且硬化仍能保留的微气泡。这些气泡可以改善混合料的工作性，提高混凝土的抗冻性、抗掺性及抗侵蚀性。

2. 技术配方（质量，份）

苯酚	35
氢氧化钠	4
硫酸（98%）	2
松香粉	70

3. 生产工艺

①将松香粉、苯酚、硫酸分别按配比量倒入反应器内加以搅拌，然后装上冷凝器、搅拌器和温度表，徐徐加热，并不断搅拌混合物，同时温度控制在 70～80 ℃，维持 6 h。

②暂停加热，加入氢氧化钠溶液，继续加热搅拌 2 h，此时温度应接近 100 ℃，但不应超过 100 ℃。

③停止加热，稍静置，趁热倒入贮存器，即成为松香热聚物引气剂。

4. 产品用途

该剂掺入量占水泥用量的 0.2%～0.5%。

5. 参考文献

[1] 瞿佳，朱伯荣，杨杨，等. ZY-E 型混凝土引气剂的研究 [J]. 浙江建筑，2012 (2)：49-51.

[2] 高涛. 引气剂在水泥混凝土中的应用 [J]. 山西建筑，2010 (24)：177-178.

2.40　V-1 型引气剂

V-1 型引气剂（V-1 type air entrainer）的化学成分为松香盐。松香盐是国内最广泛使用的引气剂。

1. 产品性能

V-1 型引气剂为棕色膏状物，易溶于水，V-1 型为深棕色液体。能改善硬化水泥浆体孔结构，微细气泡增多，使孔径和气泡间隔系数显著变小。可改善新拌混凝土的和易性，减少其离析和泌水现象，并提高硬化混凝土的均匀密实性、抗渗性和抗冻性，从而可显著提高混凝土的耐久性。

拌和砂浆时，掺入该引气剂能提高砂浆的易和性及保水性。引气剂对凝结时间无影响。引气剂能提高硬化砂浆的强度及耐久性。掺加该引气剂能部分或全部取代石灰。

2. 生产工艺

松香的化学结构很复杂，其中含有松脂酸类、芳香烃类、芳香醇类和中性物质等。将松香与石碳酸（苯酚）、硫酸按一定比例投入反应釜，在一定温度和合适条件下反应，生成一种分子量比较大的物质，再用氢氧化钠处理成为钠盐的缩合热聚物 V-1 引气剂。

3. 质量标准

外观	棕色膏状物	
	一等品	合格品
减水率	≥6	≥6
泌水率	≥70	≥80
含气量	>3.0	>3.0
凝结时间之差/s		
初凝	−90～120	
终凝	−90～120	
抗压强度比		
3 天	≥95%	≥80%

7 天	≥95％	≥80％
28 天	≥90％	≥80％
收缩率比	≤135％	
相对耐久性（200 次）	≥80％	≥60％
对钢筋锈蚀作用	对钢筋无锈蚀危害	

4. 产品用途

用于引气混凝土或抹面砂浆、石砌筑砂浆。

V-1 型引气剂的掺入量为水泥用量 0.004％～0.010％，一般以 0.005％～0.008％为宜。V-1 型引气剂掺入量极少，需准确计量，最好根据全天拌和砂浆量计算 V-1 型引气量、配制 1％的水溶液。V-1 型引气剂砂浆存放时间不宜过长，一般不要超过半天，否则引气量下降。V-1 型引气剂可与减水剂等外剂复合使用，但使用前需进行预拌试验。掺加 V-1 型引气剂的砂浆，应用机械搅拌。在保持稠度相同条件下，掺加 V-1 型引气剂，一般可比普通砂浆减水剂拌和用水 5％～15％（拌和用水包括 V-1 型引气剂溶液的水量）。V-1 型引气剂溶液可在拌和砂浆时与拌和水同时掺入拌和物料。V-1 型引气剂的砂搅拌时间为 3～4 min。配制 V-1 型引气剂溶液需用洁净容器，不得混入油污等杂物。以一般饮用水配制 V-1 型引气剂溶液。

5. 参考文献

[1] 刘淑红，高淑娟．萘系减水剂与松香引气剂复合效应试验研究［J］．科技创新导报，2008（32）：3.

2.41　混凝土早强剂

1. 产品性能

混凝土早强剂是指能提高混凝土早期强度，并且对后期强度无显著影响的外加剂。早强剂的主要作用是加速水泥水化速度，促进混凝土早期强度的发展。早强剂能加速混凝土硬化过程，促进混凝土早日达到预期强度。对修筑工程中提高生产率，缩短周期，特别适宜在一些紧急抢修、抢建工程、混凝土预制构件及寒冷地区的冬季施工。

2. 技术配方（质量，含量）

（1）配方一

明矾	3.00％
酒石酸	0.2％
硫酸钠	3.00％
三乙醇胺	0.05％

这种早强剂早强效果明显，渗入 425[#] 水泥混凝土，12 h 抗压强度达 2 MPa。

（2）配方二

木质磺酸钙	0.30%
硫酸钠	2.00%
三乙醇胺	0.03%

（3）配方三

乙酸钠	2.00%
木质磺酸钙	0.25%
硝酸钠	4.00%
硫酸钠	2.00%

本配方为负温早强剂，适用于日平均气温不低于−10 ℃施工。

（4）配方四

硫酸亚铁	0.50%
三乙醇胺	0.03%
硫酸钠	2%

（5）配方五

硫酸铝	1.00%
亚硝酸钠	1.00%
三氯化铁	0.75%
三乙醇胺	0.03%

（6）配方六

硫酸钠	1.5%～2.0%
氯化钠	2%
石膏	2%
硝酸钠	2%

3. 生产工艺

各配方的百分比用量，均指占水泥用量的百分比。将各物料混合均匀即得成品。

4. 产品用途

将上述成品溶于水中，再将水溶液与混凝土一起拌和使用。适宜在一些紧急抢修、抢建工程、混凝土预制构件及寒冷地区的冬季施工。

5. 参考文献

［1］高振国，韩玉芳，王长瑞．无碱混凝土早强剂的配制与作用机理研究［J］．武汉理工大学学报，2009（7）：81-83.

［2］要秉文，王彦平，王庆华，等．低氯低碱新型混凝土早强剂的研究［J］．混凝土与水泥制品，2006（3）：1-4.

2.42　固体醇胺早强剂

三乙醇胺是一种常用的且常温下呈液态的混凝土早强剂，它不易包装和运输，尤其是现场施工时，由于黏度较大而不易准确称量。固体醇胺混凝土早强剂是一种粉末状固体，无毒、不易潮解，便于包装、运输，易于掺加（可直接掺入混凝土中拌匀）。固体醇胺早强剂是三乙醇胺配合物钙盐。

1. 产品性能

粉末固体，不易潮解。混凝土早强剂。便于包装、运输，易于掺加（可直接渗入混凝土中）。

2. 生产方法

三乙醇胺与络合剂加入反应器中，于 140 ℃，搅拌反应 3~5 min，生成配合物。配合物与氢氧化钙反应，得到固体醇胺早强剂。

$$2N{\overset{\displaystyle CH_2CH_2OH}{\underset{\displaystyle CH_2CH_2OH}{-}}}CH_2CH_2OH + L \rightarrow H^+ \left[N{\overset{\displaystyle CH_2CH_2-O}{\underset{\displaystyle CH_2CH_2-O}{-}}}CH_2CH_2OH\ L\ HOCH_2CH_2{\overset{\displaystyle O-CH_2CH_2}{\underset{\displaystyle O-CH_2CH_2}{-}}}N \right]^- + nH_2O$$

式中，L 为配合剂。

3. 生产工艺

三乙醇胺与络合剂反应生成配合物，投料比 5.0∶1.5，反应温度 140 ℃，搅 3~5 min，生成中间产物配合物。此中间产物为略带黄色的颗粒状晶体，但极易潮解。

配合物与氢氧化钙反应的投料比 6.5∶1.0，反应温度 130 ℃。搅拌时间 3~5 min。生成三乙醇胺配合物钙盐即固体醇胺早强剂。该早强剂经冷却、自然晾干和粉碎后得粉末状固体。

4. 说明

一般认为，三乙醇胺能够提高混凝土早期强度的原因是三乙醇胺在水泥水化过程中与 Al^{3+}、Fe^{3+} 生成易溶于水的配合物，这在水化初期必然给熟料粒子表面形成的 C_3A 水化物及其生成物（如硫铝酸钙）的不渗透膜造成损害，从而使 C_3A、C_4FA 溶解速率提高，与石膏的反应也因之加快，硫铝酸钙的生成也加多加快，并且使钙矾石与单硫酸盐型硫铝酸钙之间的转化速率加快。硫铝酸钙生成量增多，必然降低液相中 Ca^{2+}、Al^{3+} 的浓度，这又可促进 C_3S 深入水化，硫铝酸盐的增多和 C_3S 的水化使水泥石的结构得到加强，这便是提高水泥石早期强度的关键。而晶型的转变和 C_3S 的深入水化又是提高后期强度的重要原因。固体醇胺早强剂，与液态三乙醇胺的作用机制是相同的。

5. 产品用途

用作混凝土早强剂。掺加量为 0.03%。

固体醇胺早强剂与液体三乙醇胺早强剂一样，单掺不如复合掺加效果好。与氯化钠、亚硝酸钠、二水硫酸钙等复合掺加后，可大幅提高早期强度，对后期强度也有一定的增进作用。

6. 参考文献

［1］王玉锁.新型混凝土复合早强剂的研究［D］.成都：西南交通大学，2004.

2.43 常温早强剂

能提高混凝土早期强度的助剂称早强剂。早强剂按其化学成分可分为无机早强剂、有机早强剂和复合早强剂。按其使用可分为常温早强剂和低温早强剂。

无机早强剂主要是盐类，如氯化钙、氯化钠、硫酸钠、硫酸钙、硫酸铝、重铬酸钾等；有机早强剂主要有三乙醇胺、三异丙醇胺、乙醇、甲醇、甲酸钙、草酸锂、乙酸钠。在实际使用中，大多为复配早强剂。

1. 技术配方（质量，份）

（1）配方一

氯化钠	3
硫酸钠	6
亚硝酸钠	3
明矾	6
酒石酸	0.4
三乙醇胺	0.1

（2）配方二

硫酸钠	40
缓凝剂（多羟基复合物）	3.34
粉煤灰	60

（3）配方三

亚硝酸钠	20
三乙醇胺	1
二水石膏	40
水	适量

（4）配方四

硫酸钠	2~3
二水石膏	2

该早强剂用于普通水泥，蒸汽养护，用量以水泥质量计。

（5）配方五

氯化钠	10
三乙醇胺	1

（6）配方六

硫酸钠	1.5~2.0
石膏	2
亚硝酸钠	0~0.1

该早强剂用于普通水泥，养护初期温度 0 ℃以上，上述用量为水泥用量的百分数。

（7）配方七

硝酸钠	80
木质素磺酸钙	5
硫酸钠	40
乙酸钠	40

将各物料混合均匀即成早强剂。掺入量为水泥用量的 8%~9%。

（8）配方八

硫酸钠	1.5~3
三乙醇胺	0.05
食盐	0.5~0.75

该早强剂适用于矿渣水泥，上述用量为水泥用量的百分数。适于 0 ℃以上温度下养护。

（9）配方九

三乙醇胺	0.05
亚硝酸钠	0.50
食盐	0.50
二水石膏	2.00

该早强剂适用于矿渣水泥的一般钢筋混凝土。用量为水泥用量的百分数。

2. 生产工艺

（1）配方一的生产工艺

将各物料均匀即得。掺入量为水泥用量的 7.0%~7.5%。

（2）配方二的生产工艺

先取出 1/5 的粉煤灰与硫酸钠、缓凝剂搅拌混匀，然后加入剩余粉煤灰混合均匀即得。粉煤灰要求过 120 目筛，烘干至含水量小于 5％。掺混量为水泥质量的 2％～3％。

（3）配方三的生产工艺

将亚硝酸钠和三乙醇胺混合溶于水中配成溶液，使用时才加入二水石膏混合。因为二水石膏溶解度小，不能事先配成水溶液。因此每次应先将石膏与水搅拌均匀，后加入上述混合液混合，现再加入水泥、沙、石等一起搅拌即得。

（4）配方四的生产工艺

将各物料混合均匀即成早强剂，掺入量为水泥用量的 2.5％。

3. 产品用途

（1）配方一所得产品用途

用作混凝土早强剂，适用于普通钢筋混凝土工程，本剂对钢筋无腐蚀作用。

（2）配方三所得产品用途

适用于矿渣水泥的普通混凝土，掺入量为水泥用量的 3％。本剂有抑制钢筋腐蚀作用，2 天压缩强度比不掺者提高 40％～50％，28 天则提高 10％以上，1 年内也还有所提高。

（3）配方四所得产品用途

该早强剂对钢筋基本不腐蚀，适用于预应力钢筋混凝土及对钢筋有严格要求的钠筋混凝土建筑工程。

4. 参考文献

［1］张军，张彤，何晓慧，等．超早强混凝土研发及应用［J］．混凝土，2005（6）：104-106.

［2］盖广清，肖力光，王兴东．WCZ 型混凝土超早强剂的研究［J］．吉林建材，2003（5）：22-26.

2.44　低温早强剂

1. 产品性能

海洋深水石油开发是我国未来相当一段时间内石油资源开发的重要领域，而低温混凝土浇灌固井技术就是其中一项必不可少的重要和关键技术之一。低温混凝早强剂适用于 0 ℃以下的混凝土浇灌作业。早强剂也称促凝剂，是指能促使混凝土尽快失去流动性，出现初始强度，加速凝结、硬化功能的化学外加剂。使用早强剂的目的是促进混凝土出现早期强度，而后期强度又不受影响。要求能显著地提高混凝土强度，不会有降低后期度及破坏混凝土内部结构的有害物质，对钢筋不产生锈蚀危害。

2. 技术配方(质量，含量)

(1) 配方一

硫酸亚铁	25%
木质素磺酸钠	5%
硫酸钠	100%
三乙醇钠	1.5%

将上述物料按配量混合均匀即得早强剂。掺入量为水泥用量的 2.5%～3.0%。本剂适用于日平均气温不低于 $-10\ ℃$ 下施工。

(2) 配方二

三乙醇胺	0.05%
氯化钙	1.0%
氯化钠	1.0%
亚硝酸钠	1.0%

该早强剂用于室外温度 $-20～-15\ ℃$，掺入量为水泥用量的百分比。氯化钙掺入量(按无水状态)不得超过水泥质量的 2%。

(3) 配方三

三乙醇胺	0.05%
亚硝酸钠	0.5%～10%
氯化钠	0.5%～1.0%

适用温度范围为 $-10～-5\ ℃$，掺入量为水泥用量的百分比。

(4) 配方四

硫酸钠	1.5%～2.0%
亚硝酸钠	2.0%
氯化钠	2.0%

适用于矿渣水泥，养护初期温度为 $-5～8\ ℃$，掺入量为水泥用量的百分比。

(5) 配方五

硫酸钠	3%
亚硝酸钠	6%

该早强剂最低温度为 $-8\ ℃$，掺入量为水泥用量的百分比。

(6) 配方六

硫酸钠	1.5%～3.0%
亚硝酸钠	1.0%
食盐	1.5%

适用于矿渣水泥，适于 $-5～-3\ ℃$ 养护，掺入量为水泥用量的百分比。

（7）配方七

三乙醇钠	0.05％
亚硝酸钠	0.5％～1.0％
氯化钠	0.5％～1.0％

该早强剂于室外温度－15～－10 ℃使用，掺入量为水泥用量的百分比。

（8）配方八

硫酸钠	1.5％～2.0％
亚硝酸钠	1.0％
氯化钠	1.5％
石膏	2.0％

适用于普通水泥，养护初期温度－5～－3 ℃，掺入量为水泥用量的百分比。

（9）配方九

硫酸钠	1.5％～2.0％
石膏	2.0％
亚硝酸钠	3.5％

适用于普通水泥，养护初期温度－8～－5 ℃，掺入量为水泥用量的百分比。

（10）配方十

硫酸钠	1.5％～2.0％
三乙醇胺	0.05％

该早强剂适用的温度范围为－8～－5 ℃，掺入量为水泥用量的百分比。

3. 参考文献

［1］朱江林，石礼岗，方国伟，等．一种海洋深水超低温早强剂的研究［J］．长江大学学报（自然科学版），2011（5）：68-70.

［2］李作臣．油井水泥低温早强剂 X-1 的性能评价［J］．科学技术与工程，2010（16）：3975-3977.

2.45　防冻剂

1. 产品性能

防冻剂能降低砂浆和混凝土中水的凝固点，常伴有促凝和早强作用，又称负温硬化外加剂。在砂浆和混凝土拌和物中加入某种外加剂后，浇筑的混凝土可在负温下逐渐硬化，其中所掺的外加剂称为负温硬化剂。砂浆和混凝土可在－18～1.0 ℃自然养护，其可增加冷混凝土的强度。

2. 技术配方（质量，含量）

（1）配方一

硝酸钠	1%
偏铝酸钾	2%
木素磺酸钙	0.5%

（2）配方二

三乙醇胺	0.03%
碳酸钠	2.00%
半水石膏	2.00%

3. 生产工艺

将各物料混合搅拌均匀即得成品。

4. 产品用途

配方中各物料用量为水泥用量的百分数，使用时按比例与水泥拌和均匀。

5. 参考文献

[1] 王子明，潘科峰. 混凝土防冻剂配制新思路 [J]. 低温建筑技术，2005
(4)：15.

2.46 FD型防冻剂

FD型防冻剂（FD type ant freezing agent）由早强防冻剂亚硝酸盐、减水剂和引气剂组成低温或负温对混凝土施工十分不利，环境温度低，水泥的水化反应慢，妨碍混凝土强度的增长。防冻剂是能使防冻强度的外加剂。在一定的负温下，掺有防冻剂的混凝土便可硬化而不需要加热，最终能达到与常温养护的混凝土相同的质量水平。一般防冻剂由减水组分、防冻组分、引气组分组成，有时还掺有早强组分等。

1. 产品性能

FD型防冻剂有粉状物和液体物两种产品。粉状物为灰白色粉末为非氯盐型防冻剂，对钢筋无锈蚀危害，兼具防冻早强及减水作用。可减少混凝土拌和用水15%～20%。掺入量：早强减水性能，坍落度3.8 cm；减水率20%。抗压强度为28天40 MPa。FD型防冻剂适用于日最低气温-15～-10 ℃地区的冬季施工。

2. 生产方法

由防冻剂亚硝酸钠、减水剂和引气剂复配而成。早强防冻组分以亚硝酸盐为主。亚硝酸盐能降低水溶液冰点，防止混凝土受冻，同时，使混凝土在负温下仍保留部分自由水，继续水化。提高低温混凝土的早期强度。

防冻剂中掺加减水剂减少拌和用水，这必然减少混凝土的剩余水量，也减少混凝土受冻害的可能性。FD 型防冻剂可减少混凝土拌和用水 15%～20%。

混凝土中引入一定的气泡能抵消一部分冻胀应力，有利于提高混凝土的抗冻性能。

3. 工艺流程

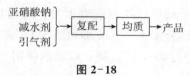

图 2-18

4. 质量标准 （粉状）

	一等品	合格品
外观	灰白色粉末	
氯盐含量	≤0.01%	
减水率	≥8%	—
泌水率	≤100%	≤100%
含水量	≥2.5%	≥2.0%
终凝时间/min	-120～120	
抗压强度比		
规定温度为-5 ℃时		
7 天	≥20%	≥20%
7+28 天	≥95%	≥90%
7+56 天	≥100%	≥100%
规定温度为-10 ℃时		
7 天	≥10%	≥10%
7+28 天	≥85%	≥80%
7+56 天	≥100%	≥100%
90 天收缩率比	≤120%	
抗压力比	≤100%	
50 次冻融强度损失比	≤100%	
对钢筋锈蚀作用	对钢筋无锈蚀作用	
含水量	粉体应在生产厂控制值的相对量 5%之内	
水泥净浆流动度	应小于生产厂控制值的 95%	
细度	应在生产厂控制值的相对量± （2～3）%	

5. 产品用途

用作混凝土防冻剂。适用于日最低温度−15～−10 ℃地区的冬季施工混凝土；适用于负温施工的工业及民用建筑混凝土；可用于钢筋混凝土，对硅酸盐类水泥有广泛应性。FD 型防冻剂对冬季混凝土施工起到了良好的保护作用。确保冬施安全顺利进行，缩短施工工期，节省冬施混凝土保温的能源，并降低工程造价，是冬季施工的理想防冻剂。

掺入量：水泥用量的 3%～6%；拌制混凝土时，即粉状的 FD 防冻剂掺入水泥中，与集料一起干拌 30 s 以上，然后加水 2 min 即可；FD 型防冻剂应存放于水干燥处。如受潮结块，质量不变，但粉碎过筛（30 目筛）后仍能使用；使用前应通过试配验，确定混凝土最佳配合比。

6. 参考文献

[1] 马保国，王迎飞，钟开红，等 . 一种多功能复合型防冻剂 FD-1 的研制 [J] . 武汉理工大学学报，2002 (11)：1-4.

2.47　MRT 复合防冻剂

MRT 复合防冻剂（MRT complex antifreezing agent）由防冻剂、早强剂、减水剂和引气剂组分。

1. 产品性能

灰色粉末，不含氯离子。具有防冻、早强、减水、引气等综合效果，在低温（−20～0 ℃）条件下，结合综合蓄热法施工，掺少量防冻剂（2%～3%），3 天内即可达到规范要求的强度，可缩短养护时间，使混凝土很快具备抗冻能力，实现冬季连续施工（不低于−20 ℃），与标准养护比较，不降低混凝土的后期强度。可在低温（−20～0 ℃)条件下使用，掺入量 2%～4%，减水率 8%～12%，28 天、7＋28 天、7＋56天抗压强度比分别为＞85%、＞80%、＞100%，冻融循环 200 次合格。

2. 生产方法

由防冻剂、早强剂、减水剂和引气剂复配而成。防冻剂是指在规定温度下，能显著降低混凝土的冰点，使混凝土不冻结或仅部分冻结，以保证水泥的水化作用，并在一定时间内获得预期强度的添加剂。由于添加剂的性质，在施工时应注意防冻对建筑结构的适应性，避免其应用不当，主要有亚硝钠、硝酸盐、尿素、氯化钠、氯化钙、硫酸钠、碳酸钾、酒石酸、三乙醇胺等。

减水剂是一种表面活性剂，其分子结构的分支多、疏水基分子段较短、极性强，分为普通减水剂和高效减水剂，主要成分为木质素磺酸盐、碱木素、磺化腐殖酸钠等。高效减水剂是指在混凝土稠度不变的条件下，具有大幅度减水增强作用的添加剂。主要成分有甲基萘磺酸盐、萘磺酸盐、多萘磺酸盐、β-萘磺酸甲醛缩合钠盐、古马隆-茚树脂、磺化三聚氰胺甲醛树脂等。

引气剂是指能在混凝土中引入大量分布均匀的微小气泡，以减少混凝土泌水离析，改善和易性，并能显著提高抗冻耐久性的外加剂。主要有松香皂、松香热聚物、烷基磺酸钠、直链烷基磺酸盐、十二烷基硫酸盐、蛋白质材料、高级脂肪醇衍生物、AE 减水剂、磺化丁二酸烷基酯等。

早强剂是能提高混凝土早期强度，并对后期强度无显著影响的添加剂。可适用于多种气温条件下的工程。但是，由于主要成分的腐蚀性和强电解性，施工时应严格根据有关标准进行使用。主要有硫酸盐、硫化硫酸盐、氯化钙、氯化铁、氯化镁、醇胺类物、氢氧化钾、氢氧化钠、甲酸和甲酸盐、碳酸盐、铝质水泥、烧结明矾等。

3. 工艺流程

图 2-19

4. 质量标准

	一等品	合格品
外观	灰白色粉末	
氯盐含量	<0.01%	
减水率	≥8%	—
泌水率	≤100%	≤100%
含水量	≥2.5%	≥2.0%
终凝时间/min	−120～120	
抗压强度比		
规定温度为−5 ℃时		
7 天	≥20%	≥20%
7+28 天	≥95%	≥90%
7+56 天	≥100%	≥100%
规定温度为−10 ℃时		
7 天	≥10%	≥10%
7+28 天	≥85%	≥80%
7+56 天	≥100%	≥100%
90 天收缩率比	≤120%	

抗压力比	≤100%
50 次冻融强度损失比	≤100%
对钢筋锈蚀作用	对钢筋无锈蚀作用
含水量	粉体应在生产厂控制值的相对量5%之内
水泥净浆流动度	应小于生产厂控制值的95%
细度	应在生产厂控制值的相对量±(2%～3%)

5. 产品用途

用于混凝土防冻剂，适用于混凝土冬季施工，使用温度在 0～15 ℃的泵送混凝土、商品混凝土、普通混凝土。强度等级≤C40。

6. 参考文献

[1] 张文平. 新型混凝土引气剂和防冻剂研究 [D]. 大连：大连理工大学，2006.

2.48　尿素、盐复合防冻液

1. 产品性能

在我国北方地区（东北、华北和西北）普遍采用防冻剂进行混凝土冬期施工。因此防冻剂的研究和应用得到较快发展。尿素、盐复合防冻液具有防冻、早强、减水等功能，适宜于在－10 ℃以上使用。

2. 技术配方（质量，份）

尿素	3
食盐	3
三乙醇胺	0.05
减水剂	0.01
水	100

3. 产品用途

使用时将配方中的各物料按配方量溶于常温的水中，充分混合，搅拌均匀，即可使用。

4. 参考文献

[1] 周茗如，张豪杰，张金，等. 复合防冻剂的评价方法与应用研究 [J]. 混凝土，2012 (1)：78-80.

2.49　亚硝酸钠复合防冻剂

1. 产品性能

我国自 20 世纪 50 年代初便开始以氯盐作防冻剂，20 世纪 70 年代初起使用亚硝酸钠作防冻剂。亚硝酸钠不仅能防冻、早强，还兼有阻锈作用，比氯盐优越得多。亚硝酸钠复合防冻剂的掺入可使混凝土在 -10 ℃条件下不被冻坏，且强度可不断增大。该复合防冻剂在正温条件下（10~15 ℃），仍有早强效果。混凝土的密实性好。

2. 技术配方（质量，含量）

亚硝酸钠	13.30%
硫酸钠	3.00%
三乙醇胺	0.03%

3. 产品用途

亚硝酸钠的掺入量为调配混凝土时用水量的 13.3%。硫酸钠和三乙醇胺的掺入量为水泥用量的 3.00% 和 0.03%。配制的混凝土抗渗可达 2.8 MPa~3.0 MPa，后期强度比普通混凝土高 5%~10%。

4. 参考文献

[1] 张豪杰. 掺复合防冻剂普通混凝土冬季施工质量检测与试验研究 [D]. 兰州：兰州理工大学，2012.

[2] 梁丽敏，李章建，田帅，等. 亚硝酸钠及养护方式对混凝土工作和力学性能的影响 [J]. 建材发展导向，2017，15（8）：59-61.

2.50　尿素复合防冻剂

尿素复合防冻剂适应于混凝土内部温度于 -10 ℃构造的浇筑，其价格便宜，效果较好。

1. 技术配方（百分含量）

（1）配方一

尿素	10%
氢氧化钠	4%
减水剂 MS-F	5%
硫酸钠	2%

（2）配方二

尿素	10%～13%
氢氧化钠	2%～3%
硫酸钠	2%

（3）配方三

尿素	4.0
氢氧化钠	2.0
硫酸钠	2.0
NF-1 减水剂	0.3

2. 产品用途

配方中尿素和氢氧化钠为用水量的百分含量，硫酸钠、NF-1 和 MS-F 均为所用水泥量的百分含量。使用时，若气温低于-15 ℃，新浇筑的混凝土必须采取措施，确保混凝土在 7 天内内部温度不低于-10 ℃。

3. 参考文献

[1] 周茗如，张豪杰，张金，等．复合防冻剂的评价方法与应用研究［J］．混凝土，2012（1）：78-80.

[2] 李华明．防冻剂作用下硫铝酸盐水泥负温性能及其水化热力学模拟［D］．哈尔滨：哈尔滨工业大学，2020.

2.51　T40 抗冻外加剂

抗冻外加剂也称负温硬化外加剂，能降低砂浆和混凝土中水的冰点，以便混凝土在低温下进行施工。

1. 技术配方（质量，份）

亚硝酸钠	3.5
氧化钙	3.5
食盐	3.5

2. 生产工艺

将 3 种盐混合粉碎，得粉状 T40 抗冻外加剂。

3. 产品用途

该抗冻剂掺入量占水含量的 15%。在-39 ℃冷作施工，混凝土现浇，设计混凝土标号为 400#，用 10 年后，混凝土强度仍可在 3.7 MPa～4.3 MPa。

4. 参考文献

［1］江镇海．混凝土抗冻外加剂系列产品［J］．建材工业信息，2000（9）：35.

［2］张思佳，纪国晋，陈建国，等．－10 ℃即时受冻条件下外加剂和掺和料对负温混凝土性能影响［J］．建筑材料学报，2018，21（4）：649-655.

2.52　防水混凝土的外加剂

为使混凝土抗渗性和不透水性提高，需添加外加剂及调整混凝土混合比，以增强其密实性、抗渗性及憎水性，使其满足抗渗标号要求。

1. 技术配方（质量，份）

（1）配方一

水泥	100
糖蜜	0.2～0.3
木钙	0.2～0.3
水	适量

（2）配方二

水泥	100
水	适量
三乙醇胺	4

（3）配方三

水泥	100
水	适量
亚硝酸钠	1
三乙醇胺	0.05～0.10
氯化钠	0.5

（4）配方四

水泥	100
水	适量
氧化铁	1.0～1.5
硫酸铝	5

2. 生产工艺

（1）通用生产工艺

一般先将防水外加剂调配均匀后，再加入水泥混凝土搅拌机中搅拌混匀，才能使用。

（2）配方四的生产工艺

先将氧化铁皮放入耐酸瓷缸内，加入 2 倍量的盐酸，不断搅拌，使其充分反应约 2 h，再多加 20% 的氧化铁皮，继续反应 4～5 h，溶液呈深棕色浓稠液即为氯化铁溶液。静置 3～4 h，过滤去除沉淀杂质。取出清液加入其重量 5% 的硫酸铝，搅拌均匀至硫酸铝完全溶解，即得防水剂氯化铁溶液。在使用时，还需加一定量的水稀释后，才能加入水泥和骨料中使用。在配制时要穿戴劳保用品，加强通风，预防盐酸腐蚀及氯化氢气体的毒害。

3. 参考文献

[1] 张巨松，崔凤君，韩自博，等. 混凝土抗裂防水外加剂的探讨 [J]. 膨胀剂与膨胀混凝土，2007（3）：10-14.

2.53 HSW-V 混凝土高效防水剂

HSM-V 混凝土高效防水剂（HSM-V type waterproofing agent）属聚氨酯树脂系混凝土防水剂，由聚氨树脂、引气剂、憎水剂和膨胀剂组成。

1. 产品性能

淡黄色至浅褐色黏性乳状液体，黏度 40～45 mPa·s，pH＝7～7.5。具有良好的防水性、抗渗性、可泵性和高效强性。能有效提高混凝土的密实性。

2. 工艺流程

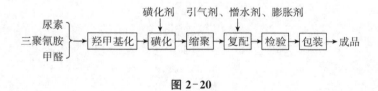

图 2-20

3. 生产工艺

先由三聚氰胺、尿素、甲醛和磺化剂经羟甲基化、磺化、共聚得磺化三聚氰胺甲醛树脂缩水剂。然后与引气剂、憎水剂和膨胀剂复配而成。

HSW-V 混凝土高效防水剂显著的减水塑化作用可改善混凝土拌和物的和易性、降低水灰比，有效分散水泥颗料、减少混凝土中的各种孔隙，即混凝土的总孔隙率和孔径分布都得到改善，混凝土密实度提高，抗渗防水能力增强。

添加引气剂可以抑制泌水作用，适宜的含气量可提高水泥浆的黏度，抑制泌水和沉降收缩发生。同时，大量微小气泡占据着混凝土的自由空间，切断毛细管的通道，使混凝土的抗渗性得到改善。

膨胀剂不仅和水泥水化产物生成钙矾石、引起体积膨胀、补偿收缩、强化密实结构，而且能生成丰富的凝胶体，进一步填充堵塞毛细孔道，阻断渗水通道。

憎水剂是一种具有很强憎水性的有机化合物，可提高气孔和毛细孔内表面的憎水作用，进一步提高抗渗性能。

4. 质量标准

	掺防水剂混凝土		掺防水剂砂浆	
	一等品	合格品	一等品	合格品
外观	淡黄色或浅褐黏性乳状液体			
含固量	≥40%			
黏度/（mPa·s）	40～45			
pH	7.0～7.5			
凝结时间差/min				
初凝	−90～120	−90～120	不早于45	不早于45
终凝	−120～120	−120～120	不迟于600	不迟于600
净浆安定性	合格	合格	合格	合格
泌水率	≤80%	≤90%	—	—
抗压强度比				
7天	≥110%	≥100%	≥100%	≥95%
28天	≥100%	≥95%	≥95%	≥85%
90天	≥100%	≥90%	≥85%	≥80%
渗透高度比	≤30%	≤40%	—	—
透水压力比	—	—	≥300%	≥200%
48 h吸水量比	≤65%	≤75%	≤65%	≤75%
90天收缩率比	≤110%	≤120%	≤110%	≤120%
抗冻性能（50次冻融循环）				
慢冻法				
抗压强度损失	≤100%	≤100%	—	—
质量损失率比	≤100%	≤100 %	—	—
快冻法				
相对动弹性模量比	≥100%	≥100%	—	—
质量损失率比	≤100%	≤100%	—	—
对钢筋锈蚀作用	对钢筋无锈蚀作用			
密度	液体防水剂应在生产厂控制值的±0.02之内			
氯离子含量	应在生产厂控制值相对量的5%之内			

5. 产品用途

适用以下混凝土工程：高强度混凝土、泵送混凝土、大体积混凝土、流态混凝土、自密实混凝土、水工混凝土、地下防水混凝土和各种内在结构自防水混凝土。

6. 参考文献

[1] 张巨松，崔凤君，韩自博，等．混凝土抗裂防水外加剂的探讨 [J]．膨胀剂与膨胀混凝土，2007（3）：10-14.

2.54 新型水性有机硅防水剂

有机硅材料由于具有很低的表面张力，使水难以在有机硅膜上铺展，并能均匀涂布在基材上，而不封闭基材的透气微孔，同时，能降低基材的表面能，使其具有憎水性，因而，广泛作为新颖的功能性防水材料。

新型水性有机硅防水剂（New water-based organosilicon waterproofing agent）是根据高分子反应接枝共聚原理，在无溶剂的条件下，将硅烷偶联剂氨丙基三乙氧基硅烷（APTES）通过与甲苯二异氰酸酯，反应引入 204# 水溶性有机硅主链中，得到的含活性硅氧基有机硅半透明液、微乳液及乳液型水泥混凝土防水剂。

1. 产品性能

该新型有机硅防水剂具有反应活性，能在水中稳定放置，掺入水泥材料后又不会破乳，且具优良的防水、抗渗等应用性能。

2. 生产方法

采用 204# 水溶性有机硅油、硅烷偶联剂氨丙基三乙气氧基硅烷（APTES）及甲苯二异氰酸酯（TDI）等为原材料，在无溶剂的条件下，根据高分子反应接枝共聚和水泥混凝土防水原理，将活性硅烷偶联剂接枝共聚到 204# 水溶性有机硅油上，得到含性硅烷基类有机硅半透明液、微乳液及乳液型水泥混凝土防水剂。防水剂在水中可稳定放置，掺入水泥材料后又不会破乳，且具优良应用性能。

3. 工艺流程

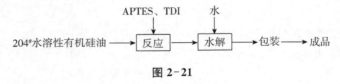

图 2-21

4. 生产工艺

在安装有搅拌器、温度计和氮气保护装置的密闭反应器中加入定量的 TDI 与 204# 水溶性有机硅油，在 0 ℃冰浴条件下，通过恒压漏斗滴加 APTES，其中，n（TDI）：n（APTES）＝1:1，约 1.0 h 滴加完毕，然后温度控制在 70～75 ℃油浴反应 3.5～4.0 h，得到最终产物含硅烷偶联剂的水性有机硅。

在 50 ℃蒸馏水中，加入定量的上述水性有机硅产物，高速剪切乳化 15 min，得到半透明液、微乳液或乳液型水性有机硅防水剂。

5. 说明

混凝土渗漏水的主要原因是混凝土材料在搅拌、浇注、成型过程中，剩余的水在挥发过程中会在混凝土材料中形成毛细孔，混凝土材料干燥时由于收缩，也会留下孔隙，这些孔隙多是连通开放式，且孔径大，因而造成渗漏水的情况。水性有机硅防水剂由于是水性微乳液或乳液型，防水剂在泥砂浆内部发生作用填充了施工时无法完全消除的孔隙，它由内到外形成保护层，更为重要的是由于 204# 水性有机硅引入活性基团偶联剂，在水泥碱性条件下易水解，可以很容易与混凝土的基材发生化学作用，形成网状交联结构，从而充分发挥了其防水的功效。

6. 质量标准

	掺防水剂混凝土		掺防水剂砂浆	
	一等品	合格品	一等品	合格品
凝结时间差/min				
初凝	−90～120	−90～120	不早于 45	不早于 45
终凝	−120～120	−120～120	不迟于 600	不迟于 600
净浆安定性	合格	合格	合格	合格
泌水率	≤80%	≤90%	—	
抗压强度比				
7 天	≥110%	≥100%	≥100%	≥95%
28 天	≥100%	≥95%	≥95%	≥85%
90 天	≥100%	≥90%	≥85%	≥80%
渗透高度比	≤30%	≤40%	—	
透水压力比	—	—	≥300%	≥200%
48 h 吸水量比	≤65%	≤75%	≤65%	≤75%
90 天收缩率比	≤110%	≤120%	≤110%	≤120%
抗冻性能（50 次冻融循环）				
慢冻法				
抗压强度损失	≤100	≤100	—	—
质量损失率比	≤100%	≤100%	—	—
快冻法				
相对动弹性模量比	≥100%	≥100%	—	—
质量损失率比	≤100%	≤100%	—	—
对钢筋锈蚀作用	对钢筋无锈蚀作用			
含固量	液体防水剂应在生产厂控制值相对量的 3% 之内			
密度	液体防水剂应在生产厂控制值的 ±0.02 之内			
氯离子含量	应在生产厂控制值相对量的 5% 之内			
细度（孔径≤0.32 mm 筛筛余量）	≤15%			

7. 产品用途

用作混凝土防水剂。可以配制各种强度等级及高性能混凝土。该防水剂与减水剂复合使用，可以在预拌混凝土企业配制 C30～C80 大流动性高能混凝土，坍落度损失小，具有良好的保塑和保水功能。

8. 参考文献

[1] 赵陈超，蔡文玉，俞剑峰. 高渗透型有机硅防水剂 [J]. 上海涂料，2007 (12)：24-28.

[2] 张勇，李帅帅. 改性有机硅防水剂的合成及涂层性能 [J]. 山东化工，2021，50 (5)：18-19，22.

[3] 熊仕琼. 新型建筑材料防水剂的制备及工艺优化 [D]. 厦门：厦门大学，2017.

2.55　CW 系高效防水剂

CW 系高效防水剂（CW type waterproof admixture）由引气型高效减水剂、膨胀剂、憎水剂和功能组分组成。本防水剂具有掺入量低、减水率高、增强抗渗效果好、坍落度损失小等优点，可以很好地满足泵送混凝土的防水抗渗施工要求，并大幅度减小外加剂计量添加的强度。

1. 产品性能

CW 系高效性防水剂兼具减少毛细孔径、微膨胀除收缩裂纹及毛细孔壁憎水化等性能。在混凝土中掺入适量 CW 系高效能防水剂，可以配制出可泵性良好、抗渗等级高达 P40 的防水混凝土、抗渗等级达 P30 的抗油混凝土及抗渗等级大于 P20 的防水剂。

2. 工艺流程

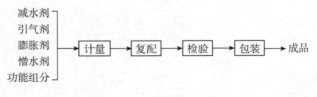

图 2-22

3. 生产方法

混凝土防水技术的特点是可根据不同的工程构造采取不同的操作方法，施工简单、方便，造价较低，易于维修，防水耐久性好。在土木建筑工程中，混凝土防水占有重要地位，但由于普通水泥自身的特点及混凝土内部结构固有的缺陷，要求设计周密、施工严格，方可奏效。为了克服混凝土本身所存在的缺陷，国内外都是通过在普通混凝土中掺入各种防水剂。

混凝土防水剂主要有无机或有机的防水剂，如氯化铁、氯化铝、三乙醇胺、有机硅等防水剂，第一种方法是通过加入这些防水剂，形成胶体或络合物，堵塞毛细孔，提高混凝土的抗渗能力；第二种方法是掺入引气剂，形成不连通的微小气泡，割断毛细孔通道；第三种方法是加入减水剂，降低水灰比，减少孔隙率，细化毛细孔径；第四种方法是掺入膨胀剂，配制成补偿收缩混凝土，以提高混凝土的抗裂能力。大多数防水剂是能够提高混凝土的抗渗能力的，但是前三种方法在实际应用过程中，往往存在混凝土收缩开裂而引起渗漏的现象。第四种方法虽然能避免混凝土的收缩开裂问题，但由于普通膨胀剂的掺入量很大，混凝土的需水量增加较多，对施工工艺和养护的要求很严格，容易产生塑性收缩裂纹。

CW 系高效采用复合配制技术，综合上述 4 种防水剂的利弊，由分散组分（减水剂和引气剂）、膨胀组分（无机盐类）、憎水组分（非离子表面活性剂和功能组分复配而成）制成。

分散组分为引气型高效减水剂。高效减水作用导致水泥浆体絮凝结构成为均匀的分散性结构，释放出游离水，使混凝土拌和物达到规定稠度的用水量大大减少，因此硬化混凝土内部毛细孔减少、密实度提高、抗渗透能力显著增强。

由于高效减水剂能使水泥颗粒充分湿润，水泥水化充分，水化产物分布均匀，混凝土内部结构的连续性和均匀性增强，孔径细化，缺陷减少，从而提高混凝土的抗渗能力。

引气组分吸附到气 - 液界面以后，表面自由焓降低，即降低了溶液的表面张力，使混凝土拌和物在搅拌过程中极易产生许多溶液的表面张力，使混凝土拌和物在搅拌过程中极易产生许多微小的封闭气泡，气泡直径和间隔系数大多在 200 μm 以下，从而提高了水泥的保水能力，使混凝土拌和物的泌水性能大幅减少，由于气泡的阻隔，使混凝土拌和物中自由水的蒸发路线变得曲折、细小、分散，因而改变了毛细管的数量和特性，也使混凝土的抗渗性显著提高，由于气泡较大的弹性变形，也使混凝土的抗渗显著提高，气泡有较大的弹性变形能力，对由水结冰所产生的冰晶应力有一定的缓冲作用，因而大幅提高了混凝土抗冻融破坏能力，使混凝土内部结构遭受损失的可能性显著降低，因此可以避免外界组分乘虚而入。

膨胀组分是无机的盐类和金属氧化物，在水泥的水化过程中，无机的盐类能与水泥的水化产物反应生成膨胀性结晶体即钙矾石（$3CaO \cdot Al_2O_3 \cdot 3CaSO_4 \cdot 31H_2O$）和盐类络合物；金属氧化物则在混凝土硬化后与吸附水发生固相反应形成金属氢氧化物晶体，其体积要比金属氧化物增加 1.5 倍左右，各种膨胀性物质使混凝土产生适量膨胀，在约束条件下，其膨胀能将转化为预压应力，该预压应力可抵消或减小混凝土干缩和冷缩产生的拉应力，从而避免或减少因混凝土收缩而产生的裂纹，而后期形成的钙铝石、盐类络合物和金属氢氧化物可填充、堵塞混凝土内部的孔隙，切断毛细孔通路，并能与纤维状的凝胶微晶交织成网络状，使水泥石结构更为致密，因此，混凝土的强度和抗渗等性能均大幅度提高。

憎水组分为非离子表面活性剂，它能减水硬化混凝土中由于毛细管作用而引起的水的通过能力，其主要作用在于使混凝土的表面及毛细管的内部表面，甚至表面下的一部分覆盖层有一定的憎水剂。混凝土的憎水作用增强，渗水、吸水量也就会大幅减少。

功能组分可根据施工的特殊要求，对混凝土的性能，如凝结时间、保塑时间及冬季防冻等进行人为调整，以保证在不同施工条件下的施工质量。

4. 质量标准

	掺防水剂混凝土		掺防水剂砂浆	
	一等品	合格品	一等品	合格品
凝结时间差/min				
初凝	$-90\sim120$	$-90\sim120$	不早于 45	不早于 45
终凝	$-120\sim120$	$-120\sim120$	不迟于 600	不迟于 600
净浆安定性	合格	合格	合格	合格
泌水率	$\leqslant80\%$	$\leqslant90\%$	—	—
抗压强度比				
7 天	$\geqslant110\%$	$\geqslant100\%$	$\geqslant100\%$	$\geqslant95\%$
28 天	$\geqslant100\%$	$\geqslant95\%$	$\geqslant95\%$	$\geqslant85\%$
90 天	$\geqslant100\%$	$\geqslant90\%$	$\geqslant85\%$	$\geqslant80\%$
渗透高度比	$\leqslant30\%$	$\leqslant40\%$	—	—
透水压力比	—	—	$\geqslant300\%$	$\geqslant200\%$
48 h 吸水量比	$\leqslant65\%$	$\leqslant75\%$	$\leqslant65\%$	$\leqslant75\%$
90 天收缩率比	$\leqslant110\%$	$\leqslant120\%$	$\leqslant110\%$	$\leqslant120\%$
抗冻性能（50 次冻融循环）				
慢冻法				
抗压强度损失	$\leqslant100\%$	$\leqslant100\%$		
质量损失率比	$\leqslant100\%$	$\leqslant100\%$		
快冻法				
相对动弹性模量比	$\geqslant100\%$	$\geqslant100\%$		
质量损失率比	$\leqslant100\%$	$\leqslant100\%$		
对钢筋锈蚀作用	对钢筋无锈蚀作用			
含固量	液体防水剂应在生产厂控制值相对量的 3% 之内			
密度	液体防水剂应在生产厂控制值的 ±0.02 之内			
氯离子含量	应在生产厂控制值相对量的 5% 之内			
细度（孔径 $\leqslant0.32$ mm 筛筛余量）	$\leqslant15\%$			

5. 产品用途

用于配制各种防水、防渗漏用混凝土和砂浆。

6. 参考文献

[1] 迟培云，曲兆东，张蕾. CW 系高效性能防水剂的研究与应用 [J]. 混凝土，2002（7）：60.

2.56　DCW 水泥防水剂

DCW 水泥防水剂（DCW type waterproofing agent）是一种新型的水泥防水材料，其性能优异，原料成本低廉，不含有机溶剂，产品无毒害，不污染环境。

1. 产品性能

DCW 水泥防水剂为乳白色聚合物。具有长期的柔韧性、防水、防潮、防渗漏、黏结力极强、不收缩、不脱落、耐高低温、耐腐蚀、抗冻融、性能优异施工简单，可广泛应用于各种防水工程。

与传统的刚性防水剂材料相比，它自身具有良好的柔韧性，可适应基体的扩展与收缩，自如地改变形状而不开裂，与各种基体黏结力极强，抗冻融性好，可在潮湿基面上施工，无须打底，凝结时间可调节、操作简单可做成各种彩色防水层。

2. 生产方法

广泛使用的防水剂材料可分为两类，即柔性防水材料和刚性防水材料，柔性防水材料又分为卷材和防水涂料两类。常用的卷材有沥青质卷材，三元乙丙烯来源丰富、价格低廉，但易老化、高温易流淌，低温易脆裂，在形状复杂部位不宜施工，操作困难。三元乙丙橡胶卷材，材料的防水不成问题。但其价格高、易空鼓，经过若干次冻融循环，卷材常与建筑基体脱开，而施工时接缝又很多，只要有一处进水，由于卷材下部空鼓，水路连通，往往造成大面积渗漏，而且不易找到漏源，修复困难。刚性防水剂的主要措施是在水泥混凝土中掺入各种外加剂、如防水剂、减水剂、膨胀剂等。掺水防水剂、减水剂等外加剂可以显著改善混凝土的抗渗性和吸水性，减少毛细孔数或混凝土憎水，但这两类外加剂都没有解决混凝土收缩开裂这一要害问题。而利用膨胀剂，在水化过程中产生大量的钙矾石或氧化钙等物，会有一定的膨胀，来配制补偿收缩混凝土，可以达到抗渗防漏的目的。但是其应用也是有局限的，大多是用在地下工程，而用在地上或层面防水工程的较少，这主要是因为地下工程温度变化小、湿度大、混凝土干燥收缩或热胀冷缩小，因此，防水效果好，而用于地上的效果就不甚理想。

DCW 水泥防水剂由聚丙烯酸树脂乳液、太古油和松香钠等组成，是优良的刚性水泥防水剂。

3. 工艺流程

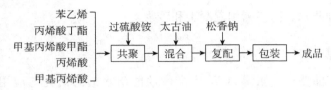

图 2-23

4. 技术配方（质量，份）

苯乙烯	20～30
丙烯酸丁酯	20～30
甲基丙烯酸甲酯	14～22
丙烯酸	1～2
甲基丙烯酸甲酯	1～5
太古油	5～8
松香酸钠	3～8
过硫酸铵	0.1～0.5
十二烷基磺酸钠	0.05～0.50
蒸馏水	40～60

5. 生产工艺

在反应釜中加入蒸馏水，边搅拌边加入引发剂过硫酸铵、乳化剂十二烷基磺酸钠。加入苯乙烯、丙烯酸丁酯、甲基丙烯酸甲酯、丙烯酸及甲基丙烯酸。用 Na_2CO_3 溶液调 pH 至 8～10。

加温至 60～80 ℃回流反应 2 h，得共聚物乳液。将其冷却后加太古油（乳化）混合搅拌均匀，再加松香酸钠混合搅拌均匀，检验合格得 DCW 水泥防水剂。使用时用 20 倍水稀释。

6. 说明

DCW 水泥防水剂在使用时 1 份 DCW 水泥防水剂加 20 倍水稀释，将其添加到混凝土中代替原设计规定的用水量。由于 DCW 仅仅取代的是设计规定的水灰比中等量的水，而不会额外增加用水量，因此不会影响混凝土的比强度。加入 DCW 水泥防水剂可增加混凝土的弹性。

DCW 水泥防水剂在混凝土内部的作用是填充了一般施工作业无法完全消除的孔隙，它由内到外形成防水保护层，因而达到彻底防水的效果，并有助于阻止混凝土因长期暴露在空气中受极端气温变化影响而产生表面爆裂、污染和结晶风化。

混凝土本身是多孔性的，并不是所有的空间均有骨料以固态填充其中。水泥经过水合过程后产生孔隙，在混凝土搅拌过程中会产生气泡，当游离水与混凝土中的孔隙结合后，最终成型的混凝土结构就会具有渗水性。DCW 水泥防水剂可以改进混凝土的固化效果，它能够在混凝土表面迅速形成防水层，使游离水无法到达外表面，弥补了水泥在水合过程中产生的孔隙。尽管用其水泥的水合过程会比正常情况长，但较长的水合过程可减少热量的产生，这样因干缩作用而产生的裂纹也会减少。

7. 质量标准

	掺防水剂混凝土		掺防水剂砂浆	
	一等品	合格品	一等品	合格品
外观	乳白色稠状液体			
凝结时间差/min				
初凝	−90～120	−90～120	不早于 45	不早于 45
终凝	−120～120	−120～120	不迟于 600	不迟于 600
净浆安定性	合格	合格	合格	合格
泌水率	≤80%	≤90%	—	—
抗压强度比				
7 天	≥110%	≥100%	≥100%	≥95%
28 天	≥100%	≥95%	≥95%	≥85%
90 天	≥100%	≥90%	≥85%	≥80%
渗透高度比	≤30%	≤40%	—	—
透水压力比	—	—	≥300%	≥200%
48 h 吸水量比	≤65%	≤75%	≤65%	≤75%
90 天收缩率比	≤110%	≤120%	≤110%	≤120%
抗冻性能（50 次冻融循环）				
慢冻法				
抗压强度损失	≤100%	≤100%	—	—
质量损失率比	≤100%	≤100%	—	—
快冻法				
相对动弹性模量比	≥100%	≥100%	—	—
质量损失率比	≤100%	≤100%	—	—
对钢筋锈蚀作用	对钢筋无锈蚀作用			
含固量	液体防水剂应在生产厂控制值相对量的 3% 之内			
密度	液体防水剂应在生产厂控制值的 ±0.02 之内			
氯离子含量	应在生产厂控制值相对量的 5% 之内			

8. 产品用途

用作水泥防水剂。适用各种防水工程，代替混凝土中水的用量，进行防水处理，如游泳池、卫生间、浴室、厨房、地下室基础、内外墙防水，隧道、渠道、地铁、人防工程的抗渗防漏，曲线、异型结构的防水等。

也用作界面处理剂、化普通水泥粘接强度高。用于制作各种水泥制品、混凝土输水管等。也用于粘接大理石、瓷砖等贴面装饰材料，用作水泥管道的接头粘接料等。在卫生间、地下室、厨房，可直接用本品黏结面砖、防水层与黏结层合二为一，既能起到黏结作用，又能起到防水作用。

具有良好的弹塑性，适用于勾缝或密封工程，如水泥混凝土路面的接缝、浴缸的接缝等。

9. 参考文献

[1] 刘建秀，段红杰，李育文，等. 不渗水水泥防水剂（DCW）的研制与开发 [J]. 混凝土，2000（3）：23-25.

2.57 氯化铁防水剂

防水剂是由化学原料配制而成的一种能起到速凝和提高水泥砂浆或混凝土不透水性的外加剂。常用的防水剂都具有增加混凝土密实性的作用，因此也是一种密实剂。防水剂防水混凝土也称作密实剂防水混凝土。在使用时，按一定比例掺入水泥砂浆或混凝土中，也可涂刷在其表面以形成防渗漏的防水层，因而起到防止水渗漏的作用。

1. 产品性能

深棕色（酱油色）的强酸性液体。氯化铁防水剂掺入混凝土后，可与水泥水化过程产生的氢氧化钙作用，生成的氢氧化铁、氢氧化亚铁、氢氧化铝胶体渗入混凝土孔隙中，增加其密实性，提高防水性。同时还能生成合水氯硅酸钙、氯铝酸钙和硫铝酸钙晶体，产生体积膨胀，进一步挤密水泥与砂石之间的空隙，增加混凝土的密实性与抗渗性。

2. 生产方法

最常用的防水剂有氯化铁防水剂、氯化金属盐类防水剂、三乙醇胺密实剂、金属皂类防水剂、硅酸钠类防水剂和有机硅类防水剂。氯化铁防水剂是由氧化铁皮、铁粉和工业盐酸，外加硫酸铝按适当配比，在常温下进行化学反应得到。

3. 技术配方（质量，份）

氧化铁皮	80
铁粉	20
盐酸	200
硫酸铝	12

4. 生产工艺

将铁粉加入陶瓷缸中，再加入配比量 1/2 的盐酸，机械搅拌 15 min，充分反应。待铁粉全部溶解后再加氧化铁皮和剩余的 1/2 盐酸，继续搅拌 45～60 min，再继续反应 3～4 h，溶液变成浓稠的深棕色液体。静置 2～3 h 后，导出清液，再静置 12 h，然后放入占氯化铁溶液重量 5% 的工业级硫酸铝，充分搅拌至硫酸铝全部溶解，即制得氯化铁防水剂。

5. 质量标准

相对密度	1.4
pH	1～2
质量浓度	40%

6. 产品用途

将氯化铁防水剂按水泥重量 3% 左右掺入，充分混合即可使用，可用于地下室、水池、水塔、矿井、储油罐、人防等工程作防水混凝土。

7. 参考文献

[1] 武立生．氯化铁防水混凝土的性能与施工技术 [J]．科技创业家，2014 (3)：1.

2.58　氯化物金属盐类防水剂

1. 产品性能

氯化物金属盐类防水剂又称为氯化物金属盐类防水浆，是用氯化钙、氯化铝和水配制而成。这类防水剂加入水泥砂浆后，能与水泥发生反应，生成含水氯硅酸钙、氯铝酸钙等化合物，填补砂浆中的空隙，提高防水性。使混凝土密实早强、耐压抗渗，抗冻防水。

2. 技术配方(质量，份)

(1) 配方一

氯化铝	4
氯化钙（结晶体）	23
氯化钙（固体）	23
水	50

（2）配方二

氯化铝	4
氯化钙（固体）	46
水	50

3. 生产工艺

先将自来水放入陶瓷罐中约 30 min，待水中的氯气挥发完后，再将氯化钙碎块加入水中，充分搅拌，待氯化钙全部溶液。氯化钙溶解时体系温度一直在上升，待溶液冷却至 50～52 ℃时，再加入氯化铝，继续搅拌，使氯化铝溶解，即制得氯化物金属盐类防水剂。

4. 产品用途

使用时防水剂的掺入量为水泥重量的 3％～5％，常用于水池和其他建筑物。

5. 参考文献

[1] 田新，陈应钦，尤启俊. 多功能高效防水剂的研究 [J]. 新型建筑材料，2000（3）：15-17.

2.59　金属皂类防水剂

1. 产品性能

金属皂类防水剂又称避水浆，由碳酸钠、氢氧化钾等碱金属化合物与氨水、硬脂酸和水作用后制成，此类防水剂具有塑化作用，可降低水灰比。同时在水泥砂浆中能生成不溶性物质。填补空隙，使混凝土具有防水性。

2. 技术配方（质量，份）

（1）配方一

硬脂酸	6.610
碳酸钠	0.336
氨水	4.960
氟化钠	0.008
氢氧化钾	1.321
水	147

（2）配方二

硬脂酸	4.208
碳酸钠	0.256
氨水	4.208
水	152

3. 生产工艺

先将硬脂酸放入容器内，加热使其溶化。在反应锅内先加入配比量 1/2 的水，加热水，使水平温至 50～60 ℃，将碳酸钠、氢氧化钾和氟化钠溶于上述热水中，保持混合溶液温度。将溶化的硬脂酸缓慢加入上述混合溶液中，快速搅拌均匀，搅拌时会产生大量气泡，适当控制速度，防止溢出。待全部硬脂酸加完后，将另一半水慢慢加入，拌匀成皂液，将皂液冷却至 30 ℃以下，加入定量氨水搅拌均匀，然后用 0.6 mm 筛孔的筛子过滤皂液，除去块粒和泡沫，即制得金属皂类防水剂。采用密闭的非金属容器包装，贮存。

4. 质量标准

细度	过 400 目筛余＞15％
相对密度	1.04
凝结时间/h	
初凝	不得早于 1
终凝	不得迟于 8
抗压强度	防水剂掺入量为 5％抗压强度增加 10％
不透水性	防水剂掺入量为 5％时，不透水性增加 70％

5. 产品用途

掺入量为水泥重量的 1.5％～5.0％。可用作水泥砂浆及混凝土的防水层，能充填微小空隙、堵塞、封闭混凝土毛细管，用于防止混凝土工程渗水。耐酸碱性优良，可用作耐酸碱性侵蚀保护层。

6. 参考文献

[1] 姜蓉，张鹏，赵铁军，等. 内掺金属皂类防水剂对混凝土防水和抗氯离子效果研究 [J]. 新型建筑材料，2010（9）：61-64.

[2] 许雅莹. 多元羧酸系防水剂的合成与性能研究 [D]. 哈尔滨：哈尔滨工业大学，2006.

2.60 氯化物类防水剂

该剂可提高水泥制品的防水性和抗渗性。

1. 技术配方（质量，份）

	1#	2#
氯化钙（固体）	23	10

水	50	11
氯化铝	4	1
氯化铝（结晶体）	23	—

2. 生产工艺

先将氯化钙粉碎放入水中搅拌溶解，再加入氯化铝，溶解后沉淀过滤。

3. 产品用途

使用时以 20 份水稀释 1 份防水剂，V（水泥）：V（沙子）＝1：（2.5～3.0），水灰比为 0.5。

2.61　铝铁防水剂

铝铁防水剂是脂肪酸钙、盐酸、含水硫酸铝和氧化铁屑组成的复合防水剂。防水剂加入水泥中能阻止水浸入混凝土内部，防止已浸入的水向内部渗透，使混凝土达到防潮和防水渗透的效果。

1. 技术配方（质量，份）

脂肪酸钙	10
盐酸	40
含水硫酸铝	100
氧化铁屑	24
水	80

2. 工艺流程

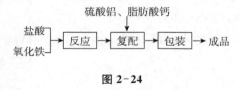

图 2-24

3. 生产工艺

将盐酸溶入水中，加入氧化铁屑搅拌溶解后，得到氯化铁溶液再加其余组分，搅拌混合均匀，即成防水剂。

4. 产品用途

用作水泥砂浆防水剂，掺入量为水泥用量的 3% 左右。

5. 参考文献

［1］崔海军. 氯化铁防水混凝土性能及应用［J］. 科技经济市场，2007（5）：50.

［2］卢会刚. 水泥防水剂的合成及性能研究［D］. 延吉：延边大学，2008.

2.62　四矾防水剂

四矾防水剂由水玻璃和多种无机盐组成，具有良好的抗漏、防渗性能。

1. 技术配方（质量，份）

（1）配方一

硫酸铜（蓝矾）	0.1
硅酸钠（泡花碱、水玻璃）	40.0
硫酸铝钾（白矾）	0.1
重铬酸钾（红矾）	0.1
铬矾（紫矾）	0.1
水	6.0

（2）配方二

水玻璃（$d=1.45\sim1.61$）	40.0
硫酸亚铁	0.1
重铬酸钾	0.1
明矾	0.1
硫酸铜	0.1
水	4

2. 生产工艺

（1）配方一的生产工艺

先将水加热至 100 ℃，把四矾加入水中，继续加热搅拌，使四矾充分溶解不见颗粒时即停止加热，使其自然冷却到 50 ℃左右，然后再加入水玻璃，搅拌均匀后即得四矾防水剂。

（2）配方二的生产工艺

将水加热至 100 ℃，再加入除水玻璃以外的其余组分，继续加热搅拌至全部溶解、冷却至 55 ℃左右，再加入水玻璃，边加边搅拌，直至颜色一致，大约 30 min，即得四矾防水剂。

3. 产品用途

用作建筑防水剂。

4. 参考文献

[1] 卢会刚. 水泥防水剂的合成及性能研究 [D]. 延吉：延边大学，2008.

[2] 朱华雄，胡飞，李琼. 新型混凝土防水剂的研究 [J]. 新型建筑材料，2002 (10)：66.

2.63 有机硅混凝土防水剂

有机硅混凝土防水剂（Organosilicon waterproof admixture）由甲基硅酸钠、乙基硅酸钠和 MS 溶液树脂组成。

1. 产品性能

有机硅防水剂对水泥的适应性良好，分散能力强，能显著地改善和提高混凝土的性能。碱含量低，可以有效抑制混凝土的碱－骨料反应。不含氯盐对钢筋无锈蚀作用。在混凝土梁、板、柱的防水、防裂工程中应用，可有效预防混凝土开裂，从技术上解决露天条件下工作的混凝土收缩开裂等问题，可延长混凝土的使用寿命。

2. 生产方法

有机硅防水由甲基硅酸钠、乙基硅酸钠、MS 溶液树脂复配而成。其中的主要成分在空气中的 CO_2 和 H_2O 作用形成甲基硅醇、乙硅醇及 MS 树脂膜，生成甲基硅醇、乙基硅醇及 MS 树脂膜都含有极性团，易生成氢键。同时，溶液中存在水解反应，这个水解反应的结果使防水剂溶解呈碱性（pH 至 12～15），甲基硅醇、乙基硅醇 MS 树脂膜在碱性环境下各组分偏聚，这个反应继续下去，生成枝状、链状，在此基础上又偏聚成网状高分子聚合物甲基树脂，由此构成防水膜，深入混凝土的毛细孔中，从而达到防渗的目的。

在混凝土水泥砂浆中加入有机硅防水剂后，由于偏聚反应中生成枝状、链状及网状分子是伴随水泥水化反应同时进行的。从而填补了混凝土的微孔隙，是混凝土的微观结构更加致密，提高了混凝土的抗渗性，而且这些高分子聚合物有一定的塑性强度，可以有效地减少混凝土的干燥收缩，防止或减少因混凝土收缩而产生的内力，减轻因此而产生的原始裂缝开展度，提高了混凝土的抗裂性。再则，还可以分散应力，防止应力集中，改善混凝土的内部界面效应，增加了混凝土的弹塑性，使混凝土的抗渗、抗拉、耐久性得到改善。

3. 工艺流程

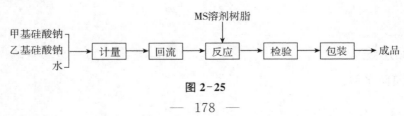

图 2-25

4. 原料规格

甲基硅酸钠，也称甲基硅酸钠建筑水剂。呈碱性，易溶于水。

外观	黄至淡红色液体
含量	29%～33%
聚甲基硅酸钠含量	（20±1）%
25 ℃黏度/（mPa·s）	6～25
相对密度	1.2～1.3
pH	12～14

MS 溶剂树脂

外观	无色液体
含量	40%
25 ℃黏度/（mPa·s）	30～56
25 ℃相对密度	1.00～1.02

5. 生产工艺

将水、甲基硅酸钠与乙基硅酸混合配制成一定浓度的溶液，加入带回流冷装置的反应容器中，在密闭条件下缓慢搅拌加热，回流一定时间后从恒压漏斗中滴加一定量的 MS 溶剂型树脂。由于该反应为放热反应，为防止溶液沸腾，最初的 MS 溶剂型树脂加入必须缓慢、谨慎，待反应物呈金黄色后，在保持回流温度平稳下加入剩余的溶剂型树脂，使反应物保持回流状态，保温反应 6 h 至反应终点。

6. 说明

甲基硅酸钠与乙基硅酸是构成反应产物的主要原料。它们之间的配比是决定最终产物分散性能的关键因素。在一定的反应条件下，单体间发生聚合反应时，无论是反应速度，还是反应生成物的分子结构，均受单体浓度和单体间比例的影响。而分子的结构和分子中官能团的排列顺序和密度，又明显影响聚合物本身的性质和性能。

甲基硅酸钠与乙基硅酸钠的物质的量比为 2∶1，反应产物的分散能力最强。有机硅缩聚产物的黏度随着时间的延长而逐渐增大，但反应超过一定的时间后，反应产物的黏度随着时间的变化趋于平稳，这是因为聚合物的增比黏度随着聚合物分子量的增大而增大，延长聚合反应的时间可以提高缩聚物的聚合性。一般反应时为 6 h 左右。

7. 质量标准

	掺防水剂混凝土		掺防水剂砂浆	
	一等品	合格品	一等品	合格品
凝结时间差/min				
初凝	−90～120	−90～120	不早于 45	不早于 45

终凝	−120～120	−120～120	不迟于 600	不迟于 600
净浆安定性	合格	合格	合格	合格
泌水率	≤80%	≤90%	—	—
抗压强度比				
7 天	≥110%	≥100%	≥100%	≥95%
28 天	≥100%	≥95%	≥95%	≥85%
90 天	≥100%	≥90%	≥85%	≥80%
渗透高度比	≤30%	≤40%	—	—
透水压力比	—	—	≥300%	≥200%
48 h 吸水量比	≤65%	≤75%	≤65%	≤75%
90 天收缩率比	≤110%	≤120%	≤110%	≤120%
抗冻性能（50 次冻融循环）				
慢冻法				
抗压强度损失	≤100	≤100	—	—
质量损失率比	≤100%	≤100%	—	—
快冻法				
相对动弹性模量比	≥100%	≥100%	—	—
质量损失率比	≤100%	≤100%	—	—
对钢筋锈蚀作用	对钢筋无锈蚀作用			
含固量	液体防水剂应在生产厂控制值相对量的 3% 之内			
密度	液体防水剂应在生产厂控制值的 ±0.02 之内			
氯离子含量	应在生产厂控制值相对量的 5% 之内			
细度（孔径≤0.32 mm 筛筛余量）	≤15%			

8. 产品用途

用作混凝土防水剂，可以配制各种强度等级及高性能混凝土。该防水剂与减水剂复合使用，可以在预拌混凝土企业配制 C30～C80 大流动性高能混凝土，坍落度损失小，具有良好的保塑和保水功能。

9. 参考文献

[1] 陈建强，范钱君，张立华. 有机硅建筑防水剂的研究与发展 [J]. 浙江化工，2004（2）：25-26.

2.64　钢筋阻锈剂

钢筋混凝土结构是当代社会使用最广泛的建筑结构形式。然而由于混凝土内钢筋发生锈蚀导致的混凝土结构过早被破坏，已成为制约混凝土结构耐久性的重要因素。锈蚀会降低钢筋的承载能力、降低与周围混凝土之间的握裹力并导致混凝土发生顺筋开裂，从而降低其结构寿命。在混凝土中掺入阻锈剂是预防或延缓钢筋腐蚀的一种简便易行且经济有效的方法。该钢筋阻锈剂旨在抑制或完全停止钢筋在混凝土介质中被腐蚀的外加剂。

1. 技术配方（质量，份）

（1）配方一

间苯二酚	1
石灰石	适量
氯化钠	60

（2）配方二

氯化钠	60
2-亚硝基-1-苯磺酸钠	0.5
石灰石	适量

2. 生产工艺

将各物料按配方量磨细混匀即得。

3. 产品用途

用量按水泥重量的6％左右掺入，拌和均匀。

4. 参考文献

[1] 吕民，张大全. 一种新型复合钢筋阻锈剂 [J]. 腐蚀与防护，2010 (9)：709.

[2] 周霄骋，穆松，蔡景顺，等. 复合羧酸胺阻锈剂对氯盐侵蚀下钢筋锈蚀的抑制作用 [J]. 新型建筑材料，2021，48 (9)：13-17.

2.65　硅酸锂钢筋阻锈剂

1. 产品性能

钢筋阻锈剂是一种可有效地阻止或减缓钢筋腐蚀的化学物质，通常可以通过掺加到混凝土中或涂敷在混凝土表面而起作用。硅酸锂钢筋阻锈剂能长期阻止或抑制混凝土中钢筋或金属预埋件发生锈蚀作用。

2. 技术配方（质量，份）

硅酸盐水泥	15
粗骨粉	90
细骨粉	60
硅酸锂	0.015～3.000

3. 使用方法

使用时，将各物料按配方量混合均匀，沿钢筋加入混凝土即可防锈。

4. 参考文献

[1] 阚欣荣，封孝信，王晓燕．一种新型钢筋阻锈剂的阻锈性能 [J]．腐蚀与防护，2011（5）：374-376.

[2] 田玉琬．海工用高强耐蚀钢筋的腐蚀机理及阻锈剂研究 [D]．北京：北京科技大学，2021.

2.66 脱模剂

1. 产品性能

随着混凝土新技术、新工艺的发展，对混凝土表面的装饰效果要求越来越高。混凝土表面的蜂窝麻面一直是困扰工程界的重要难题。蜂窝麻面不仅影响混凝土的表观效果，严重时还会影响混凝土的内在质量。预制构件脱模剂可以有效防止混凝土构件与模板间的黏结，使构件表面光滑、棱角分明。

2. 技术配方（质量，份）

（1）配方一

废机油	1.00
汽油	0.15
滑石粉	1.30
水	0.40

（2）配方二

10# 机油	2
火碱	10
皂角	80
水	10
松香	50
酒精	23
石油磺酸	25

3. 生产工艺

（1）配方一的生产工艺

先将汽油与废机油、滑石粉拌和，再加水搅至均匀乳液状即得脱模剂。

（2）配方二的生产工艺

以 95％水、5％的皂化混合油（即配方二中各物料混合后加热 80 ℃、3 h 的混合物）混合成乳化油型脱模剂。

4. 参考文献

［1］王益民，孙晓然，毛小江．生物柴油制备混凝土制品脱模剂的研究［J］．河北化工，2010（2）：20-21.

［2］王海军，田野，陈刚，等．棕榈油基脱模剂制备工艺的研究［J］．绿色环保建材，2020（10）：16-17.

2.67　混凝土脱模防黏剂

这种混凝土脱模剂可以降低混凝土、钢筋混凝土、石膏、灰泥和其他材料对外壳板、挡面板、模具的黏着力。产品为乳液状，无害且防腐，可以替代昂贵的矿物油基防黏剂。引自匈牙利专利 HU 49641。

1. 技术配方（质量，份）

生植物油	10.0
甘油	0.8～0.9
卵磷脂	1.0
烧碱（14％）	8.9
水溶性聚合物	0.5
水	78.7

2. 生产工艺

将各物料按配方量混合加热皂化后，乳化均质，即得混凝土脱模防黏剂。

3. 产品用途

用作混凝土脱模剂。

4. 参考文献

［1］苏波，刘泉，黄蔚．HD 水乳型高效混凝土脱模剂研制［J］．低温建筑技术，2000（4）：60-61.

［2］田野，陈刚，王海军，等．环保型水性脱模剂的制备及其性能研究［J］．绿色环保建材，2020（10）：46-47.

2.68　水泥制品脱模剂

1. 产品性能

水泥制品脱模剂又称模板分离剂或隔离剂，是一种涂覆或喷洒在模板表面能起润滑、隔离作用，使混凝土硬化后与之易分离且使制品表面光滑的天然或化学材料。

2. 技术配方（质量，份）

（1）配方一

10#机油	4
松香	100
火碱	20
皂角	160
乙醇	46
石油磺酸	50
水	20

（2）配方二

植物油	20.0
氢氧化钠	17.8
甘油	1.7
水溶性聚合物	1.0
卵磷脂	2.0
水	157.4

（3）配方三

甲基硅油	200
乙醇	适量
乙醇胺（固化剂）	0.4～0.05

（4）配方四

石蜡	2
滑石粉	8
柴油	6～10

（5）配方五

废机油	50
滑石粉	75～100
皂化油	50
清水	200～300

（6）配方六

塔尔油脂肪酸	31.6
平平加	0.8
柴油	160.0
单乙醇胺	7.6

（7）配方七

石油	16.4～17.4
含油蜡（熔点 50～70 ℃）	1.4～1.8
壬基酚聚氧乙烯醚硫酸钠	0.8～1.2
石灰浆	80.0～81.0

（8）配方八

乳化机油	100～110
煤油	5
氢氧化钠	0.04
硬脂酸	3～5
磷酸（85%）	0.02
水	85

（9）配方九

塔尔油脂肪酸	33
乳化剂 OP-10	1.0
柴油	160
单乙醇胺	6.0

（10）配方十

塔尔油脂肪酸	31.4
柴油	160
单乙醇胺	8.6

3. 生产工艺

（1）配方一的生产工艺

将各物料按配方量混合加热至 80 ℃。保持此温度，搅拌 3 h，即成乳化油型脱模剂。

（2）配方二的生产工艺

将上述各物料按配方量混合加热皂化后，即得脱模剂。

（3）配方三的生产工艺

将固化剂乙醇胺加入容器里，用少量的乙醇稀释，搅拌下加入甲基硅油中，直到搅拌均匀为止。乙醇胺的加入量冬天可适量增多，夏天应适量减少。甲基硅油在加入乙醇胺后的数小时内固化，要注意配量适当，不能存放。夏天配制后 8 h 用完。涂 1 层可重复用 4 次。

(4) 配方四的生产工艺

将石蜡与柴油混合用文火或水浴加热熔化，然后加入滑石粉拌匀。本品易脱模，板面光滑，但成本较高，蒸汽养护时不能使用，适于混凝土台座。

(5) 配方五的生产工艺

先将废机油、皂化油混合，加部分水，加热搅拌使其乳化，再加滑石粉和其余的水；拌和至成乳化液为止。该脱模剂易于脱模，制品表面光滑。

(6) 配方六的生产工艺

将全部物料按配方量混合搅拌均匀，即得油质脱模剂。

(7) 配方七的生产工艺

将全部物料按配方量混合搅拌均匀，即得油质脱模剂。

(8) 配方八的生产工艺

将乳化机油加热至 50～60 ℃，将硬脂酸压碎倒入已加热的乳化机油中，搅拌使其溶解。再倒入 60～80 ℃热水，继续搅拌呈乳白色为止，最后加磷酸和氢氧化钠溶液，继续搅拌均匀即得乳化脱模剂。用于钢模时按 m（乳化剂）：m（水）＝1：5 的比例调配。

(9) 配方九的生产工艺

将各物料按配方量混合均匀即得混凝土脱模剂。

(10) 配方十的生产工艺

将各物料按配量混合搅拌均匀即得性能优良、脱模效果好的油质脱模剂。

4. 参考文献

[1] 雷映平，周光，周小渝 . 高效水溶性混凝土模板脱模剂的研究 [J] . 混凝土，2002（9）：40-41.

[2] 任丽洁，刘红飞，于新杰，等 . 混凝土制品用脱模剂性能研究 [J] . 山西建筑，2020，46（18）：105-106.

第三章 人造建筑石材

3.1 轻质人造大理石

1. 产品性能

人造大理石的制造方法很多，主要原料是黏合剂和填料等。黏合剂是决定人造大理石质量的最重要因素。轻质人造大理石采用轻质填料和不饱和聚酯树脂制得，填料主要选用燃煤热电厂排放出来的粉煤灰，经筛选、干燥、分选出来的球形微粒，树脂与填料的质量比为 1∶2～1∶3。同时，掺入一定量的增强助剂。

2. 技术配方（质量，份）

（1）配方一

不饱和聚酯树脂	100
粉煤灰空心微珠	100～150
过氧化环己酮糊	4～5
增强助剂	40～50
环烷酸钴	2～3
色料	适量

（2）配方二

不饱和聚酯树脂	50
玻璃微珠	50
过氧化环己酮糊	2
增强助剂	25
萘酸钴	1
色料	适量

（3）配方三

不饱和聚酯树脂	50
稻壳粉	25
膨胀珍珠岩粉	50
过氧化环己酮糊	2.5
增强助剂	20

萘酸钴	1
色料	适量

（4）配方四

不饱和聚酯树脂	50
膨胀珍珠岩粉	15
麦秸细粉	40
过氧化环己酮糊	1.5
增强助剂	25
环烷酸钴	1
色料	适量

（5）配方五

不饱和聚酯树脂	50
过氧化环己酮糊	2
增强助剂	15
环烷酸钴	1.5
粉煤灰空心微珠	50
膨胀珍珠岩粉	30
钛白粉	1
色料	适量

3. 产品用途

用于建筑物地面、墙面装饰。

4. 参考文献

[1] 陈冀渝. 高性能水泥基人造大理石的制作工艺［J］. 石材, 2009（2）：12-14.
[2] 刘晓轩. 活化高炉矿渣粉与间苯型不饱和聚酯合成人造大理石的性能研究［J］. 建筑科技, 2021, 5（2）：19-21.

3.2　新型人造大理石

1. 产品性能

天然大理石材高雅、美观、装饰性强，是高档建筑和民居装修的主要装饰材料之一。由于天然大理石的出板率较低导致其价格较高，且高档天然石材资源毕竟有限。人造大理石实际上是一种"塑料混凝土"，是一种新型的建筑材料，人造大理石不仅可以达到天然大理石的质感和美感，而且能够克服天然石材色泽不均和裂隙较多的缺点。另外，它还有便于造型、适合制作复杂型材和器具的优势，因此人造大理石必将有较大的发展空间。

2. 技术配方（质量，份）

（1）配方一

胶料	
196#不饱和聚酯树脂	100 kg
环烷酸钴苯乙烯溶液	3 L 左右
过氧化环己酮浆	4 L 左右
酒精	60 L
石粉（填料）	胶料重量的 3 倍
聚乙烯醇水溶液（脱模剂）	适量

（2）配方二

胶料	
环氧树脂	100 kg
酒精	60 L
酚醛树脂	20 kg
乙二胺	6 kg
邻苯二甲酸二丁酯	3 kg
粉煤灰（填料）	胶料重量的 2 倍
甘油（或液状石蜡脱模剂）	适量

3. 生产工艺

按配方量将胶料的各种原料混合调匀。将填料与配好的胶料立即混匀，倒入涂了脱模剂的模型内振动，使其均匀紧实、无隙，并行调花，平整后让其静置固化。脱模后进行修边、磨光、抛光即得。

4. 说明

①固化剂乙二胺可改用苯二甲胺，后者毒性小，但用量为 15 份左右。②模型最好选用抛光不锈钢模。③调花料一般用轻质碳酸钙粉末。④可用 500# 水泥和细沙与水调匀作人造大理石的填料，或作人造大理石的底（板）层和里层等。水泥与河沙的重量比为 1∶2。

5. 产品用途

用于高档建筑及家具装饰等。

6. 参考文献

［1］毕春波，黄海涛．人造大理石研究进展［J］．石材，2008（5）：17-22.

［2］朱丽苹．磷渣基人造大理石的实验研究［J］．无机盐工业，2020，52（4）：72-74.

［3］梁志刚．人造大理石配方研究［D］．哈尔滨：哈尔滨工程大学，2003.

3.3 卫生洁具用人造大理石

大理石是高档建筑及民居装修的主要装饰材料之一。天然大理石（Marble）因云南大理苍山所产而得名，它是由各种碳酸盐类岩石（石灰岩、白云岩化石灰岩、白云岩等）再结晶而成。人造大理石由胶结树脂（不饱和聚酯树脂）、固化剂和填料组成。卫生洁具用人造大理石的技术配方和生产工艺与石质人造大理石基本相同。

1. 技术配方(质量，份)

（1）配方一

大理石粉	700
不饱和聚酯树脂	200
过氧化环己酮糊	8
环烷酸钴	4
色料	1～3

（2）配方二

不饱和聚酯树脂	200
过氧化环己酮糊	8
环烷酸钴	4
氢氧化铝	20
石粉	400
粉煤灰空心微珠	80
钛白粉	4
色料	适量

（3）配方三

不饱和聚酯树脂	200
过氧化环己酮糊	20
萘酸钴	8
石粉	200
中铬黄	10
耐晒绿	6
钛白粉	40

（4）配方四

不饱和聚酯树脂	200
过氧化甲乙酮糊	8
环烷酸钴	4

石英粉	200
粉煤灰	200
矿渣粉	200
色料	适量

2. 生产工艺

（1）配方一的生产工艺

将各物料按配方量混匀后，经浇注或喷射成型，固化脱模，整形后固化即可。本品密度为 1.9～2.1 g/cm³，弯曲强度＞19.6 MPa，压缩强度＞78.4 MPa，吸水率＜0.1％，具有韧性好、强度高、耐磨、耐腐蚀和易加工等优点，并可按需随意着色，制成色彩鲜艳、美观大方的产品。

（2）配方四的生产工艺

将各物料按配方量混合均匀后，灌浆于洁具模型中，固化即得。

3. 说明

原材料树脂的选择是生产高质量人造大理石卫生洁具的关键。一般不饱和聚酯树脂用于生产人造大理石卫生洁具时，其收缩变形率、耐磨性、流动性等均不理想。

3.4　人造花纹大理石

这种花纹图案的人造大理石，可随意引入人们喜爱的花纹，且具有天然若成之美。

1. 技术配方

①带色水泥 12 份和粒状大理石 12 份干混，再用水调成稠浆；

②无色白水泥 12 份和粒状大理石 12 份干混，再用水调成稠浆；

③水泥 50 份和粉碎成沙子大小的石头 75 份干混；

④水泥 50 份和粉碎成沙子大小的石头 75 份及沙子 75 份。

2. 生产工艺

将①组分倒入模型，再将②组分倒在①组分的上面，两者混合就产生纹理状，接着再加③和④组分，在 200～250 Pa 成型，压成的块或板保持 20 天。以后用 100# 碳化硅磨光，10 天以后再用 300# 碳化硅磨光。

3. 参考文献

[1] 王娣，王瑛，李纪鹏，等．丙烯酸/钢渣人造大理石的制备及性能研究 [J]．塑料工业，2019，47 (11)：149-152.

3.5 聚酯型人造大理石

1. 产品性能

聚酯型人造大理石是以不饱和聚酯树脂为黏合剂,加入无机填料、颜料、固化引发剂及其他辅助试剂,经固化成型而制得的一种复合材料。这种材料有着类似于天然大理石的纹理,且具有丰富的色彩与光泽,制成的产品具有足够的强度、硬度,可耐水、耐热冲击,适用性强、易于设计、花色品种多等特点。

2. 技术配方(kg/t)

(1) 配方一

不饱和聚酯树脂	80.0
萘酸钴	1.6
过氧化环己酮糊	3.2
树叶粉末	48.0
膨胀珍珠岩粉	48.0
增强助剂	24.0
色料	适量

(2) 配方二

不饱和聚酯树脂	80
萘酸钴	2.4
过氧化环己酮糊	4
蛭石粉末	80
粉煤灰空心微珠	40
增强助剂	32
色料	适量

(3) 配方三

不饱和聚酯树脂	80.00
环烷酸钴	1.20
过氧化环己酮糊	3.20
二甲基苯胺	0.08
石粉	640.00
玻璃粉	240.00
色料	适量

(4) 配方四

不饱和聚酯树脂	80
环烷酸钴	1.6

过氧化环己酮糊	4
石粉	240
钛白粉	80
粉煤灰	320

（5）配方五

不饱和聚酯树脂	80.00
萘酸钴	1.60
过氧化环己酮糊	4
膨胀珍珠岩粉	80
稻壳粉	40
增强助剂	32
色料	适量

（6）配方六

不饱和聚酯树脂	80
环烷酸钴	1.6
过氧化环己酮糊	3.2
石粉	320
矿渣粉	320
色料	适量

3. 生产工艺

先将不饱和聚酯树脂、过氧化环己酮糊、环烷酸钴（或萘酸钴）混合充分搅拌，混合均匀后再加入色料继续搅拌，最后加入其他配料。充分搅拌均匀后，将混合物料加入已涂好保护层的模具内，振动密实，成型固化。将固化成型材料做表面处理和抛光即得成品。也可将上述成品采用喷涂或刷涂的方式涂覆表面保护层，保护层厚度为 0.15～0.3 mm，材料采用与大理石配料中相同的不饱和聚酯树脂，不加入任何颜料和填料，操作时不能有气泡及污染物混杂。保护层可使大理石具有较高的表面光泽和耐腐蚀、耐候性能。

4. 参考文献

[1] 张丹，余海军，李三喜. 聚酯型人造大理石的制备 [J]. 辽宁化工，2007
（2）：86-87.

[2] 潘玲，杨敏. 基于正交试验设计的聚酯型人造大理石综合性能优化 [J]. 塑料工业，2013，41（9）：35-38.

[3] 刘晓轩. 活化高炉矿渣粉与间苯型不饱和聚酯合成人造大理石的性能研究 [J]. 建筑科技，2021，5（2）：19-21.

3.6 人造花岗石

人造花岗石属人造石的一种，被广泛用作厨柜台板、墙地砖、浴池、家具等。人造花岗石是用树脂、无机填充料、颜料、增强材料、脱模剂、促硬剂等为原料，配成树脂混合料，注入所需模具，加热固化而成。该人造花岗石选择不饱和聚酯树脂为黏结剂，填料以石渣、矿渣、炉灰渣为主。制作工艺比较简单，但要想得到理想的仿真效果，工艺上的要求相当严格。由于可根据人们的需要掺入不同色料，因此，可以得到装饰效果更佳的建筑材料。

1. 技术配方（质量，份）

（1）配方一

不饱和聚酯树脂	30.0
苯乙烯	6.0
过氧化环己酮糊	1.5
环烷酸钴	0.9
石粉	60.0
红石粒	45.0
黑石粒	15.0
白石粒	90.0
颜料	适量

（2）配方二

不饱和聚酯树脂	30.00
过氧化环己酮糊	1.20
环烷酸钴	0.75
石粒	60.00
石粉	45.00
玻璃碎粒	1.50
蛭石碎粒	3.00
矿渣碎粒	30.00

（3）配方三

不饱和聚酯树脂	30
过氧化甲乙酮	1.2
萘酸钴	0.6
膨胀珍珠岩粉	15
矿渣粒	60
矿渣粉	30
白石粉	75
炉灰渣粒	30

（4）配方四

不饱和聚酯树脂	30
过氧化环己酮糊	1.2
环烷酸钴	0.6
二甲基苯胺	0.03
膨胀珍珠岩粉	6
石粉	30
绿石粒	60
白石粒	60
黑石粒	30

（5）配方五

不饱和聚酯树脂	30
过氧化环己酮糊	1.5
萘酸钴	0.6
粉煤灰	30
石粉	30
白石粒	60
黑石粒	60

（6）配方六

不饱和聚酯树脂	30
过氧化环己酮糊	1.2
环烷酸钴	0.6
石粉	30
白石粉	120
红石粒	60

2. 生产工艺

将各物料按配方量混合均匀，成型、固化即得。

3. 产品用途

用于制作成厨柜台板、墙地砖、浴池、家具等。

4. 参考文献

［1］周忠华. 用热压法制造高性能人造花岗石［J］. 石材，2021（7）：24.

［2］周忠华. 大比例天然石料制作高性能人造花岗石生产工艺［J］. 石材，2021（1）：51-55.

［3］周忠华. 轻质高强水泥基人造花岗石生产工艺［J］. 石材，2020（2）：20-21.

3.7　人造玛瑙

1. 产品性能

人造玛瑙质地如玉、坚硬光泽，具有耐磨损、耐高温、耐酸碱、抗老化、不变形等特点。主要配料为不饱和聚酯树脂、固化剂、促进剂、填料、色料等。填料主要采用水晶石粉、玻璃粉、火山灰硅石粉等。

2. 技术配方（质量，份）

（1）配方一

不饱和聚酯树脂	80
石英粉	8.0
过氧化环己酮糊	3.2
珍珠岩粉	9.6
环烷酸钴	1.6
粉煤灰空心微珠	4.0
霞山闪长石粉	9.6
酞菁蓝	适量
钛白粉	1.6
氧化铁红	适量
中铬黄	适量

（2）配方二

不饱和聚酯树脂	80
石粉	11.2
过氧化环己酮糊	4.0
钛白粉	适量
萘酸钴	1.6
炭黑	适量
膨胀珍珠岩粉	2.4
中铬黄	适量
石英粉	8.0
氧化铬绿	适量
玻璃粉	9.6

（3）配方三

不饱和聚酯树脂	80.0
石英石细粉	10.4
过氧化环己酮糊	4.0
氢氧化铝	11.2
环烷酸钴	1.6

玻璃粉	10.0
珍珠岩粉	9.6
钛白粉	适量
塑料棕	适量
氧化铬绿	适量

3. 生产工艺

先将不饱和聚酯树脂、过氧化环己酮糊、环烷酸钴（或萘酸钴）按配方量混合均匀，制得混合物料 A。取出混合物料 A 中的一部分与石英粉、颜料充分混合均匀制得混合色料。再取混合物料 A 中一部分与珍珠岩粉及其他石粉料充分混合均匀制得物料 B。取物料 B 中一小部分与钛白粉混合得白色混合料。

将剩余的混合物料 A 与玻璃粉（或霞山闪长石粉）充分混合，制得物料 C，物料 C 为表现成品的龟裂状纹理可加入适量棕色颜料。

在涂有保护膜的模板上，涂上 0.5 mm 厚的物料 B，涂刷时应薄厚不均，可较好地表现花纹的深浅色感及立体感。再向模板上注入物料 C，然后同时加入混合色料和白色混合料，使之形成纹理，最后在涂上物料 B，制得 10 mm 厚的成型产品人造玛瑙。

4. 参考文献

[1] 谢军，杨志华. 氢氧化铝对玛瑙人造板材性能的影响 [J]. 纤维复合材料，2008（1）：18-21.

[2] 张蕾. 玛瑙氢氧化铝制备过程的研究 [D]. 长沙：中南大学，2005.

3.8 高强度免烧瓷砖

1. 产品性能

这种高强度的免烧瓷砖使用水泥、无机非金属矿制成，用浇注和振动成型法成型。这种瓷砖强度高，具有耐火、耐热性能。材料内部形成网络结构，使其不易翘曲和变形。

2. 技术配方（质量，份）

氧化铝水泥	180.0
硅砂	60.0
寒水石粉	60.0
碳酸钙	56.0
硅酸钠	5.2
二氧化钛	16.0
碳酸锂	2.8
玻璃纤维	20.0

3. 生产工艺

采用浇注和振动成型法成型。先将粉状硅砂、寒水石粉、碳酸钙三者均匀混合，然后加入调节剂氧化铝水泥，并充分搅拌。再加入预先混合好的二氧化钛、碳酸锂和硅酸钠混匀。添加碱性玻璃纤维（切成长 5～20 mm 的小段），混匀。最后加入占固体成分重量 30%～50% 的水，经过充分搅拌后，装入预先准备好的不锈钢模内，振动，放置 2 h，脱模即得高强度免烧瓷砖。

4. 产品用途

用作建筑物内外装修材料，还能用于塑像、工艺品、纪念碑、公园设施等。

5. 参考文献

[1] 李小燕，周耀，刘春江. 免烧型磷酸盐陶瓷砖的研制 [J]. 佛山陶瓷，2013，23（10）：13-14.

3.9 彩色水泥

彩色水泥用于制作彩色水泥混凝土装饰砌块和彩色混凝土地面砖。彩色装饰砌块和地面砖不管怎样着色，都要求表面着色均匀、色彩艳丽，起到五彩缤纷的装饰作用。这种彩色水泥是在水泥生料中加入 0.1%～2.0% 的过渡金属氧化物，经煅烧后，得到不同色彩的水泥。

1. 技术配方（质量，份）

（1）蓝色配方

三氧化二锰	2
水泥生料	100

（2）灰色配方

二氧化钛	0.1
水泥生料	100

（3）红色配方

三氧化钛	0.5～1.0
水泥生料	100

（4）银灰色至绿色配方

五氧化二钒	2.0
水泥生料	100

（5）浅黄色配方

二氧化锆	2.0
水泥生料	100

2. 生产工艺

将各物料按配方量混合均匀加入炉内煅烧，出炉后即得相应颜色的水泥。

3. 产品用途

用于制作彩色水泥混凝土装饰砌块和彩色混凝土地面砖。

4. 参考文献

[1] 陈凌生. 彩色水泥混凝土路用性能试验研究［D］. 重庆：重庆交通大学，2017.

[2] 黄少文，吴波英，徐玉华，等. 彩色水泥的色彩匹配及其稳定性控制［J］. 江西建材，2004（3）：3.

3.10　地板用胶乳水泥

1. 产品性能

胶乳水泥是经过聚合物（胶乳）改性的新型建筑材料，具有强度高、耐冻结、耐化学腐蚀、耐冲击、耐磨等综合优点。胶乳水泥与一般水泥相比，具备透水性小、强韧而富有弹性、防震、耐反复冲击、不剥离或崩裂，与混凝土、钢材、木材、砖的黏着力优良等特点。

2. 技术配方(质量，份)

425#硅酸盐水泥	640
石棉	20
天然胶乳（以干胶计）	100
酪素（15%）	60
水	100

3. 生产工艺

天然胶乳用水稀释至40%～50%加入酪素溶液（15%，作稳定剂），然后与其余物料调和均匀得地板用胶乳水泥。

4. 产品用途

用于地板，施工方法同一般水泥浆。

5. 参考文献

[1] 路俊刚，郭小阳，杨香艳，等．胶乳水泥体系的室内研究［J］．西部探矿工程，2006（2）：78-80.

[2] 张颖，李俊莉，徐杰，等．胶乳水泥微观研究［J］．精细石油化工进展，2018，19（4）：16-20.

3.11　防水胶乳水泥

1. 产品性能

防水胶乳水泥是目前新型的一种天然胶乳改性的建筑材料。防水胶乳水泥制作的水泥砂浆，具有较高的抗拉、抗弯强度，良好的黏结、防水、耐冻融性能，干燥收缩小，有一定的弹性，耐磨和耐腐蚀性好。由于胶乳水泥具有较多优点，稍加改进技术配方，便可满足不同建筑需要。防水胶乳水泥主要用于地下工程和水利工程的防水层等。

2. 技术配方（质量，份）

高铝水泥	1500～2000
天然胶乳（以干胶计）	100
乳化沥青（含固量50%）	100
硫黄	1.5
促进剂 ZDC	1
氧化锌	1.5
防老剂 D	1.5
水玻璃	4～8
硅氟酸钠	1.0
水	4～8

3. 生产工艺

天然胶乳加入高铝水泥和水后，再加硫黄、促进剂 ZDC、氧化锌、防老剂 D 及其余物料，研磨混匀后即可使用（不宜久放）。

4. 产品用途

防水胶乳水泥主要用于地下工程和水利工程的防水层等。

5. 参考文献

[1] 肖鹏，徐敏．掺聚合物胶乳水泥稳定碎石材料路用性能研究［J］．公路，2009（4）：234.

3.12 预制胶乳水泥

1. 产品性能

在水泥预制件的技术配方中，添加适量的天然橡胶乳，可有效提高预制件的物理性能和质量，如降低透水性、提高强韧性、增加混凝土防震和耐冲击性能等。

2. 技术配方（质量，份）

425# 硅酸盐水泥	100
沙	100
天然胶乳（以干胶计）	12
水玻璃	0.9
酪素	0.96
水	适量

3. 生产工艺

天然胶乳用水稀释后加入酪素，然后向水泥、沙的混合料中加入水、水玻璃和胶乳，拌和均匀即可得到预制件用胶乳水泥。

4. 产品用途

用于预制件，施工与普通水泥浆相同。

5. 参考文献

[1] 路俊刚，郭小阳，杨香艳，等. 胶乳水泥体系的室内研究 [J]. 西部探矿工程，2006（2）：78.

[2] 肖鹏，徐敏. 掺聚合物胶乳水泥稳定碎石材料路用性能研究 [J]. 公路，2009（4）：234.

3.13 天然胶乳水泥

天然胶乳水泥因其致密性，故有良好的隔音和防水效果。

1. 技术配方（质量，份）

（1）配方一

425# 水泥	100
软水粉	50

天然胶乳（干胶计）	50
15%酪素溶液	30
水	50

（2）配方二

425#水泥	150
酪素	1.44
沙	150
水玻璃	1.35
天然胶乳（以干胶计）	18
水	适量

（3）配方三

高铝水泥	36
硫黄	0.3
天然胶乳（以干胶计）	20
氧化锌	0.3
防老剂 D	0.3
乳化沥青（含固量5%）	20
促进剂 ZDC	0.2
硅氟酸钠	0.2
水玻璃	1.0～1.5
水	1～1.5

2. 生产工艺

（1）配方一的生产工艺

将天然胶乳用水稀释至40%～50%，加入稳定剂（15%酪素溶液）搅拌均匀。最后，加入水泥、软水粉和水调成胶乳水泥浆。可用于隔音建筑。

（2）配方二的生产工艺

将天然胶乳用水稀释至40%～50%后加入酪素并搅拌均匀，后将胶乳、水玻璃、水加入水泥和沙混合好的料中搅拌均匀，得胶乳水泥砂浆。可用于水管制件等。

（3）配方三的生产工艺

将硫黄、促进剂 ZDC、氧化锌、防老化剂 D、水玻璃、硅氟酸钠研磨并混合均匀。待天然胶乳、高铝水泥、水搅拌混合后，加入研磨好的配料搅拌均匀即得防水剂胶乳水泥。

3. 参考文献

[1] 路俊刚，郭小阳，杨香艳，等. 胶乳水泥体系的室内研究 [J]. 西部探矿工程，2006（2）：78.

[2] 肖鹏，徐敏. 掺聚合物胶乳水泥稳定碎石材料路用性能研究 [J]. 公路，2009（4）：234.

3.14　水硬成型材料

1. 产品性能

这种可铸造的水硬成型材料，是由含氧化锆的耐碱玻璃纤维、硅灰石纤维和铝酸钙水泥制成。该材料在高温烧结时不会开裂，强度高、隔热性能好，可制造耐高温成型工件，机械加工性能好。

2. 技术配方（质量，份）

玻璃纤维 [w（ZrO_2）=17%，直径 15 μm，长 3 mm]	5
铝酸钙水泥 [w（Al_2O_3）=74%；w（CaO）=23%]	300
硅石灰纤维（平均长 250 μm）	195
水（成型时加）	200

3. 生产工艺

将上述物料按配方量混合均匀，加水捏合后成型，硬化 24 h，在 100 ℃下干燥 1 h，以 100 ℃/h 的速度升温至 700 ℃，并保温 3 h。制得的成型材料（具体依模型而定）密度 1.42 g/cm³，抗弯强度为 7.6 MPa，收缩率为 0.32%。

4. 产品用途

用作耐高温材料。

3.15　耐酸水磨石

耐酸水磨石由水玻璃、氟硅酸钠、辉绿岩粉、石英粉组成，具有良好的耐酸性。广泛用于化工建筑及实验台面中。

1. 技术配方（质量，份）

（1）配方一

水玻璃	100
石英粉	7.5
石英砂	190～207
粗石英砂	250～243
氟硅酸钠	1.5
辉绿岩粉	7.5

（2）配方二

水玻璃	100
辉绿岩粉	50～80
石英粉	50～80
氟硅酸钠	15

（3）配方三

水玻璃	100
石英粉	60
氟硅酸钠	15.5
氟石	413.2
辉绿岩粉	60

2. 产品用途

广泛用于化工建筑及实验台面中。

3. 参考文献

[1] 徐向华，许尧芳. 施工时如何控制水磨石的质量 [J]. 山西建筑，2009
（6）：243.

[2] 季萍，胡爱宇，梅涛. 水磨石地面质量控制措施探讨 [J]. 山西建筑，2009
（7）：225.

3.16　玻璃纤维增强半波板

1. 产品性能

玻璃纤维增强半波板由硫铝酸盐水泥、抗碱玻璃纤维、河沙、减水剂等组成。该半波板具有良好的抗气蚀、抗冲击性能。

2. 技术配方（质量，份）

（1）配方一

525# 硫铝酸盐Ⅰ型水泥	200
10%聚乙烯醇缩甲醛（107胶）	12
DH-3 缓凝减水剂	1.8
河沙	100
ER-13 抗碱玻璃纤维	17
水	82

（2）配方二

425# 硫酸铝盐早强水泥	200
3FG-2 缓凝减水剂	3.6
河沙	100
羧甲基纤维素钠	10
ER-13 抗碱玻璃纤维无捻粗纱	17.8
水	80

（3）配方三

425# 硫酸铝盐 I 型低碱水泥	200
3T 缓凝减水剂	1.6
河沙	100
羧甲基纤维素钠	10
ER-13 抗碱玻璃纤维	16.4
水	66

（4）配方四

硫铝酸盐水泥	50.00
河沙	25.00
抗碱玻璃纤维	3.95
甲基纤维素	0.75
木质素磺酸钠	0.50
沸石	1
水	24

3. 生产工艺

（1）配方一的生产工艺

用直接喷射成型法将水泥砂浆和切短的玻璃纤维喷射汇合落在半波型模具上，经模压、平整、养护等工序后，脱模就得喷射成型的玻璃纤维增强水泥半波型板，简称 GRC 半波型板。

（2）配方四的生产工艺

将各物料按配方量混合后投入砂浆混合机中，搅拌成均匀状后，放入砂浆挤压泵内，经由胶管输送到砂浆喷头，利用空气压缩机将水泥浆从喷枪嘴吹出，成雾状。连续的无捻玻璃纤维纱引至玻璃纤维喷枪，经切短成 2～5 cm 长的短玻璃纤维后，利用空气压缩机送来的压力将其吹散。喷化的水泥砂浆与切短的玻璃纤维汇合后落在模型内，经压实、抹平、养护等工序后，脱模即得直接喷射法成型的玻璃纤维增强的水泥半波型板。

4. 参考文献

［1］杨浩. 波纹增强复合材料泡沫夹层板构型优化［D］. 哈尔滨：哈尔滨工程大学，2019.

3.17 泵送砂浆

泵送砂浆具有很强的流动性，可通过泵送灌浆提高生产效率。

1. 技术配方（质量，份）

（1）配方一

水泥	560
木钙	0.171
粉煤灰	124
FDN 扩散剂	3.42
沙	1556
石	2200
水	360

（2）配方二

水泥	53.6
木钙	0.134
沙	170.8
水	38.4
石（5～40 mm）	217.2

（3）配方三

水泥	62～74
木钙	0.155～0.198
沙	156～165
石	208～216
水	38.4～40.4

2. 产品用途

与一般混凝土相同。

3. 参考文献

[1] 阮晓光. 砂浆泵泵送机构的研究 [D]. 西安：西安建筑科技大学，2003.

[2] 李悦，王瑞，王子赓，等. 新拌混凝土泵送性能研究进展 [J]. 混凝土，2019 (11)：136-140.

3.18　补偿收缩混凝土

1. 产品性能

补偿收缩混凝土又称膨胀混凝土，补偿收缩混凝土是公认的优质抗裂防渗混凝土，其补偿收缩能力取决于有效膨胀。补偿收缩混凝土不仅能够避免或减少混凝土开裂，而且具有抗渗性、早期强度高等优点，常用于防裂要求较高的建筑物和防水要求较高的建筑物。

2. 技术配方（质量，份）

（1）配方一

石膏矾土膨胀水泥	100
石子	390
沙	185

该混凝土的压缩强度：1 天为 30.1 MPa，3 天为 32.5 MPa，7 天为 33.6 MPa，28 天为 36.2 MPa，1 年为 39.8 MPa。水灰比为 0.50。坍落度为 5～7 cm。

（2）配方二

石膏矾土膨胀水泥	50
石英砂	100

该混凝土的压缩强度：1 天为 29.4 MPa，3 天为 33.9 MPa，7 天为 35.2 MPa，28 天为 42.2 MPa，1 年为 51.3 MPa。水灰比为 0.35。坍落度为 2～4 cm。

（3）配方三

明矾石膨胀水泥	1.000
石子	2.830
中沙	1.840
三聚氰胺甲醛树脂	0.504

该混凝土的压缩强度：3 天为 10.12 MPa，28 天为 31.36 MPa，1 年 2 个月为 53.0 MPa。水灰比为 0.44。

3. 生产工艺

将各物料混合，加入一定量水拌和，灌浆。

4. 产品用途

常用于防裂要求较高的建筑物和防水要求较高的屋面板、桥面板、道路路面、水道建筑物、水槽、游泳池、贮水池、地下结构物质、飞机跑道等工程的建筑物。

5. 参考文献

[1] 陈志城，阎培渝. 补偿收缩混凝土的自收缩特性 [J]. 硅酸盐学报，2010 (4)：568.

[2] 陈振侃，罗永强，时权，等. 膨胀剂掺量对自密实膨胀混凝土的影响研究 [J]. 广东建材，2021，37 (1)：1-4.

3.19　泡沫混凝土

在水泥浆或水泥砂浆（以下简称"砂浆"）中引入适量细小的气泡，搅拌均匀再浇筑硬化后的混凝土称为泡沫混凝土。泡沫混凝土与普通混凝土组成材料的最大区别是泡沫混凝土中不含普通水泥混凝土使用的粗集料，同时含有大量气泡。因此，与普通混凝土相比，无论是新拌泡沫混凝土浆体，还是硬化后的泡沫混凝土，都表现出许多与普通混凝土不同的特殊性能，从而使泡沫混凝土被应用于一些普通混凝土不能胜任的具有特殊性能要求的场合。泡沫混凝土是一种多功能多用途的符合现代建筑特点和要求的环境友善型材料。

1. 技术配方（质量，份）

（1）配方一

水泥	100
泡沫剂	2.8
水	50

其中泡沫剂由水胶、松香、氢氧化钠配制而成，泡沫剂的配方：

水胶	5
松香	2.5
氢氧化钠（50%）	2.5
水	90

水胶由皮胶或骨胶粉碎后用水浸泡 24 h，然后水溶液加热熬制 1～2 h，制得胶液。松香粉碎后，过 100# 细筛。将 50% 氢氧化钠水溶液加热至 70～80 ℃，搅拌下加入松香，加料完毕，熬制 2～4 h，制得松香碱液，并冷至 50 ℃。将 50 ℃的胶液于快速搅拌下加入松香碱液中，搅拌到表面漂浮有小泡为止，即得泡沫剂。

将泡沫剂用适量水稀释，加入水泥浆即得。得到的混凝土干容密度为 500 kg/m³，抗压强度为 0.8 MPa～1.5 MPa。可用于保温层施工，每次浇灌厚度不宜超过 50 cm。

（2）配方二

水泥	35
石灰	50
细沙	295

泡沫剂	10.64
水	144

该泡沫混凝土干容密度为 80 kg/m³。

（3）配方三

水泥	50
石灰	50
细沙	295～470
水	158～205
泡沫剂	11.06～16.00

该泡沫混凝土干容密度为 80～120 kg/m³。

2. 产品用途

泡沫混凝土中没有重质粗集料，而且相当一部分体积被气泡占据，使其表现出显著的轻质特性，因而泡沫混凝土特别适用于高层建筑的内墙材料和其他非承重结构材料，以有效减少高层建筑物的自重。泡沫混凝土内包含大量气泡，赋予其低的导热系数和良好的隔音性能，从而特别适用于录音棚、播音室及影视制品厂房等对隔音要求较高的场合；泡沫混凝土是一种多孔轻质材料，具有良好的隔热性。热导率为 0.15～0.21 W/（m·K），则使其特别适用于寒冷地区或炎热地区房屋建筑的墙体或屋顶材料，以提高能量效率。泡沫混凝土中大量气泡的引入还显著改善新拌泡沫混凝土浆体的流动性，使其表现远远优于普通混凝土。泡沫混凝土的这种高流动特性使其特别适用于大体积现场浇筑和地下采空区的填充浇筑工程。此外，硬化泡沫混凝土的多孔低强和低弹性模量特性使其能保持与周围邻接材料间的整体接触，很好地吸收和分散外来负荷产生的应力，因而特别适宜作高速公路路基或大型土木构筑物之间的填充材料。

3. 参考文献

[1] 刘佳奇，霍冀川，雷永林，等. 发泡剂及泡沫混凝土的研究进展 [J]. 化学工业与工程，2010（1）：73.

[2] 马永政，温小栋，冯蕾，等. 早期人防隧洞工程泡沫混凝土现浇回填施工应用研究 [J]. 土工基础，2021，35（5）：553-556.

3.20　磁铁矿石防护混凝土

1. 产品性能

磁铁矿石防护混凝土又称防辐射混凝土，主要由磁铁矿石、水泥等组成，能防止 X 射线、γ 射线及中子辐射。为防止环境中的各种射线对人体伤害，在建造有辐射源建筑时，一般需设置防辐射材料以屏蔽各种射线，防辐射混凝土材料是目前使用最为广泛的防辐射材料，主要用于教育、科研、医疗机构有辐射源建筑及核反应堆内外壳防护。

2. 技术配方（质量，份）

（1）配方一

硅酸盐水泥	50
磁铁矿沙子	200
磁铁矿碎石	220
水	8.5

该磁铁矿防护混凝土的容重为 $3.3 \sim 3.8 \ t/m^3$；能防止 X 射线、γ 射线及中子辐射。

（2）配方二

硅酸盐水泥	100
磁铁矿碎石	264～440
磁铁矿沙子	136～400
水	17～56

（3）配方三

硅酸盐水泥	100
磁铁矿粗细集料	500～760
水	50～73

（4）配方四

425# 硅酸盐水泥	100
磁铁矿砂	422～582
普通沙	200～236

压缩强度：1 天为 12.3 MPa，3 天为 25.4 MPa，28 天为 56.6 MPa；拉伸强度：1 天为 0.9 MPa，3 天为 2.4 MPa，7 天为 3.0 MPa，28 天为 4.0 MPa。该防护混凝土容重为 3139～3341 kg/m^3，用于制作抗穿透性辐射的围护结构。水灰比为 0.14～0.52。

（5）配方五

425# 钡水泥	100
磁铁矿块（7～25 mm）	338
普通矿（<5 mm）	116

该混凝土压缩强度：1 天为 4.6 MPa，3 天为 11.9 MPa，7 天为 21.9 MPa，28 天为 31.6 MPa。拉伸强度：1 天为 0.2 MPa，3 天为 0.7 MPa，7 天为 1.4 MPa，28 天为 2.1 MPa。该磁铁矿钡水泥防护混凝土容重为 3285 kg/m^3，水灰比为 0.32。用于制作抗穿透性辐射的防护结构。

（6）配方六

425# 钡水泥	350

磁铁砂块（7～25 mm）	135
磁铁矿砂（＜5 mm）	85

该混凝土压缩强度：1 天为 10.2 MPa，3 天为 22.9 MPa，7 天为 34.9 MPa，28 天为 43.1 MPa；拉伸强度：1 天为 0.4 MPa，3 天为 1.3 MPa，7 天为 2.0 MPa，28 天为 3.1 MPa。水灰比为 0.26，容重为 3626 kg/m³；用于制作抗穿透性辐射的围护结构。

3. 产品用途

主要用于教育、科研、医疗机构有辐射源建筑及核反应堆内外壳防护。

4. 参考文献

[1] 陈清己. 重晶石防辐射混凝土配合比设计及其性能研究［D］. 长沙：中南大学，2010.

[2] 刘霞，赵西宽，李继忠，等. 重晶石防辐射混凝土的试验研究［J］. 混凝土，2006（7）：24.

3.21 重晶石防辐射混凝土

1. 产品性能

在建造有辐射源建筑时，一般需设置防辐射材料来屏蔽各种射线，配制防辐射混凝土所用胶凝材料有普通硅酸盐水泥、高铝水泥、钡水泥、含硼水泥、锶水泥等。高铝水泥有早期强度高、高强、耐高温、耐化学腐蚀等特点，钡水泥相对密度较普通水泥高，可与重质集料配制成均匀、密实屏蔽射线混凝土，但其热稳定性差，只适合于制作不受热辐射的防护墙。硼水泥早期强度增加率硼元素吸收热中子与大量减少俘获辐射和屏蔽层发热，结合水中氢元素有慢化热中子作用，适用于快中和热中子防护屏蔽工程，锶水泥屏蔽性能较钡水泥差。水泥品种对防辐射混凝土屏蔽射线和中子射线的效果有一定影响。重晶石防辐射混凝土由硅酸盐水泥、重晶石砂和重晶石碎石组成，它能屏蔽 α 射线、β 射线、γ 射线、X 射线和中子的辐射，是原子反应堆、粒子加速器及其他含放射源装置常用的防护材料。

2. 技术配方（质量，份）

（1）配方一

石灰	20
重晶石粉	70
硅酸盐水泥	18

该混凝土容重为 2.5 t/m³，能抗 X 射线、γ 射线及中子辐射。

（2）配方二

硅酸盐水泥	50
重晶石砂	170
重晶碎石	227
水	25

该防辐射混凝土的容重为 3.2～3.8 t/m³，能抗 X 射线、γ 射线及中子辐射。

（3）配方三

水泥	50
重晶石砂	125
重晶石粉	12.5
普通沙	50

该防辐射混凝土容重为 2500 kg/m³，能抗 X 射线、γ 射线及中子辐射。

（4）配方四

425# 普通硅酸盐水泥	50
重晶石块（7～20 mm）	214
硼镁铁矿砂（<5 mm）	94.5

该防辐射混凝土正常养护 7 天后，不同温度处理后的压缩强度：常温为 30.6 MPa，50 ℃为 30.5 MPa，100 ℃为 33.8 MPa，200 ℃为 36.6 MPa，300 ℃为 37.9 MPa，500 ℃为 40.1 MPa。该混凝土的压缩强度：3 天为 30.4 MPa，7 天为 40.1 MPa，28 天为 45.6 MPa。拉伸强度：3 天为 2.4 MPa，7 天为 2.8 MPa，28 天为 3.0 MPa。该混凝土水灰比为 0.45。容重为 3020 kg/m³，用于制作抗透性辐射的围护结构。

（5）配方五

325# 石膏矾土水泥	50
磁铁矿块（5～40 mm）	421.55
重晶石砂（<5 mm）	171.5

该混凝土的水灰比为 0.70。正常养护 7 天后，不同温度处理后的压缩强度：常温为 25.2 MPa，50 ℃为 27.8 MPa，100 ℃为 22.5 MPa，300 ℃为 14.4 MPa，500 ℃为 12.8 MPa。该混凝土的压缩强度：3 天为 20.5 MPa，7 天为 21.8 MPa，28 天为 23.6 MPa，拉伸强度：28 天为 1.7 MPa。容重为 3600 kg/m³。用于制作抗透性辐射的围护结构。

（6）配方六

325# 石膏矾土水泥	50
重晶石块（5～40 mm）	950
重晶石砂（<5 mm）	150

该混凝土的压缩强度：3 天为 15.2 MPa，7 天为 15.4 MPa，28 天为 18.3 MPa。拉伸强度：28 天为 1.4 MPa。正常养护 7 天后，不同温度处理后的压缩强度，常温为 17.3 MPa，50 ℃为 21.3 MPa，100 ℃为 15.5 MPa，300 ℃为 10.2 MPa，500 ℃为 9.8 MPa。该混凝土的水灰比为 0.70。容重为 3400 kg/m³，能抗 X 射线、γ 射线及中子辐射。

（7）配方七

325# 含硼水泥	50
重晶石块（7～20 mm）	245
重晶石砂（<5 mm）	165

该混凝土的压缩强度：1 天为 28.2 MPa，3 天为 29.5 MPa，7 天为 29.8 MPa，28 天为 32.2 MPa。拉伸强度：1 天为 0.2 MPa，3 天为 11.9 MPa，7 天为 2.0 MPa，28 天为 2.1 MPa。正常养护 7 天后，不同温度处理后的压缩强度：常温为 32.5 MPa，50 ℃为 30.3 MPa，100 ℃为 30.3 MPa，200 ℃为 35.1 MPa，300 ℃为 35.1 MPa，500 ℃为 36.8 MPa。该混凝土的水灰比为 0.45。容重为 3364 kg/m³，能抗 X 射线、γ 射线及中子辐射。

3. 产品用途

用于原子反应堆、粒子加速器及其他含放射源装置常用的防护材料。

4. 参考文献

[1] 陈清己. 重晶石防辐射混凝土配合比设计及其性能研究 [D]. 长沙：中南大学，2010.

[2] 刘霞，赵西宽，李继忠，等. 重晶石防辐射混凝土的试验研究 [J]. 混凝土，2006（7）：24.

3.22　树脂混凝土

1. 产品性能

树脂混凝土又称聚合物胶接混凝土，是以不饱和聚酯或环氧树脂、呋喃树脂等热固性树脂加上适量的固化剂、增韧剂、稀释剂及填料作为胶粘剂，以沙、石作为骨料，经混合、成型、固化而成的一种复合材料。由于其具有良好的耐蚀、耐磨、耐水和抗冻性能及力学性能，弥补了水泥混凝土抗拉强度低、抗拉应变小、抗裂性小、脆性大等缺点。固化后的环氧树脂混凝土对大气、潮湿、化学介质、细菌等都有很强的抵抗力，因此，大多应用在较为恶劣的环境中。

2. 技术配方(质量，份)

(1) 配方一

不饱和聚酯树脂	180～220
引发剂	2.0～4.0
促进剂	0.5～2.0
石英粉	350～400
黄沙	700
碎石	1000～1100

(2) 配方二

糠醛	1.5
A单体（糠醛和丙酮的单体化合物）	8～14
苯磺酸	3～4
建筑用沙	82～88

(3) 配方三

环氧树脂	180～220
碎石	1000～1100
石粉	350～400
沙	700～760
溶剂	36～44
乙二胺	8～10

(4) 配方四

不饱和聚酯树脂	20.0
卵石（4.8～200 mm）	66
碳酸钙	24
玻璃碎块（12.7 mm）	适量
细沙（0.1～0.8 mm）	40
粗沙（0.8～41.8 mm）	50
过氧化物	适量
促进剂	适量

3. 产品用途

主要用于路面、桥梁面层、化工厂地面，以及灌注结点或其他特殊用途的制品。

4. 参考文献

[1] 周梅，刘书贤. 填料品种和用量对树脂混凝土强度的影响 [J]. 新型建筑材料，2001（3）：4.

[2] 屈涛. 树脂混凝土机床床身的动静态特性研究 [D]. 昆明：昆明理工大学，2010.

3.23 聚合物水泥混凝土

1. 产品性能

聚合物水泥混凝土是设法将聚合物掺入混凝土中而形成混杂复合材料。由于少量聚合物的掺入，填充了混凝土内部的孔隙和微裂缝，甚至在水泥浆体中形成连续的聚合物膜，这样，在以水泥为胶凝材料的刚性无机的空间骨架内，有机的、弹性的聚合物以绞点及膜的形式像空间网络一样相互穿插，所以聚合物混凝土结合了普通混凝土和有机聚合物的各自优点，使混凝土的性能得到显著的提高。聚合物通常用橡胶胶乳、聚酯、环氧树脂等。

2. 技术配方(质量，份)

(1) 配方一

水泥	100
软煤沥青（针入度 30）	40
邻苯二甲酸二丁酯	20
E-44 环氧树脂	200
丙酮	30
乙二胺	28
二甲苯	30
650# 聚酰胺树脂	60

(2) 配方二

普通硅酸盐水泥	130
吐温-80	160
邻苯二甲酸二丁酯	120
丙酮	160
聚氨酯预聚体	200
三乙胺	9

(3) 配方三

矾土水泥	51~76
苯胺	0.6~2.0
二水石膏	19~34
氯化钙	0.9~1.8
糠醇	3.5~11.2

按配方量将各物料混合均匀得呋喃树脂水泥混凝土。

（4）配方四

425# 硅酸盐水泥	100
丙烯酸聚合物	20～30
石英砂	300

该配方所得产品为路面用聚合物水泥砂浆。

（5）配方五

水泥	100
碳酸钙	15
脂肪酸	10
有机硅乳液	0.1～2.5
石膏	25

（6）配方六

普通硅酸盐水泥	4～5
细沙、石粒等集料	8～10
聚乙酸乙烯乳液	3～4
水	2～3

该配方所得产品为聚乙酸乙烯水泥砂浆，按配方量将全部物料混合，搅拌均匀即得。

（7）配方七

石油裂解妥尔油残渣	0.25～0.98
水泥	90～180
填料	700～850
亚硫酸盐酵母液	0.16～0.66
磺烷油	0.008～0.034
苯乙烯分馏残渣	0.08～0.33
水	210～300

将配方中各物料混合均匀即得。

（8）配方八

600# 水泥	50
细沙	50
氯化钙	0.5
50%聚乙酸乙烯酯	25～50
水	适量

3. 生产工艺

（1）配方一的生产工艺

先将软煤沥青加热熔化脱水，在 160 ℃时把 E-44 环氧树脂和 650# 聚酰胺树脂加入容器中搅拌均匀，温度降到 100 ℃时加入丙酮、二甲苯和邻苯二甲酸二丁酯，充分混合均匀，再加入水泥和乙二胺搅拌混合均匀得到聚合物水泥砂浆。

（2）配方五的生产工艺

将碳酸钙用脂肪酸处理得防水物，再将防水物与水泥和石膏混合，再与有机硅乳液混合均匀得成品，可作屋顶瓦用材料。

（3）配方八的生产工艺

将水泥、聚乙酸乙烯酯及氯化钙混合均匀，加入沙子再用水调和即得聚乙酸乙烯酯水泥混凝土。

4. 产品用途

聚合物水泥砂浆或混凝土主要以改善混凝土的耐磨性、延伸能力、耐腐蚀性等性能，可以作为结构材料。

5. 参考文献

［1］戴剑锋，刘晓红，龚俊，等．聚合物水泥混凝土的制备［J］．甘肃工业大学学报，2001（2）：85.

［2］陈玲琍，巫辉，蒋建华．聚合物水泥混凝土复合材料的研究［J］．武汉理工大学学报，2001（9）：23.

［3］熊剑平，申爱琴．聚合物水泥混凝土施工控制因素［J］．交通运输工程学报，2008（1）：42.

3.24　聚合物浸渍混凝土

聚合物浸渍混凝土以已硬化的耐酸混凝土为基材，经干燥抽出内部孔隙中的空气后，浸入有机单体或树脂，然后再用加热或辐照的方法使渗入混凝土孔隙内的单体聚合，从而使聚合物和混凝土形成一个整体。

常用的聚合物（或单体）有环氧树脂、聚苯乙烯、聚甲基丙烯酸甲酯、苯乙烯等。

1. 技术配方(质量，份)

（1）配方一

水泥	40
细沙	40
卵石	20
邻苯二甲酸二丁酯	4
乙二胺	0.6
环氧树脂	18

（2）配方二

废聚苯乙烯泡沫塑料	30
甲苯	60
汽油	75
乙醇	3

（3）配方三

水泥	120
细沙	120
过氧化苯甲酰	3.2
苯乙烯	28
不饱和聚酯树脂	48

2. 生产工艺

（1）配方一的生产工艺

将水泥、细沙和卵石制得的混凝土加热处理脱水，冷却到室温后浸入其余组分的混合物，然后加热到 120～150 ℃，固化 1 h 即得环氧树脂浸渍混凝土。

（2）配方二的生产工艺

将全部物料在密闭容器中混合放置 1～2 天，使其完全溶解成为透明淡黄色液体，即可用来浸渍经加热抽气处理后的混凝土制品。

（3）配方三的生产工艺

将水泥和细沙制得的混凝土加热 200 ℃处理 1 h，冷却后用其余物料混合液浸渍，然后加热到 80～120 ℃，固化 300 min，即得不饱和聚酯浸渍混凝土制品。

3. 产品用途

聚合物浸渍混凝土具有高强、耐蚀、抗渗、耐磨、抗冲击等优良物理性能，用作高效能结构材料，以及海洋建筑和腐蚀介质中的建筑结构材料。

4. 参考文献

[1] 杨学超．冷却制度及聚合物浸渍对高温作用后混凝土渗透性的影响［D］．北京：北京交通大学，2009.

3.25 树脂增强耐酸混凝土

1. 产品性能

这种树脂增强耐酸混凝土具有优良的抗拉、抗折、抗裂、抗疲劳强度。

2. 技术配方（质量，份）

（1）配方一

水玻璃	50
氟硅酸钠	7.5
粗骨料	67.5
细骨料	125
辉绿岩粉	150
糠酮单体	2.5

（2）配方二

水玻璃	50
粗骨料	160
细骨料	125
氟硅酸钠	7.5
糠醇单体	2.5
辉绿岩粉	90
盐酸苯胺	0.1

（3）配方三

水玻璃	50
粗骨料	160
细骨料	115
氟硅酸钠	9
木质素磺酸钙	1
辉绿岩粉	105
水溶性环氧树脂	1.5

（4）配方四

水玻璃	50
细骨料	130
粗骨料	165
氟硅酸钠	50
辉绿岩粉	92.5
多羟醚化三聚氰胺	4

3. 参考文献

［1］汪丽梅，窦立岩．高吸水树脂在混凝土中的应用现状分析［J］．科技信息，2012（5）：12.

［2］胡峥峥，刘国权，杨大峰，等．树脂基透波混凝土材料的研究［J］．兵器材料科学与工程，2012（3）：42-45.

3.26　耐酸水玻璃混凝土

耐酸水玻璃混凝土常用于浇筑整体地面结构、设备基础、化工、冶金等工业中的大型设备（如贮酸池、反应塔等）及构造物外层和内衬等防腐工程，尤其在具有酸性污水（pH<7）的河流、桥梁结构下部的设计与施工中。该混凝土主要由于玻璃、氟硅酸钠、石英砂等组成。

1. 技术配方(质量，份)

（1）配方一

水玻璃	50
氟硅酸钠	7.5
石英粉	80
石英砂	110
石英石	160

该配方所得产品为贮酸槽用混凝土，其压缩强度为 15.0 MPa。

（2）配方二

水玻璃	50
花岗岩砂	119
氟硅酸钠	7.5
花岗岩	160
辉绿岩粉	11.0

该配方所得产品为酸洗池用混凝土，其压缩强度为 23.0 MPa。

（3）配方三

水玻璃（模数 2.3，相对密度 1.39～1.41）	29.5～33.0
沙子	45～60.4
碎石（5～25 mm）	89.4～120.0
氟硅酸钠	4.35～4.95
粉料	45～54.3

该耐酸混凝土的压缩强度为 19.0 MPa、22.0 MPa。

（4）配方四

水玻璃	50
辉绿岩粉	30.5
氟硅酸钠	7.5
花岗石砂	120
花岗岩	180
石英粉	46

该配方为耐酸地坪垫层混凝土，其压缩强度为 14.6 MPa。

（5）配方五

水玻璃	1.00
辉绿岩石	1.14
氟硅酸钠	0.15
石英石	5.00
石英粉	0.76

该配方所得产品为耐酸地平面层混凝土，其压缩强度为 15.0 MPa。

2. 产品用途

用于浇筑整体地面结构、设备基础、化工、冶金等工业中的大型设备及构造物外层和内衬等防腐工程。

3. 参考文献

[1] 双秀梅. 水玻璃耐酸混凝土质量控制分析 [J]. 中国新技术新产品，2009（14）：146.

[2] 李增江. 水玻璃耐酸混凝土性能的技术研究与应用 [J]. 交通世界（建养·机械），2010（6）：300.

3.27　磷酸盐硅质耐火混凝土

磷酸盐硅质耐火混凝土由废硅砖料、镁砂粉、磷酸盐（或磷酸）硅石粉等组成。耐火度 1650～1750 ℃。

1. 技术配方(质量，份)

（1）配方一

废硅砖骨料	130
磷酸镁	38
废硅砖粉料	70
镁砂粉	1.5

该磷酸镁硅质耐火混凝土的显气孔率：110 ℃为 18%，1200 ℃为 22%。密度为 1.830 g/cm³，耐火度为 1750～1770 ℃。荷重软化温度：开始点为 1690 ℃，变形 4% 时的温度为 1700 ℃；20～1200 ℃膨胀系数为 $12.92×10^{-6}/℃$。

烧后压缩强度：110 ℃为 29.0 MPa，500 ℃为 26.5 MPa，800 ℃为 23.5 MPa，1200 ℃为 25.5 MPa，1400 ℃为 27.0 MPa，1550 ℃为 42.0 MPa；烧后线变化率：500 ℃为−0.59%，1200 ℃为−0.92%，1400 ℃为−1.12%。

（2）配方二

废硅砖骨料	120
硅石粉	80
磷酸镁	38
镁砂粉	1.3～1.6

该配方为磷酸镁质耐火混凝土的配方，其耐火度为 1750～1770 ℃。荷重软化温度：开始点为 1720 ℃，变形 4％时的温度 1730 ℃。显气孔率：110 ℃为 26.7％，1200 ℃为 28％；密度为 1.733 g/cm³。烧后压缩强度：110 ℃为 21.5 MPa，500 ℃为 19.5 MPa，800 ℃为 18.5 MPa，1200 ℃为 20.0 MPa，1400 ℃为 21.5 MPa，1550 ℃为 19.0 MPa。

（3）配方三

废硅砖骨料	120
磷酸铝	36
硅石粉	80
镁砂粉	3.0

该配方为磷酸铝硅质耐火混凝土的配方，其显气孔率：110 ℃为 21.7％，1200 ℃为 23.0％；密度为 1.857 g/cm³。耐火度为 1750 ℃；荷重软化温度：开始点为 1660 ℃，变形 4％为 1680 ℃；烧后线变化：500 ℃为 1.15％，1200 ℃为 -0.38％，1400 ℃为 -0.31％；20～1200 ℃的膨胀系数为 19.29×10^{-6}/℃。

烧后压缩强度：110 ℃为 25.0 MPa，500 ℃为 19.5 MPa，800 ℃为 16.5 MPa，1200 ℃为 25.5 MPa，1400 ℃为 16.0 MPa，1550 ℃为 29.0 MPa。

（4）配方四

废硅砖骨料	65
废硅砖粉料	35～50
磷酸	32～36
镁砂粉	2～3

该配方为磷酸盐耐火混凝土的配方，其显气孔率：110 ℃为 19.3％，1200 ℃为 19.3％；密度为 1.847 g/cm³。耐火度为 1750～1770 ℃；荷重软化温度：开始点为 1680 ℃，变形 4％时 1695 ℃；烧后线变化：500 ℃为 2.98％，1200 ℃为 -0.62％，1400 ℃为 -0.27％；20～1200 ℃膨胀系数为 10.7×10^{-6}/℃。

烧后压缩强度：110 ℃为 50.5 MPa，500 ℃为 37.0 MPa，800 ℃为 40.5 MPa，1200 ℃为 48.5 MPa，1400 ℃为 44.5 MPa，1500 ℃为 46.0 MPa。

（5）配方五

废硅砖骨料	140
磷酸铝	24
废硅砖粉料	60
矾土水泥	4

该配方耐火混凝土的配方，耐火度为 1670 ℃。荷重软化温度：开始点为 1510 ℃，变形 4％时为 1530 ℃。显气孔率：110 ℃为 26.4％，1100 ℃为 28.0％。密度为 1.750 g/cm³。

烧后压缩强度：110 ℃为 5.0 MPa，500 ℃为 5.5 MPa，700 ℃为 3.0 MPa，1100 ℃为 15.0 MPa，1300 ℃为 13.5 MPa。

（6）配方六

废硅砖骨料	120
磷酸	32
硅石粉	80
镁砂粉	2

该配方为磷酸盐耐火混凝土的配方，其显气孔率：110 ℃为 24.7%，1200 ℃亦为 24.7%；密度为 1.793 g/cm³。耐火度为 1750～1770 ℃；荷重软化温度：开始点为 1675 ℃，变形 4% 为 1685 ℃。烧后线变化：500 ℃为 3.21%，1200 ℃为 −0.32%，1400 ℃为 0.89%；20～120 ℃膨胀系数为 $11.95 \times 10^{-6}/℃$。

烧后压缩强度：110 ℃为 17.0 MPa，500 ℃为 15.0 MPa，800 ℃为 20.0 MPa，1200 ℃为 25.0 MPa，1400 ℃为 28.0 MPa，1500 ℃为 28.0 MPa。

2. 参考文献

[1] 李天镜. 用磷酸盐耐火混凝土捣筑铅鼓风炉炉缸的实践 [J]. 有色冶炼，2000 (5)：18.

3.28　方镁石耐火混凝土

方镁石耐火混凝土由镁砂、方镁石水泥和镁盐溶液组成，最高使用温度 1600～1800 ℃。

1. 技术配方(质量，份)

（1）配方一

方镁石水泥	25
冶金镁砂（5～10 mm）	30
铬渣	11
冶金镁砂（2.5～5.0 mm）	15
硫酸镁溶液（相对密度 1.12）	10
冶金镁砂（<2.5 mm）	19

（2）配方二

方镁石水泥	120
冶金镁砂（2～3 mm）	90
电熔镁砂（1～2 mm）	90
硫酸镁溶液（相对密度 1.24）	24

2. 生产工艺

（1）配方一的生产工艺

该混凝土的成型方法为振动成型。堆积密度为 2.8 g/cm³，最高使用温度为 1600 ℃。烘干压缩强度为 72.0 MPa。烧后压缩强度：300 ℃为 80.0 MPa，500 ℃为 51.0 MPa，800 ℃为 9.0 MPa，1000 ℃为 9.5 MPa，1200 ℃为 6.6 MPa，1400 ℃为 11.0 MPa。

荷重软化温度：开始点为 1440 ℃，变形 4％为 1499 ℃；烧后线变化：300 ℃为 −0.04％，500 ℃为 −0.08％，800 ℃为 −12％，1000 ℃为 −0.04％，1200 ℃为 −0.05％，1400 ℃为 −0.06％。

（2）配方二的生产工艺

该混凝土密度为 2.97 g/cm³；最高使用温度为 1800 ℃。烘干压缩强度为 67.0 MPa；荷重软化温度：开始点为 1480 ℃，变形 4％为 1800 ℃。

3. 参考文献

[1] 邓洋，邓敏，莫立武. 熟料方镁石与轻烧 MgO 膨胀剂对水泥浆体膨胀性能的影响 [J]. 混凝土，2012（27610）：57-59.

[2] 钢包用电熔方镁石质耐火材料的新配方 [N]. 世界金属导报，2005-04-26（9）.

3.29 六偏磷酸盐镁质耐火泥

六偏磷酸盐镁质耐火泥由镁砂、促凝剂（矾土水泥）和六偏磷酸盐溶液组成。耐火度大于 1800 ℃。

1. 技术配方（质量，份）

（1）配方一

镁砂骨料（<5 mm）	65
矾土水泥（促凝剂）	5
镁砂粉料	30
六偏磷酸钠溶液（外加）	9

（2）配方二

镁砂骨料（<5 mm）	130
黏土粉	4
镁砂粉料	56
六偏磷酸钠溶液（外加）	20
矾土水泥（促凝剂）	10

（3）配方三

镁砂骨料（＜5 mm）	130
镁砂粉料	70
六偏磷酸铝溶液（外加）	18

（4）配方四

镁砂骨料（＜5 mm）	65
镁砂粉料	30
六偏磷酸钠溶液（外加）	10
铁磷	2
矾土水泥（促凝剂）	5

2. 产品性质

（1）配方一所得产品性质

该耐火泥耐火度＞1830 ℃。荷重软化温度：开始点为 1330 ℃，变形 4％为 1450 ℃。显气孔率：110 ℃为 15.3％，1000 ℃为 18.9％。烘干容重为 2910 kg/m³。热震稳定性：25 次空气冷热循环后，剩余强度为 46.0 MPa，重量损失为 2.26 ％。烧后压缩强度：110 ℃为 103.0 MPa，1000 ℃为 35.5 MPa，1400 ℃为 37.5 MPa。

（2）配方二所得产品性质

这种六偏磷酸盐胶结的镁质耐火泥的耐火度＞1830 ℃。荷重软化温度：开始点为 1300 ℃，变形 4％为 1400 ℃。显气孔率：110 ℃为 16.5％，1000 ℃为 19.7％。烘干容重为 2780 kg/m³。热震稳定性：25 次水冷热循环后，重量损失为 3.15％。

（3）配方三所得产品性质

该耐火泥配方中未加促凝剂，其耐火度为＞1830 ℃。热震稳定性：25 次空气冷热循环后，剩余强度为 21.0 MPa，重量损失为 2.15％。荷重软化温度：开始点为 1320 ℃，变形 4％为 1405 ℃。烧后压缩强度：110 ℃为 93.0 MPa，1000 ℃为 19.5 MPa，1400 ℃为 35.0 MPa。显气孔率：110 ℃为 16.2％，1000 ℃为 18.3％；烘干容重为 2820 kg/m³。

（4）配方四所得产品性质

该六偏磷酸盐镁质耐火泥的耐火度＞1830 ℃。热震稳定性：25 次水冷热循环后，重量为损失为 2.73％。显气孔率：110 ℃为 17.9％，1000 ℃为 19.4％；烘干容重为 2850 kg/m³。荷重软化温度：开始点为 1320 ℃，变形 4％为 1440 ℃。烧后压缩强度：110 ℃为 98.0 MPa，1000 ℃为 30.0 MPa，1400 ℃为 33.0 MPa。

3. 参考文献

[1] 高宏适. 添加 MgO 对高炉出铁口耐火泥特性影响［N］. 世界金属导报，2012-08-14（B01）.

3.30　耐火混凝土

　　随着一些新材料、新工艺、新技术在建筑领域中的广泛应用，建筑构件的性能也变得越来越复杂，但是混凝土以其优越的性能和低廉的价格成为大量基础设施必不可少的首选材料。使用耐火混凝土更是经济有效解决火灾事故中由于建筑物耐火等级低而造成的巨大财产损失和人员伤亡问题的有效方法之一。

1. 产品性能

　　耐火混凝土是在长期高温下具备优良的高温物理力学性能的混凝土，一般由耐火集料（或粉料）和胶结料等组成。应用耐火混凝土，使特殊造型及施工繁难的热工设备的砌造过程简化为浇筑浇灌过程，可有效降低成本，提高工效。

2. 技术配方（质量，份）

（1）配方一

400# 矿渣水泥	76
废耐火黏土砖粉	24
废耐火黏土砖块	178
耐火黏土砖砂	136
水	6

（2）配方二

425# 普通硅酸盐水泥	50
黏土熟料（粗骨料）	190
黏土熟料（细骨料）	130
黏土熟料（粉料）	50
水	40

（3）配方三

铝-60 水泥	30
一级矾土熟料	150
二级矾土粉	20

（4）配方四

低钙铝酸盐水泥	60
二级矾土熟料粉	60
二级矾土砂料（<15 mm）	140
二级矾土熟料（<6 mm）	140
水（外加）	44

（5）配方五

磷酸（40%～60%）	15～18

| 高铝矾土熟料（＜5 mm） | 70～75 |
| 高铝矾土熟料粉 | 25～30 |

（6）配方六

方镁石水泥	50
冶金镁砂（10～50 mm）	60
冶金镁砂（5.0～2.5 mm）	30
冶金镁砂（＜2.5 mm）	60
硫酸镁溶液（相对密度1.12）	24

（7）配方七

矾土水泥	100
镁砂骨料	1300
镁砂粉料	600
铁磷（外加）	4
六偏磷酸钠溶液	200

（8）配方八

纯铝酸钙水泥	90
电熔刚玉	420
氧化铝粉	90
水	66

3. 产品性质

（1）配方一所得产品性质

该矿渣水泥耐火混凝土适宜使用于温度不超过 700～800 ℃ 的中、低温非工作层，或非要害热工部位。

（2）配方二所得产品性质

该混凝土湿容密度为 230 kg/m³，最高使用温度 1200 ℃。

（3）配方三所得产品性质

该配方为铝-60 水泥耐火混凝土配方，其烘干压缩强度为 35.5 MPa。常温压缩强度：1 天为 38.0 MPa，3 天为 43.0 MPa，7 天为 51.0 MPa。该混凝土烘干表观密度为 2270 kg/m³。烧后压缩强度：800 ℃ 烧后为 32.0 MPa，1000 ℃ 烧后为 25.4 MPa，1200 ℃ 烧后为 20.0 MPa，1400 ℃ 烧后为 34.0 MPa。

荷重软化温度开始点为 1310 ℃，耐火度为 1710 ℃，1400 ℃ 烧后线变化为 -0.32%，201～1200 ℃ 膨胀系数为 5.1×10^{-6}/ ℃。

（4）配方四所得产品性质

该配方为低钙铝酸盐水泥耐火混凝土，其烘干表观密度为 2450 kg/m³，显气孔率为 17%。耐火度为 1790 ℃；1400 ℃ 烧后线变化为 -0.41%；20～1200 ℃ 膨胀系数为 5.2×10^{-6}/ ℃；常温热导率为 1.005 W/（m·K）；热震稳定性，850 ℃ 水冷次数＞50 次；荷重软化温度：开始点为 1300 ℃，变形 4% 为 1400 ℃。

常温 3 天压缩强度为 20.0 MPa；蒸养后压缩强度为 35.0 MPa；110 ℃烘干后压缩强度为 34.0 MPa；烧后压缩强度：400 ℃为 27.0 MPa，800 ℃为 24.5 MPa，1200 ℃为 18.0 MPa，1400 ℃为 26.0 MPa。高温压缩强度：1000 ℃为 20.0 MPa，1200 ℃为 10.0 MPa。

（5）配方五所得产品性质

该配方为磷酸铝耐火混凝土的配方，烘干容重为 2700 kg/m³，1400 ℃显气孔率为 29%，最高使用温度为 1400～1500 ℃；20～1200 ℃膨胀系数为（5.0～6.8）× 10^{-6}/℃；1400 ℃烧后线变为 0.1%。热震稳定性：800 ℃水冷次数为＞80 次。高温压缩强度：1200 ℃为 6 MPa～10 MPa。

（6）配方六所得产品性质

该配方为方镁石水泥耐火混凝土的配方，其表观密度为 2.72 g/cm³，最高使用温度为 1600 ℃，采用振动成型。烘干压缩强度为 61.0 MPa。烧后压缩强度：300 ℃为 83.0 MPa，500 ℃为 45.0 MPa，800 ℃为 17.0 MPa，1000 ℃为 3.5 MPa，1200 ℃为 4.0 MPa，1400 ℃为 12.5 MPa。烧后线变化：300 ℃为−0.01%，500 ℃为−0.11%，800 ℃为−0.15%，1000 ℃为−0.22%，1400 ℃为−0.3%。荷重软化温度：开始点为 1430 ℃，变形 4%为 1570 ℃。

（7）配方七所得产品性质

该配方为磷镁铝耐火混凝土配方。烘干容密度 2.81 g/cm³，荷重软化温度：变形 4%为 1455 ℃。热震稳定性：25 次气冷热循环后，剩余强度为 40.5 MPa，重量损失为 2.40%。烧后压缩强度：110 ℃为 89.5 MPa，1000 ℃为 33.5 MPa，1400 ℃为 36.5 MPa。显气孔率：110 ℃为 15.6%，1000 ℃为 20.8%。

（8）配方八所得产品性质

该配方为纯铝酸钙水泥耐火混凝土的配方。荷重软化温度：开始点为 1570 ℃，变形 4%时软化温度为＞1630 ℃；1400 ℃烧后线变化为 0.31%，显气孔率为 20%；烘干容重为2850 kg/m³。烧后压缩强度：110 ℃为 40.0 MPa，1000 ℃为 28.0 MPa，1300 ℃为 31.0 MPa；1400 ℃为 38.0 MPa。高温压缩强度：1000 ℃为 28.5 MPa，1300 ℃为 29.5 MPa。烧后弯曲强度：1000 ℃为 5.5 MPa，1300 ℃为 6.0 MPa。

4. 产品用途

用于重点防火领域的建筑物。

5. 参考文献

[1] 潘莉莎，钱波．耐火混凝土的研究进展 [J]．混凝土，2007，211 (5)：27-29.

[2] 谢晓丽，严云，胡志华．快硬轻质耐火混凝土的研究 [J]．混凝土，2008，219 (1)：32-35.

3.31　硫酸铝耐火混凝土

硫酸铝耐火混凝土主要由硫酸铝、矾土熟料、矾土水泥等组成，是优良的不定型耐火材料，其高温力学性能优良，与磷酸盐耐火混凝土相似（只是中温压缩强度降低略大些）。

1. 技术配方（质量，份）

（1）配方一

三级矾土熟料	70
结合黏土	14.0～14.5
二级矾土熟料	30～35
矾土水泥（促凝剂）	3～4

（2）配方二

二级矾土熟料	60
结合黏土	9.9～10.0
二级矾土熟料	30.0～30.1
硫酸铝溶液（相对密度1.25）	12～15

（3）配方三

二级矾土熟料	70
硫酸铝（相对密度1.3）	13
二级矾土熟料	25
矾土水泥（促凝剂）	2.5

（4）配方四

矾土水泥含钙材料	6.0
三级矾土熟料	140.0
二级矾土熟料	60.0
硫酸铝溶液（相对密度1.25）	29.0

硫酸铝耐火混凝土的常温抗压强度：1天为0.7 MPa。烧后压缩强度：110 ℃为15.0 MPa，1000 ℃为20.0 MPa，1200 ℃为25.0 MPa，1400 ℃为29.0 MPa。高温压缩强度：800 ℃为22.0 MPa，1000 ℃为33.0 MPa，1200 ℃为8.1 MPa，1400 ℃为4.5 MPa。烧后弯曲强度：1000 ℃为3.1 MPa，1400 ℃为7.3 MPa。

2. 说明

硫酸铝耐火混凝土宜采用机械搅拌，达到拌和均匀，绝不允许在搅拌好的耐火混凝土内任意加水或胶结料，否则将严重影响耐火混凝土的强度，已初凝的耐火混凝土不得浇注。耐火混凝土中的钢筋必须选用耐热钢筋，否则易碳化膨胀（受高温影响），导致混凝土剥裂、脱落，实际施工中耐热钢筋且钢筋表面不得有污垢，并应涂盖约0.5 mm

厚的沥青层。

3. 参考文献

[1] 谢晓丽, 严云, 胡志华. 快硬轻质耐火混凝土的研究 [J]. 混凝土, 2008 (1): 32-35.

[2] 林光钗. 不同配合比参数配制耐热混凝土的研究 [J]. 建筑监督检测与造价, 2020, 13 (5): 34-37.

3.32　聚合氯化铝耐火混凝土

1. 产品性能

聚合氯化铝耐火混凝土主要成分有聚合氯化铝液、耐火骨料和结合黏土粉, 该耐火混凝土耐火度大于 1750 ℃。

2. 技术配方(质量, 份)

耐火骨料 (3~7 mm)	30
结合黏土粉 (<0.088 mm)	5
耐火骨料 (0.1~3.0 mm)	30~40
聚合氯化铝液 (相对密度 1.235, 外加)	10~12
耐火骨料 (0.1 mm)	25~35

3. 生产工艺

混凝土成型方法为振动成型。1350 ℃高温弯曲强度为 1.55 MPa, 1350 ℃烧后线变化率为 0.11%, 耐火度为 >1790 ℃。

1350 ℃热处理 3 h 后性能: 显气孔率为 31.7%, 密度为 22.7 g/cm^3, 压缩强度为 17.9 MPa, 烧后弯曲强度为 7.54 MPa。

4. 参考文献

[1] 陈友德. 无水泥耐火混凝土 [J]. 水泥技术, 2015 (5): 107-108.

3.33　高铝磷酸盐耐火混凝土

1. 产品性能

高铝磷酸盐耐火混凝土主要成分为磷酸 (或磷酸盐) 和含铝矾土, 具有良好的高温物理力学性能, 广泛用于热工设备中。

2. 技术配方(质量，份)

（1）配方一

磷酸（相对密度 1.28～1.32）	12～14
矾土熟料（<1.2 mm）	30
矾土水泥（促凝剂）	2～3
矾土熟料（10～15 mm）	40
矾土熟料（0.5～1.2 mm）	30

（2）配方二

磷酸（40%～60%）	6.5～18
矾土熟料（0.5～1.2 mm）	30～40
矾土熟料（<0.088 mm）	25～30
矾土熟料（<1.2 mm）	35～40

（3）配方三

磷酸铝（42.5%）	13
一级矾土熟料（粉料）	30
矾土水泥（促凝剂）	2
一级矾土熟料（粗骨料）	70

（4）配方四

磷酸铝（40%）	6.5～14
矾土熟料（0.2～1.2 mm）	30～40
矾土熟料（<0.088 mm）	25～30
矾土熟料（<1.2 mm）	35～40

（5）配方五

磷酸（42.5%）	24
一级矾土熟料或二级矾土熟料	140
二级矾土	60

（6）配方六

磷酸（43.5%）	24
二级矾土熟料块	144
二级矾土	56

3. 产品性质

（1）配方一所得产品性质

该混凝土烘干容量为 2852 kg/m³，显气孔率为 20.6%。最高使用温度用为 1450 ℃；耐火度>1800 ℃。荷重软化温度：开始点 1310 ℃，变形 4% 为 1480 ℃；20～1200 ℃膨胀系数为 6.1×10⁻⁶/℃；烧后线变化：1400 ℃为−0.15。热震稳定性：800 ℃水冷次数为>50 次。烘干压缩强度为 32.5 MPa。烧后压缩强度：1000 ℃为 37.0 MPa，1200 ℃

为 48.0 MPa，1400 ℃为 39.0 MPa。高温压缩强度：1000 ℃为 33.0 MPa，1200 ℃为 11.0 MPa。

（2）配方二所得产品性质

该混凝土烧后压缩强度：1200 ℃为 30 MPa～40 MPa，1400 ℃为 30 MPa～40 MPa。高温压缩强度：1350 ℃为 10 MPa～15 MPa，1200 ℃为 6 MPa～13 MPa。最高使用温度为1400～1500 ℃，耐火度＞1800 ℃。荷重软化温度：开始点为 1300～1350 ℃，变形 4％为 1400～1500 ℃。20～1200 ℃膨胀系数为（5.6～6.8）×10^{-6}/ ℃；1400 ℃烧后线变化为－0.1％～1.0％。热震稳定性：800 ℃水冷次数为 50～80 次。

（3）配方三所得产品性质

该混凝土的烘干容重为 2400 kg/m^3。耐火度为＞1770 ℃。荷重软化温度：开始为 1190 ℃，变形 4％为 1470 ℃。20～1200 ℃膨胀系数为 6.07×10^{-6}/ ℃；1400 ℃烧后线变化率为 0.52％；热导率：800 ℃为 0.9838W/（m·K），1000 ℃为 1.2353 W/（m·K），1200 ℃为 1.437 W/（m·K）。热震稳定性：800 ℃水冷次数＞50 次。

3 天压缩强度为 16.6 MPa；烘干压缩强度为 28.1 MPa；烧后压缩强度：1000 ℃为 26.3 MPa，1200 ℃为 35.4 MPa，1400 ℃为 30.4 MPa；高温压缩强度：1000 ℃为 30.8 MPa，1200 ℃为 9.0 MPa。

（4）配方四所得产品性质

该混凝土压缩强度：1200 ℃为 40 MPa～50 MPa，1400 ℃为 40 MPa～43 MPa。高温压缩强度：1350 ℃为 5 MPa～7 MPa。最高使用温度为 1400～1500 ℃；荷重软化温度：开始点为 1300～1350 ℃，变形 4％为 1400～1500 ℃。热震稳定性：800 ℃水冷次数＞20 次。

（5）配方五所得产品性质

该混凝土的烘干容重为 2640 kg/m^3，显气孔率为 23.6％，常温 3 天压缩强度为 13.4 MPa，烘干压缩强度为 34.3 MPa。烧后压缩强度：1000 ℃为 31.4 MPa，1200 ℃为 43.7 MPa，1400 ℃为 36.9 MPa。高温压缩强度：1000 ℃为 32.1 MPa，1200 ℃为 9.0 MPa。此混凝土的耐火度＞1790 ℃；荷重软化温度：开始 1230 ℃，变形 4％为 1440 ℃；20～1200 ℃膨胀系数为 6.48×10^{-6}/ ℃；1400 ℃烧后线变化率 1400 MPa 为 －0.32％；热导率：800 ℃为 1.196 W/（m·K），1000 ℃为 1.464 W/（m·K）；1200 ℃为 1.816 W/（m·K）。热震稳定性：800 ℃水冷次数＞50 次。

（6）配方六所得产品性质

该混凝土的烘干容重为 2370 kg/m^3，显气孔率为 18.4％，耐火度为 1740 ℃。荷重软化温度：开始为 1180 ℃，变形 4％为 1400 ℃；20～1200 ℃膨胀系数为 5.82×10^{-6}/ ℃；1400 ℃烧后线变化率为 0.65％；热导率：800 ℃为 0.8785 W/（m·K），1000 ℃为 1.1368 W/（m·K），1200 ℃为 1.433 W/（m·K）；热震稳定性：800 ℃水冷次数＞50 次。

3 天压缩强度为 17.1 MPa；烘干压缩强度为 24.9 MPa；烧后压缩强度：1000 ℃为 24.9 MPa，1200 ℃为 33.6 MPa，1400 ℃为 35.8 MPa；烘干压缩强度为 29.9 MPa；高

温压缩强度：1000 ℃为 29.5 MPa，1200 ℃为 9.3 MPa。

4. 参考文献

［1］孙洪梅，王立久，曹明莉. 高铝水泥耐火混凝土火灾高温后强度及耐久性试验研究［J］. 工业建筑，2003（9）：60.

3.34　铝酸盐水泥耐火混凝土

1. 产品性能

铝酸盐水泥耐火混凝土主要由低钙铝酸盐水泥、矾土熟料组成。耐火度 1750～1790 ℃。具有耐火度高、热膨胀系数小、热震稳定性好等特点。可用于回转窑内衬、砖窑及加热炉系统的高温段。

2. 技术配方（质量，份）

（1）配方一

低钙铝酸盐水泥	28
一级矾土熟料	20
二级矾土熟料（5～15 mm）	80
水（外加）	20

（2）配方二

低钙铝酸盐水泥	24
铬渣（<5 mm）	72
铬渣粉	24
铬渣（5～15 mm）	82
水（外加）	18

（3）配方三

低钙铝酸盐水泥	30
二级矾土砂料（<15 mm）	140
二级矾土熟料粉	30
水（外加）	22

（4）配方四

低钙铝酸盐水泥	12～15
高铝矾土熟料	35～40
高铝矾土的熟料砂（0.15～15.00 mm）	30～35
高铝矾土的熟料	15

3. 产品性质

（1）配方一所得产品性质

该配方混凝土耐火度＞1790 ℃，显气孔率为 18％，烘干容重为 2680 kg/m³。1400 ℃烧后线变化率为－0.20％；20～1200 ℃膨胀系数为 4.7×10^{-6}/℃，常温热导率为 1.068 W/（m·K）。荷重软化温度：开始点为 1320 ℃，变形 4％时为 1410 ℃；热震稳定性：850 ℃水冷次数＞50 次。

常温 3 天后，压缩强度为 17.0 MPa；蒸养后 110 ℃抗压强度为 30.0 MPa。烘干后压缩强度为 31.0 MPa；烧后压缩强度：400 ℃为 26.0 MPa，800 ℃为 34.0 MPa，1200 ℃为 18.0 MPa，1400 ℃为 23.5 MPa。高温压缩强度：1000 ℃为 19.0 MPa，1200 ℃为 13.0 MPa。

（2）配方二所得产品性质

该配方为铝酸盐水泥耐火混凝土的配方。其烘干容重为 2800 kg/m³。显气孔率为 16％，耐火度为＞1790 ℃。烧后线变化：1400 ℃为 0.26％。20～1200 ℃膨胀系数为 5.2×10^{-6}/℃，常温热导率为 1.07 W/（m·K）。热震稳定性：850 ℃水冷次数＞50 次。荷重软化温度：开始点为 1410 ℃，变形 4％为 1650 ℃。

常温 3 天压缩强度为 15.0 MPa。蒸养后压缩强度为 29.0 MPa，110 ℃烘干后压缩强度为 37.0 MPa。烧后压缩强度：400 ℃为 33.0 MPa，800 ℃为 26.0 MPa，1200 ℃为 17.0 MPa，1400 ℃为 24.0 MPa。高温压缩强度：1000 ℃为 14.0 MPa，1200 ℃为 9.0 MPa。

（3）配方三所得产品性质

该混凝土耐火度为 1790 ℃，显气孔率为 18％；烘干容重为 2680 kg/m³。1400 ℃烧后线变化为－0.20％，20～1200 ℃膨胀系数为 4.7×10^{-6}/℃，常温热导率为 1.068 W/（m·K）。荷重软化温度：开始点为 1320 ℃，变形 4％时为 1410 ℃；热震稳定性：850 ℃水冷次数＞50。

常温 3 天后，压缩强度为 17.0 MPa，蒸养后抗压强度为 30.0 MPa。烘干后压缩强度：110 ℃为 31.0 MPa，800 ℃为 34.0 MPa，1200 ℃为 18.0 MPa，1400 ℃为 23.5 MPa。高温压缩强度：1000 ℃为 19.0 MPa，1200 ℃为 13.0 MPa。

配方中的 140 份二级矾土的砂料（＜15 mm）也可用 80 份二级矾土砂料（＜15 mm）和 60 份二级矾土熟料（＜6 mm）代替，所得铝酸盐水泥耐火材料的耐火度为 1740 ℃，荷重软化温度（开始点）为 1270 ℃，1400 ℃烧后线变化为－0.36％。

（4）配方四所得产品性质

该配方为铝酸盐水泥耐火混凝土配方，其耐火度为 1750～1790 ℃。高温压缩强度：900 ℃为 150 MPa～200 MPa；1300 ℃为 100 MPa～150 MPa。20～1200 ℃膨胀系数为 $(4.5～6.0) \times 10^{-6}$/℃，1400 ℃烧后线变化为 0.6％～0.9％，常温热导率为 0.93 W/（m·K）；荷重软化温度：开始点为 1300～1400 ℃。热震稳定性：850 ℃水冷次数＞25 次。

4. 产品用途

铝酸盐水泥耐火混凝土中 Al_2O_3 含量高，因此，具有耐火度高、热膨胀系数小、热震稳定性好等特点，可用于建造砖窑、电炉盖、炉门、烧嘴、真空吸嘴、回转窑内衬及加热炉系数的高温段。

5. 参考文献

[1] 马维华，李婕. 铝酸盐水泥及其在耐火材料中的应用 [J]. 内蒙古科技与经济，2012 (19)：104.

3.35　铝-60水泥耐火混凝土

1. 产品性能

铝-60水泥 $[w(Al_2O_3)=59\%\sim61\%, w(CaO)=27\%\sim31\%]$ 耐火混凝土主要由铝-60水泥、钒土料等组成，耐火度大于1700 ℃，具有良好的热震稳定性、热膨胀系数小，广泛用作耐火材料。

2. 技术配方(质量，份)

（1）配方一

铝-60水泥	30
一级矾土熟料	140
二级矾土粉	30

（2）配方二

铝-60水泥	31.0
高铝矾土熟料粉	17.0
高铝矾土熟料砂 （0.15～5.00 mm）	92.0
高铝矾土熟料块 （5～20 mm）	60.0

（3）配方三

铝-60水泥	30
二级矾土 （<15 mm）	60
二级矾土粉	30
二级矾土 （<6 mm）	60
一级黏土熟料 （<15 mm）	80

（4）配方四

铝-60水泥	30
一级黏土熟料	170

3. 产品性质

（1）配方一所得产品性质

该配方为铝-60水泥耐火材料配方，其荷重软化温度（开始点）为1310℃，耐火度为1770℃。烘干容重为2650 kg/m³。烘干压缩强度为31.0 MPa，800℃烧后压缩强度为27.0 MPa，1000℃烧后压缩强度为23.0 MPa，1200℃烧后压缩强度为16.0 MPa，1400℃烧后压缩强度为225.0 MPa。

（2）配方三所得产品性质

该耐火材料的荷重软化温度（开始点）为1270～1380℃；耐火度为1730～1750℃，1400℃烧后变化－0.36%。热震稳定性：850℃水冷次数＞50次。

（3）配方四所得产品性质

该耐火材料荷重软化温度（开始点）为1300～1380℃；耐火度为1710℃；20～1200℃膨胀系数为5.6×10^{-6}/℃；烘干容重为2550 kg/m³。常温压缩强度：1天后为31.0 MPa，3天后为38.0 MPa，7天后为44.0 MPa。烘干压缩强度为30.0 MPa。烧压缩强度：800℃为28.0 MPa，1000℃为24.0 MPa，1200℃为18.0 MPa，1400℃为28.0 MPa。

4. 参考文献

［1］马维华，李婕．铝酸盐水泥及其在耐火材料中的应用［J］．内蒙古科技与经济，2012（19）：104.

［2］吴耀臣．高铝水泥在低水泥耐火混凝土中的应用［J］．混凝土，2000（2）：46.

3.36　高铝水泥耐火混凝土

1. 产品性能

高铝水泥［w（Al_2O_3）＝72%～78%］又称矾土水泥，其组成以铝酸钙为主，以石灰石和铁铝氧石或矾土为主要原料，在1250～1350℃燃烧制得。高铝水泥一般可分为两类：一类是以铁矾土为原料，采用熔融法生产，其Fe_2O_3和FeO含量高达10%以上；另一类是以铝矾土为原料，采用烧结法生产，它的化学组成中Fe_2O_3和FeO含量小于2%，耐火度较高。当CaO含量为32%～34%，SiO_2含量为5%～7%时，含有30%～45%的铝酸一钙和20%～35%的二铝酸一钙矿物。铝酸一钙是低水泥耐火混凝土最理想的结合剂，它有比较快的水化速度和正常的凝结时间；二铝酸一钙是一种水化速度慢的矿物，当水泥用量很低时，不能使混凝土尽快产生理想的结合强度。高铝水泥早期强度高、耐热性能好，常用于制备耐火、耐热、耐蚀混凝土。

2. 技术配方(质量，份)

(1) 配方一

高铝水泥	24
铝铬渣粉	24
铝铬渣	152

其中铝铬渣含 w（Al_2O_3）$=80\%\sim85\%$，w（Cr_2O_3）$=9\%\sim10\%$，该高铝水泥耐火混凝土。耐火度为 $1500\sim1600$ ℃。

(2) 配方二

高铝水泥	6～12
高铝矾土熟料粉	15
高铝矾土熟砂（0.15～5.00 mm）	30～35
高铝矾土熟块（5～20 mm）	35～40

其耐火度＞1400 ℃，热震稳定性：850 ℃水冷次数 50 次以上。

(3) 配方三

高铝水泥	15
耐火黏土砖粉	10～15
二级矾土	10～15
焦宝石熟料（＜15 mm）	75

该耐火混凝土最高使用温度可达 1400 ℃。

(4) 配方四

高铝水泥	15
高铝质熟粉（＜5 mm）	35
高铝矾土熟料	12
高铝质熟料（5～15 mm）	43
水（外加）	8～9

(5) 配方五

高铝水泥	15
2 级矾土（5～15 mm）	35
黏土石熟料	15
焦宝石熟料（＜5 mm）	35
水（外加）	11～12

该高铝水泥耐火混凝土耐火度为 $1300\sim1350$ ℃。

（6）配方六

高铝水泥	30
2 级矾土（＜15 mm）	80
耐火黏土砖粉	30
水（外加）	20
二级矾土（＜6 mm）	60

该高铝水泥耐火混凝土耐火度＞1300 ℃，热震稳定性：850 ℃水冷次数 50 次以上。

3. 参考文献

[1] 孙洪梅，王立久，曹明莉．高铝水泥耐火混凝土火灾高温后强度及耐久性试验研究［J］．工业建筑，2003（9）：60.

[2] 吴耀臣．高铝水泥在低水泥耐火混凝土中的应用［J］．混凝土，2000（2）：46－47.

3.37 纯铝酸钙水泥耐火混凝土

1. 产品性能

纯铝酸钙耐火水泥是以工业氧化铝粉和优质石灰石按一定比例配制，经粉碎磨细，压制成荒坯，高温煅烧合成，然后再破碎细磨而成的一种胶凝材料。由于该水泥中的主要矿物组成为二铝酸一钙和少量的铝酸一钙及六铝酸一钙，还有 $\alpha\text{-}Al_2O_3$ 等，水泥中的 Al_2O_3 含量高，钙及杂质含量相应减少，耐火度在 1690 ℃以上。纯铝酸钙水泥耐火混凝土，由纯铝酸钙水泥、矾粉或铝铬渣组成，具有优良的高温物理学性质。

2. 技术配方（质量，份）

（1）配方一

纯铝酸钙水泥	26
特级矾土熟料	140
氧化铝粉	34
水	24

（2）配方二

纯铝酸钙水泥	30
铝铬渣	150
铝铬渣粉	20
水	20

其中铝铬渣中 Al_2O_3 含量为 80％，Cr_2O_3 含量为 9％～10％，耐火度可达 1900 ℃。

（3）配方三

矾土熟料（0～5 mm）	40～45
矾土熟料（<0.5 mm）	20
纯铝酸钙水泥	15～20
水	9～10
氧化铝粉	20

3. 产品性质

（1）配方一所得产品性质

该耐火材料荷重软化温度：开始点为 1400 ℃，变形 4% 为 1590 ℃。1500 ℃烧后线变化为 −0.6%，显气孔率为 19%，烘干容重为 2800 kg/m³。3 天常温压缩强度为 27.0 MPa。烧后压缩强度：110 ℃为 35.0 MPa，100 ℃为 24.0 MPa，1400 ℃为 31.0 MPa。

（2）配方二所得产品性质

该耐火材料荷重软化温度：开始点为 1400 ℃，变形 4% 为 1620 ℃。1500 ℃烧后线变化为 0.42%，显气孔率为 21%，烘干容重为 1820 kg/m³，3 天常温压缩强度为 28.0 MPa。烧后压缩强度：110 ℃为 35.0 MPa，1000 ℃为 26.0 MPa，1400 ℃为 20.0 MPa。烧后弯曲强度1300 ℃为 5.5 MPa。

4. 参考文献

[1] 曾宪金. 优质纯铝酸钙水泥的生产技术 [J]. 河南建材，1999（2）：19.

3.38　轻集料耐火混凝土

1. 产品性能

轻集料耐火混凝土又称轻骨料耐火混凝土，其表观密度不大于 1900 kg/m³，轻集料混凝土用耐火轻集料和耐高温胶粘料配制而成，是建筑材料发展到一定阶段而产生的一种新型功能建筑材料。轻集料混凝土能有效地减轻结构自重，并且具有良好的隔热和隔声效果，从而降低建筑的基础造价和总造价。

2. 技术配方（质量，份）

（1）配方一

矾土水泥	100
轻质高铝砖砂	25
轻质高铝砖粉	62
轻质高铝砖块	63

(2) 配方二

矾土水泥	59.5
蛭石块	12.5
蛭石粉	28.0
水灰比	1.12

(3) 配方三

矾土水泥	36.63
轻质黏土砖砂	12.09
轻质黏土砖块	39.19
轻质黏土砖粉	12.09

(4) 配方四

矾土水泥	20
陶粒	23
陶粒砂	18

(5) 配方五

纯铝酸钙水泥	40
氧化铝空气球	114
氧化铝粉	46

3. 产品性质

(1) 配方一所得产品性质

该轻集料混凝土的水灰比为 0.56，湿容重为 1690 kg/m³，最高使用温度为 1300 ℃。烘干或烧后压缩强度：110 ℃ 为 5.8 MPa，500 ℃ 为 8.8 MPa。烧后线变化：500 ℃ 为 −0.07%，可用于隔热部位。

(2) 配方二所得产品性质

该轻集混凝土湿容重为 1230 kg/m³，最高使用温度为 800 ℃。烘干或烧后压缩强度：110 ℃ 为 2.4 MPa，300 ℃ 为 1.8 MPa，500 ℃ 为 1.9 MPa。烧后线变化：300 ℃ 为 −0.20%，500 ℃ 为 −0.29%，可使用在隔热部位。

(3) 配方三所得产品性质

使用时水灰比为 0.77。该混凝土湿容重为 1700 kg/m³；最高使用温度为 1300 ℃。烘干或烧后压缩强度：110 ℃ 为 12.9 MPa，500 ℃ 为 6.8 MPa；烧后线变化：500 ℃ 为 0.01%~0.11%，可用于隔热部位。

(4) 配方四所得产品性质

使用时水灰比为 0.57，该混凝土湿容重为 1500 kg/m³，最高使用温度为 900 ℃。烘干或烧后压缩强度：110 ℃ 为 17.6 MPa，300 ℃ 为 13.4 MPa，500 ℃ 为 14.8 MPa；烧后线变化：300 ℃ 约为 0.13%。500 ℃ 为 −0.09%。可用于隔热承重部位。

（5）配方五所得产品性质

使用时水灰比为 13%（外加）该混凝土的最高使用温度为 1600 ℃，烘干或烧后压缩强度：110 ℃为 27.4 MPa。可用于隔热部位。

4. 参考文献

[1] 肖昌松. 新型轻集料混凝土配合比实验研究 [J]. 四川建材，2013（2）：29-30.

[2] 胡维新，孙伟，秦鸿根. 高效能轻集料混凝土的研制与应用 [J]. 混凝土，2012（7）：1-2.

[3] 王发洲. 高性能轻集料混凝土研究与应用 [D]. 武汉：武汉理工大学，2003.

3.39　水玻璃耐火混凝土

1. 产品性能

水玻璃耐火混凝土由水玻璃、氟硅酸钠、耐火骨料（如耐火黏土料、镁砂、黏土熟料或白砂石等）组成。耐火度为 1500～1650 ℃。

2. 技术配方（质量，份）

（1）配方一

水玻璃（模数 3.0，相对密度 1.38）	30～70
耐火黏土砖（细骨料）	60～70
耐火黏土砖（粗骨料）	80～90
氟硅酸钠	3.0～4.3
石英石粉	40～50

该水玻璃耐火混凝土的湿容重为 2300～2370 kg/m³，耐火度为 1500～1600 ℃。

（2）配方二

水玻璃（模数 3.0，相对密度 1.38）	48
镁砂（细骨料）	176
镁砂（粗骨料）	132
氟硅酸钠	4.8
镁砂粉	132

该水玻璃耐火混凝土的湿容重为 2460 kg/m³。

（3）配方三

水玻璃（模数 2.6，相对密度 1.38）	76
叶蜡石（细骨料）	98
叶蜡石（粗骨料）	184

| 氟硅酸钠 | 9 |
| 叶蜡石（粉料） | 92 |

该水玻璃耐火混凝土的湿容重为 2490 kg/m³，耐火度＞1600 ℃。

（4）配方四

水玻璃（模数 2.4～2.9，相对密度 1.36～1.38）	29～31
黏土熟料（粉料）	38～41
黏土熟料（细骨料）	57～62
黏土熟料（粗骨料）	77～83
氟硅酸钠	2.9～3.75

该水玻璃耐火混凝土湿容重为 2200～2300 kg/m³。

（5）配方五

水玻璃（模数 2.9，相对密度 1.38）	62
白砂石（细骨料）	126
白砂石（粗骨料）	165
氟硅苯钠	7.4
白砂石（粉料）	84

该水玻璃耐火混凝土的湿容重为 2200 kg/m³。

（6）配方六

水玻璃（模数 2.6，相对密度 1.38）	90～120
氟硅酸钠	100～120
硅石（砖）粉	250～300
废旧硅砖（＜5 mm）	200～250
硅石骨料（5～10 mm）	450～500

该水玻璃耐火混凝土密度为 2.029 kg/cm³，显气孔率为 20.6%，耐火度为 1690 ℃，荷重软化温度：开始点为 1560 ℃。烧后线变化为 4.25%，烘干压缩强度为 27.0 MPa，烧后压强为 19.0 MPa，1250 ℃为 21.0 MPa，1400 ℃为 18.5 MPa。

3. 参考文献

[1] 潘莉莎，钱波. 耐火混凝土的研究进展 [J]. 混凝土，2007 (5)：27.

[2] 邱树恒，罗必圣，冯阳阳，等. 水玻璃基混凝土养护剂的制备与应用研究 [J]. 混凝土，2012，10：139-143.

3.40 矿渣水泥耐火混凝土

1. 产品性能

矿渣水泥耐火混凝土由 400# 以上矿渣水泥、矿渣等骨料组成，耐火度为 700～800 ℃。

2. 技术配方（质量，份）

（1）配方一

500#矿渣水泥	33～35
废耐火黏土砖粉	11～33
粗骨料	76～92
细骨料	62～70
水	32.0～32.9

该配为矿渣水泥耐火混凝土，适宜使用温度 700～800 ℃。

（2）配方二

400#矿渣水泥	68
废红砖	170.6
耐火黏土砖砂	128.6
水	134

（3）配方三

400#矿渣水泥	360
矿渣（粗骨料）	1120
矿渣（粉料）	750
矿渣（细骨料）	750
水	180

此类耐火水混凝土适宜用于 700～800 ℃的非要害热工部位，如烟道底板、高炉基础等。

3. 参考文献

[1] 张本禄．耐火混凝土的研究进展 [J]．四川水泥，2015（3）：336.

3.41　普通硅酸盐水泥耐火混凝土

1. 产品性能

该耐火混凝土由普通硅酸盐水泥、黏土熟料或白砂石组成，一般湿容重 2030～2500 kg/m³。最高使用温度 1000～1200 ℃。

2. 技术配方（质量，份）

（1）配方一

500#硅酸盐水泥	25～30
废黏土熟料（粗骨料）	69～73

废黏土熟料（粉料）	25～30
废黏土熟料（细骨料）	48～56
水	23～25

该耐火混凝土的湿容重为 2030～2050 kg/m³，最高使用温度为 1000 ℃。

（2）配方二

500# 硅酸盐水泥	60
白砂石（粉料）	60
白砂石（细骨料）	112
白砂石（粗骨料）	168
水	46.6

该硅酸盐水泥耐火混凝土的湿容重为 2250 kg/m³，最高使用温度为 1200 ℃。

（3）配方三

500# 普通硅酸盐水泥	60
黏土熟料（粉料）	60
黏土熟料（细骨料）	114
黏土熟料（粗骨料）	170
水	48

这种耐火混凝土湿容重为 2200 kg/m³，最高使用温度为 1200 ℃。

（4）配方四

400# 普通硅酸盐水泥	60
叶蜡石（粉料）	30
叶蜡石（细骨料）	126
叶蜡石（粗骨料）	234
水	42

该耐火混凝土的湿容重为 2510 kg/m³，最高使用温度为 1200 ℃。

3. 参考文献

［1］潘莉莎，钱波．耐火混凝土的研究进展［J］．混凝土，2007（5）：27.

［2］曲岩瑛．耐火混凝土配合比设计参数与设计步骤［J］．黑龙江科学，2014，5（11）：55.

3.42　耐热陶粒混凝土

1. 产品性能

陶粒是人造建筑轻集料的简称，其原料来源广泛，根据原料的不同可分为黏土陶粒、页岩陶粒、煤矸石陶粒和粉煤灰陶粒。按容重可分为一般容重陶粒（＞400 kg/m³）、超轻容重陶粒（200～400 kg/m³）、特轻容重陶粒（＜200 kg/m³）。按颗粒大小可分为陶粒（>5 mm）和陶砂（<5 mm）。陶粒轻集料混凝土具有自重轻、保温隔热、耐火性能、弹性变形良好、耐久性能好等特点。经高温焙烧得粉煤灰陶粒，表面坚硬，并具有良好的耐热性和稳定的化学成分，可作为轻集料用于配制使用温度不高于 1200 ℃的耐热混凝土。

2. 技术配方（质量，份）

（1）配方一

陶粒	144
耐火砂	100
耐火泥	50
水泥	100
水	58

该配方为 400[#] 耐热陶粒混凝土的配方，使用温度低于 1200 ℃。

（2）配方二

陶粒	166
水泥	100
耐火泥	50
耐火砂	120
水	62

该配方为 400[#] 耐热陶粒混凝土的配方，湿容重 1980 kg/m³。

（3）配方三

陶粒	150
水泥	100
耐火砂	100
耐火泥	50
水	59

该耐热陶粒混凝土湿容重 1975 kg/m³，使用温度低于 1200 ℃。

（4）配方四

陶粒	146～168
水泥	100
耐火砂	100～1200
耐火泥	50
水	58～62

该配方为 400[#] 陶粒混凝土的基本配方，可用于小于 1200 ℃环境，能承受高温辐射，不会引起基础开裂。

3. 参考文献

[1] 吴小琴，陈柯柯，徐亚玲. 轻质陶粒混凝土的性能及应用研究综述［J］. 粉煤

灰，2012（6）：43-46.

[2] 黄波，石从黎，宋开伟．高强预拌陶粒混凝土的配制与施工［J］．商品混凝土，2012（8）：65-67.

3.43　轻集料混凝土

轻集料混凝土按其所用原材料和生产工艺不同可分为天然轻集料混凝土、工业废料轻集料混凝土和人造轻集料混凝土。天然轻集料有多种：浮石、火山渣、自然煤矸石、火山灰质硅藻岩、硅藻土、天然非金属矿、膨胀珍珠岩、膨胀蛭石、天然烧变岩；工业废料轻集料是由煤矸石、煤渣、矿渣及粉煤灰等工业废料经加工而成；人工轻集料主要以黏土和页岩为主要原料经加工烧制而成。

1. 产品性能

轻集料中孔隙的存在降低了集料的容密度，从而降低了轻集料混凝土的容密度，其容密度为 $800\sim1950$ kg/m^3。作承重结构用的轻集料的容密度为 $1400\sim1950$ kg/m^3，比普通混凝土小 $20\%\sim30\%$，而相应抗压强度可达到 3.5 M~40 MPa。

2. 技术配方（质量，份）

（1）配方一

北京页岩陶粒	118
普通河沙	116
425$^#$水泥	80
水	36

该配方为轻骨料混凝土（200$^#$混凝土）的配方，容密度为 1630 kg/m^3。

（2）配方二

黑龙江浮石粒	538
膨胀珍珠岩砂	383
425$^#$水泥	183
水	137

该配方为 100$^#$混凝土配方，容密度为 1270 kg/m^3。

（3）配方三

天津粉煤灰陶粒	134
425$^#$水泥	64
普通河沙	134
水	30

该配方为 300# 混凝土的配方，容密度 1650 kg/m³。

（4）配方四

页岩陶粒	1314
陶砂	1611
325# 水泥	1000
水	582

该配方为 100# 全轻混凝土的配方。其中页岩陶粒表观密度为 620 kg/m³，陶砂表观密度为 760 kg/m³，陶粒吸收水率为 3%。该混凝土干容密度不大于 1400 kg/m³。

（5）配方五

425# 矿渣硅酸盐水泥	900
粉煤灰陶粒	2262
普通河沙	1590
水	720

该配方为 200# 轻骨料混凝土的配方。其中粉煤灰陶粒吸水率为 15.5%。粉煤灰陶粒表观密度为 680 kg/m³，普通河沙表观密度为 1450 kg/m³。该混凝土干容密度不大于 1800 kg/m³。可用于居民住宅空心楼板。

3. 参考文献

[1] 徐长伟，李挺，张信龙，等 . 低能耗外围护墙板用轻集料混凝土的制备与性能研究 [J]. 混凝土，2021（5）：131-135.

[2] 胡维新，孙伟，秦鸿根 . 高效能轻集料混凝土的研制与应用 [J]. 混凝土，2012（7）：1-2.

[3] 甘立，吴瑞卿，甘伟，等 . 人造轻集料混凝土配合比设计探讨 [J]. 广东建材，2021，37（1）：5-7.

第四章　建筑用高分子材料

4.1　新型工程树脂

1. 产品性能

工程塑料是一类具有优良的强度、耐冲击性、耐热性、硬度及抗老化性的材料。这种新型工程树脂制成的工程塑料，可用于制造滚珠轴承罩，在高速高温及其他不利的工作环境中，都能保持良好的抗冲击性、抗弯曲性、耐老化性及抗弹性和防变形性。也可用于其他任何类似的场合。引自美国专利 US 4339374（可参见德国专利 DE 2016746、DE 2433401）。

2. 技术配方（质量，份）

聚酰胺（或其他热塑性树脂）	20～30
碳纤维	2.5～7.5
玻璃纤维	7.5～12.5

3. 生产工艺

混合上述物料直至纤维在热塑性树脂中均匀地分散为止，然后注入加热的模具中，并在一定的温度、时间和压力下进行铸造。

4. 产品用途

同高强工程塑料（热塑树脂铸造材料）。

5. 参考文献

[1] 孙小波，王枫，宁仲，等．耐热型特种工程塑料保持架材料的研究进展 [J]．轴承，2012 (11)：56-59.

[2] 张美林，岳文斌，郎绪志，等．半芳香族聚酰胺特种工程塑料的发展与应用现状 [J]．中国塑料，2020，34 (5)：115-122.

4.2　新酚I型树脂复合材料

1. 产品性能

新酚I型树脂类似于英国 Midlend Silicon 公司开发的 Xy 10K 树脂，是一种具有高强、高温、优良电绝缘性能的树脂，加工性能类似于普通酚醛树脂。能在 250 ℃下长期使用，可作 C 级绝缘材料，耐腐蚀性好，有良好的耐辐射、耐烧蚀、耐磨性能，黏结力强。目前已用于宇航、导弹等领域。

2. 技术配方(质量, 份)

新酚I型树脂	100
油酸	少量
六次甲基四胺（固化剂）	10
丙酮、乙醇（溶剂）	适量

3. 生产工艺

将新酚I型树脂溶于丙酮后，加入溶有六次甲基四胺的乙醇，混匀后加油酸搅匀。必要时再用丙酮和乙醇稀释至一定浓度。

使用 0.14 mm 厚的中碱平纹玻璃布（或开刀丝、中碱玻璃纤维或碳纤维），涂刷上述胶液（或浸入胶液），晾干，放入约 110 ℃烘箱内烘到手感不黏、冷后发硬为止。挥发分控制在 2%～3%，含胶量控制在 45%左右。将烘干材料放入 80～90 ℃模具内，逐渐升温至 110～120 ℃，加半压再升到 120 ℃，加全压继续加热到 190～200 ℃，保温保压，然后冷却到＜90 ℃，卸压脱模，得新酚I型树脂复合材料。

4. 质量标准

相对密度	1.77
抗冲击强度/（kJ/m²）	103
拉伸强度（25 ℃）/MPa	434
硬度（洛氏）	120
压缩强度（25 ℃）/（MN/m²）	441
热变形温度/℃	250

5. 参考文献

[1] 孟龙. 新酚树脂的合成、表征与改性 [D]. 兰州：西北师范大学，2008.

4.3 抗冲击的热塑性树脂

1. 产品性能

这种热塑性树脂共聚物，具有良好的耐热、抗冲击性和机械加工性能，其注塑的热扭变温度为 130 ℃。引自日本公开特许公报 JP 02-67306。

2. 技术配方(kg/t)

α-甲基苯乙烯	80
甲醛次硫酸钠	0.4
$R(CH_2CO_2Na)$	1.0
硬脂酸钠	1.0
乙二胺四乙酸二钠	0.01
硫酸亚铁	0.025
丙烯腈	20
氢过氧化枯烯	0.3
叔十二烷基硫醇	0.3

3. 生产工艺

先将 78 kg α-甲基苯乙烯、0.4 kg 甲醛次硫酸钠、1.0 kg $R(CH_2CO_2Na)$ （R 为 C24～28 烷基）、2.5 g 硫酸亚铁、10 g 乙二胺四乙酸二钠和 1.0 kg 硬脂酸钠配制水乳液，然后用剩余物料的混合物处理 6 h，并在 60 ℃下搅拌 1 h，制得抗冲击的热塑性树脂。

4. 参考文献

[1] 狄鑫俊，廖俊波，周晓东. 耐高温热塑性树脂的研究进展 [J]. 上海塑料，2011 (3)：5-10.

[2] 隋月梅. 热塑性树脂基复合材料 [J]. 黑龙江科学，2010 (5)：31-33.

4.4 酚醛改性二甲苯树脂

1. 产品性能

酚醛改性的二甲苯树脂的固化物，对 10%～40% 烧碱、25% 碳酸钠及 25% 氨水均有良好的耐腐蚀性能。

2. 技术配方（质量，份）

二甲苯树脂（$M=280$，含氧率15.7%）	4.0
线型酚醛树脂（$M=350$）	6.0
对甲苯磺酸	0.01

3. 生产工艺

将 4 kg 含氧率 15.7% 的二甲苯树脂、6 kg 相对分子质量为 350 的线型酚醛树脂、0.01 kg 对甲苯磺酸投入带有搅拌和冷凝装置的反应器内，加热至 95～100 ℃，保温 50 min。减压脱水后得半透明改性树脂，软化点 115 ℃。

4. 产品用途

用于防腐涂料、胶粘剂、胶泥等配制。该树脂加入 3% 的六次甲基四胺，加热后即可固化。

4.5　酚改性二甲苯树脂

1. 产品性能

二甲苯树脂用苯酚改性后，仍保持原有的优异的耐碱、耐水和电绝缘性能，且某些使用性能优于原树脂。

2. 技术配方（kg/t）

二甲苯树脂（$M=300$，含氧率13.6%）	6
苯酚（工业品）	5
对甲苯磺酸（催化剂）	0.052

3. 生产工艺

将 6 kg 含氧率 13.6% 的二甲苯树脂、5 kg 苯酚和 5.2 g 对甲苯磺酸加入反应器中，加热至 120 ℃，保温反应得红褐色树脂，其软化点为 55 ℃。

4. 产品用途

用于配制耐碱、耐水等防腐涂料、胶粘剂、胶泥、玻璃钢等。固化条件：加入 1.5% 的六次甲基四胺，加热至 160 ℃ 即可固化。

4.6 糠醇树脂

1. 产品性能

糠醇树脂是在酸催化下，通过糠醇自身缩聚反应得到的黏稠状液体树脂。该树脂固化后交联密度大，具有优异的耐碱性，可在碱性和酸性介质中交替使用，是优良的防腐材料。

2. 技术配方(kg/t)

糠醇（17.96）	564.8
氢氧化钠（5 mol/L）	适量
硫酸（5 mol/L）	6.2

3. 生产工艺

在反应器内加入 564.8 g（500 mL）糠醇、117 mL 蒸馏水，以硫酸为催化剂（硫酸总用量：每升反应液加 5 mol/L 硫酸 10 mL，本例中共加 6.2 mL）。在搅拌下，硫酸分两次加入。第一次加入 3.1 mL、5 mol/L 的硫酸，当温度升至约 60 ℃时，停止加热。此时反应液颜色变深，再升温至 75～80 ℃，保持恒温，当反应液开始分层时，加入剩下的 3.1 mL、5 mol/L 硫酸。当温度升至 95 ℃时保温，直至达到所需树脂黏度时，停止反应。

黏度种类	黏度指标
高	10～20 min（落球法）
中	100～300 s（7 mm 漏斗）
低	10～60 s（7 mm 漏斗）

降温至 40～60 ℃时，用 5 mol/L 氢氧化钠中和至 pH 为 7 左右。减压脱水，即到棕黑色的糠醇树脂。

注：在糠醇树脂的制备过程中，加入一定量的糠醛，可以降低成本，改善树脂性能。具体操作：将 49 份糠醇、49 份糠醛、4.4 份顺丁烯二酸酐加入反应器中，并立即搅拌，反应开始温度自动上升到 95～100 ℃，恒温 45 min，就可以得到液态的热固性树脂。

4. 产品用途

用于调制胶合剂、涂料、胶泥和塑料等。

5. 参考文献

[1] 张俊，丰尚，周晓剑，等. 木材用糠醇树脂的研究进展［J］. 西南林业大学学报（自然科学版），2021，41（1）：174-182.

[2] 牛炳华. 糠醇树脂的生产和发展［J］. 化工科技市场，2003（1）：26.

4.7　糠酮树脂

1. 产品性能

糠酮树脂又称糠醛丙酮树脂，由糠醛与丙酮缩聚而形成的一种呋喃树脂，为深褐色至黑色高黏度液体或固体。在酸的作用下能固化为体型结构，形成不熔不溶的热固型树脂，耐热可达 450~500 ℃。电绝缘性优良，能耐强酸、强碱和大多数有机溶剂。

2. 技术配方(kg/t)

糠醛（工业，100％计）	9.6
氢氧化钠（10％）	适量
丙酮（工业，100％计）	5.8

3. 生产工艺

将糠醛、丙酮投入反应器内，边搅拌边缓慢加入 10％氢氧化钠溶液。该反应为放热反应，注意控制反应温度。在 40~60 ℃反应 4~5 h，用稀酸中和 pH 至 7 左右，停止反应。再用清水洗 3 次，减压脱水得到棕色黏稠液体即为糠酮树脂。

4. 产品用途

用于制各种耐腐蚀材料，如涂料、管道、耐酸碱容器及耐热性高的绝缘材料等。

5. 参考文献

[1] 陈义锋，谢月圆，张玉敏. 新型糠酮树脂的研究 [J]. 涂料工业，2007
(2)：15.

[2] 王德堂，夏先伟，王峰，等. 低黏度热固性糠酮树脂的合成新工艺研究 [J].
江苏化工，2008 (5)：35.

4.8　糠酮醛树脂

糠酮醛树脂是将糠酮树脂与甲醛进一步缩聚得到的耐酸、耐碱树脂。

1. 技术配方(kg/t)

糠酮树脂	60
稀硫酸	适量
甲醛溶液（37％）	15

2. 生产工艺

将 60 kg 糠酮树脂、15 kg 37％的甲醛溶液投入反应器中，搅拌混匀，再加入稀硫酸，升温至 98～100 ℃，反应 1.5 h 后，降温至 40～60 ℃，用 10％氢氧化钠中和 pH 至 7 左右，用清水洗 3 次，减压脱水，得到糠酮醛树脂。

3. 产品用途

用于各种耐磨蚀材料，如胶泥、涂料、压型和增强塑料、容器等。

4. 参考文献

[1] 陈义锋，谢月圆，张玉敏. 新型糠酮树脂的研究 [J]. 涂料工业，2007 (2)：15-18.

4.9　己二酸聚酯醇

己二酸聚酯醇是聚酯软质、半软质塑料所常用的聚酯醇。一般为线型，相对分子质量 2000 左右，羟值为 50～60 mg KOH/g。

1. 技术配方（质量，份）

（1）配方一

己二酸	46.92
一缩乙二醇	9.949
己二醇	17.82

（2）配方二

己二酸	46.92
一缩乙二醇	38.59

2. 生产工艺

将技术配方量的己二酸、一缩乙二醇等反应原料投入反应釜内，缓慢升温至 80 ℃，开始搅拌，继续升温至 140 ℃，并将氮气按一定流量通入反应釜内，同时控制升温速度，要求于 1 h 将物料由 140 ℃升至 160 ℃。反应生成的水，经分水器收集并计量之。在 160 ℃保温 2 h，氮气量加大，然后将温度于 3 h 内升至 240 ℃，保温反应 4～6 h 后，当酸值达到 2 mg KOH/g 时，停止加热冷却至 40 ℃出料。

3. 质量标准

羟值/（mg KOH/g）	50～60
黏度（25 ℃）/（mPa·s）	5000～9000
酸值/（mg KOH/g）	2

4. 产品用途

主要应用于聚氨酯软质泡沫塑料、涂料、黏合剂、纤维、人造革、橡胶等作活性氢化合物组分。

5. 参考文献

［1］陈建福，周俊峰. 己二酸系聚酯多元醇的合成［J］. 聚氨酯工业，2009（4）：37.

［2］欧阳春平，卢昌利. 聚对苯二甲酸-己二酸丁二醇酯（PBAT）合成工艺技术研究进展与应用展望［J］. 广东化工，2021，48（6）：47-48.

4.10　醇酸树脂系聚酯醇

醇酸树脂系聚酯醇主要应用于合成聚氨酯硬质泡沫塑料，其对应产品的黏度、耐水解性、耐热性、加工成型性能优良。

1. 技术配方(kg/t)

（1）配方一

癸二酸（工业级）	116.3
甘油（96％以上）	96.4
苯酐（99％以上）	21.2
己二醇（98％以上）	9.6

（2）配方二

三乙醇胺	10.38
环氧丙烷	14.55
苯酐	12.33

2. 生产工艺

（1）配方一的生产工艺

将反应物料投入 380 L 不锈钢反应釜中，加热升温至 130～140 ℃，开始通微量二氧化碳，继续升温到 200 ℃ 左右，待出水量达 26～27 kg，测酸值达 15～17 mg KOH/g 时，开始抽真空至 740×133.32 Pa 以上，再升温到 200～210 ℃，1～2 h 后，当酸值达 4 mg KOH/g 以下、羟值达 495 mg KOH/g（出水＋醇量为 27～29 kg），出料。生产周期为 24 h。

为降低醇酸树脂的黏度，改善制品耐水解性，可用聚醚多元醇代替此技术配方中的甘油等低分子羟基化合物。例如，采用 2 mol 聚醚多元醇、0.5 mol 己二酸和 0.5 mol 苯酐在 220～250 ℃、氮气下酯化反应。所得醇酸树脂系聚酯醇的酸值为 1.5 mg KOH/g、羟值为 404 mg KOH/g、25 ℃黏度仅为 22 000 mPa·s。

(2) 配方二的生产工艺

将 10.38 kg 三乙醇胺、12.33 kg 苯酐和 14.55 kg 环氧丙烷投入不锈钢反应罐中,密封反应。于 130 ℃反应 70 min,最高压力为 0.717 MPa,待至常压时,反应物抽空去除低沸物,得 30.6 kg 橘黄色黏稠液体,25 ℃黏度为 11 000 mPa·s。

3. 产品用途

用于合成聚氨酯硬质泡沫塑料。配方二所得产品为含氮芳环醇酸聚酯醇,它具有较优良的耐水性、耐温性、尺寸稳定性和强度。

4. 参考文献

[1] 杨磊,于思琦,马洪敏.阻燃含磷聚酯醇的制备研究 [J].广东化工,2015,42 (16):13-14.

[2] 郭改珍.醇酸树脂生产工艺聚合工段的 HAZOP 分析研究 [J].化工管理,2020 (29):118-119.

4.11　增强醇酸树脂

1. 产品性能

这种增强树脂的热畸变温度为 210 ℃,挠曲强度达 1780 kg/cm^2,外观好。

2. 技术配方(质量,份)

玻璃纤维	30
苯甲酸钠	0.3
聚氧乙烯失水山梨醇三油酸酯	3
固蜡	2
聚乙二醇对酞酸酯	64.7

3. 生产工艺

将各物料按配方量混合制得增强醇酸树脂。

4. 产品用途

用于挠曲强度高的机械零部件。

4.12　耐燃聚丙烯树脂

这种树脂以聚丙烯为主体,添加增强改性剂、增塑剂和阻燃剂,使其具有良好的机械加工性能和阻燃性能。

1. 技术配方(质量，份)

十二氯二甲撑二苯并环辛烯	30.4
三氧化锑	3.2
聚丙烯	41.6
硼酸锌	4.8

2. 生产工艺

将各物料在混炼机中按配方量混炼复配即得。

3. 质量标准

抗拉强度/（N/cm²）	1842
垂直燃烧阻燃性能	V-0
曲挠强度/（N/cm²）	4998

4. 产品用途

用于注射模塑。物料从给料投入加热室进行软化，然后由柱塞或螺杆将物料压入塑模内，保持一定压力，直到硬化至足以出模为止。

5. 参考文献

[1] 邬素华，王丹．无卤阻燃聚丙烯的制备与性能研究 [J]．塑料科技，2013
(2)：54-57.

[2] 苏吉英，孟成铭，汤俊杰，等．无卤阻燃聚丙烯的制备 [J]．中国塑料，2011
(11)：66-69.

4.13　硅酮长油醇酸树脂

这种醇酸树脂是以妥儿油脂肪酸、邻苯二甲酸酐、季戊四醇聚酯为基料，与添加剂（如硅酮）等混合制得的热固性树脂。这种树脂在低压下模塑，定形迅速，不存在排气问题。

1. 技术配方(质量，份)

妥儿油脂肪酸	3.53
季戊四醇聚酯	1
邻苯二甲酸酐	1.3

甘油	0.18
硅酮（中间体）	2.54
二甲苯	0.96
石脑油	4.3

2. 生产工艺

在反应罐内加入妥儿油脂肪酸、季戊四醇聚酯、邻苯二甲酸酐、甘油和 0.54 L 二甲苯，于 230 ℃下反应至酸值 7.9 mg KOH/g。冷却至 190 ℃时加入硅酮和其余的二甲苯。于 190～200 ℃继续反应，使固体颗粒达 60%。当混合物呈凝胶时，加入石脑油，使不挥发物含量为 60%（含固量为 60%）。

3. 质量标准

含固量	60%
干燥时间/h	2
颜色（加纳尔 1963）	3

4. 产品用途

用作电气组件的封囊、压缩模塑等。

5. 参考文献

[1] 吕翠玉. 改性水性醇酸树脂的合成及其应用 [D]. 杭州：浙江工业大学，2010.

4.14　苯乙烯改性醇酸树脂

1. 产品性能

这种苯乙烯改性的醇酸树脂，是加工性能优良的热固型混合物，可在低压下模塑。

2. 技术配方 (kg/t)

妥儿油脂肪酸	2.120
苯二甲酸	1.040
三羟甲基乙烷	0.968
二甲苯	4.550
α-甲基苯乙烯（80%）	0.413
苯乙烯	3.74
二特丁基过氧化物	0.103

3. 生产工艺

在反应罐内加入苯二甲酸、三羟甲基乙烷和 1.06 kg 妥儿油脂肪酸，加热至 260 ℃ 反应。当酸值小于 15 mg KOH/g 时加入剩余妥儿油脂肪酸。再次加热至 260 ℃，反应 到酸值小于 10 mg KOH/g。所生成的醇酸树脂可溶于二甲苯，成为 80% 的溶液。再将 醇酸树脂基料和二甲苯投入反应罐内，加热至 145 ℃。在另一容器内将 α-甲基苯乙烯、 苯乙烯和二特丁基过氧化物混合均匀，2 h 后，于 140~150 ℃ 将混合的苯乙烯料加入反 应罐内，140~150 ℃ 保温反应 5 h，得到苯乙烯改性醇酸树脂（含固量 59.6%）。

4. 产品用途

用作电气组件密封、低压模塑。

5. 参考文献

[1] 梁志岗. 苯乙烯改性醇酸树脂制备 [J]. 化工技术与开发，2006（5）：30.

[2] 瞿金清，涂伟萍，杨卓如，等. 苯乙烯改性醇酸树脂合成研究 [J]. 化学工 程，2001（1）：60.

4.15　尼龙 66 树脂

尼龙树脂通过添加不同助剂，分别可得到具有不同性能如阻燃性、高强度、优异机 械性能的树脂。

1. 技术配方（质量，份）

	（一）	（二）
尼龙 66 与尼龙 612 质量比（4∶1）的混合物	68	38.4
十二氯二甲撑二苯并环辛烯	9.6	14.0
三氧化二锑	—	3.6
三氧化二铁	2.4	3.6
玻璃纤维	—	24

2. 生产工艺

在混炼机中将各原料按配方量配合混炼即得。

3. 质量标准

	（一）	（二）
需氧指数	33%	31%

垂直燃烧阻燃性	V-0	V-0
抗拉强度/（N/cm²）	5135	9094
伸长率	2.7%	2.3%
挠曲强度/（N/cm²）	6831	12603
罗氏硬度	97	85
介电强度/（V/mm）	444	385
耐电弧性/s	170	128

4. 产品用途

用于制作尼龙零部件。

5. 参考文献

[1] 王堃雅. 尼龙 66 生产工艺节能及其管理体系的建立 [D]. 郑州：郑州大学，2012.

[2] 张友强，王宝生，赵付宝，等. 高流动性碳纤维增强尼龙 66 的制备与性能 [J]. 工程塑料应用，2021，49（8）：43-46.

4.16　透明硫化橡胶

这种橡胶可用于制作橡胶透明制品，具有特殊的外观效果。

1. 技术配方(kg/t)

（1）配方一

	（一）	（二）	（三）
天然橡胶（SP40）	80	—	80
天然橡胶（SP20）	—	80	—
活性氧化锌	0.64	0.64	0.64
硬脂酸	0.4	0.4	
N-苯基-β-萘胺（防老剂）	0.4	0.4	0.8
二丁基二硫代氨基甲酸锌	0.16	0.08	
硫醇基苯并噻唑	—	0.64	
2-乙基己酸锌			0.48
N，N'-二硫代双吗啉	0.64	—	0.48
二硫化四丁基秋兰姆			0.56
苯并噻唑二硫醚			0.8
硫黄	76	0.64	—

（2）配方二

	（一）	（二）
橡胶	60	60
氧化锌	0.3	0.3
硬脂酸	0.3	0.3
醛胺类防老剂	0.45	0.45
2-巯基苯并噻唑	0.39	—
促进剂 TMTM	12	12
硫黄	0.9	0.9

2. 生产工艺

（1）配方一的生产工艺

在混炼机内将各原料配合，150 ℃硫化 5 min。若硫化时间太短，因粒子溶解时间不足，则硫化橡胶颜色发暗，硫化时间过长，则颜色发灰，故需监控硫化时间。

（2）配方二的生产工艺

在混炼机内将各原料配合，150 ℃硫化 5 min。若硫化时间太短，因粒子溶解时间不足，则硫化橡胶颜色发暗，硫化时间过长，则颜色发灰，故需监控硫化时间。

3. 参考文献

［1］武爱军，史蓉. 高透明度硫磺硫化胶的制备［J］. 世界橡胶工业，2012（6）：20-24.

4.17 硅酮橡胶

硅酮橡胶是目前最好的既耐高温又耐严寒的橡胶之一，200 ℃以上仍保持良好的弹性，多用于航空工业中。引自日本公开特许昭和 JP 57-44655。

1. 技术配方(kg/t)

乙烯端基硅氧烷（25 ℃，黏度 2.5×10^8 mPa·s）	100
胶体二氧化硅（比表面 200 m²/g）	40
水解二氯二甲基硅烷聚合物	5
月桂酸（十二烷酸）	0.2

2. 生产工艺

将各物料按配方量混合均匀后，在 150 ℃混炼 2 h，制得硅酮橡胶。

3. 产品用途

与一般硅橡胶相同，用于飞机等使用温域宽（低温～高温）的零部件上。

4.18　聚氨酯橡胶

这种聚氨酯橡胶具有较强的抗拉强度和较高的伸长率。

1. 技术配方(质量,份)

	(一)	(二)
氨基甲酸乙酯	80	80
十二氯二甲撑二苯并环辛烯	24	8
三氧化二锑	12	4
高耐磨炉炭黑	20	20
过氧化异丙苯	3.2	3.2
硬脂酸	1.6	1.6

2. 生产工艺

将各物料在混炼机中按配方量热混炼配合,制得聚氨酯橡胶。

3. 质量标准

	(一)	(二)
需氧指数	30.2%	27.7%
平均燃烧时间/s	1.7	8.3
抗拉强度/ (N/cm^2)	1793	2068
伸长率	880%	890%
模量(伸长率为300%)/ (N/cm^2)	461	451

4. 产品用途

作为橡胶代用品,可制作橡胶制品。

5. 参考文献

[1] 周萌萌. 聚氨酯橡胶生产现状及发展前景 [J]. 中国石油和化工, 2008 (24): 25-26.

[2] 赵飞. 可溶性聚氨酯橡胶及其制备方法和应用 [J]. 橡胶工业, 2021, 68 (3): 207.

4.19　增强橡胶

天然橡胶通过添加性能改良剂,得具有优异使用性能的增强橡胶。

1. 技术配方(质量，份)

	(一)	(二)
天然橡胶	80	80
硬脂酸	1.2	1.2
氧化锌	4	4
黏土（300目）	48	—
炉炭黑	—	40
石油	4	4
硫黄	2	2
N-苯基-β-萘胺（防老剂）	0.8	0.8
N-环己基-2-苯并噻唑		
亚磺酰胺（促进剂）	0.8	0.8

2. 生产工艺

将各物料在二辊橡胶磨内配合，混匀后加入 1% （重量比）的硅烷偶联剂即得。

3. 产品用途

制橡胶制品，与一般混炼橡胶相同。

4. 参考文献

[1] 胡纯，龚文琪，沈艳杰，等．超细粉碎表面改性透辉石增强橡胶材料 [J]．高分子材料科学与工程，2010（3）：153-155.

[2] 莫海林，游长江，贾德民．改性炭黑及其增强橡胶的研究 [J]．广州化学，2004（1）：37.

4.20　有机玻璃注塑制品

有机玻璃（甲基丙烯酸甲酯）浇注成型，大多以抛光硅玻璃作模具，以增加有机玻璃的力学性能。成品即是有机玻璃制品。

1. 技术配方(质量，份)

	(一)	(二)	(三)
甲基丙烯酸甲酯	100	100	100
邻苯二甲酸二丁酯	4~6	4~6	4~6
偶氮二异丁腈	0.10	0.05	0.02

2. 生产工艺

浇注前按配方预聚成浆液，转化率在 10% 左右，在专用模具中浇注成不同的有机玻璃制品。配方（一）用于制取＜6 mm 厚的制品，配方（二）用于制取 8～20 mm 厚的制品，配方（三）用于浇注＞20 mm 厚的有机玻璃制品。

3. 参考文献

［1］刘雅娟，秦爽，赵维忠，等．抗冲有机玻璃的开发［J］．玻璃，2020，47（4）：24-27.

［2］孙铭辰，邱佳杰，何伟泓，等．一种优化的有机玻璃制备和特性研究［J］．山东工业技术，2018（2）：7-9.

［3］尹沾合．常温过程聚合制作有机玻璃工艺品研究［J］．现代塑料加工应用，2012（5）：14-16.

4.21　环氧树脂注塑制品

该注塑制品中含有两种不同型号的环氧树脂，从而赋予浇注成型制品优异的性能。

1. 技术配方（质量，份）

	（一）	（二）	（三）
E-42 环氧树脂	17	17	100
R-122 环氧树脂	83	83	10
铝粉	150	220	170
铁粉	100	—	—
顺丁烯二酸酐	48	48	19
均苯四甲酸二酐	—	—	21
甘油	7	5.8	—

2. 生产工艺

将各物料按配方量混匀后注入模具，固化成型得到环氧树脂注塑制品。

3. 产品用途

根据需要设计不同制品的模具，经浇注得到不同制品。

4. 参考文献

［1］李小丽．基于环氧树脂灌封料的研究［J］．中国新技术新产品，2013（2）：19-20.

［2］彭倩，王曦，苏胜培．一种高韧性耐湿性环氧树脂的合成及其性能研究［J］．精细化工中间体，2012（6）：58-63.

4.22 蜜胺粉

蜜胺粉，即三聚氰胺甲醛树脂模塑粉。

1. 技术配方(质量，份)

	(一)	(二)
三聚氰胺甲醛树脂	250	250
石英粉（或云母粉）	300～375	—
甲基纤维素	—	150～188
硬脂酸锌	2～3	2～3
色料	适量	适量

2. 生产工艺

将各物料按配方量混匀，塑炼、粉碎后过筛即得。

3. 产品用途

充满膜腔，加热施压制得所需要的模制品。

4. 参考文献

[1] 刘新平，方瑞娜，白金潮，等. 三聚氰胺甲醛树脂微粒的制备与表征 [J]. 化工进展，2011 (S1)：267-269.

[2] 王宁，李春风，刘明利. 改性三聚氰胺甲醛树脂研究进展及应用 [J]. 热固性树脂，2020，35 (6)：62-65.

4.23 乙酸纤维素模塑粉

该模塑粉由乙酸纤维素、增塑剂、填料及色料组成，用于模塑成型制取乙酸纤维素制品。

1. 技术配方(质量，份)

乙酸纤维素	400
磷酸三甲酚酯（或邻苯二甲酸二辛酯）	100～220
色料	适量
黏土（或氧化锌）	40

2. 生产工艺

将各物料按配方量混合后热塑炼，打磨、粉碎、过筛即得。

3. 产品用途

与一般模塑粉相同，充入热模具内，施压充满模内腔，制得模制品。

4. 参考文献

[1] 冯孝中，陈杰，佟立新，等. 可降解模塑粉的制备及模压成型工艺 [J]. 郑州轻工业学院学报，2002（4）：14-16.

4.24 酚醛模塑粉

模塑粉加至热的模具中，在一定压力下，使其充满模腔，形成与模腔形状一样的模制品。

1. 技术配方（质量，份）

（1）配方一

	（一）	（二）
热塑性酚醛树脂	100	100
木粉	100	59
六次甲基四胺	12	12
石棉	—	154
硬脂酸	2.4	8
无机填料	15	—
消石灰	2.4	11
着色剂	2～4	7

（2）配方二

	（一）	（二）
热固性酚醛树脂	100	100
乌洛托品	4.20	7.35
云平粉	—	175
木粉	88.5	—
废酚醛塑料粉	8.2	—
苯胺黑	2.5	—
氧化镁	5.3	7.35
润滑剂	2.5	4.4

（3）配方三

热固性酚醛树脂	100
石棉纤维	181.8
滑石粉	15.2
油酸	6.06

（4）配方四

	浅色	深色
热固性酚醛树脂	100	100
油酸	4.65	4.65
棉纤维素	114	110.5
氧化钙	0.58	—
苯胺黑	—	3.49
氧化镁	1.16	2.23

2. 生产工艺

（1）配方一的生产工艺

将各物料按配方量混合、塑炼，再经粉碎、过筛即得。

（2）配方二的生产工艺

将各物料按配方量混合、粉碎、过筛得热固性（粉状填料为基料）酚醛模塑粉。

（3）配方四的生产工艺

将各物料按配方量混合、塑炼后粉碎，过筛得到棉纤维素为基料的热固性酚醛模塑粉。

3. 产品用途

（1）配方一所得产品用途

在 150~190 ℃、15 MPa~25 MPa 下，经模塑制成各种热塑性酚醛模制品。

（2）配方三所得产品用途

在加温加压下经模塑制得电绝缘零件。

（3）配方四所得产品用途

充入热模具后加压成型，制得模制品。

4.25　聚内酰胺注塑件

注塑通常是将单体、预聚体或聚合物注入模具中，使其固化，从而得到与模型内腔相似的制品。

1. 技术配方（质量，份）

	普通型	改性
己内酰胺	100	100
异氰酸酯	1	1
烧碱	0.14	0.12
减摩剂	—	8~16
玻璃微珠（增强剂）	—	10~30
硅烷类偶联剂	—	4
稳定剂	—	1

2. 生产工艺

将各物料按配方量混合均匀后注入模具中固化成型。

3. 产品用途

用作工程塑料及普通塑料制件。

4. 参考文献

[1] 张甲敏，祝勇．尼龙 1010 注塑制品工艺设计 [J]．塑料工业，2006（9）：29-32.

4.26 灌注填充材料

这种填充材料是聚氨酯泡沫采用灌注工艺得到的。该材料可作为造船工业的结构材料和浮力材料。

1. 技术配方(质量，份)

	（一）	（二）
505 型聚醚	50	100
Ⅲ 型聚醚	50	—
三（β-氯乙基）磷酸酯	30	—
F_{113} 发泡剂	50	50
三乙醇胺	3~6	3~6
硅油	6	6
多聚异氰酸酯	150	150

2. 生产工艺

高速搅拌后采用灌注工艺施工，厚度大于 50 mm。配方（一）所得产品为阻火型填充材料，配方（二）所得产品为普通型填充材料。

3. 产品用途

用于造船工业中的结构材料、填充材料和浮力材料。

4. 参考文献

[1] 刘新建，李青山，刘卓，等．增强硬质聚氨酯泡沫塑料研究进展 [J]．聚氨酯工业，2006（1）：8.

[2] 陈涛．玻化微珠：聚氨酯泡沫复合材料的制备 [D]．哈尔滨：东北林业大学，2012.

[3] 程家骥，沈威．煤矿井下阻燃聚氨酯填充材料的研制 [J]．煤矿开采，2012（6）：14-16.

4.27 聚氯乙烯复配物

在这种聚氯乙烯复配物中使用（RCOO）$_a$M（OX）$_b$（$b \geqslant a$，$a+b=n$，n 为金属 M 的化合价）作为新型偶联剂，使聚氯乙烯与填料之间具有很好的兼容性，从而提高制品的拉伸强度。引自中国发明专利申请公开说明书 CN 1042722（1990）。

1. 技术配方（质量，份）

聚氯乙烯	10.0
邻苯二甲酸二辛酯	2.0
碳酸钙	10.0
Ca[OP(O)[OCH$_2$CH(C$_2$H$_6$)(CH$_2$)$_3$CH$_8$]$_2$]$_2$	0.1

2. 生产工艺

将各物料按配方量混合均匀后，热熔融混炼后，挤出成型。

3. 产品用途

用于制作片材、薄片、管材等。

4.28 阻燃树脂复配物

该复配物含有线形芳烃聚酯、有机卤化物和锑酸钠等，具有良好的熔融稳定性和机械加工性能。引自日本公开专利 JP 00-263859。

1. 技术配方（质量，份）

聚对苯二甲酸乙二醇酯	52.5
聚（三溴苯乙烯）	11.0
锑酸钠（比表面积 3.3 m^2/g）	3.5
褐煤酸钠	0.5
双酚 A 基双环氧化物	0.5
玻璃纤维	30
聚乙二醇甲醚（$M=600$）	2

2. 生产工艺

将各物料按配方量混合后，在 280 ℃熔融捏合，制粒，在混炼筒温 280 ℃、模温 80 ℃和 78.45 MPa 条件下进行注射模塑。

3. 产品用途

用于制作包装、建筑等工业塑料制品。

4.29 硬质聚氨酯泡沫塑料

该泡沫塑料中使用含 $C_{3\sim6}$ 的烷烃（沸点 $-10\sim70\ ℃$）作发泡剂，从而得到低密度、低热导率及无卤代烃的聚氨酯泡沫塑料。

1. 技术配方（质量，份）

混合聚醚多元醇（羟值 550 mg KOH/g）	50
芳香族聚醚多元醇（羟值 500 mg KOH/g）	20
饱和聚酯（羟值 500 mg KOH/g）	30
二苯基甲烷-4,4′-二异氰酸酯	172
阻燃剂	35
乳化剂	5
戊烷	18
催化剂	3
泡沫稳定剂	2

2. 生产工艺

按技术配方比例将各化学原料均匀混合后，注入模具或筒罐中，在热混炼发生化学反应的同时进行发泡，制得硬质聚氨酯泡沫塑料。

3. 产品用途

用作建筑物、冷库、冰箱、冰柜的绝热层。

4. 参考文献

[1] 林绍铃，罗祖获，陈丹青，等. 无卤阻燃硬质聚氨酯泡沫塑料研究进展 [J]. 材料导报，2021，35（1）：1196-1202.

4.30 夹层结构的硬质泡沫

1. 产品性能

在两层硬铝（或其他金属）为蒙皮，中间灌注硬质聚氨酯泡沫塑料，形成硬铝-硬泡夹层结构。这种材料具有重量轻、比强度高、刚度大、成型简单等优点，已在航天工业中得到应用。

2. 技术配方(质量,份)

N-505 聚醚	100
硅油	7
三乙醇胺	2
有机锡	0.05
一氟三氯甲烷	30
多聚异氰酸酯	140

3. 生产工艺

经计量泵压入混合头高速搅拌 30 s,灌注夹隙中,泡涨 5 min,硬化 7 min。

4. 产品用途

用于飞机机头、减速板等部件上。

5. 参考文献

[1] 纪双英,邢军,李宏运,等. 夹层结构用硬质聚氨酯泡沫材料的研制 [J]. 聚氨酯工业,2008(1):31.

4.31　高密度硬质聚氨酯泡沫

这类高密度硬质聚氨酯泡沫具有某些木材的特性,可刨、可钉、可锯,即所谓"合成本材",常作为各种高级家具的结构材料。这里介绍的是似木型及雕刻型"合成本材"的技术配方。

1. 技术配方(质量,份)

	(一)	(二)
多元醇	10.0	10.0
一氟三氯甲烷	0.9	—
硅酮乳化剂	0.20	—
硅烷泡沫稳定剂	—	0.15
胺催化剂	—	0.05
二丁基锡二月桂酸酯	0.02	—
水	—	0.03
多异氰酸酯	6.56	1.14

2. 生产工艺

采用喷涂成型法,即将各原料经计量泵注入高速混合头混匀后,直接喷射到硬塑中发泡成型。

3. 产品用途
用作高级家具的结构材料。

4. 参考文献
[1] 黄桐，李泽汉，杨伟鑫，等．低醛酮挥发物聚氨酯泡沫的制备研究［J］．塑料工业，2021，49（2）：24-28.

[2] 韩海军．硬质聚氨酯泡沫塑料的研制及增强改性［D］．北京：北京化工大学，2011.

4.32 高密度泡沫橡胶

1. 产品性能
高密度泡沫橡胶又称微孔软质聚氨酯泡沫塑料，根据需要可制成开孔和闭孔等各种制品。它与其他微孔橡胶相比，具有优异的物理性能，较高的抗张强度、撕裂强度和耐磨性能。

2. 技术配方（质量，份）

	（一）	（二）
甲苯二异氰酸酯预聚体		
（TDI 和聚丁二醇醚制成）	10.0	—
聚醚（羟值 59 mg KOH/g）	—	10.0
1，4-丁二醇	—	1.2
氯甲烷	0.8	—
有机硅泡沫稳定剂	0.2	0.01
MDI 和聚醚的加成物	—	7.03
异丙苯二胺	0.55	—
间苯二胺	0.39	—
黑色颜料	0.2	—
一氟三氯甲烷（F_{11}）	—	0.6
三乙撑二胺	—	0.04
水（物料中含水）	—	0.01
辛酸亚锡	—	0.003

3. 生产工艺
配方（一）采用预聚体法，即先将聚醚和 TDI 制成预聚体（—NCO 为 6.3%），然后以二元胺作链增长剂在催化剂、泡沫稳定剂存在下进行发泡。配方（二）采用一步法发泡工艺，即将聚醚、MDI 和聚醚加成物、1，4-丁二醇、三乙撑二胺、F$_{11}$和泡沫稳定剂等一次加入，高速搅拌混合后进行发泡。

4. 产品用途

广泛应用于制造避震缓冲材料、地毯背衬、鞋底材料等。

5. 参考文献

[1] 康永. 高吸油性能软质聚氨酯泡沫的合成研究 [J]. 橡塑技术与装备，2018，44（24）：6-13.

[2] 张修景，殷保华，薛兆民，等. 环保软质聚氨酯泡沫塑料的研制 [J]. 菏泽学院学报，2005（5）：32.

4.33　半硬质泡沫塑料

1. 产品性能

半硬质泡沫塑料是聚氨酯塑料的一大品种。该类制品的特点是具有较高的压缩负荷值和较高的密度，它的交链密度远高于软质泡沫塑料而低于硬质制品，因而它不适用于制造柔软的坐垫材料，而大量应用于工业防震缓冲材料和包装材料。

2. 技术配方(质量，份)

（1）配方一

预聚体（由聚醚三元醇与 TDI 制成）	22.6
水	0.4
聚醚三元醇（$M=1000$）	8.5
三乙撑二胺	0.05
胺起始的聚醚多元醇	1.5
碳酸钙	3.0

（2）配方二

聚合二苯基甲烷二异氰酸酯（官能度为 2.9）	4.0
具有伯羟基的聚醚多元醇（$M=6500$）	10.0
二丁基锡二月桂酸酯	0.018
N，N'-二甲基哌嗪	0.036
水	0.18

（3）配方三

伯羟基聚醚三元醇（$M=6500$）	8.5
聚醚三元醇（$M=150$）	1.5
有机锡	0.008
三乙胺/乙基哌嗪	0.030
一氟三氯甲烷	1.5
甲苯二异氰酸酯	3.0
二苯基甲烷二异氰酸酯	7.0

3. 生产工艺

（1）配方一的生产工艺

采用半预聚法发泡工艺，以低分子量的聚醚三元醇和甲苯二异氰酸酯先制成预聚体（游离 NCO 值为 15.1%），然后以高官能度低分子量聚醚作交链剂，采用水发泡体系进行发泡。

（2）配方二的生产工艺

采用一步法发泡工艺，在机械发泡时采用两组分体系，用计量泵压入混合头进行高速搅拌后，注模发泡。

（3）配方三的生产工艺

采用一步法发泡工艺得到泡沫制品。

4. 产品用途

用作防震、包装材料。

5. 参考文献

[1] 张慧波，杨绪杰，孙向东. 我国聚氨酯泡沫塑料的发展近况 [J]. 工程塑料应用，2005（2）：71-73.

4.34　新型软质泡沫

这种软质聚氨酯泡沫具有优异的使用性能。

1. 技术配方（质量，份）

聚酯多元醇（$M=2000$，羟值 52 mg KOH/g）	100
甲苯二异氰酸酯（TDI）	49.7
水	4.0
辛酸亚锡	0.02
氧化锌	5.00
N-乙基吗啉	2.0
表面活性剂	1.5
2,6-二叔丁基-4-甲基酚	0.5

2. 生产工艺

混合后模塑发泡。

3. 产品用途

用于沙发、床垫等制作。

4. 参考文献

[1] 张洪娟. 抗静电软质聚氨酯泡沫的研制 [J]. 聚氨酯工业，2002（2）：35-37.

4.35　聚异氰脲酸酯泡沫

聚异氰脲酸酯（PIR）泡沫是指分子结构中含有异氰脲酸环的硬质泡沫塑料。由于在泡沫分子结构中引入异氰脲酸酯环，可改善泡沫的耐温性及耐燃性，提高泡沫的综合性能。

1. 产品性能

具有密度小、比强度高、绝热保温效果优良等优点。其耐热性好（可在 150 ℃长期连续使用）、耐火焰贯穿性好及燃烧时发烟量低，而且物化性能优良容易成型。

2. 技术配方（质量，份）

（1）配方一

含异氰脲酸酯环的聚醚	90
含磷多元醇	10
二苯基甲烷二异氰酸酯（—NCO 含量为 30%）	90
一氟三氯甲烷	35
含硅泡沫稳定剂	0.5
三乙胺	1.0

（2）配方二

聚醚多元醇 9606	30
聚酯多元醇 P3152	60
泡沫稳定剂	2.5
催化剂	3.2
水	0.5
阻燃剂	17
发泡剂 HCFC-141b	25～27
异氰酸酯	230

（3）配方三

	（一）	（二）
A 组分		
多异氰酸酯（PAPI）	14.9	14.9
一氟三氯甲烷	2.3	
有机硅泡沫稳定剂	0.1	0.1
B 组分		
含氯多元醇	2.7	3.0
聚乙二醇	0.8	—
环氧树脂	0.8	1.0
有机硅泡沫稳定剂	0.1	0.1
一氟三氯甲烷	1.0	2.8
C 组分		
乙二醇盐（Ⅰ）	0.2	—
乙二醇盐（Ⅱ）	0.6	0.5
N，N'-二甲基环乙胺	0.015	0.3
多元醇	—	0.2
正丁醇	—	0.2
二丁基锡二醋酸酯		0.05

3. 生产工艺

（1）配方一的生产工艺

先将异氰脲酸与环氧乙烷反应，制得含有异氰脲酸酯环的多元醇，再进一步与环氧乙烷醚化得到含异氰脲酸酯环的聚醚（羟值 350 mg KOH/g，酸度 0.8 mg KOH/g，含氮量 8.8%）。然后将技术配方中的各物料人工混合发泡，得到密度 0.03 g/cm³、火焰贯穿时间 120 min 的硬质泡沫。

（2）配方二的生产工艺

按基础配方规定的比例依次加入聚醚多元醇、聚酯多元醇、泡沫稳定剂、催化剂、阻燃剂、发泡剂及水，搅拌均匀，然后加入异氰酸酯，高速搅拌 9～10 s 后，迅速将物料倒入涂有脱膜剂的敞口模具内，使其发泡。

这种以聚醚多元醇、聚酯多元醇、多异氰酸酯 PAPI、复合催化剂、发泡剂 HCFC-141b 等为原料，得到的用于建筑隔热板材的组合聚醚及改性聚异氰脲酸酯泡沫，具有较好的贮存稳定性，泡沫制品的密度约 38 kg/m³，压缩强度约 222 kPa，拉伸强度约 256 kPa，导热系数约 0.019 W /（m·K），阻燃性能符合 GB 862 4B2 级，尺寸稳定性良好。

（3）配方三的生产工艺

配方（一）为复合板材的配方，采用喷涂工艺，各物料温度＜18.5 ℃，熟化 34 ℃

（烘房）。配方（二）是喷涂泡沫的配方，采用喷涂发泡工艺，各组分温度＞48.9 ℃，熟化温度 18.5～24.0 ℃。

4. 产品用途

广泛用于冷冻、运输和建筑部门，如复合板材、墙板、屋顶构件及隔音、保温、隔热材料。

5. 参考文献

[1] 吴一鸣，芮益民，邢益辉，等．建筑用聚异氰脲酸酯泡沫的研制 [J]．聚氨酯工业，2001（1）：27-30.

[2] 冯欣，王海波，龚大利，等．建筑彩钢复合板用聚异氰脲酸酯泡沫的研制 [J]．当代化工，2004（3）：169-171.

4.36　蓖麻油基聚氨酯硬质泡沫

蓖麻油基硬质聚氨酯泡沫的技术配方中，增加了官能度高、羟值高的聚醚树脂，以提高制品的硬度；同时采用多苯基多次甲基的多异氰酸酯（PAPI），以增加泡沫制品的交联密度与刚性。

1. 技术配方(质量，份)

A 组分

蓖麻油	5.0
乙二胺聚醚（羟值 770 mg KOH/g）	5.0
有机锡	0.08～0.15
硅酮表面活性剂	0.2～0.3
三氟一氯甲烷	7.5
阻火聚醚（羟值 500 mg KOH/g）	5.0
三乙烯二胺-乙二胺（质量比 1∶2）混合物	0.4～0.9

B 组分

多异氰酸酯（PAPI）	10.5

2. 生产工艺

经环型计量泵将 A、B 两组分物料按技术配方比例输送至喷枪，以 0.5 MPa～0.6 MPa 的空气分散雾化，4～5 s 硬化。制品泡沫密度为 0.04～0.05 g/cm³。

3. 参考文献

[1] 甘厚磊，易长海，曹菊胜，等．蓖麻油基聚氨酯的制备及其性能研究 [J]．化

工新型材料，2008（1）：35.

4.37　保冷绝热硬质泡沫

这种硬质泡沫采用喷涂工艺施涂于冷藏车、船舱四壁，具有极佳的保冷绝热效果。

1. 技术配方（质量，份）

	（一）	（二）
乙二胺聚醚	20	70
Ⅲ 型阻火聚醚	100	—
N 型阻火聚醚	—	100
三（β-氯乙基）磷酸酯	40	60~70
三乙撑二胺	8	8
二月桂酸二丁基锡	0.5	1
发泡灵	5	5
一氟三氯甲烷	40	—
F_{113} 发泡剂	—	80
多聚异氰酸酯（PAPI）	210	300

2. 生产工艺

将技术中的各物料按配方量高速搅拌后，采用喷涂工艺喷涂 50~60 mm 厚。

3. 产品用途

用于绝热、保温、保冷。渔轮的制冷机停止工作时，冷藏货舱的温度回升速度不大于 1 ℃/h。

4. 参考文献

[1] 权敏. 制冷系统保冷绝热材料的应用 [J]. 能源研究与利用，2001（3）：25.

4.38　抗冲击塑料片材

1. 产品性能

该塑料复配物具有优异的抗冲击性，在热老化之后，具有优良的抗色变性，且抗拉强度降低值小，如在 120 ℃下热老化 400 h，色差为 26.8，伸长保持率为 75%。引自日本公开特许公报 JP 04-359947。

2. 技术配方（质量，份）

聚氯乙烯树脂	100
丁腈橡胶	15
四（$C_{12\sim15}$烷基）双酚 A 二亚磷酸酯	1.00
三（$C_{7\sim9}$烷基）偏苯三酸酯	30
水滑石（KHT-4A）	0.30
β-（3，5-二叔丁基-4-羟基苯基）丙酸异十三烷酯	0.10
二月桂基硫代二丙酸酯	0.15
2-羟基-4-辛氧基二苯酮	0.20

3. 生产工艺

在 180 ℃下进行辊研捏和，挤压成片材。

4. 产品用途

用作抗冲击塑料片材或机械中抗冲击的塑料零部件。

4.39　日用品用半硬片材

该技术配方广泛用于日用品的聚氯乙烯半硬片材配制。根据用途需要增塑剂的量，可在 1.0～3.0 kg/10.0 kg 树脂间调节。

1. 技术配方（质量，份）

聚氯乙烯	10.0
环氧增塑剂	0.3
邻苯二甲酸二（-2-乙基己）酯	1.8
耐冲击改性剂*	1.0
甲基丙烯酸酯-丁二烯-苯乙烯共聚物	0.1
钡-镉系稳定剂	0.2
颜料	适量
有机螯合剂	0.05

* 耐冲击改性剂可用 MBS 树脂。

2. 生产工艺

从加工角度来看，最好使用聚合度为 800 左右的均聚物，经热混炼后压延成型。

4.40 耐油性片材

1. 产品性能

技术配方中采用 P1300 的聚氯乙烯树脂，其中磷酸三甲酚酯是耐油性增塑剂，并具有较好的相溶性，且有弥补聚合型增塑剂 PPA 相溶性较差的作用，但磷酸三甲酚酯增塑效率较差。

2. 技术配方(质量，份)

聚氯乙烯（P1300）	10.0
磷酸三甲酚酯	1.0
聚合型增塑剂（PPA）	4.00
硬脂酸（镉、钡）复合稳定剂	0.15
烷基丙烯酸酯磷酸酯（螯合剂）	0.05
硬脂酸	0.01

3. 生产工艺

将技术配方中的各物料热混炼后压延成型。

4. 产品用途

可直接使用或再加工成型。

4.41 普通聚氯乙烯透明片材

这种片材可代替木材用于多种装饰场合。

1. 技术配方(质量，份)

聚氯乙烯（P800）	100
马来酸有机锡（液体）	2.2
硬脂醇	0.5
硬脂酸丁酯	0.5
褐煤蜡	0.3
加工助剂	2.0

2. 说明

①硬脂醇和褐煤蜡为润滑剂。

②加工助剂的成分是甲基丙烯酸甲酯-丙烯酸丁酯-丙烯酸乙酯的共聚物。由于本配

方中无增塑剂，流动性差，为了改进加工性能，而采用加工助剂。

3. 参考文献

[1] 张宝华. 电石法 PVC 透明片材专用料的生产及配方工艺优化 [J]. 聚氯乙烯，2017，45（5）：27-29.

4.42　聚氯乙烯硬质管材

这类管材主要用于化工、实验室等室内安装。

1. 技术配方(质量, 份)

（1）配方一

聚氯乙烯	100
硬脂酸铅	0.5
硬脂酸钡	1.2
硬脂酸钙	0.8
三盐基性硫酸铅	4

（2）配方二

聚氯乙烯	100
硫酸钡	10
石蜡	0.8
硬脂酸钡	1.2
硬脂酸钙	0.8
硬脂酸铅	0.5
三盐基性硫酸铅	4

（3）配方三

聚氯乙烯	100
硬脂酸铅	0.5
硬脂酸钡	2
硬脂酸钙	0.5
色母料	1
DOP（增塑剂）	1
硫酸钡	10
碳酸钙	1
石蜡	1

2. 生产工艺

将技术配方中的各物料经热混炼后，挤出成型。

4.43 塑料软板

这种聚氯乙烯软板可作地面材料、耐酸碱衬里、实验桌台面等。柔软且具有耐酸碱腐蚀性。树脂可采用 XS-3 型。

1. 技术配方(质量,份)

	(一)	(二)
聚氯乙烯树脂	200	200
癸二酸二辛酯	—	12
邻苯二甲酸二丁酯	56	40
邻苯二甲酸二辛酯	10	40
氯化石蜡	10	—
硬脂酸钡	4	1.2
硬脂酸铅	—	2
三盐基硫酸铅	10	8
轻质碳酸钙	14	10
石蜡	1.0	1.0

2. 生产工艺

将技术配方中的各物料混炼热塑成型,厚度通常 2~4 mm。

3. 产品用途

用作地面、台面材料。

4. 参考文献

[1] 刘容德,李静,刘浩,等.S-1300 型 PVC 树脂的性能及应用 [J].聚氯乙烯,2011 (8):15-18.

4.44 高级装饰软片

这种聚氯乙烯软片可供高级装饰之用,其中含有环氧增塑剂、己二酸二辛酯(增塑剂)及有机锡稳定剂。

1. 技术配方(质量,份)

聚氯乙烯	100
邻苯二甲酸二-2-乙基己酯	35
己二酸二辛酯(DOA,增塑剂)	10

环氧增塑剂	7
硅胶硅酸铅共沉淀物	3
有机锡（稳定剂）	1
硬脂酸镉-钡	0.5
着色剂	适量

2. 生产工艺

将技术配方中的各物料经热混炼后，挤出成型。

3. 产品用途

用作高级宾馆、饭店、高层建筑内装饰材料。

4.45　难燃性聚氯乙烯片材

本技术配方中的氯化石蜡-40、磷酸三甲酚酯均为难燃性增塑剂。氯化石蜡-40的添加量超过1.2份时，有出汗现象，应予以注意。由于氯化石蜡-40相溶性不好，故添加邻苯二甲酸二-2-乙基己酯来提高相溶性。

1. 技术配方(质量，份)

	（一）	（二）
聚氯乙烯（P1100）	10.0	10.0
邻苯二甲酸二-2-乙基己酯	0.5	0.5
磷酸三甲酚酯（TCP）	2.6	2.1
氯化石蜡-40	1.2	0.6
轻质碳酸钙	5.0	0.75
环氧大豆油	0.50	0.50
硬脂酸铅	0.05	0.05

2. 生产工艺

将技术配方中的各物料按配方量混合后热混炼，压延成型得到难燃片材。

3. 产品用途

可直接用作室内隔墙板或装饰板用，也可加工为所需产品使用。

4.46　阻燃型中密度纤维板

纤维板在热作用下发生热分解反应，反应中复杂的高分子物质分解成许多简单的低分子物质，而这些简单的物质又能部分起缩合反应。同时随着温度的升高，反应由吸热变成放热，从而又加速纤维本身的热分解，这样循环反应使火越烧越旺，因此阻止延缓纤维板燃烧的机制主要是：抑制热传递；抑制纤维板高温下的热分解；抑制气相及固相的氧化反应。

1. 产品性能

该阻燃型中密度纤维板是本纤维中加入了复合阻燃剂，具有良好的阻燃效果。

2. 技术配方（质量，份）

纤维（木屑或甘蔗渣）	100
胶粘剂	适量
五氯酚钠	0.05
磷酸氢二铵	0.02
硼酸	0.12
氯化锌	0.10
水	适量

3. 生产工艺

将五氯酚钠、硼酸、氯化锌和磷酸氢二铵溶于水中，得到复合阻燃剂溶液，用此溶液将纤维浸透，最后加入胶粘剂混合均匀，在热压机中，170 ℃下压制固化成为阻燃型中密度纤维板。

4. 说明

纤维和胶粘剂是压制纤维的主要材料。纤维通过胶粘剂黏合，加热固化得到纤维板。五氯酚钠、硼酸、氯化锌和磷酸氢二铵混合组成阻燃剂。这种阻燃剂还具有防腐、防虫功能，其中氯化锌和硼酸都是防腐剂，五氯酚钠有良好的杀虫和防腐效果，磷酸氢二铵硼、氨气体或化合物，阻止了纤维的热分解反应，从而达到阻燃的目的。

5. 参考文献

［1］张建．环保阻燃中密度纤维板的工艺技术研究［D］．北京：北京林业大学，2005.

［2］张建，李光沛．环保阻燃中密度纤维板的研制［J］．中国人造板，2006（5）：26-28.

4.47 硬质泡沫板材

这种硬质聚氨酯泡沫板材可用于船舱室、上层建筑的墙板、顶板、地板，其性能优于软木、聚氯乙烯泡沫塑料和聚苯乙烯泡沫塑料。

1. 技术配方（质量，份）

	（一）	（二）
乙二胺聚醚	70	50
N-阻火聚醚	100	50
蓖麻油	—	50
三（β-氯乙基）磷酸酯	70	—
F_{113}发泡剂	115	75
三乙撑二胺	10	4～9
有机锡	1.4	0.8～1.5
硅油	3	2～3
多聚异氰酸酯（PAPI）	300	212～228

2. 生产工艺

高速搅拌后，在 3 mm 的钢板上喷涂 25 mm 厚。配方（一）所得产品为阻火型，配方（二）所得产品为普通型。

3. 产品用途

可用于船舱室、建筑物的墙板、顶板、地板。

4. 参考文献

[1] 罗静，薛锋. 硬质聚氨酯泡沫板材技术与应用 [J]. 河北化工，2008（8）：48-50.

[2] 杨春柏. 硬质聚氨酯泡沫塑料研究进展 [J]. 中国塑料，2009（2）：12.

4.48　硬质透明瓦楞板

1. 技术配方（质量，份）

聚氯乙烯	100
硬脂酸锌	0.2
硬脂酸镉	0.7
硬脂酸钡	2.1
双酚 A	0.2
亚磷酸三苯酯	0.7
紫外光吸收剂	适量
着色剂	适量

2. 生产工艺

将各物料按配方量热混炼均匀后，挤出成型。

3. 参考文献

[1] 李祥刚，刘跃军. 塑料瓦楞板发展现状及研究方向 [J]. 株洲工学院学报，2006（6）：4.

4.49 硬质不透明瓦楞板

1. 技术配方（质量，份）

聚氯乙烯	100
二盐基性亚磷酸铅	4
三盐基性硫酸铅	3
硬脂酸铅	0.5
亚磷酸三苯酯	0.7
石蜡	0.5
着色剂	适量

2. 生产工艺

将各物料按配方量热混炼后，挤出成型。

4.50 波纹板

1. 技术配方（质量，份）

聚氯乙烯（P800～1000）	100
月桂酸有机锡	0.5
马来酸有机锡	2.5
硬脂酸丁酯	1.0
硬脂酸	0.5
紫外光吸收剂	0.01

2. 生产工艺

将各物料按配方量经热混炼后，挤出成型。

4.51 屋顶波叠板

该波叠板具有良好的耐候性和耐紫外线性能，常用作临时屋顶建筑材料。

1. 技术配方(质量，份)

聚氯乙烯树脂	10.0
改性丙烯酸类抗冲击改性剂	0.3～1.0
丙烯酸型加工助剂	<0.3
硬脂酸钙	0.05～0.2
硫酸锡稳定剂	0.15～0.25
脂肪酸酯	<0.2
二氧化钛	1.2～2.0
石蜡 (165F)	<0.1

2. 生产工艺

将各物料按配方量混合后，采用双螺杆挤压成屋顶用波叠板。

3. 产品用途

与一般建筑用波叠板料相同。可用作屋面板、隔墙板。

4.52 民用着色板

这种民用聚氯乙烯着色板，具有广泛的用途。本技术配方简单，成本低廉。

1. 技术配方(质量，份)

聚氯乙烯	10.00
三盐基硫酸铅	0.40
硬脂酸钡	0.10
硬脂酸铅	0.05
邻苯二甲酸二-2-乙基己酯	0.8

2. 生产工艺

经热混炼后三辊压延成型。

3. 产品用途

用作墙壁、家具装饰板等。

4.53 低发泡硬抽异型材

这种异型材主要用于室内建筑装饰材料、家具等。

1. 技术配方（质量，份）

聚氯乙烯（P800）	100
锡系稳定剂（丁基锡）	2.0
ABS 系树脂	4.0
硬脂酸钙	1.2
MBS 系树脂	3.0
改性偶氮二甲酰胺	0.5
氯化聚乙烯	0.2
石蜡	0.7

2. 生产工艺

①配料：将聚氯乙烯树脂置于剪切力较强的高速搅拌机内进行搅拌，依次加入稳定剂、改性偶氮二甲酰胺（50 ℃）、石蜡和硬脂酸钙（57 ℃）、树脂改性剂（82 ℃），温度升至 99 ℃时停止搅拌，冷却至 54 ℃取出。

②使用挤出机型号：机筒直径为 65 mm，$L/D=24：1$，压缩比为 1.5：1.0。

③温度：机筒 1 为 157 ℃；机筒 2 为 165 ℃；机筒 3 为 177 ℃；机筒 4 为 193 ℃；机筒 5 为 185 ℃。口模为 185 ℃。树脂为 182 ℃。

④制品规格：宽约为 38 mm，厚度为 8 mm，比重约为 0.5。

3. 说明

①MBS 系树脂和 ABS 树脂作为树脂改性剂，改善加工和耐冲击性能。

②本配方是比重为 0.5（发泡倍数为 2~8 倍）左右的挤出低发泡硬质板材和异型材配方。

4. 参考文献

[1] 陈德忠. 硬质低发泡结皮 PVC 板材制备工艺的研究 [D]. 哈尔滨：哈尔滨理工大学，2006.

4.54 聚氯乙烯砖制品

聚氯乙烯塑料砖制品是以 PVC 树脂或废氯聚乙烯、增塑剂和填料为主体配制成组合粉料，采用挤出压延或立辊（三辊四辊）压延法生产制成的新型地面装饰材料。塑料地面装饰材料按材质可分为软质（增塑剂在 35% 以上）、半硬质、硬质几种。通常软质的做成卷材塑料地板，半硬质的做成块状塑料地板，硬质的做成砖状塑料地板。

1. 技术配方(质量，份)

（1）配方一

聚氯乙烯树脂 XS-4	100
邻苯二甲酸二辛酯	30
三盐基硫酸铅（稳定剂其他铅盐也可）	3～5
硬脂酸	0.5
轻质碳酸钙	150～200

（2）配方二

底层

硬脂酸	0.5
聚氯乙烯废品或边角料	100
烷基磺酸苯酯	20
邻苯二甲酸二辛酯	30
氯化石蜡	5
三盐基硫酸铅	4
碳酸钙	150
硬脂酸钡	2
硬脂酸	0.5

面层

聚氯乙烯	100
邻苯二甲酸二辛酯	25
烷基磺酸苯酯	20
三盐基硫酸铅	4
氯化石蜡	10
硬脂酸钡	2
硬脂酸	0.5

（3）配方三

聚氯乙烯树脂 XS-4	100
硬脂酸	0.5
邻苯二甲酸二辛酯	30～40
赤泥	80～100
三盐基硫酸铅	3～5
粉煤质	50～80

（4）配方四

聚氯乙烯	100
PET	50
季戊四醇	3

— 289 —

氯乙烯-醋酸乙烯共聚物	100
石棉	100
DOP	50
色料	10

（5）配方五

聚氯乙烯树脂 XS-4	100
硬脂酸	0.5
石英砂	150
邻苯二甲酸二辛酯	40～50
三盐基硫酸铅	3～5

（6）配方六

聚氯乙烯树脂	15～25
硬脂酸	0.2～0.4
废聚氯乙烯制品回收料	1～2
硬脂酸铅	90～110
重质碳酸钙	160～229
邻苯二甲酸二辛酯	8～10
消泡剂	1～2
三盐基硫酸铅	4～6
着色剂	适量

（7）配方七

底层

聚氯乙烯废品或边角料	100
邻苯二甲酸二丁酯	5
邻苯二甲酸二辛酯	5
氯化石蜡	5
硬脂酸钡	2
三盐基硫酸铅	2
碳酸钙	200
硬脂酸	1

中层

聚氯乙烯废料或边角料	100
邻苯二甲酸二辛酯	5
氧化石蜡	5
硬脂酸	1
硬脂酸钡	2
碳酸钙	150

面层

| 聚氯乙烯 | 100 |

邻苯二甲酸二辛酯	12
邻苯二甲酸二丁酯	15
硬脂酸钡	1.8
硬脂酸镉	0.9
氯化石蜡	3.0

2. 生产工艺

（1）配方六的生产工艺

将上述物料送入捏合机内进行充分捏合，时间为 1~2 h。捏合机夹套应通蒸汽加热。在 165~175 ℃和加压条件下，将混合料经滚压后制成塑料薄片，取此塑料薄片若干叠放入有金属垫板的夹层中经加热层压处理，成为一整体厚片，此种砖的厚度通常为1.5~2.0 mm。处理温度为 165~180 ℃。

（2）配方七的生产工艺

将上述三层的物料分别在高速捏合机中捏合均匀。再分别经密炼机和两台双辊机塑炼后，由第三台双辊辊压出片。将薄片叠好，成一定厚度，送入热压机内进行处理。然后由背胶机上胶后，包装即得聚氯乙烯砖制品。

4.55　聚氯乙烯树脂门窗型材

1. 产品性能

这种聚氯乙烯树脂门窗型材具有质轻、强度高、耐蚀、防水、防蛀等特点。

2. 技术配方（质量，份）

（1）配方一

聚氯乙烯树脂（PVC）	100
氯化聚乙烯（CPE）	10~12
二碱式硬脂酸铅	4~5
邻苯二甲酸酯二辛酯（增塑剂）	2~4
钛白粉	1~2
碳酸钙（$CaCO_3$）	4~7
石蜡	0.4~0.6
紫外线吸收剂	0.5~1
氢氧化铝	2~3

配方中以 PVC 树脂为主要原料；CPE 为改性剂，起增韧作用；邻苯二甲酸二辛酯为增塑剂；二碱式硬脂酸铅为热稳定剂；硬脂酸钙、石蜡为润滑脱模剂；$CaCO_3$ 为填充增强剂；氢氧化铝为阻燃型填充剂。

（2）配方二

聚氯乙烯树脂（PVC）	100
邻苯二甲酸二丁酯	60～70
硬脂酸	0.5～1.0
钡-镉稳定剂	2～3
白垩	50～60

（3）配方三

聚氯乙烯树脂（PVC）	100
氯化聚乙烯（CPE）	2～10
硬脂酸	1
三碱式硫酸铅	2
碳酸钙（CaCO₃）	50
邻苯二甲酸二丁酯	3～6

配方中 PVC 树脂为主要物料；三碱式硫酸铅为稳定剂，起加工热作用；CPE 为改性剂，起增韧作用；硬脂酸为润脱模剂；$CaCO_3$ 为填充改性剂；邻苯二甲酸二丁酯为增塑剂。

3. 生产工艺

将各物料按配方量混炼后，压塑成型。

4.56 钙塑门窗

1. 产品性能

这种复合的聚氯乙烯材料，主要用于制作塑料门窗，这种门窗不生锈、不腐烂，是一种优良的建材。

2. 技术配方（质量，份）

	（一）	（二）
聚氯乙烯树脂 XS-3	200	200
邻苯二甲酸二丁酯	20	20
木粉	80	—
黄泥	—	80
二盐基亚磷酸铅	4	4
三盐基硫酸铅	6	6
硬脂酸铅	4	4

硬脂酸钡	2	2
石蜡	2	2

3. 生产工艺

将配方中的各物料按配方量热混炼后，挤压注塑成型。

4. 产品用途

用作注塑门窗。

4.57 墙面装饰材料

这种墙面装饰材料类似于墙纸，一般先压延成薄膜，贴附在经预处理的纸材上，再经发泡、印花得到有花纹的、表面柔软的墙面装饰材料。

1. 技术配方(质量，份)

	(一)	(二)
聚氯乙烯	10.0	10.0
邻苯二甲酸二辛酯	4.0	4.0
磷酸三甲苯酯	3.0	3.0
钡-锡系稳定剂	0.2	0.2
偶氮甲酰胺	0.5	0.15
色料	0.7	0.6
羟基二苯磺酰肼	—	0.15

2. 生产工艺

将上述物料按配方量投料后，混合搅拌，在约 140 ℃下热混炼后，用压延机压延成膜，再贴附在预先经耐燃处理的纸材上（该纸厚度约 0.2 mm）。通过升温到 170 ℃，使发泡剂分解发泡。再在发泡层表面压印花纹，花纹凸部涂淡茶色后，通过 230 ℃的加热炉，使分解温度高的发泡剂分解发泡。再通过轧辊进一步压印花纹，得到富有立体感、表面柔软的墙面装饰材料。

3. 产品用途

用作墙面装饰材料。

4. 参考文献

[1] 唐晓娟，赵媛. 墙面装饰材料的应用 [J]. 现代装饰（理论），2012（12）：41.

4.58　塑料壁纸

塑料壁纸作为新型室内装饰材料越来越受到人们的欢迎，它具有成本低、耐水性好、易于清除污垢、加工简单和可制成多色彩图案等优点。目前大多采用圆网涂布工艺。

1. 技术配方（质量，份）

	底层	中层	面层
PVC	100	100	100
邻苯二甲酸二辛酯	65～70	65	60～70
Ba-Ca-Zn 液体稳定剂	3	3	3
轻质碳酸钙	20～30	20	20
钛白粉	5～8	5～8	5～8
AC 发泡剂	—	3	3
氧化锌（调节制）	—	2	2
阻燃剂	适量	适量	适量
稀释剂	适量	适量	适量

2. 生产工艺

纸基底基涂布（平涂），140 ℃凝胶后，冷却；涂面层，凝胶，塑化（190～210 ℃，30～35 m/min）。

3. 说明

①配方中阻燃剂用量应满足消防要求，即氧指数为 28%～30%，排气温度 350 ℃以下，发烟系数 120 ℃以下。

②阻燃剂以三氧化二锑、氯化石蜡、水合氧化铝并用为宜，同时考虑增塑剂的使用量、氯化石蜡、水合氧化铝并用为宜，同时考虑增塑剂的使用量，压缩到最小限度。

③涂布量控制取决于涂网目数，底层、中层以 40～60 目为宜。

4.59　聚氯乙烯塑料墙纸

塑料墙纸又称塑料壁纸，它是用于装饰室内墙壁、美化环境的装饰材料。由于塑料墙纸装饰效果好，适合于工业化大规模生产、清洗容易、施工方便，故在室内装修中广泛应用。

1. 技术配方（质量，份）

（1）配方一

聚氯乙烯树脂糊（PVC）	100

邻苯二甲酸二丁酯	50
镉-锌（Cd-Zn）稳定剂	3
色料	适量
碳酸钙（$CaCO_3$）	28
二甲苯	15
阻燃剂	适量

将各物料混合均匀，采用涂布法生产。

（2）配方二

聚氯乙烯树脂	100
邻苯二甲酸二辛酯（增塑剂）	40
环氧脂肪酸辛酯	2
氯化石蜡	10
烯酸三甲酚酯	3
碳酸钙	30～50
三氧化二锑（阻燃剂）	3～5

将各物料充分混合，采用涂刮法生产。

（3）配方三

聚氯乙烯树脂（PVC）	100
邻苯二甲酸二辛酯	55
磷酸三甲苯酯	10
亚磷酸酯	0.5
硬脂酸	0.2
环氧大豆油	2.5
钡-镉-锌（Ba-Cd-Zn）稳定剂	2.5
碳酸钙	50
偶氮二甲酰胺	4
阻燃剂	适量

该配方为发泡型阻燃墙纸的配方。

（4）配方四

XS-3型聚氯乙烯（PVC）	100
邻苯二甲酸二辛酯	30～45
邻苯二甲酸二丁酯	25
二碱式亚磷酸铅	1.5
硬脂酸钡-镉-锌	1.5
硬脂酸	0.2
碳酸钙	10
钛白粉	4

将各物料塑炼均匀，压延成型。

（5）配方五

聚氯乙烯（PVC，乳液）	100
邻苯二甲酸二辛酯	40
偶氮二甲酰胺	2～7
环氧脂肪酸辛酯	2
钡-锌复合稳定剂	3
氯化石蜡	10
碳酸钙	10～40
泡沫调节剂	0.5～1.0
三氧化二锑	3～5

2. 工艺流程

各物料 → 塑炼 → 涂刮在预热的纸基上 → 发泡压花 → 印彩 → 成品

图 4-1

3. 生产工艺

将各物料混合塑炼，涂刮在预热的纸基上，经发泡压花、印彩得聚氯乙烯塑料墙纸。

4.60 装饰墙纸

墙纸是室内壁面的重要装饰材料，这里介绍几种不同的墙纸技术配方。

1. 技术配方（质量，份）

（1）耐燃墙纸

聚氯乙烯（P1050）	10.0
碳酸钙	6.0
邻苯二甲酸二辛酯	4.0
甲酚三磷酸酯	1.0
氯化石蜡（氯含量50%）	1.0
三氧化二锑	0.15
环氧大豆油	0.2
二氧化钛	1.5
钡-锌稳定剂	0.25
发泡剂	0.3～0.5
有机稳定剂	0.05

（2）非发泡墙纸

	（一）	（二）
聚氯乙烯（P1000）	10.0	—

聚氯乙烯（P1300）	—	10.0
聚丙烯类树脂	0.1	—
邻苯二甲酸二辛酯（DOP）	5.0	5.0
磷酸三甲苯酯	0.7	1.0
环氧大豆油	0.3	0.5
重质磷酸钙	4.0	8.0
活性重质磷酸钙		10.0
硬脂酸	—	0.05
镉-钡-锌系稳定剂	0.1	0.15
镉-钡系稳定剂	0.1	—
有机亚磷酸复盐	0.03	0.03
硬脂酸钡	—	0.05

（3）低发泡墙纸

聚氯乙烯树脂（P1000）	10.0
偶氮二甲酰胺（发泡剂 AC）	0.4
磷酸三甲苯酯（TCP）	1.0
三氧化二锑	0.4
邻苯二甲酸二辛酯	5.5
重质碳酸钙	5.0
锌-钡系稳定剂	0.25
聚丙烯酸类树脂	0.1

2. 生产工艺

（1）耐燃墙纸的生产工艺

经热混炼后，压延发泡成型。

（2）非发泡墙纸的生产工艺

经 150～170 ℃热辊混炼后压延成型。配方（一）所得产品为低填料型的非发泡墙纸，配方（二）所得产品为高填料型的非发泡墙纸。

（3）低发泡墙纸的生产工艺

经 150 ℃热辊混炼后，压延发泡成型得低发泡型耐燃墙纸。

3. 产品用途

与一般墙纸相同。

4. 参考文献

［1］魏任重，洪炜，唐焕栋.高耐水性墙纸基膜合成及应用研究［J］.江西建材，2020（11）：10-12.

4.61 聚氯乙烯瓦

这种建筑用聚氯乙烯瓦具有优异的热稳定性和光稳定性。

1. 技术配方（质量，份）

醋酸乙烯酯-氯乙烯 [w（醋酸乙烯酯）：w（氯乙烯）=7%：93%] 共聚物	100
石棉	80
碳酸钙	320
氧化钛	5
三盐基硫酸铅	5
妥儿油松香	15.7
豆油脂肪酸	1.9
反丁烯二酸	0.9
氢氧化钙	0.85
氧化锌	0.6
邻苯二甲酸二辛酯	45

2. 生产工艺

先将妥儿油松香、豆油脂肪酸混合加热，再加入反丁烯二酸进行处理，最后加入氢氧化钙、氧化锌共热，得到的反应产物与技术配方中的其余物料混炼得氯乙烯共聚混合物，将共聚混合物注塑成型，制得 170 ℃下稳定 240 min、耐候 100 h、硬度为 82 的聚氯乙烯瓦。

4.62 高发泡型钙塑板

这种聚氯乙烯高发泡型钙塑板可黏、可钉，既可单独用作装饰板、门板、天花板、隔墙板、屋面板，又可与其他板材复合制成轻质多功能的复合板。

1. 技术配方（kg/t）

低密度聚乙烯	10.0
炭黑	0.2
三盐基性硫酸铅	0.15
硬脂酸锌	0.15
轻质碳酸钙	10.0
偶氮二甲酰胺（AC）	0.8
过氧化二异丙苯（DCP）	0.1

2. 生产工艺

将低密度聚乙烯、炭黑、三盐基性硫酸铅、硬脂酸锌和轻质碳酸钙加入双辊机进行粗炼，每批投料不超过 10 kg，控制前辊温度为 160 ℃，后辊温度为 150 ℃，混炼 10 min 后，加入其余两种物质，再进行精炼，此时前辊温度为 120 ℃，后辊温度为 100 ℃，混炼 15 min 后，即轧得片料（厚度 0.5～1.0 mm）。再按成品规格的重量称取片料叠合成坯料装入模框，在 140 ℃、196×10^6 Pa 下热压，然后立即减压，使模框中的熔融物料迅速膨胀充满模框，形成比重约为 0.4 的低发泡板坯。再将其割成厚度为 5～6 mm 的板坯料，放入刻有图案的模具中，并放进热压机，在 150 ℃下预热，再抽真空加压，让板坯紧贴在模具壁上，随后松开压力机压板，板坯便迅速发泡膨胀充满模具，冷却定型即得高发泡钙塑板。

3. 产品用途

可用作装饰板、天花板、墙板、屋面板。

4. 参考文献

[1] 高德. 新型钙塑瓦楞纸板承载机理与性能研究 [D]. 杭州：浙江大学，2019.

4.63　弹性塑料隔音地板

这种隔音地板由表面层、中间层和底层经热压复成一体，其主要原料为聚氯乙烯树脂、增塑剂和填料。

1. 技术配方(质量，份)

（1）面层

聚氯乙烯（P1200）	10.0
邻苯二甲酸二辛酯	5.0
碳酸钙	25.0
稳定剂	3.5
聚乙烯醇	0.2

（2）中间层

聚氯乙烯树脂	10.0
邻苯二甲酸二辛酯	7.0
碳酸钙	2.0
锌－镉稳定剂	0.2
偶氮发泡剂	0.2

（3）底层

聚氯乙烯树脂	10.0
碳酸钙	57.0
邻苯二甲酸二辛酯	8.0
锌-镉系稳定剂	0.4
助剂（HibLen 401）	0.8
聚乙烯醇	0.03

2. 生产工艺

（1）面层的生产工艺

将各物料在 150 ℃下用热辊混炼 10 min，压片制成 2.5 mm 的薄膜。

（2）中间层的生产工艺

将各物料混匀，在 140 ℃下用热辊混炼 10 min，压成 2 mm 厚的片材。然后在 200 ℃下使其发泡，制成 7 mm 厚的发泡体，其密度为 400 g/cm^3。

（3）底层的生产工艺

将各物料在 160 ℃下用热辊混炼 10 min，制成 1 mm 厚的薄膜，密度约为 2.9 g/cm^3。最后将面层、中层和底层 3 种片材经热压复合为一体，即得弹性塑料隔音地板。

3. 产品用途

用作地板材料。

4.64　聚氨酯地板

聚氨酯弹性材料具有硬度可调性，在较宽的硬度范围内具有高弹性，在宽的温度范围内具有曲挠性，并具有良好的耐磨性、耐候性及耐溶剂性能，广泛用于各种表面材料，如涂料、防水材料、地板材料等。聚氨酯树脂对水泥混凝土、柏油、木材、钢材等材料有着很好的粘接能力，还具有耐磨、耐水解、弹性等性能。因此，聚氨酯树脂作为建筑工程材料，是很有发展前途的。目前聚氨酯树脂除作为地板材料、防水材料、防渗隔潮材料、嵌缝材料、灌浆材料、铺面材料、室内地板、甲板等，也广泛用于铺设人工草坪、幼儿园的游乐场地、公园道路等设施。聚氨酯地板材料具有比其他聚合物地板材料更优越的性能，主要通过浇注等方法制造，可分为预成型的地板片材或地板砖和现场浇注的冷熟化无缝地板材料。所采用的聚氨酯胶料可以是湿固化单组分体系，也可以是双组分体系。采用新型无溶剂喷涂工艺，也可制成高性能无缝地板材料。

1. 产品性能

聚氨酯地板耐磨性优良，比一般塑料地板的使用寿命要长，铺设厚度也可较薄。聚氨酯地板清洁不滑，富于弹性，吸音性和缓冲性好，特别适合于做会议室地板。此外，聚氨酯地板耐化学药品与耐水解性能好，施工简单，没有接缝口，也适用于工厂地板。聚氨酯地板铺设的厚度可根据使用目的进行选择。由于聚氨酯树脂添加催化剂后，于−20 ℃也能固化，因此特别适用于冷冻库地板的修补。

2. 生产方法

聚氨酯地板材料是双组分，施工时要严格控制比例，而且还需要在一定的操作时间内进行施工，因此施工人员需经特别的训练，否则要影响物理性能。铺设聚氨酯地板前，一定要使基层干燥，不能含有太多水分。这种聚氨酯地板与其他塑料地板（聚氯乙烯-氯醋共聚等树脂）相比，其价格较高，另外阻燃性也不够好，如有未熄灭的烟头在聚氨酯地板上，则会立即损坏地板。目前已有用含磷聚醚制作的地板，具有较好的阻燃性能。

聚氨酯地板的施工对基层要求：混凝土的基层必须铺设得十分平滑，除去上面的异状物、突出部分、翻沫和灰砂，再用水清洗，使其完全干燥。待基层充分干燥后，涂上地板底层涂料，一般底层涂料是采用环氧树脂类或聚氨酯类的树脂，均匀涂刷后，让其完全固化。

将聚氨酯涂料均匀地涂在底层上，视厚度多少，可一次涂成，或分 2～3 次涂布。涂布的工具可使用金属镘刀、橡胶压勺等进行抹涂。聚氨酯涂料完全固化后，如需除去表面的光泽，可涂上一层含有二氧化硅聚氨酯或聚丙烯酸酯涂层进行消光。

3. 主要原料

聚氨酯地板材料的原料包括 4 个主要部分：①多异氰酸酯原料，如 TDI 及其预聚体、MDI 或改性 MDI 及其预聚体、PAPI、氢化 MDI（HMDI）、异佛尔酮二异氰酸酯（IPDI）等；②含活性氢的原料，如聚醚多元醇、聚酯多元醇、端羟基聚烯烃、多元胺类化合物、蓖麻油、水、小分子多元醇，聚醚多元醇中最常用的是聚氧化烯烃多元醇；③各种填充材料，如各种橡胶颗粒、纤维末、大理石粉、石英砂、氧化钙、金属粉末、无机颜料等；④各种助剂，如增塑剂、催化剂、抗氧剂、防老剂等。在许多场合，使用催化剂来加大反应速度及缩短无缝聚氨酯地板的铺装时间。催化剂主要有叔胺及有机金属化合物两类。

4. 生产工艺

（1）聚醚型聚氨酯地板材料制备

将 81.6 份聚醚（由三羟甲基丙烷与环氧丙烷反应得到的聚丙三醇，相对分子质量为 732），于 100～102 ℃、(8～12)×133.322 Pa 下加热脱水 1 h，加入调料罐中，再加 81.2 份羟基化蓖麻油（相对分子质量为 1040，羟值为 290 mg KOH/g，平均每个分子具有 5.1 个羟基基团），21.4 份色浆（40 份相对分子质量为 426 聚丙三醇与 60 份三氧化钛混合物），搅拌混合均匀，于 40 ℃添加 2 份有机硅表面活性剂及 3.0 份 30%油酸苯汞矿油精的溶液，制成聚醚色浆混合物（A 组分）25 ℃时黏度为 0.65 Pa·s，相对密度为 1.08。

将 143 份 TDI、23 份聚丙三醇（相对分子质量为 426）混合搅拌均匀，于 65 ℃以下反应 30 min，加入 34 份聚丙三醇（相对分子质量为 426），将反应混合物在（8～12）×133.322 Pa 下，于 60～65 ℃反应 1 h，冷却至 50 ℃制得预聚体（B 组分）。25 ℃时，其黏度为 2.6 Pa·s，相对密度为 1.20，异氰酸值为 163。

将 40 份 B 组分预聚体与 59.5 份 A 组分聚醚色浆混合后，用凹凸泥刀涂于混凝土或木制地板上，厚度一般为 0.5～6.0 mm。经 6 h 充分固化后可步行。

（2）聚酯型聚氨酯地板材料制备

将反应釜中，加入 438 g 己二酸、270 g 1，3-丁二醇、135 g 1，2，6-己三醇及 84 g 蓖麻油，于 250 ℃搅拌反应 1 h，制得透明的液体聚酯，羟值为 165 mg KOH/g，含水 0.1%，黏度为 15 Pa·s（25 ℃）。将 225 份聚酯与 100 份无水硫酸钙混合均匀，再加入与聚酯等摩尔的 PAPI 进行剧烈搅拌反应后，立即浇注在经干燥清净处理的平整的混凝土基层上，该聚氨酯涂层会渗透到混凝土基层表面的空隙里，再用手工或滚涂的方法将聚氨酯树脂铺成 16 mm 厚，固化后聚氨酯涂层与混凝土基层就能牢固地黏合在一起，成为具有光泽、韧性、弹性、耐磨的地板。

5. 说明

聚醚型聚氨酯作为地板材料具有较好的弹性，但其硬度偏低，使用羟值为 130～400 mg KOH/g 的低分子量的聚烷基醚可以制备硬度较高的聚氨酯浇注胶。另外，采用氧化丙烯蓖麻油聚醚，平均每个分子具有 4 个以上羟基可增加聚氨酯树脂的交联密度，提高了树脂的拉伸强度。聚醚与异氰酸酯反应时，如有少量水分存在，就会使制成品产生气泡，影响地板质量。催化剂可选用油酸苯汞、醋酸苯汞、辛酸汞、萘二甲酸汞、丙酸苯汞、辛酸铅、油酸铅及苯二甲酸铝等，特别是有机汞与有机铅组成复合催化剂。添加量为 0.01%～2.00%，即使有少量的湿气存在，也能防止气泡生成。添加少量氧化铅或辛酸钙等碱性化合物，可增加催化剂的催化活性。

6. 质量标准

（1）聚醚型聚氨酯地板材料

邵氏硬度（24 ℃）	72
拉伸强度/MPa	33
伸长率 [24 ℃，5 cm/min]	15 %

（2）聚酯型聚氨酯地板材料

	绿色	灰色	阻燃型
硬度（邵氏 A）	78～80	76～78	81～83
拉伸强度/MPa	5.4	6.4	7.0
伸长率	450%	510%	350%
100%定伸强度/MPa	2.7	3.1	3.8
撕裂强度/（N/m）	33.6	39.2	32.8

7. 产品用途

该地板材料不仅用于户内，如家庭与商店里，而且也可用于在户外，如舰船甲板、天井、门廊等地方。

8. 参考文献

[1] 刘运学，范兆荣，谷亚新，等. 全塑型聚氨酯塑胶地板的制备 [J]. 聚氨酯工业，2005 (4)：34.

[2] 马建斌. 无溶剂聚氨酯地板材料在舰船舱室中的应用 [J]. 舰船科学技术，2017，39 (12)：190-191.

4.65　聚氯乙烯地砖

该地砖主要用作铺地材料，要求尺寸稳定、耐磨耐腐。配方填料含量较大，树脂多采用低黏度的聚氯乙烯树脂 XS-4、聚氯乙烯树脂 XS-5。适当加入松香可以减少气泡、加大填料量。

1. 技术配方(质量，份)

	(一)	(二)
聚氯乙烯 XS-4	160	200
氯乙烯-醋酸乙烯树脂	40	—
邻苯二甲酸二辛酯	42	—
邻苯二甲酸二丁酯	—	60
三盐基硫酸铅	8	8
氯化石蜡	—	10
烷基磺酸苯酯	—	40
二盐基亚磷酸铅	4	—
硬脂酸钡	2	4
硬脂酸	—	1.0
硬脂酸钙	5.6	—
松香	3.2	—
轻质碳酸钙	80	300~400
石蜡	2.4	—
天然碳酸钙	320	—

2. 生产工艺

将配方中的各物料混炼后，热塑成型。

3. 产品用途

注塑成地砖用于铺设地面。

4. 参考文献

[1] 杜雪娟. 适宜定制设计的 PVC 材料地板 [J]. 现代塑料加工应用，2017，29 (1)：40.

4.66　塑料卷材地板

这种聚氯乙烯地板，主要用于室内地面装饰，也可供其他台面装饰。

1. 技术配方（质量，份）

	廉价型	通用型
聚氯乙烯树脂 XS-3	200	200
邻苯二甲酸二丁酯	86	42
癸二酸二辛酯	—	10
邻苯二甲酸二辛酯	—	10
氯化石蜡	9	—
三盐基硫酸铅	8	10
硬脂酸钙	6	—
硬脂酸钡	—	4
硬脂酸	1.0	—
磷酸三甲苯酯	20	—
石蜡	—	1.0
木粉	114	—
碳酸钙	26	—
黏土	—	3

2. 生产工艺

将上述原料混合后，经加热混炼，在专用设备成型，制得卷材地板。

3. 产品用途

用于室内地面装饰性铺设。

4. 参考文献

[1] 梁珊. 聚氯乙烯复合系列地板砖 [J]. 广东建材，2002（2）：51.

4.67 浮雕地板革

浮雕地板革采用抑止法成型，具有良好的室内装饰和美化效果。

1. 技术配方（质量，份）

	发泡层	耐磨层
PVC（B7021）	70～100	70
PVC（P1345K70）	0～30	—
PVC（P1345K80）	—	30
邻苯二甲酸二辛酯（DOP）	40	
邻苯二甲酸二丁酯（DBP）	10	
BBP（增塑剂）	10	47
环氧增塑剂	—	3
AC浆（与DOP之比1∶1）	5	—
有机锡稳定剂	—	1.5
氧化锌浆（与DOP之比为1∶1）	2.5	—
轻质碳酸钙（等填料）	10～20	
紫外线吸收剂	适量	适量
颜料	适量	—

2. 生产工艺

将各物料混合经混炼机研轧混匀，采用抑止法在基材上先涂刮填充料的底层，预凝胶后冷却，再涂刮发泡层，预凝胶后在上面印刷含抑止剂的油墨，干燥后再涂刮耐磨层，经热烘发泡，冷却得有浮雕花纹的地板革。

3. 产品用途

用于室内地板。其花纹清晰、立体感强，具有明显的浮雕效果。

4.68 活化法浮雕地板革

1. 技术配方（质量，份）

	发泡层	耐磨层
PVC糊树脂	100	100
邻苯二甲酸二辛酯	40	60
增塑剂BBP	30	—
AC发泡剂	3	
液体钡-镉-锌复合稳定剂	2	2

月桂酸二丁基锡	—	1
轻质碳酸钙（等填料）	10～20	—
颜料	适量	适量

2. 生产工艺

混合热混炼、轧研。基材上先涂刮高填充料的底层，预凝胶冷却后，刮发泡层，预凝胶后印刷活化油墨，干燥后涂刮耐磨层，热烘发泡得浮雕地板革。

3. 产品用途

用作室内铺饰地板革。

4.69 圆网法地板革

地板革的生产工艺有多种，如压延工艺、多层涂布工艺、圆网法工艺，以后者真实感为佳。该地板革装饰性、保温性、耐磨性和耐污染性良好。

1. 技术配方（质量，份）

	底层	发泡层	印花层	耐磨层
聚氯乙烯	100	100	100	100
邻苯二甲酸二辛酯	60	60～70	60	65
Ca-Ba-Zn 系稳定剂	3	3	3	3
轻质碳酸钙	50～60	20	50～60	—
AC 发泡剂	—	3	—	—
氧化锌（调节剂）	—	2	—	—
200# 溶剂汽油（稀释）	适量	适量	—	—
颜料	—	适量	适量	—
钛白	5	5～8	5	—

2. 生产工艺

物料以高速搅拌机进行拌和，搅拌 15 min 后过 40～80 目筛，脱气泡，静置 24 h 即可使用。涂布工艺：布基上底层涂布，加热，圆网印刷，凝胶后冷却，圆网再印刷，凝胶，冷却后发泡压涂，凝胶，冷却后面层涂布，凝胶。冷却后又转背涂，塑化，卷取。凝胶温度 140～150 ℃，塑料温度控制在 200～210 ℃。

3. 质量标准

剥离负荷/（N/cm）	≥12
径向	≥1000
吸水性	≤3

耐热性能（5 ℃、2 h）	无析出及变色
断裂负荷/（N/cm）	≥5
纬向	≥900
耐低温性（−35 ℃、8 h）	无裂纹

4. 产品用途

用于室内地板铺饰。

5. 参考文献

[1] 王林．PVC 压延发泡地板革的生产技术 [J]．聚氯乙烯，2003（3）：35-36.

4.70　实心地板革

1. 产品性能

实心地板革类似于地板胶，用于室内装饰，其保温、绝热效果好；耐污染、洗刷方便；吸音、隔音效果好。

2. 技术配方(质量，份)

（1）配方一

	底层	面层
悬浮法 PVC	100	—
乳液法 PVC 树脂	—	100
邻苯二甲酸二辛酯	36	26
己二酸二辛酯	6	6
磷酸三甲酚酯	84	60
三碱式硫酸铅	4	4
轻质碳酸钙	50	50
颜料	适量	适量

（2）配方二

	底层	面层
悬浮法 PVC 树脂	100	—
乳液法 PVC 树脂	—	100
邻苯二甲酸二辛酯	95	80
磷酸三甲酚酯	5	5
三氧化二锑	10	10
三碱式硫酸铅	4	3
轻质碳酸钙	50	20
颜料	适量	适量

3. 生产工艺

将各物料混合，热混炼，采用涂布法施于布基上，塑化成型。

4. 产品用途

用于室内装饰，该地板革为阻燃型。磷酸三甲酚酯为阻燃剂，其阻燃效果好，但成本高，若选用三氧化二锑代替部分磷酸三甲酚酯，可以降低成本。

5. 参考文献

[1] 王林. PVC压延发泡地板革的生产技术 [J]. 聚氯乙烯，2003（3）：35-36.

4.71　建筑用玻璃钢

用高分子树脂作黏结剂，以玻璃纤维制品，如玻璃带、玻璃布等为增强材料，所制得的玻璃纤维增强塑料称作玻璃钢。

1. 产品性能

玻璃钢质轻、强度高、耐热性和电性能好，并有优良的耐腐蚀性能，成型工艺简单。建筑中常用作防腐保护层及防腐地坪等，亦用于制作门窗、家具。

2. 技术配方（质量，份）

（1）配方一

E-44 环氧树脂	800
填料	300
乙二胺	70
丙酮	200
邻苯二甲酸二丁酯	100

该配方为建筑上常用的环氧玻璃钢配方。

（2）配方二

酚醛树脂	300
邻苯二甲酸二丁酯	100
呋喃树脂	700
填料	500
对甲苯磺酰氯	90
乙醇（或丙酮）	100

该配方为呋喃酚醛玻璃钢的配方。

— 308 —

3. 生产工艺

利用喷枪将树脂和其他物料混合液喷成细粒，与玻璃纤维切割喷射出来的短纤维，在空气中进行混合后沉积在基层上，再经滚压而成。

4.72　耐蚀型玻璃钢

化工原料和产品许多都是具有腐蚀性的液体，往往采用内衬橡胶或玻璃钢贮槽或反应釜。

1. 技术配方(质量，份)

耐蚀型不饱和聚酯树脂	100
过氧化环己酮浆	4
环烷酸钴-苯乙烯溶液	1~4
辉绿岩粉（填料）	10~30

2. 生产工艺

将各物料混合均匀后，得到耐腐蚀型玻璃钢。

3. 产品用途

采用手糊成型或缠绕成型工艺，增强材料用中碱性方格布（0.2 mm 厚）。

4. 参考文献

[1] 张俊梅. 炼油厂碱渣贮罐的玻璃钢内衬防腐 [J]. 材料开发与应用，2000 (3)：22.

4.73　普通玻璃钢

玻璃钢是玻璃纤维增强塑料（Fiber reinforced plastics，FRP）的俗称，即纤维增强复合塑料。根据采用的纤维不同分为玻璃纤维增强复合塑料（GFRP）、碳纤维增强复合塑料（CFRP）、硼纤维增强复合塑料等。它是以玻璃纤维及其制品（玻璃布、带、毡、纱等）作为增强材料，以合成树脂作基体材料的一种复合材料。纤维增强复合材料是由增强纤维和基体组成。纤维（或晶须）的直径很小，一般在 10 μm 以下，缺陷较少又较小，断裂应变约为 3%，是脆性材料，易损伤、断裂和受到腐蚀。基体相对于纤维来说，强度、模量都要低很多，但可以经受住大的应变，往往具有黏弹性和弹塑性，是韧性材料。

玻璃钢的含义就是指玻璃纤维作增强材料、合成树脂作黏结剂的增强复合材料。复合材料的概念是指一种材料不能满足使用要求，需要由两种或两种以上的材料复合在一起，组成另一种能满足人们要求的材料，即复合材料。单一材料玻璃纤维，虽然强度很高，但纤维间是松散的，只能承受拉力，不能承受弯曲力、剪切力和压应力，还不易做成固定的几何形状，是松软体。如果用合成树脂把它们黏合在一起，可以做成各种具有固定形状的坚硬制品，既能承受拉应力，又可承受弯曲力、压缩力和剪切应力。这就组成了玻璃纤维增强的塑料基复合材料。由于其强度相当于钢材，又含有玻璃组分，也具有玻璃那样的色泽、形体、耐腐蚀、电绝缘、隔热等性能，像玻璃一样，因此俗称玻璃钢。

1. 产品性能

玻璃钢复合材料最大的优势是有良好的可变性，良好的施工工艺性，可优化设计每个特定要求的产品，最大限度保证产品的可靠性和降低成本，玻璃钢的密度小，比强度和比模量高；优良的化学稳定性和耐腐蚀性；优良的电绝缘性能和热性能；摩擦系数小，耐磨、耐污染性好；具有自润滑性、耐辐性、耐烧蚀性、耐蠕变性等优良性能。

但玻璃钢的弹性模量较低，长期耐温性低于金属和无机材料，对有机溶剂和强氧化性介质的耐蚀性较差。

2. 主要原料

（1）玻璃纤维

玻璃纤维是将玻璃熔融，以极快的速度抽拉成细丝而成玻璃纤维，它是非结晶型无机纤维。由于它质地柔软，可纺织成玻璃布、玻璃带等。玻璃纤维及其织物除用作复合材料的增强材料外，还单独用作电绝缘、隔热、吸音、防水及化工过滤材料等。通常加入碱性氧化物（Na_2O、K_2O）等能降低玻璃的熔化温度和黏度；加入 CaO、Al_2O_3 能改善玻璃的某些性能和工艺性能。玻璃纤维不燃烧，伸长率和线膨胀系数小，耐腐蚀，耐高温，拉伸强度高，光学性能好，廉价易得，除氢氟酸和热浓强碱外，能耐多种介质的腐蚀。

玻璃钢的综合性能与玻璃纤维的成分、编织结构、树脂的类型、黏结状况及表面处理等有直接关系。树脂和玻璃纤维间的黏结状况，对玻璃钢的力学、耐蚀和耐久等性能有很大的影响。为了增强它们之间的黏结，主要措施是用各种增强型浸润剂（含偶联剂）对玻璃纤维进行表面处理。

玻璃纤维的分类按其所含成分有高碱纤维、中碱纤维、无碱纤维、耐化学药品纤维、高强度纤维、低介电纤维、高模量纤维等；按其形状分类有长纤维、短纤维、卷曲纤维、空心纤维、粗纤维等。按生产玻璃纤维的长度，有定长纤维和连续纤维两大制造方法。近年来，连续生产玻璃纤维趋向三大（大熔窑、大漏板、大卷装），一粗（粗单丝直径）；三直接（无捻粗纱、直接短切、直接制毡）。挤压生产法正在探索中。普通的生产工艺，是将玻璃放在熔窑中，在 1000 ℃ 以上熔融，通过有一定要求的坩锅底的漏孔拉出纤维，通过有浸润剂的浸槽，使散丝结成一股，以高速的机械拉引，将玻璃纤维丝卷绕在滚筒上，即成为玻璃纤维丝。玻璃纤维直径的大小，由设计坩埚底的漏孔大小而定。再将单丝黏结成股，进而纺织成粗纱、玻璃布、席或毡。目前，玻璃纤维的生产过程，多使用电子计算机控制过程中的温度、压力、流量，以保证生产的质量安全，降低能源的消耗。

（2）树脂

根据所用树脂不同，将玻璃钢分为热塑性玻璃钢和热固性玻璃钢。目前应用较广的是热固性玻璃钢。与热塑性树脂相比，热固性树脂具有更好的机械强度和耐热性能。所以世界上 85% 以上的玻璃钢是由热固性树脂制成的。热固性树脂主要品种有不饱和聚酯树脂、环氧树脂、酚醛树脂和呋喃树脂。

（3）偶联剂

偶联剂具有浸润偶联作用，使模量较低的单丝牢固地黏结起来，在任何一根纤维断裂时，对整体强度影响不大。因而，偶联剂是增加玻璃纤维与树脂界面之间粘接力的一种化学物质，它不仅加强两者界面的粘接，还起到保护玻璃纤维表面，防止玻璃钢老化的作用。偶联剂有硅烷偶联剂和钛酸酯偶联剂两大系列。玻璃钢中常用的硅烷与非硅烷偶联剂如表 4-1 所示。

表 4-1　玻璃钢中常用的硅烷与非硅烷偶联剂

化学命名	结构式	适用树脂	牌号
γ-氯丙基三甲氧基硅烷	$ClCH_2CH_2CH_2Si(OCH_3)_3$		A-143 Z-6076 Y-4351
乙烯基三乙氧基硅烷	$H_2C=CHSi(OC_2H_5)_3$	聚酯、硅树脂、聚酰亚胺	A-151
乙烯基三（β-甲氧基乙氧基）硅烷	$H_2C=CHSi(OCH_2CH_2OCH_3)_3$	聚酯、环氧聚丙烯	A-172
γ-甲基丙烯酰氧基丙基三甲氧基硅烷	$H_2C=C(CH_3)-C(O)-O(CH_2)_3Si(OCH_3)_3$	聚酯、环氧聚苯乙烯、聚甲基丙烯酸酯、聚乙烯、聚丙烯	A-174 KH570 Z-6030 KBM-503
γ-甲基丙烯酰氧基丙基三（β-甲氧基乙氧基）硅烷	$H_2C=C(CH_3)-C(O)-O(CH_2)_3Si(OC_2)Si(OC_2H_4OCH_3)_3$		A-175
β-（3,4-环氧基乙基）乙基三甲氧基硅烷	(环己烷结构) $-CH_2CH_2Si(OCH_3)_3$	环氧、酚醛、聚酯三聚氰、PVC、PE、PP、聚碳酸酯	A-186 Y-4086 KBM-303

化学命名	结构式	适用树脂	牌号
γ-（2，3-环氧丙氧基）三氧甲基硅烷	$CH_2CHCH_2O(CH_2)_3Si(OCH_3)_3$ 带O环氧基	聚酯、环氧、酚醛三聚氰胺、PP、尼龙、聚苯乙烯	A-187 Z-6040 Y-4087 KBM-403 KH-560
乙烯基三乙酰氧基硅烷	$H_2C{=}CHSi(OOCCH_3)_3$		A-188 Z-6075
γ-巯基丙基三甲氧基硅烷	$HSCH_2CH_2CH_2Si(OCH_3)_3$	适用大部分热固性树脂、PS	A-189 Z-6060 KH-590
β-环己基乙基三甲氧基硅烷	⬡-$CH_2CH_2Si(OCH_3)_3$		Y-5272
戊基三甲氧基硅烷	$C_5H_{11}Si(OCH_3)_3$		Y-2815
乙烯基三甲氧基硅烷	$H_2C{=}CHSi(OCH_3)_3$		Y-2525 Y-4302
甲基三乙氧基硅烷	$CH_3Si(OC_2H_5)_3$		A-162
甲基三甲氧基硅烷	$CH_3Si(OCH_3)_3$		A-163 Z-6070
β-（2-氯甲苯基）乙基三甲氧基硅烷	⬡-$CH_2CH_2Si(OCH_2)_3$ 带CH_2Cl		Y-5918
辛基三乙氧基硅烷	$C_8H_{17}Si(OC_2H_5)_3$		Y-9187
苯基三甲氧基硅烷	⬡-$Si(OCH_3)_3$		Z-6071
二苯基二甲氧基硅烷	(⬡)₂$Si(OCH_3)_2$		Z-6074
二甲基二甲氧基硅烷	CH_3—$Si(OCH_3)_2$—CH_3		
乙烯基三叔丁氧基硅烷	$CH_2{=}CHSi[O{-}C(CH_3)_3]_3$		Y-5712
γ-氨丙基三乙氧基硅烷	$H_2NCH_2CH_2CH_2Si(OC_2H_5)_3$	环氧酚醛、三聚氰胺、PVC、PE、PP、尼龙	A-1100 AYM-9 KH550

化学命名	结构式	适用树脂	牌号
双（β-羟乙基）-γ-氨丙基三乙氧基硅烷	$(HOCH_2CH_2)_2N(CH_2)_3Si(OC_2H_5)_3$		A-1111 Y-2967
N-β（氨乙基）-γ-氨丙基三甲氧基硅烷	$H_2NCH_2CH_2NH(CH_2)_3Si(OCH_3)_3$	环氧、酚醛、聚酯、三聚氰胺、PS、PE、尼龙	A-1120 Z-6020 X-6030 BBM-603
N-β（氨乙基）-γ-氨丙基甲基二甲氧基硅烷	$H_2N(CH_2)_2NH(CH_2)_3{-}Si{-}(OCH_3)_2$ $\qquad\qquad\qquad\qquad\;\; CH_3$		
氨乙基氨丙基三甲氧基硅烷	$H_2NC_2H_4NHCH_2CH_2NHCH_2CH_2CH_2Si(OCH_3)_3$		Y-5162
尿基丙基三乙氧基硅烷	$\qquad\quad O$ $\qquad\quad \|\|$ $H_2NCNH(CH_2)_3Si(OC_2H_5)_3$		A-1160 Y-5650
N-乙酯基乙基氨丙基三乙氧基硅烷	$\quad\;\; O$ $\quad\;\; \|\|$ $C_2H_5OC{-}CH_2CH_2NHCH_2CH_2CH_2Si(OC_2H_5)_3$		Y-5651
氨苯基三甲氧基硅烷	$H_2N{-}\text{⟨ ⟩}{-}Si(OCH_3)_3$		Y-5475
苯氨基丙基三甲氧基硅烷	$\text{⟨ ⟩}{-}\overset{H}{N}{-}CH_2CH_2CH_2Si(OCH_3)_3$		Y-5669
N-二甲基氨丙基三甲氧基硅烷醋酸盐	$[(CH_3)_2\overset{H}{N}(CH_2)_3Si(OCH_3)_3]^+[OAc]^-$		Y-5816
N-三甲基氨丙基三甲氧基硅烷盐酸盐	$[(CH_3)_3N(CH_2)_3Si(OCH_3)_3]^+Cl^-$		Y-5817
苯氨基甲基三乙氧基硅烷	$\text{⟨ ⟩}{-}NHCH_2Si(OC_2H_5)_3$	环氧、酚醛、尼龙	南K-42
N'-乙烯苄基乙二酸-N-丙基三甲氧基硅烷	$CH_2{=}CH{-}\text{⟨ ⟩}{-}CH_2N^+H_3C_2H_4NHC_3H_6Si(OCH_3)_3$ $\qquad\qquad\qquad\qquad\; Cl^-$		Z-6032

化学命名	结构式	适用树脂	牌号
N-甲基氨丙基三甲氧基硅烷	$CH_3NHCH_2CH_2CH_2Si(OCH_3)_3$		XZ-2024
氨丙基三甲氧基硅烷	$H_2NCH_2CH_2CH_2Si(OCH_3)_3$		
甲基丙烯酸氯代铬盐	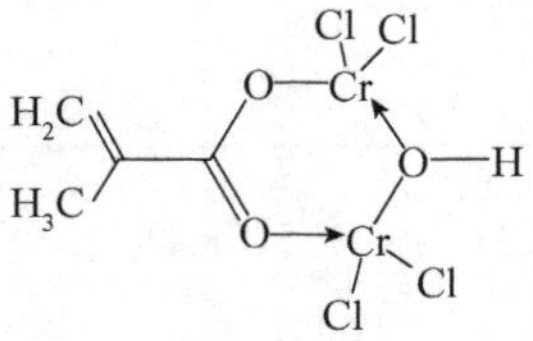	酚醛、聚酯、环氧、聚乙烯、聚甲基丙烯酸酯	Volan 沃兰
反丁烯二酸硝酸铬络化物	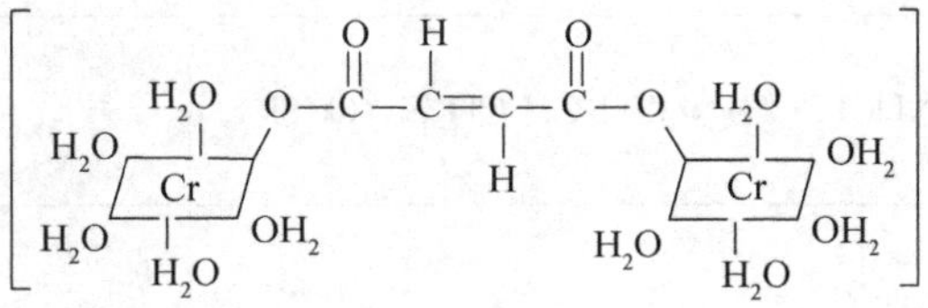 有效成分		B-301
阳离子型硅烷	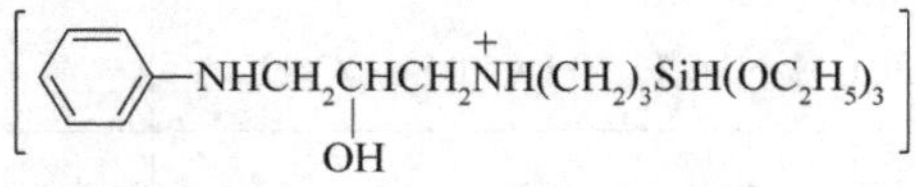		B-302

3. 常用不饱和聚酯树脂胶液配方(质量,份)

(1)配方一

不饱和聚酯树脂	100
过氧化二苯甲酰二丁酯糊(50%)	2~4

(2)配方二

不饱和聚酯树脂	80
过氧化甲乙酮溶液(活性氧0.8%)	2
不饱和聚酯树脂触变剂	15
萘酸钴(6%苯乙烯溶液)	6

(3)配方三

不饱和聚酯树脂	100
邻苯二甲酸二丁酯	5~10
苯甲酸钴(6%苯乙烯溶液)	1~4
50%过氧化环己酮(二丁酯溶液)	4

（4）配方四

不饱和聚酯树脂	60
过氧化甲乙酮溶液（活性氧 0.8%）	2
触变剂	40
苯甲酸钴（6%苯乙烯溶液）	1～4

（5）配方五

不饱和聚酯	100
萘酸钴（6%苯乙烯溶液）	1～4
过氧化环己酮（邻苯二甲酸二丁酯糊 50%）	4

4. 常用环氧树脂胶液配方（质量，份）

（1）配方一

E-51 环氧树脂（或 E-42、E-44）	100
乙二胺	6～8
丙酮	5～15

室温固化。乙二胺也可用 8～12 份二乙烯三胺代替。

（2）配方二

E-42 环氧树脂（或 E-51、E-44）	100
间苯二胺	14～15

配方中的间苯二胺也可用 20～22 份间苯二甲胺代替。室温固化。环氧树脂的黏度一般靠加入 5%～15% 邻苯二甲酸二丁酯或丙酮调整。

（3）配方三

E-44 环氧树脂（或 E-51、E-42）	100
三乙烯四胺	10～14
邻苯二甲酸二丁酯	5～14

室温固化。

（4）配方四

E-51 环氧树脂	100
环氧丙烷丁基醚	5～15
β-羟乙基二胺	16～18

加热固化、60 ℃、12 h。

5. 模压料技术配方（质量，份）

（1）配方一

631# 树脂	60
丙酮	100

616#树脂	40
玻璃纤维（增强材料）	160
二硫化钼（MoS_2）	4

先将二硫化钼溶于丙酮中，再倒入树脂液充分搅拌，再行浸胶。

（2）配方二

酚醛	200
油酸	10
聚乙烯醇缩醛	50
酒精（至树脂浓度为5%左右）	适量
苯胺	5
玻璃纤维	375

首先，将聚乙烯醇缩醛溶解于酒精中，再加至酚醛树脂搅拌均匀后浸胶。

（3）配方三

616#树脂	100
酒精	适量
KH550	1
玻璃纤维	150

将 616#树脂用酒精稀释至树脂浓度含量为（50±3）%，KH550用迁移法直接加入树脂中，充分搅拌均匀后浸渍玻璃纤维。

（4）配方四

648#树脂	100
丙酮	100
NA 酸酐	80
玻璃纤维	150
N,N-二甲基苯胺	1

648#树脂先加热至 130 ℃，加入 NA 酸酐，充分搅拌，温度回升至 120 ℃时滴加 N,N-二甲基苯胺，并在 120～130 ℃下反应 6 min 后，加入丙酮，充分搅拌，冷却后浸胶。

（5）配方五

甲苯二异氰酸酯接枝酚醛树脂	15.2
羟甲基尼龙（按 100%计）	2.5～3.0
E-44 环氧树脂	22.8
单硬脂酸甘油酯	0.7
N,N-二甲基苯胺	0.023
乙酸乙酯-乙醇（体积比为 1：2.5）混合液	适量

该配方为甲苯二异氰酸酯接枝酚醛环氧模压料，使用 B201 处理之短切无碱玻璃纤维开刀丝、连续无碱无捻或低捻玻璃纤维，用量为 62 份 [m（胶液）：m（纤维）＝4：6]。纤维长度为 40～60 mm。

（6）配方六

酚醛树脂（F-46 环氧酚醛树脂）	100
三氟化硼-单乙醇胺	3
丙酮	80～120

这种 F-46 酚醛环氧型模压料使用单向布或玻璃纤维，玻璃纤维用量为 150 份 $[m$（树脂）：m（增强材料）＝4：6]。

（7）配方七

甲醛环氧树脂/甲酚甲醛树脂	100
单甘酯	2.63
N，N-二甲基苯胺	0.179
羟甲基尼龙	5.26
乙酸乙酯—乙醇混合物（体积比1：2）	适量

该配方中的甲酚甲醛树脂还可以使用酚醛的接枝共聚物。这种酚醛型环氧模压料使用经 B201 处理的 40 支无碱长纤，纤维长度为 30 mm。用量是树脂的 1.5 倍。

（8）配方八

硼酚醛树脂	140
油酸	4.2
K-39	11.2
乙醇	适量
高硅氧玻璃纤维（或粗纱、加捻纱）	210

这是一种性能优异的硼酚醛模压料。使用玻璃纤维长度为 15～30 mm。

6. 生产工艺

（1）模压成型法

模压法主要用于热固性树脂，它是将已干燥的浸胶玻璃丝或玻璃布放入金属模具内，加热加压成型。该法生产效率高、尺寸精确、表面光滑、机械强度高。

在模压成型工艺中所用的原材料半成品称为模压料，模压料采用合成树脂浸渍增强材料经烘干（切割）后制成。

（2）注射成型法

注射成型法是将玻璃纤维的粒料从料斗加入注射成型机的料筒，料筒外部通过缠绕的电热丝加热，使粒料熔化至流动状态，以很高压力和较快的速度注入温度较低的闭合模具内，经过一定的时间冷却，脱模即得到制品。

（3）缠绕成型法

用机械控制将浸渍胶液的连续纤维束，在缠绕机上按预定的纤维排列规律缠绕到各种形式的芯模上，然后加热或室温固化，脱去芯模得到玻璃钢制品。缠绕成型工艺具有经济效益高、易于大批量生产和制品质量高等特点。

缠绕工艺中大多使用环氧树脂、改性环氧树脂或不饱和聚酯。用于缠绕工艺的玻璃纤维，按其状态可分为有捻纤维和无捻纤维。根据缠绕时纤维浸渍树脂的先后不同，分为湿法、半干法和干法。

7. 工艺流程

（1）模压成型法

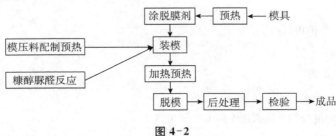

图 4-2

整个过程包括加料、闭模、加热加压、排气、脱模、清理模具等。必须严格确定加料量，均匀地加到模具的各部位。在闭模时，当阴模触及物料，应放慢闭模速度；改用高压慢速将模料压入模内，同时注意模内空气充分排除。当加热闭模后，模腔内空气膨胀及挥发的小分子，需要将模具松开片刻，以排除气体。排气操作力求迅速，且一定要在物料尚处于可塑状态进行。

根据树脂胶液的凝胶温度与凝胶时间（实验测得），先加少许压力，逐渐升温至接近凝胶温度时，停止升温，升温速度一般为 $1\sim2$ ℃/min。增加压力以不流胶或很少流胶为度，趁物料未完全固化前加足压力。在模压过程中，物料始终处于高温高压状态。从开始加热、加压到完全硬化、冷却所需的时间称为保持时间。保持时间过短，则固化不完全，会造成制品机械性能降低；但保持时间过长，不仅生产效率降低，而且容易引起树脂与玻璃纤维之间的内应力，严重时会使制品开裂而报废。因此，必须经过实验确定最佳的保持时间。几种不同模压料的成型温度与保温时间如下：

	成型温度/℃	保温时间/min
氨酚醛型	175±5	3～5
硼酚醛型	180～300	5～18
镁酚醛型	155～160	0.5～2.5
酚醛环氧型	175～5	3～5
尼龙-酚醛型	155±5	1～2
甲酚甲醛环氧-酚醛型	175～180	1
新酚醛树脂	170～180	5
F-46 环氧/NA 酐	230	5～30
F-46 环氧/BF₃·单乙醇胺	170	13
聚酰亚胺型	350±5	18
异氰酸酯接枝酚醛/F-44 环氧型	175±5	1

镁酚醛模压料（快速成型用）加压时机：合模时间 10～50 s。成型温度下加压，加压方式：多次抬模放气，反复充模。616 酚醛填料（慢速成型用）加压时机：在 80～90 ℃装模后，经 30～90 min 在（105±2）℃下加全压。加压方式：一次加全压。环氧-酚醛模压料中制品加压时机：在 60～70 ℃装模后，经 60～90 min。在 90～105 ℃加压。加压方式：一次加全压。

（2）缠绕成型法工艺流程

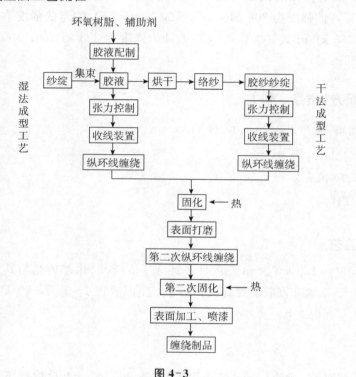

图 4-3

在玻璃钢的成型工艺中，还有挤出成型工艺、拉拔成型工艺、二次锁模注射成型工艺及连续成型工艺等。

8. 产品用途

玻璃钢因其优异的性能，目前广泛用于建筑、宇航、化工、仪表、电机电器、食品、医药等工业生产中。

9. 参考文献

［1］蔡建．玻璃钢成型技术［J］．工程塑料应用，2003（2）：66.

［2］刘永，南洋，许华明．国内连续缠绕玻璃钢管技术专利分析［J］．纤维复合材料，2020，37（4）：128-132.

4.74 306#聚酯玻璃钢

1. 产品性能

这种玻璃钢具有优异的机械性能：-60 ℃拉伸强度为 291 MPa，25 ℃拉伸强度为 252 MPa；40 ℃弯曲强度为 306 MN/m²，100 ℃（72 h）的弯曲强度为150 MPa；室温下的冲击强度 285 kJ/m²，100 ℃（2 h）的冲击强度为 228 kJ/m²；100 ℃（2 h）的压缩强度为 128 MPa。

2. 技术配方（质量，份）

306#聚酯树脂（酸值 40～50 mg KOH/g）	70
苯乙烯	30
萘酸钴-苯乙烯溶液	3
过氧化环己酮糊	4

3. 生产工艺

将黏度为 130～180 s（涂-4 黏度计，25 ℃）的 306#聚酯树脂与其余物料混合即得胶液。手糊成型。玻璃布浸胶后经纬交错铺平，室温放置1～2 天，80 ℃保温 6 h，90 ℃保温 2 h，100 ℃保温 6 h。

4. 说明

①玻璃布，斜纹、0.23 mm 厚、脱蜡处理，80 支，合股数经 6、纬 6，密度经 16 根/cm、纬 12 根/cm。

②306#聚酯是乙二醇、苯酐、顺酐、环己醇缩聚得到的不饱和聚酯树脂。聚合度为 50～60 s。

5. 产品用途

该玻璃钢适用于电机、船舶、车身、化工设备、贮槽等。

4.75 3193#聚酯玻璃钢

3193#聚酯韧性和冲击强度高，对应的玻璃钢可用于船舶、石油化工、电机等。

1. 技术配方（质量，份）

3193#不饱和聚酯树脂	70
过氧化二苯甲酰	适量
苯乙烯	30

2. 生产工艺

将酸值 40 mg KOH/g、黏度（涂-4 黏度计）为 90～95 s 的 3193#不饱和聚酯树脂与其余物料混合均匀制得胶液。手糊低压成型，室温固化。含胶量 40%～41%。

3. 质量标准

相对密度	1.7～1.8
弯曲强度（垂直）/（MN/m²）	195
线胀系数/（1/℃）	1.21×10^{-5}
冲击强度/（kJ/m²）	225
拉伸强度/MPa	284
体积电阻/（Ω·cm）	6.38×10^{12}
弯曲强度（平行）/（MN/m²）	232

4.76　不饱和聚酯玻璃钢

1. 产品性能

不饱和聚酯树脂是由不饱和二元酸二元醇或者饱和二元酸二元醇缩聚而成的具有酯键和不饱和双键的线型高分子化合物。通常，在 190～220 ℃进行聚酯化缩聚反应，直至达到预期的酸值（或黏度），在聚酯化缩聚反应结束后，趁热加入一定量的乙烯基单体配成黏稠的液体，这样的聚合物溶液称之为不饱和聚酯树脂。不饱和聚酯树脂的相对密度为 1.11～1.20，固化时体积收缩率较大，固化树脂具有良好的耐热性。绝大多数不饱和聚酯树脂的热变形温度为 50～60 ℃，一些耐热性好的树脂则可达 120 ℃。红热膨胀系数 α_1 为（130～150）$\times 10^{-6}$/℃。不饱和聚酯树脂具有较高的拉伸、弯曲、压缩等强度。不饱和聚酯树脂耐水、耐稀酸、耐稀碱的性能较好，耐有机溶剂的性能差，同时，树脂的耐化学腐蚀性能随其化学结构和几何开关的不同，可以有很大的差异。不饱和聚酯树脂的介电性能良好。不饱和聚酯树脂可直接用于化工防腐及家具表面涂层、浇铸工艺品、纽扣等方面，但主要用作玻璃纤维增强塑料（玻璃钢）的基体。

2. 主要原料

不饱和聚酯玻璃钢中常用的不饱和聚酯树脂主要有通用型不饱和聚酯树脂、中等耐蚀聚酯树脂、二酚基丙烷型（双酚 A 型）聚酯树脂、乙烯基酯树脂和二甲苯型不饱和聚酯树脂。

通用型不饱和聚酯树脂系指应用面较广、而其他性能，如耐蚀性、耐温性、耐磨性等一般的不饱和聚酯。对非氧化性的稀酸、盐及某些极性溶剂是稳定的，但热酸和热碱能使树脂水解。对酮、氯化烃类、苯和二硫化碳均不耐蚀。因此，该树脂仅可适用于不太强的腐蚀介质和温度要求不高的环境。例如，制作凉水塔、贮槽和管道的增强外壳等。目前广泛用于造船、汽车及建筑等部门，如制作船身、浴缸、玻璃钢的门窗和瓦楞板等。松香改性不饱和聚酯树脂是一种新品种，具有比通用型树脂更好的耐水和耐酸性。此外，还有与苯乙烯互溶性好、成膜硬度高、光泽好等优点。在通用型不饱和聚酯品种中，189# 树脂由于反应后期酸酐封闭了端羟基，起到了憎水作用，具有较好的耐水性。目前大量用于船舶的制造，也用于常温下的盐酸和柠檬酸等介质中。中等耐蚀聚酯树脂一般指间苯二甲酸和丙二醇、反丁烯二酸合成的聚酯树脂，它耐蚀性较好，还有较好的耐温性（可耐 120 ℃）、机械强度和电绝缘性能。二酚基丙烷型（双酚 A 型）聚酯树脂是用二酚基丙烷与环氧丙烷加成物代替部分二元醇，再通过与二元酸缩聚，可得到优良耐蚀、耐热性树脂。这类不饱和聚酯除具有通用聚酯的优点外，其突出的特点是有良好的耐腐蚀性和耐温性。近年来，用双酚 A 聚酯制成的玻璃钢，已广泛应用于石油、化工、纺织、电镀、建筑等部门。特别适用于制作大型的防腐设备，如大型管道、贮槽、槽车、塔器等。

乙烯基酯树脂的特点是聚合物中具有端基或侧基不饱和双键，具有环氧与不饱和聚酯树脂两者的优良。固化后的性能与环氧树脂相似，工艺性能与不饱和聚酯接近。具有优良的耐腐蚀性能、韧性及对玻璃纤维的浸润性。适用于生产耐热、耐化学溶剂、耐腐蚀的玻璃钢制品。广泛用于石油、化工及机械等方面。

二甲苯型不饱和聚酯树脂，其原料来源方便，具有良好的耐酸、耐碱性能和机械性能，价格比通用型不饱和聚酯高 20%～40%，因此便于大量推广使用，在耐蚀玻璃钢和地坪建筑防腐及电绝缘材料等方面，已成功地部分取代了环氧树脂和其他耐蚀不饱和聚酯树脂。二甲苯型不饱和聚酯树脂系以二甲苯甲醛树脂为原料，部分代替二元醇聚合而得。由于二甲苯甲醛树脂中的次甲基醚键能在加热下水解成两个羟甲基，在反应中像二元醇那样和羧酸发生酯化反应，使树脂具有一系列优良的性能。

不饱和聚酯是由不饱和二元羧酸或酸酐、饱和二元羧酸或酸酐与多元醇（酯化）缩合而成的线型聚合物。通用的不饱和聚酯是由丙二醇、顺丁烯二酸酐和邻苯二甲酸酐合成而得。在缩聚反应中增加饱和酸（或酸酐）的用量可提高柔软性，而增加不饱和酸（或酸酐）的用量则产物耐热性提高，硬度增加。树脂分子中同时含有重复的双键和酯键。通常玻璃钢生产的不饱和聚酯是一种固体或半固体状态，在生产后期，还必须经交联剂苯乙烯稀释成具有一定黏度的树脂溶液。不饱和聚酯树脂合成工艺包括线型不饱和聚酯树脂的缩聚反应和用苯乙烯稀释树脂两部分。

常用的不饱和聚酯树脂技术指标、性能和用途如下。

（1）306[#]不饱和聚酯树脂

主要成分为乙二醇、苯酐、顺酐、环己醇。产品技术指标：酸值 40～50 mg KOH/g，黏度 130～180 s（涂-4 黏度计，25 ℃），挥发物＜1%，聚合速度 50～60 s；玻璃纤维增强后适用于电机、船舶、车身、化工设备贮槽等。

（2）307 不饱和聚酯树脂

主要成分为丙二醇、苯酐、顺酐。产品技术指标：酸值 40～50 mg KOH/g，黏度（涂-4 黏度计，25 ℃）150～180 s，d_4^{25} 1.13～1.15；玻璃纤维增强后适用于电机、船舶、车身、化工设备贮槽等。

（3）189[#]不饱和聚酯树脂

主要成分为丙二醇、苯酐、顺酐；产品技术指标：酸值 20～28 mg KOH/g，含固量 59%～65%，凝胶时间（25 ℃）8～16 min，热稳定性 20 ℃时 6 个月。刚性较好。耐水、耐候性良好对玻璃纤维有优良的浸润性；玻璃纤维增强聚酯用于大型壳体、化工设备。

（4）191[#]不饱和聚酯树脂

主要成分为丙二醇、苯酐、顺酐。产品技术指标：酸值 28～36 mg KOH/g，含固量 60%～66%，凝胶时间 15～25 min；刚性较好，有 3 种黏度；用于半透明制品装饰板。

（5）306A 不饱和聚酯树脂

主要成分为乙二醇、苯酐、顺酐。产品技术指标：黏度中等，酸值＜40 mg KOH/g，凝胶时间 59 min；刚性较好；用于船舶壳体、水泥耐酸地面。

（6）182 不饱和聚酯树脂

主要成分为一缩二乙二醇、苯酐、顺酐；产品技术指标：酸值＜30 mg KOH/g，凝胶时间 5～9 min；柔性好，用于环氧树脂增韧。

（7）712[#]不饱和聚酯树脂

主要成分为乙二醇、顺酐苯酐、癸二酸；产品技术指标：酸值＜40 mg KOH/g，凝胶时间 5～9 min；韧性好，用于环氧树脂增韧。

（8）303[#]不饱和聚酯树脂

主要成分为一缩二乙二醇、乙二醇、苯酐、顺酐；产品技术指标：酸性＜50 mg KOH/g；半刚性，黏度低，与苯乙烯的混溶性较好，用于汽车车身罩壳。

（9）196[#]不饱和聚酯树脂

主要成分为一缩二乙二醇、丙二醇、苯酐、顺酐；产品技术指标：酸值 17～25 mg KOH/g，含固量 64%～70%，凝胶时间 8～16 min；半刚性，其制品光洁度好；用于车身罩壳、安全帽。

（10）3139[#]不饱和聚酯树脂

主要成分为乙二醇、苯酐、顺酐、己二酸；产品技术指标：酸值＜40 mg KOH/g，黏度（涂-4 黏度计，25 ℃）90～95 s，聚合速度 50～80 s，挥发物＜1%；韧性、冲击强度高，用于船舶、电机、石油化工。

(11) 331#不饱和聚酯树脂

主要成分为乙二醇、顺酐、双酚 A 与环氧丙烷加成物；产品技术指标：酸值＜25 mg KOH/g,凝胶时间 5～9 min；用于石油化工。

(12) 195#不饱和聚酯树脂

主要成分为丙二醇、苯酐、顺酐、含甲基丙烯酸；产品技术指标：酸值 27～35 mg KOH/g,含固量 59％～85％，凝胶时间 30～54 min；透光率 82％以上；制作透明玻璃钢。

(13) 198#不饱和聚酯树脂

主要成分为丙二醇、苯酐、顺酐、含甲基丙烯酸；产品技术指标：酸值 20～28 mg KOH/g, 含固量 61％～67％，凝胶时间 10～20 min；耐热、刚性、低黏度；适用于电性能要求不太高的层压制品。

3. 技术配方

(1) 通用型不饱和聚酯树脂技术配方（质量，份）

1) 配方一

丙二醇	83.50
对苯二酚	0.04
顺酐	49.03
苯乙烯	104.1
苯酐	74.06

2) 配方二

顺酐	58.80
丙二醇	27.40
邻苯二甲酸酐	59.20
对苯二酚	0.04
乙二醇	52

聚酯树脂与苯乙烯质量比为 70％：30％。

3) 配方三

苯酐	79.2
顺酐	52.5
1，2-丙二醇	76
对苯二酚	0.02
一缩乙二醇	15.4
石蜡	0.05

聚酯树脂与苯乙烯质量比为 (1.8～2.3)：1.0。

(2) 玻璃钢技术配方（质量，份）

1) 306#聚酯玻璃钢

306#聚酯树脂	70

过氧化环己酮糊	4
苯乙烯	30
萘酸钴-苯乙烯溶液	3

2）3193# 聚酯玻璃钢

3193# 聚酯树脂	70
过氧化二苯甲酰	适量
苯乙烯	30

3）191# 聚酯玻璃钢

191# 聚酯树脂	70
过氧化环己酮糊	2.4
苯乙烯	30
环烷酸钴溶液（含 Co 0.42%）	1.2

4）196# 聚酯玻璃钢

196# 聚酯树脂	70
苯乙烯	30
过氧化环己酮糊	2.4
环烷酸钴溶液（含 Co 0.42%）	1.0

198# 与 199# 聚酯玻璃钢配比与 191# 聚酯玻璃钢的相同。玻璃布：平纹或斜纹；含胶量一般为 40%～50%。198# 与 199# 聚酯玻璃钢用于制造化工品贮槽。化工原料和产品许多都是具有腐蚀性的液体，金属贮槽不耐腐蚀，往往采用内衬橡胶或玻璃钢等贮槽。现在也有整体用玻璃钢制作。大型贮槽国外用缠绕成型，国内 4～50 t 的 A 型贮槽多数是手糊成型，也有缠绕或手糊加缠绕成型的。

贮槽内壁胶液配方（质量，份）

耐蚀型不饱和聚酯树脂	100
环烷酸钴-苯乙烯溶液	1～4
过氧化环己酮糊	4
辉绿岩粉（填料）	10～30

增强层胶液配方（质量，份）

196# 不饱和聚酯树脂	100
过氧化环己酮糊	4
环烷酸钴-苯乙烯溶液	1～4
填料	10～30

防渗层胶泥比：在耐蚀层（内壁胶液）配方中将填料增加到 200～300 份，并掺入少量短纤维。分层施工时，分别打毛表面，刮 3 次胶泥，以堵塞玻璃钢成型过程中的气孔。成型选用可拆式模具。

5）阻燃不饱和聚酯玻璃钢

| 不饱和聚酯（含苯乙烯 30%） | 100 |

三氧化二锑（Sb_2O_3）	5
双（2，3-二溴丙基）反丁烯二酸酯	5～15
过氧化二异丙苯	5

玻璃布用量约为 100 kg，制得耐燃层压板。

4. 工艺流程

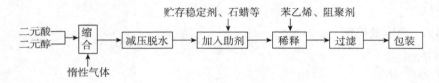

图 4-4

5. 生产工艺

（1）通用型不饱和聚酯树脂技术配方

不锈钢或搪瓷反应釜中，安装有搅拌器、冷凝器、加热和冷却系统。酯化缩聚可采用溶剂法（甲苯或二甲苯）或熔融法，反应在无氧条件下进行。反应釜中通入氮气或二氧化碳，先加二元醇加热，再投二元酸，待二元酸熔化后开始搅拌。投料各组分的总容积不得超过反应釜容积的 80%。各组分加完后，反应温度升到 190～200 ℃，回流冷凝器出口温度控制在 105 ℃以下。反应温度过高会导致树脂变色，冷凝器出口温度过高会损失二元醇。反应时间一般通过测定物料的酸值来判断反应终点，视树脂的类型不同，终点酸值可控制在 20～60 mg KOH/g。当酸值符合要求时，一般黏度也能满足要求。当需要提高产物黏度时，在反应后期可加入少量（约 1%）多元醇。若产物已达预定黏度而酸值仍很高，则可增大惰性气体的通入量，使物料中的部分游离酸随惰性气体排除，从而降低酸值。在缩聚反应临近终点时，可抽真空脱除水分以缩短反应时间。

当酸值达到 30～50 mg KOH/g 时停止加热，使料温降到 180～190 ℃，加入助剂（如贮存稳剂，光稳定剂、染料及防表面发黏的石蜡等），继续搅拌半小时，冷却至 160～170 ℃准备进行稀释。稀释在稀释釜中进行，先投入苯乙烯，并加入阻聚剂使其完全溶解，然后慢慢加入树脂。稀释速度受稀释釜内的物料温度控制，若稀释温度过高则有凝胶的危险，若稀释温度过低则树脂与苯乙烯的混合溶解情况不良，所以稀释温度一般控制在 60～70 ℃，最高不超过 90 ℃。稀释完毕，冷却至室温。过滤，包装。

（2）306#聚酯玻璃钢生产工艺

手糊成型。玻璃布浸胶后经纬交错铺平，室温放置 1～2 天，80 ℃保温 6 h，90 ℃固化 2 h，100 ℃固化 6 h。玻璃布：斜纹 0.23 mm 厚，脱蜡处理，80 支合股数经 6、纬 6，密度经 16 根/cm，纬 12 根/cm。

（3）3193#聚酯玻璃钢生产工艺

手糊低压成型，室温固化。含胶量 40%～41%。

板材物理机械性能如下：

相对密度	1.7～1.8
马丁耐热/℃	250
膨胀系数/℃	$1.21×10^{-6}$
拉伸强度/（MN/m²）	284
弯曲强度（平行）/MPa	232
弯曲强度（垂直）/MPa	195
冲击强度/（kJ/m²）	225
压缩强度/MPa	91
相对介电常数/Hz	$5.23×10^{6}$
体积电阻/（Ω·cm）	$6.38×10^{12}$
表面电阻/Ω	$4.47×10^{12}$

6. 产品质量

外观	透明淡黄色黏稠液体
酸值/（mg KOH/g）	28～36
含固量	60％～66％
黏度（涂-4 杯，25 ℃）/s	150～250
凝胶时间（25 ℃）/min	15～25

7. 参考文献

［1］吴良义，王永红．不饱和聚酯树脂国外近十年研究进展［J］．热固性树脂，2006（5）：32.

［2］席卫民，李强，牛建升，等．玻璃钢用不饱和聚酯树脂的生产方法［J］．化学工程与装备，2021（7）：16-18.

4.77　191#聚酯玻璃钢

191#聚酯树脂是由丙二醇、顺酐、苯酐缩聚得到的不饱和聚酯树脂，具有较好的刚性，可制得半透明玻璃钢及装饰玻璃钢。

1. 技术配方（质量，份）

191# 不饱和聚酯树脂（含固量 60％～66％）	70
苯乙烯	30
环烷酸钴溶液（含 0.42％钴）	1.2
过氧环己酮糊	2.4

2. 生产工艺

将酸值为 28～36 mg KOH/g 的 191# 不饱和聚酯树脂与苯乙烯、过氧环己酮糊、环烷酸钴溶液混合均匀即得。手糊成型。

3. 参考文献

[1] 王云英，赵晴，孟江燕，等．191# 不饱和聚酯/玻璃钢人工加速老化研究［J］. 玻璃钢/复合材料，2009（5）：53.

4.78　196# 聚酯玻璃钢

196# 聚酯树脂具有半刚性，其制品的光洁度好，对应的玻璃钢可用于安全帽、车身、罩壳。196# 聚酯是由一缩二乙二醇、丙二醇、顺酐和苯酐缩合制得的不饱和聚酯，其酸值为 17～25 mg KOH/g，含固量 64%～70%。

1. 技术配方（质量，份）

196# 聚酯树脂（含固量 66%）	140
过氧化环己酮糊	4.8
苯乙烯	60
环烷酸钴（含 0.42% 钴）	2.0

2. 生产工艺

将 196# 不饱和聚酯、苯乙烯、过氧化环己酮糊、环烷酸钴混合均匀，即得此玻璃钢胶液。手糊成型。

3. 产品用途

可用于安全帽、车身、罩壳。

4.79　198#、199# 聚酯玻璃钢

1. 产品性能

198# 聚酯是由丙二醇、顺酐、苯酐缩聚得到的不饱和聚酯（酸值 20～28 mg KOH/g，含固量 61%～67%），具有良好的刚性和耐热性，黏度低。适用于电性能要求不太高的层压制品。199# 聚酯是丙二醇、间苯二甲酸和反顺丁二烯共聚得到的不饱和聚酯（酸值 21～29 mg KOH/g，含固量 58%～64%），具有良好的刚性、耐热性和耐腐蚀性，可用于 120 ℃ 以下的电绝缘制品。

2. 技术配方(质量，份)

	198# 玻璃钢	199# 玻璃钢
198# 聚酯	140	—
199# 聚酯	—	70
苯乙烯	60	30
过氧化环己酮糊	4.8	2.4
环烷酸钴（含 0.42%Co）	2.4	1.2

3. 生产工艺

将各物料按技术配方量混合均匀，制得玻璃钢胶液。手糊成型。玻璃布可用平纹或斜纹。含胶量一般为 40%～50%。

4. 参考文献

[1] 王科军，刘芳，贾德民，等．196# 不饱和聚酯的微波合成 [J]．合成树脂及塑料，2005（6）：31.

4.80　E-51 环氧玻璃钢

1. 产品性能

E-51 环氧树脂为二酚基丙烷型环氧树脂（又称 618 型），环氧当量 0.48～0.54 g/100 g，外观为淡黄色高黏度透明液体。其对应的玻璃钢具有良好的机械性能，主要缺点是耐热性差。

2. 技术配方(质量，份)

E-51 环氧树脂	50
苯乙烯	2.5
三乙烯四胺	2
三乙醇胺	3

3. 生产工艺

一般环氧树脂在室温黏度较大，操作不便，加入苯乙烯、三乙烯四胺、三乙醇胺搅拌均匀后，得到黏度较小的胶液。

4. 产品用途

取斜纹玻璃布（0.23 mm 厚，脱蜡处理，80 支，合股数经 6、纬 6，密度经 16 根/cm、纬 12 根/cm）经纬交错铺平，湿法成型，室温固化。有时需进一步热处理，直接升温至 130 ℃，保温 6 h，自然冷却。

5. 质量标准

拉伸强度/MPa	11 ℃	293
	25 ℃	240
	60 ℃	149
	沸水煮 72 h	228
弯曲强度/MPa	60 ℃	114
压缩强度/MPa	室温	294
	沸水煮 72 h	203
冲击强度/（kJ/m²）	室温	260
	沸水煮 2 h	196

6. 参考文献

［1］陈宗昊，叶学淳，田建辉. 环氧酸酐玻璃钢的制造［J］. 上海电机厂科技情报，2001（1）：33-36.

［2］张娟，王晓刚，常红彬. 环氧玻璃钢的制备与测试［J］. 科技资讯，2008（13）：73.

4.81　HY-101 环氧玻璃钢

1. 产品性能

HY-101 环氧树脂，又称 6207# 环氧树脂或 R122 环氧树脂，具有高的热稳定性和良好的电性能，耐气候性优越。在固化性能方面，它对有机酸和有机酸酐的反应活性比对胺类大，因此在酸性固化剂中可以充分硬化，而在胺类中不易硬化。HY-101 树脂为固体，但与固化剂混合后，稍高于室温便可成黏滞液。该环氧树脂的缺点是脆性较大，热失重下降比较明显。

2. 技术配方（质量，份）

HY-101 环氧树脂（6207# 环氧树脂）	200
顺丁烯二酸酐	108
甘油	8
双酚 A 型环氧树脂	28

3. 生产工艺

先将树脂于（60±5）℃干燥几小时，再将各物料按技术配方量混合，加热到（65±5）℃，不断搅拌至全部成为液态为止。

采用 0.23 mm 厚斜纹玻璃布，脱蜡处理，机糊成型。由于固化时有显著热效应，故以缓慢加热为宜。玻璃布上胶后，在 70 ℃烘箱内先烘 1.0～1.5 h，然后放入模具内，逐渐加热压制。升温程序：室温～80 ℃保温 2 h，90 ℃保温 4 h，120 ℃保温 3 h，160 ℃保温 6 h，200 ℃保温 6 h。升温间隔为 0.5 h，压制过程需稍加压。

4. 质量标准

相对密度	1.6～1.7
弯曲强度（25 ℃）/（MN/m²）	294～392
拉伸强度（25 ℃）/（MN/m²）	196～235
压缩强度（25 ℃）/（MN/m²）	225～274
冲击强度（25 ℃）/（kJ/m²）	137～167
导热系数（79 ℃）/［W/（mK）］	0.288

5. 参考文献

［1］张福承. 环氧玻璃钢管快速高效制造技术［J］. 纤维复合材料，2004（1）：36.

［2］张娟，王晓刚，常红彬. 环氧玻璃钢的制备与测试［J］. 科技资讯，2008（13）：73.

4.82　环氧树脂玻璃钢

1. 产品性能

凡分子结构中含有环氧基团的高分子化合物统称为环氧树脂。由于环氧基的化学性质活泼，可用多种含氢的化合物使其开环、固化交联生成网状结构，是一种热固性树脂。固化后的环氧树脂具有良好的物理、化学性能，它对金属和非金属材料的表面具有优异的粘接强度，介电性能良好，变定收缩率小，制品尺寸稳定性好，硬度高，柔韧性较好，对碱及大部分溶剂稳定。环氧树脂具有高度的黏合力、良好的耐热性和耐蚀性、收缩率低、良好的加工性。因此，它是耐蚀玻璃钢中的主要树脂品种之一。

2. 主要原料

根据环氧树脂分子结构，环氧树脂大体上可分为五大类：缩水甘油醚类环氧树脂、缩水甘油酯类环氧树脂、缩水甘油胺类环氧树脂、线型脂肪族类环氧树脂、脂环族类环氧树脂。

玻璃钢工业上使用量最大的环氧树脂品种是上述第一类缩水甘油醚类环氧树脂，而其中又以二酚基丙烷型环氧树脂（简称"双酚 A 型环氧树脂"）为主。其次是缩水甘油胺类环氧树脂。

由于所用原料不同，生成的环氧树脂种类也不同，其中最主要的是双酚 A 型环氧树脂，目前约占产量的 90%。环氧树脂类别主要有二酚基丙烷（双酚 A）环氧树脂、有机钛改性双酚 A 环氧树脂、有机硅改性双酚 A 环氧树脂、溴改性双酚 A 环氧树脂、氯改性双酚 A 环氧树脂、有机磷环氧树脂、酚酞环氧树脂、四酚基环氧树脂、三聚氰酸环氧树脂、二氧化双环戊二烯环氧树脂、酚醛环氧树脂、丙三醇环氧树脂、二氧化乙烯基环己烯环氧树脂、聚丁二烯环氧树脂、二甲基代二氧化乙烯基环己烯环氧树脂。

3. 环氧树脂

（1）环氧树脂的合成原理

双酚 A 和环氧氯丙烷在烧碱存在下，发生缩聚反应，生成环氧树脂，其总反应式可表示为：

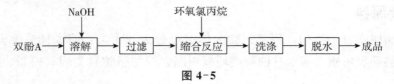

（2）环氧树脂技术配方（质量，份）

1）E-44 环氧树脂

双酚 A（100%）	228
氢氧化钠	88.4
环氧氯丙烷（～94%）	254.3
甲苯（或苯）	适量

2）E-12 环氧树脂

双酚 A（100%）	350
氢氧化钠溶液（10%）	750
环氧氯丙烷（93%）	176

（3）环氧树脂工艺流程

双酚A → 溶解 → 过滤 → 缩合反应 → 洗涤 → 脱水 → 成品
（溶解处输入：NaOH；缩合反应处输入：环氧氯丙烷）

图 4-5

（4）环氧树脂生产工艺

以 E-12 环氧树脂为例，在溶解釜内加入氢氧化钠水溶液和双酚 A，加热至 75 ℃，溶解。趁热过滤，滤液转入缩合反应釜中，冷却至 47 ℃，一次性投入环氧氯丙烷。搅拌反应，注意反应放热！控制反应温度在 $80\sim85\ ℃$，反应 $1\ h$ 后升温至 $85\sim490\ ℃$继续反应，直至软化点合格为止。加入冷水降温，并将废水液吸掉，然后用热水进行洗涤，洗至中性和无盐为止。洗涤完毕，于 $110\ ℃$下常压脱水，再于 $650\times133.3\ Pa$ 下真空（$135\sim140\ ℃$）脱水，即为成品。

（5）环氧树脂质量标准

环氧值（当量/100 g）	$0.09\sim0.14$
无机氯值/（mol/100 g）	$\leqslant0.001$
软化点/℃	$85\sim95$
有机氯值/（mol/100 g）	$\leqslant0.02$
挥发分	$\leqslant1\%$

上述质量标准为 E-12 环氧树脂的质量标准。

随着投料比和反应条件的不同，可以获得具有不同分子量的环氧树脂。当 $n=0\sim1$ 时，低分子量产物是液态的，通常用于制作玻璃钢；当 $n\geqslant1$ 时，则树脂是一种脆性的热塑性固体，一般可用作涂料、黏合剂等。在玻璃钢制造中，常使用双酚 A 型环氧树脂的牌号、规格如表 4-2 所示。

表 4-2　常用环氧树脂的牌号和规格

牌号	外观	平均分子量	软化点/℃	环氧值	主要用途
E-51		$350\sim400$	$12\sim20$	$0.48\sim0.54$	
E-44	黄至琥珀色高黏度	$350\sim450$	$12\sim20$	$0.41\sim0.47$	玻璃钢胶泥、黏结剂
E-42	透明液体	$450\sim600$	$15\sim23$	$0.38\sim0.45$	（常用 E-44、E-42）
E-35		$550\sim700$	$21\sim27$	$0.30\sim0.40$	
E-20		$850\sim1050$	$20\sim35$	$0.18\sim0.22$	
E-14	淡黄至棕黄色透明	$1000\sim1350$	$64\sim76$	$0.10\sim0.18$	
E-12	固体	1400	$78\sim85$	$0.09\sim0.14$	涂料、绝缘漆等
E-06		2900	$85\sim95$	$0.04\sim0.07$	
E-03		3800	$110\sim135$	$0.020\sim0.045$	

用于高级复合材料（玻璃钢）中的环氧树脂的结构及其赋予产品的性能如表 4-3 所示。

表 4-3　用于玻璃钢中的环氧树脂的结构及其赋予产品的性能

类别	结构式	性能
双酚 A 缩水甘油醚		黏结力强，对各种酸、碱、有机溶剂都很稳定，电气绝缘性能优异

类别	结构式	性能
脂环族环氧树脂		具有很好的加工性、耐候性和综合的力学性能
多官能团环氧树脂		环氧基在 3 个以上,环氧当量高交联密度大,在强紫外线照射压缩强度几乎不变,耐热性高,剪切强度大,有脆性
酚醛环氧树脂		交联密度高,耐热性较好,但有一定脆性

4. 环氧树脂交联剂

环氧树脂交联成体型结构是通过加入交联剂来实现的。交联剂直接参与交联反应而结合在树脂中,也称固化剂。环氧树脂的固化通常是借助于交联剂将树脂中的环氧键打开,使环氧树脂中的活性基团直接或间接地连接起来。

工业上应用得最广泛的交联剂有胺类、酸酐类和含有活性基团的合成树脂。

脂肪胺类交联剂能在常温下快速固化,其黏度低,使用方便。但固化时放出大量热,固化后树脂的耐热性和机械强度较差,且使用期限短。芳香胺固化需要较高温度,固化后树脂耐热性好,使用期限长。由胺类与其他化合物的加成得到的改性胺类固化剂具有工艺性能好、毒性小等优点。因此,在工业中迅速得到推广应用。

二元酸及酸酐固化后的环氧树脂具有优良的耐热性和机械强度,但固化后树脂含有酯键,不能耐碱。酸酐固化时放热少,使用时间长,但必须在较高温度下烘烤才能固化完全。酸酐类易升华,吸水性强,给使用时带来不便。

合成树脂类交联剂不仅能与环氧树脂反应而交联固化,而且能赋予最终产品某些优良性能,如用酚醛树脂作交联剂,可提高环氧树脂的耐酸性和耐热性。

在玻璃钢制造中,环氧树脂常用的交联剂如表 4-4 所示。

表 4-4 环氧树脂常用的交联剂

类别	名称	结构式
伯胺	乙二胺	$H_2NCH_2CH_2NH_2$
	二乙烯三胺	$H_2NCH_2CH_2NHCH_2CH_2NH_2$
	三乙烯四胺	$H_2N(CH_2CH_2NH)_2CH_2CH_2NH_2$
	多乙烯多胺	$H_2N(CH_2CH_2NH)nCH_2CH_2NH_2$ （$n \geq 4$）
芳香胺	间苯二甲胺	
	间苯二胺	
	4，4′-二氨基二苯基苯砜	
	4，4′-二氨基二苯甲烷	
叔胺	三乙胺	$N(C_2H_5)_3$
	三乙醇胺	$N(C_2H_4OH)_3$
	N，N-二甲苯胺	
改性胺	509 固化剂	
	593 固化剂	$H_2N-C_2H_4-NH-C_2H_4-NHCH_2-CH-CH_2-OC_4H_9$ 下标OH
酸酐类	顺丁烯二酸酐	
	四氢苯胺（THPA）	
	邻苯二甲酸酐	
高分子类	酚醛树脂	
	呋喃树脂	
	尿醛树脂	——
	聚酰胺树脂	
	三聚氰胺甲醛树脂	

交联剂用量计算：

①胺类：伯胺、仲胺，以100 g环氧树脂所需胺的克数可照式（1）计算

$$G=\frac{M}{H_n}\times E。\tag{1}$$

式中，M 为胺的分子量；H_n 为胺中活泼氢原子数；E 为环氧树脂的环氧值。

②改性胺交联剂用量

$$G=Q\times E。\tag{2}$$

③酸酐交联剂用量

$$G=K\times M\times E。\tag{3}$$

式中，K 为常数，$0.6\sim1.0$。

合成树脂类交联剂用量范围较宽，其配比量根据最终固化产物的性能要求来确定，而不采用化学计算方法。通常由试验确定其具体量。

5. 稀释剂、增塑剂和填料

在玻璃钢胶料中，除树脂和交联剂外，还必须添加稀释以获得所需要的使用黏度，同时，有利于工艺操作；添加增塑剂（和增韧剂），以改善玻璃钢的抗冲击性和韧性；添加一定的粉状填料，以降低生产成本，同时提高制品的综合性能。

稀释剂是能溶解树脂的有机溶剂，主要作用是降低树脂胶液黏度，改进胶液对玻璃纤维及其他填料的浸润性。

非活性稀释剂常用的有乙醇、丙酮、甲苯和二甲苯等。常用的活性稀释剂有环氧丙烷丁基醚、环氧丙烷苯基醚、多缩水甘油醚等。

增塑剂是短链高沸点酯类化合物，如邻苯二甲酸甲酯、二丁酯、二辛酯和磷酸三苯酯等。增韧剂多用聚硫橡胶、聚酰胺树脂等。

加入填料可使玻璃钢的耐磨、耐酸、耐热等性能提高。一般根据不同条件使用要求多用辉绿岩粉、石英粉、瓷粉、石墨粉、钛白粉或金属细粉末。要制取阻燃玻璃钢则需添加阻燃填料，常用的有含溴或含氯的阻燃剂与氯化石蜡或 Sb_2O_3、四溴双酚 A、三（2，3-二溴丙基）异氰脲酸酯（TBC）、三（2，3-二溴丙基）硼酸酯（FR-B）等。

常用填料如下。

	作用
石棉纤维、玻璃纤维	增加韧性、耐冲击性
石棉粉、石英粉、石粉	降低收缩率
石英粉、瓷粉、铁粉、水泥、金刚砂	提高硬度
氧化铝、瓷粉	增加粘接力，增加机械强度
石棉粉、硅胶粉、高温水泥	提高耐热性
金刚砂及其他磨料	提高抗磨性能
石墨粉、滑石粉、石英粉	提高抗磨性能及润滑性能
铝粉、铜粉、铁粉等金属粉末	增加导热、导电率
云母粉、瓷粉、石英粉	增加绝缘性能
各种颜料、石墨	具有色彩

6. 技术配方(质量,份)

(1) 618#（E-51）环氧玻璃钢

618#（E-51）环氧树脂	200
三乙烯四胺	8
苯乙烯	10
三乙醇胺	12

(2) E-44 环氧玻璃钢

E-44 环氧树脂	100
乙二胺（交联剂）	6～8
邻苯二甲酸二丁酯（增塑剂）	10～15
填料	20～30
无水乙醇（稀释剂）	10

(3) F-44 酚醛环氧玻璃钢

644#酚醛环氧树脂	80
丙酮（稀释剂）	160
顺丁烯二酸酐	24

(4) 644# 酚醛环氧玻璃钢

644#酚醛环氧树脂	150
N，N-二甲基苯胺	2.7
3，6-内次甲基四氢邻苯二甲酸酐	102
丙酮（稀释剂）	150

(5) 6207# 环氧玻璃钢

6027#环氧树脂	120
甘油	4.8
顺丁烯二酸酐	64.8
双酚 A 型环氧树脂	16.8

这种玻璃钢有高的热稳定性和良好的电性能，由于不含苯环，耐候性优越。在固化性能上，它对有机酸和酸酐的反应活性比对胺类大，因此在酸性交联剂中可以充分硬化，而在胺类中不易硬化。6207#树脂为固体，但与交联剂混合后，稍高于室温便可成黏滞液。该树脂的缺点是脆性较大，热失量下降较明显。玻璃布。斜纹，厚 0.23 mm，胶蜡处理。

(6) 6101# 环氧玻璃钢

	（一）	（二）	（三）	（四）
6101#环氧树脂	100	100	100	100
间苯三胺（交联剂）	15	—	—	—
顺丁烯二酸酐（交联剂）	—	40	—	—
乙二胺（交联剂）	—	—	7	

				40
邻苯二甲酸酐（交联剂）	—	—	—	40
增塑剂	10			
丙酮（溶剂）	—	200	—	200

（7）环氧玻璃钢叶片

	冷固化	冷热混固化	护环用
618# 环氧树脂	100	100	100
6207# 环氧树脂	100	—	—
三乙烯四胺	10	4～4.5	—
三乙醇胺	—	6	—
苯乙烯	5～10	5～10	—
KH-550 偶联剂	0.2	0.2	—
酸酐	—	—	168

7. 生产工艺

（1）618#（E-51）环氧玻璃钢生产工艺

湿法成型，玻璃布经纬交错铺平，室温固化。有的需进一步热处理，直接升温至130 ℃，保温 6 h，自然冷却。玻璃布。斜纹、0.23 mm 厚，脱蜡处理。80 支，合股数经 6、纬 6，密度经 16 根/cm、纬 12 根/cm。

（2）E-44 环氧玻璃钢生产工艺

配制时，一般先在环氧树脂内加入增塑剂和稀释剂，搅拌均匀，在搅拌过程中加入交联剂，最后加入填料。浸渍液均匀地涂刷在玻璃布上，再固化成型，脱模即为制品。

（3）F-44 酚醛环氧玻璃钢生产工艺

干法成型，手工上胶。将干燥的胶布按所需尺寸裁剪，叠合到所需厚度，室温进模，逐渐加热到 180 ℃，开始凝胶时加压力 0.5 MPa～1.5 MPa，升温时间约 2 h，保温2～3 h。玻璃布。斜纹薄厚（0.2 mm）玻璃布；单向厚（0.6 mm）玻璃布。

（4）644# 酚醛环氧玻璃钢生产工艺

手工上胶，在 90～100 ℃烘箱内烘出 15～30 min，冷却后胶布以不黏手、受热后又变软为宜。若用浸胶机上胶，温度控制在 90～110 ℃。胶布根据所需尺寸剪裁，室温进模，加热到 120 ℃时加压 5.88 MPa 再升温到 200 ℃保温，冷却到 100 ℃以下，卸压脱模。玻璃布。平纹，厚 0.1 mm，经法兰偶联剂处理；单向布、厚 0.2 mm，经法兰偶联剂处理。

644# 酚醛环氧玻璃钢层压板的拉伸强度为 343 MPa～392 MN/m²，拉伸模量为9.6 GN/m²。单向厚玻璃布的拉伸强度为 441 MPa～510 MPa；拉伸模量为 29.4 GN/m²。若选用 3，6-内次甲基四氢邻苯二甲酸酐（NA）为交联剂，所压制的层压板具有更高一些的耐热性能。

（5）6207# 环氧玻璃钢生产工艺

将配方备料混合一起，不断搅拌下加热到（65±5）℃，至全部成液态为止。手糊成型。由于固化时有显著的热效应以缓慢加热为宜。玻璃布上胶后，在 70 ℃烘箱内先烘

1.0～1.5 h，然后放入模具内，逐渐加热压制，升温程序：室温至 80 ℃，保温 2 h；升至 90 ℃，保温 4 h；升至 120 ℃，保温 3 h；升至 160 ℃，保温 6 h；升至 200 ℃，保温 6 h。升温间隔为半小时，压制过程中需稍加压。

（6）6101#环氧玻璃钢生产工艺

将配方各物料混合一起，不断搅拌下分别加热至 100～140 ℃、150 ℃、180 ℃、200 ℃，混合反应成均匀胶体为止。用斜纹或平纹玻璃布，手工湿法或干法上胶，胶液与玻璃布含量：配方（一）为 40%∶60%，其余为 30%∶70%。

（7）环氧玻璃钢叶片的生产工艺

扁玻璃钢制成轴流式风机，质轻、耐腐蚀，可减小风机震动，降低起动转矩。目前市场上已有 18.3 m 直径的大型聚酯玻璃钢风机叶片。可根据荷载及翼形，可制厚薄壁或空心型的叶片。

冷固化配方胶适用于刚化层、叶片上下两半壳外层、叶片包边、叶颈缠绕、法兰黏结。冷热固化胶适于作叶片上下半壳内层。护环用玻钢用于 3000 kW 发电机上。

8. 参考文献

［1］陈宗昊，叶学淳，田建辉．环氧酸酐玻璃钢的制造［J］．上海电机厂科技情报，2001（1）：33-36.

［2］刘永慧．玻璃钢复合材料的行业发展探讨［J］．工程技术研究，2021，6（3）：113-114.

4.83　E-42 环氧玻璃钢

E-42 环氧树脂产品牌号为 634。对应的玻璃钢性能与邻苯二甲酸酐的用量及后处理温度有关，一般邻苯二甲酸酐的用量 30～40 份（树脂 100 份计）；后处理采用加热到 180 ℃，保温 2 h 较好。

1. 技术配方(质量，份)

E-42 环氧树脂（环氧当量 0.35～0.45/100 g）	100
邻苯二甲酸酐	35

2. 生产工艺

将 E-42 环氧树脂加热（不超过 120 ℃）熔化，加入一定比例的邻苯二甲酸酐（根据需要调整用量），搅拌，溶解。

3. 产品用途

用干法模压成型。玻璃布平纹 0.2 mm 厚，脱蜡处理。该玻璃钢具有较好的机械性能和电绝缘性能，中等的耐热性。

4. 质量指标

180 ℃保温 2 h 后的性能：

含胶量	39.6%	
	经向	纬向
拉伸强度/MPa	388	255
弯曲强度/MPa	367	332
冲击强度/（kJ/m²）	117	116

5. 参考文献

[1] 马旻晓，白凌云. 抗静电玻璃钢的制备及其性能研究 [J]. 现代阅读（教育版），2012（22）：4-5.

[2] 张娟，王晓刚，常红彬. 环氧玻璃钢的制备与测试 [J]. 科技资讯，2008（13）：73.

4.84 E-44 环氧玻璃钢

E-44 环氧玻璃钢具有较好的机械性能和电绝缘性能。E-44 环氧树脂的产品牌号为 6101，为二酚基丙烷型环氧树脂。可依固化剂等不同有多种产品，对应的性能与技术配方和工艺条件有关。

1. 技术配方（质量，份）

	（一）	（二）	（三）	（四）
E-44 环氧树脂	100	100	100	100
间苯二胺	15	—	—	—
顺丁烯二酐	—	40	—	—
乙二胺	—	—	7	—
邻苯二甲酸酐	—	—	—	40
增塑剂	10	—	—	—
丙酮	—	180	—	180

2. 生产工艺

将液体料混合加热至低于 120 ℃，然后将固体料加入溶解，混匀即得胶液。

	（一）	（二）	（三）	（四）
玻璃布	斜纹	斜纹	斜纹	平纹
胶液与玻璃布比	40%：60%	30%：70%	30%：70%	30%：70%
手工上胶	湿法	干法	湿法	干法
工艺条件温度/℃	100～150	100～180	140	160～200

| 时间/h | 2 | 7～10 | 2 | 4～7 |
| 加压/（MN/m） | 1.47 | 1.47 | 1.47 | 0.49～2.94 |

3. 质量指标

	（一）	（二）	（三）	（四）
拉伸强度/MPa	241	220	217	343～412
弯曲强度/MPa	112	224	225	343～442
压缩强度/MPa	443	344	201	392～492
冲击强度/（kJ/m²）	308	196	137	196～274

4. 参考文献

［1］潘玉琴. 玻璃钢复合材料基体树脂的发展现状［J］. 纤维复合材料，2006
（4）：55-59.

［2］张福承. 环氧玻璃钢管快速高效制造技术［J］. 纤维复合材料，2004
（1）：36.

4.85　酚醛树脂玻璃钢

酚醛树脂是酚与醛在催化剂作用下缩合生成的高分子化合物。改变原料、催化剂的品种及反应条件，可以获得一系列性能不同的酚醛树脂。酚醛树脂是世界上最早由人工合成的、至今仍很重要的高分子材料。因选用催化剂的不同，可分为热固性和热塑性两类。热固性酚醛树脂与其他热固性树脂相比，其优点有固化时不需要加入催化剂、促进剂，只需加热、加压，调整酚与醛的摩尔比与介质 pH，就可得到具有不同性能的产物。固化后密度小，机械强度、热强度高，变形倾向小，耐化学腐蚀及耐湿性高，是高绝缘材料。

1. 产品性能

酚醛树脂玻璃钢高温下的热稳定性能良好（～250 ℃），难燃，低烟雾浓度及低毒性，耐油、水及一般化学品腐蚀的性能优良，电绝缘性能良好，轻质、高硬、高强，经济适用性。

2. 主要原料

（1）酚醛树脂

酚醛树脂有两类：一类是具有三向网络结构的热固性树脂，又称一阶树脂；另一类是线型结构的热塑性树脂（只有加入交联剂才能固化），又称二阶树脂。酚醛树脂具有优良的耐热性和耐酸性，但较脆。对酚醛树脂进行改性，可获得性能更为优良的树脂。

制造酚醛树脂主要原料有酚、醛和催化剂。常用的酚及熔沸点如下：

	沸点/℃	熔点/℃
苯酚	181.8	41
邻苯甲酚	191	30.9
对苯甲酚	202	34.7
间苯甲酚	203	11.5
对苯基酚	308	166
对环己酚	199.9	133
对特丁苯酚	239.7	98.4
双酚 A	250～252 (1733 Pa)	156～157
2，4-二甲苯酚	210	27
2，5-二甲苯酚	210	74.5
2，6-二甲苯酚	212	49

酚类由于取代基不同，官能度也不一样，对应的缩聚产物（线性或网状）结构也不同。

醛类最常用的是甲醛，有时也用糠醛。

常用的催化剂有两类：一类是酸性催化剂，如盐酸、硝酸、醋酸、单酸等，用量一般为酚重量的 0.1%～0.5%，有机酸用量需 1% 以上，可获得热塑性酚醛树脂，酸与醛的物质的量比为（0.5～0.8）：1；另一类是碱性催化剂，如氢氧化钠、氢氧化钙、氢氧化钡、氨、胺等，用量一般为酚重量的 1%～3%，可制得热固性酚醛树脂。酚与醛的物质的量比为 1：（1.0～1.2）。热固性酚醛树脂常用于玻璃钢的制造。

1）酚醛树脂技术配方（质量，份）

苯酚（工业品）	312.4
甲醛（37%）	374.15
碳酸钠（碱催化剂）	3.10

2）酚醛树脂生产工艺

将甲醛溶液装入反应釜内，开动搅拌，加入碳酸钠调 pH 至 7。将苯酚及剩下的碳酸钠溶液加入反应釜，搅拌，加热至 50～60 ℃，保持 2 h，然后升温至 98～102 ℃，保温反应 1 h。加入 50 kg 水冷却，盐酸中和 pH 至 7。真空脱水，温度不超过 60 ℃，脱水完毕即可出料。产品为棕色均匀黏稠液体（游离酚含量小于 12%，水分含量小于 12%）。

为了改变酚醛树脂的某些不良性能，出现了许多种改性酚醛树脂。目前在制造酚醛玻璃钢时一般都使用改性酚醛树脂。改性酚醛树脂主要应用于层压和模压的玻璃钢制品，如玻璃钢阀门、管件和各种配件及玻璃钢层压板等。

（2）酚醛树脂交联剂

酚醛树脂的交联剂。常用的交联剂有苯磺酰氯、对甲苯磺酰氯、硫酸乙酯和石油磺酸等。

3. 技术配方(质量,份)

(1) 模压酚醛玻璃钢的配方

苯酚（95%以上）	100
甲醛（36%）	134
苯胺（97%以上）	6.3
氧化镁	3.3
聚乙烯醇缩丁醛（10%乙醇）	125
乙醇	适量
油酸	2.5
KH550	少量

(2) 二甲苯甲醛树脂改性酚醛树脂玻璃钢的配方

2130# 酚醛树脂	100
2602# 二甲苯甲醛树脂	10～15
石油磺酸	4～7
乙醇	适量
油酸	少量
丙酮	适量
KH550	少量

4. 生产工艺

该生产工艺为模压酚醛玻璃钢的生产工艺。先将苯酚、苯胺、甲醛在氧化镁催化下合成酚醛树脂，然后加入聚乙烯醇缩丁醛及油酸、偶联剂 KH550，搅拌反应混合均匀，用乙醇稀释到一定浓度。手工涂布于无碱玻璃布，厚 0.25 mm，脱蜡处理。

5. 产品性能

(1) 聚乙烯醇缩丁醛改性酚醛树脂玻璃钢的性能

相对密度	1.85～1.90
拉伸强度/（MN/m²）	经向 265～284；纬向 152～167
冲击强度/（MN/mm²）	经向 5.88～6.37；纬向 4.41～4.90
弯曲强度/（MN/m²）	221
表面电阻/Ω	10^{11}
体积电阻/（Ω·cm）	10^{12}
介质损耗角正切	
50 Hz	0.03～0.04
106 Hz	0.03～0.04

(2) 二甲苯甲醛树脂改性酚醛树脂玻璃钢性能

相对密度	1.70
压缩强度/（MN/m²）	117

吸水率（24 h室温）	0.05%
硬度（HRR）	20
弯曲强度/（MN/m²）	268~277
马丁耐热/℃	7250
冲击强度/（MN/mm²）	5.5~6.1
膨胀系数/（1/℃）	0.949×10⁻³

6. 产品用途

酚醛树脂在玻璃钢、胶泥、模压玻璃钢制品、砂轮、烧蚀材料、油漆及油墨中具有广泛的应用。

7. 参考文献

[1] 潘玉琴. 玻璃钢复合材料基体树脂的发展现状 [J]. 纤维复合材料，2006 (4)：55-59.

[2] 张宝印，李枝芳，于胜志，等. 应用于玻璃钢/复合材料成型的酚醛树脂研究 [J]. 纤维复合材料，2020，37（3）：100-104.

[3] 王艳志. 酚醛树脂基复合材料的制备及其热性能研究 [D]. 兰州：兰州理工大学，2009.

4.86　F-44酚醛环氧玻璃钢

F-44酚醛环氧树脂的热稳定性比二酚基丙烷型环氧树脂高，因此，压制的玻璃钢也具有较高的热稳定性。

1. 技术配方（质量，份）

	（一）	（二）
F-44酚醛环氧树脂（644#）	100	100
顺丁烯二酸酐	30	—
丙酮	160	80
3，6-内次甲基四氢邻苯二甲酸酐	—	68
二甲基苯胺	—	1.8

2. 生产工艺

将树脂和液体物料混合加热，然后加入粉料，溶解完全得胶液。

配方（一）采用干法成型，手工上胶。将干燥的胶布按所需尺寸裁剪。叠合到所需厚度，室温进模，逐渐加热到180 ℃，开始凝胶时加压0.5 MPa~1.5 MPa，升温时间约2 h，保温2~3 h。

配方（二）手工上胶，在 90～100 ℃烘箱内烘 15～30 min，冷却后胶布以不黏手、受热后又变软为宜。如用浸胶机上胶，温度控制在 90～110 ℃。胶布根据所需尺寸裁剪，室温进模，加热到 120 ℃时加压 5.88 MN/m²，再升温到 200 ℃保温，冷却到 100 ℃以下，卸压脱模。

3. 质量标准

	（一）	（二）
密度	—	1.717
拉伸强度/MPa	343～392	216～284
弯曲强度/MPa	—	370
拉伸模量/（GN/m²）	19.6	
体积电阻/（Ω·cm）	—	5.17×10^{15}

4. 参考文献

［1］潘玉琴．玻璃钢复合材料基体树脂的发展现状［J］．纤维复合材料，2006（4）：55-59.

［2］刘彦方．双酚 A 甲醛酚醛环氧树脂的制备和性能研究［D］．北京：北京化工大学，2006.

4.87　苯甲醛树脂改性酚醛玻璃钢

二甲苯甲醛树脂改性的酚醛玻璃钢的机械性能比用聚乙烯醇缩丁醛改性的性能好，且在醋酸中耐溶胀性比后者好得多。

1. 技术配方（质量，份）

2130# 酚醛树脂［无锡树脂厂生产，黏度（14±2）s］	200
2602# 二甲苯甲醛树脂	20～30
KH550（交联剂）	少量
石油磺酸	8～14
乙醇、丙酮（溶剂）	适量
油酸	1～4

2. 生产工艺

酚醛树脂加热后，加入二甲苯甲醛树脂、石油磺酸、交联剂和油酸混合均匀，最后用乙醇、丙酮稀释到一定浓度。

用脱蜡处理的开刀玻璃丝手工加压成型。

3. 质量标准

| 马丁耐热/℃ | >250 |
| 压缩强度/（MN/m²） | 117 |

4. 参考文献

［1］张宝印，李枝芳，于胜志，等．应用于玻璃钢/复合材料成型的酚醛树脂研究［J］．纤维复合材料，2020，37（3）：100-104.

4.88　呋喃树脂玻璃钢

1. 产品性能

呋喃树脂是指分子结构中含有呋喃环的一类热固性树脂。它是以糠醇和糠醛为基本原料，经过不同的生产工艺制成的。糠醛来源于农副产品，如玉米芯、棉籽壳、稻壳等。植物纤维原料在酸性催化剂的作用下水解并进行脱水制得糠醛。呋喃树脂固化前为棕黑色黏稠液体，与多种树脂有较好的混溶性，自身缩聚过程缓慢，贮存期较长，常温下可贮存1～2年，黏度变化不大。固化后的呋喃树脂结构上没有活泼的官能团，不参与和腐蚀介质的反应，能耐强酸、强碱、电解质溶液和有机溶剂，但是不耐强氧化性介质；可耐180～200 ℃高温，是现有耐蚀树脂中耐热性能最好的树脂之一；具有良好的阻燃性，燃烧时发烟少；力学性能良好。但呋喃树脂固化物脆性大、缺乏柔韧性、冲击强度不高，黏结性差及施工工艺差，在很大程度上限制了它的应用，仅局限于用作胶泥、地坪和浸渍石墨等领域。随着合成技术和催化剂应用技术的进步，呋喃树脂在防腐领域得到较大的发展，并用于耐蚀玻璃钢的制造。呋喃树脂玻璃钢是由防腐蚀纤维材料、呋喃树脂、呋喃树脂玻璃钢粉按照一定的工艺固化而成，主要用于制作整体玻璃钢槽罐、地沟、设备基础的整体面层和块材面层的隔离层等。

2. 主要原料

呋喃树脂是以糠醇和糠醛为基本原料，经过不同的生产工艺制成。糠醛和糠醇的α位置上分别有醛基和羟甲基，易发生加成缩聚反应及双键开环反应，而生成呋喃树脂。国内呋喃树脂玻璃钢用的呋喃树脂有3种，即糠醇型呋喃树脂（糠醇树脂）、糠醇糠醛型呋喃树脂和糠酮复合型呋喃树脂（糠酮树脂）。

（1）糠酮树脂

糠酮树脂学名为糠醛丙酮树脂，俗名呋喃树脂，由糠醛与丙酮在碱性条件下发生羟醛缩合得到。糠酮树脂是一种褐色黏稠状液体，在苯磺酸、对氯苯磺酸等酸性固化剂存在下可固化为热固性呋喃树脂。它具有很好的耐酸性、耐碱性、耐热性和良好的电绝缘性。糠酮树脂主要用于制造玻璃钢，如用于酸性、碱性较强的，或酸碱交变的耐腐蚀介质设备，化工防腐贮槽、船舶螺旋桨防护涂层。

（2）糠脲醛树脂

糠脲醛树脂又称呋喃 I 型树脂，是一种琥珀色或褐色透明性黏稠液体，遇酸即发生固化反应。制取方法是将甲醛和脲按一定比例投入反应釜中，在碱性催化剂存在下，100 ℃反应到一定黏度，中和脱水制成二甲醇脲，用乙醇醚化后，再加入糠醇进行醚交换，在酸性介质中于 100～110 ℃反应到 20～40 Pa·s（20 ℃），经中和脱水得到产品糠醇改性脲醛树脂。

（3）糠醇树脂

糠醇树脂是由糠醇缩聚制得的一种呋喃树脂。深褐色至黑色液体或固体。耐热性和耐水性都好。耐化学腐蚀性很强。除氧化酸以外，对酸、碱、盐和有机溶剂都有优良的抵抗性能。主要用于胶粘剂、涂料、胶泥、玻璃钢和塑料等制造中。

糠醇是由糠醛在催化剂存在下加压氢化还原制得的无色易流动液体，又称呋喃甲醇。有特殊的气味和辛辣滋味。相对密度 1.1296，沸点 171 ℃，溶于水、乙醇等。有毒！与空气可形成爆炸性混合物。

糠醇在酸催化下发生均缩聚，首先生成线型低聚物，该缩聚反应继续可以进行制得糠醇树脂，其结构通式如下：

此外，糠醇也可与甲醛或糠醛等原料进行共缩聚反应，制得耐蚀呋喃树脂。

（4）呋喃树脂

呋喃树脂能耐强酸、强碱和有机溶剂，并能适用于其中两种介质的结合或交替使用的场合。可用呋喃树脂制成耐强酸、强碱的管道、洗涤器、贮槽等设备。但必须注意，呋喃树脂不能耐强氧化性介质。呋喃树脂的耐热可达 180～200 ℃，是现有耐蚀树脂中耐热性能最好的树脂之一。

呋喃树脂的自身缩聚过程缓慢，所以它的贮存期比酚醛树脂长得多。呋喃树脂具有良好的阻燃性，燃烧时发烟少。新合成的阻燃性好的呋喃树脂根本不需要像通常树脂那样加入阻燃剂。呋喃树脂的固化过程十分复杂。呋喃树脂的固化是呋喃环中的共轭双键打开而交联形成体型结构所致。此外，呋喃树脂的侧链中的其他活性基团在固化过程中可能也参与交联反应。呋喃树脂的固化剂都是酸性物质。一般酚醛树脂的固化剂也可以作呋喃树脂的固化剂，如苯磺酰氯、对甲苯磺酰氯、硫酸乙酯、磷酸和对甲苯磺酸等。一般在低于 100 ℃下加热固化。

3. 生产方法

糠酮树脂的生产方法如下。

在酸性催化剂作用下，反应生成的糠叉丙酮和二糠叉丙酮可以进行聚合反应而得到棕黑色黏稠液状树脂，即糠酮树脂。其反应过程如下：

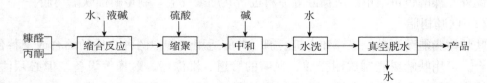

由于糠酮树脂的分子结构中含有呋喃环和不饱和双键，在酸性催化剂作用下，这些双键均能打开而交联生成不溶的体型结构的大分子（热固性分子）。

通常将等摩尔的糠醛和丙酮在 NaOH 催化剂存在下，于 $40\sim60~^{\circ}\!C$ 反应生成糠酮单体，再用硫酸中和使反应混合物 pH 达 $2.5\sim3.0$，并于 $70~^{\circ}\!C$ 保温反应 1 h。然后用碱中和，水洗涤，真空下加热脱水，当浓缩温度达 $120~^{\circ}\!C$ 脱水停止，得到褐色黏稠状树脂产品。

4. 工艺流程

（1）糠酮树脂的工艺流程

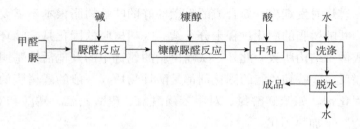

图 4-6

（2）糠脲醛树脂的工艺流程

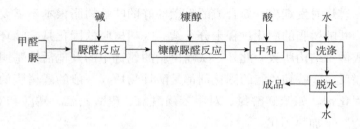

图 4-7

5. 质量标准

（1）糠酮树脂产品

固化速度（10%固化剂，30 ℃）/h	＜24
含灰量（灰分）	＜3.0%
黏度（涂-4杯黏度计，25 ℃）/s	100～2000
含水量	＜1.0%

（2）糠脲醛树脂质量指标

含固量	≤75%
黏度（20 ℃）/（mPa·s）	25～40
含氮量	≤13.5%
固化时间（215 ℃）/s	≥40
游离甲醛	＜5%
pH	6.5～7.0

该树脂大量用于铸造行业翻砂制芯用的黏合剂。

6. 生产工艺

（1）呋喃树脂玻璃钢生产工艺

1）糠酮-环氧玻璃钢

糠酮-环氧玻璃钢胶液的技术配方（质量，份）

634#环氧树脂	50
对甲苯磺酸	2
糠酮树脂	50
顺丁烯二酸酐	15

糠酮-环氧玻璃钢的生产工艺：先将环氧树脂与顺丁烯二酸酐加热溶解，糠酮树脂与对甲苯磺酸拌和，然后将两者混合，搅拌均匀。用玻璃布浸胶，烘干、模压成型。

糠酮环氧树脂玻璃布层压板（玻璃钢）的拉伸强度比单纯糠酮玻璃钢高，达412～490 MPa，马丁耐热＞300 ℃，相对密度2.0。

2）糠酮树脂玻璃钢

糠酮树脂玻璃钢胶液的技术配方（质量，份）

糠酮树脂	100
对甲苯磺酸（配成50%醇溶液）	4

（2）糠酮树脂玻璃钢的生产工艺

将原料混合后搅拌均匀，于65～75 ℃保持15 min，冷却备用。

手工浸渍在平纹玻璃布上（厚0.1 mm），然后在100～105 ℃烘10～12 min，含胶量可控制在 45%～50%，根据所需尺寸裁剪，叠合至一定厚度放入模内，逐渐升温。先加接触压，待树脂开始凝胶，加压到 4.90 MPa～5.88 MN/m² （50～60 kgf/cm²），继续升温到 160 ℃左右，保温，待固化完全后卸压脱模。

7. 质量标准 （呋喃树脂玻璃钢）

相对密度	1.70
冲击强度/ （N/cm²）	1822.5
吸水率	0.1%
表面电阻/Ω	1.4×10^{13}
马丁耐热/℃	＞300
体积电阻/ （Ω·cm）	2.03×10^{14}
拉伸强度/MPa	209
击穿电压/ （kV/mm）	17.5
弯曲强度/MPa	147
介质损耗角正切/10^5 Hz	0.013
压缩强度/MPa	349
相对介电常数/10^5 Hz	7.9

8. 参考文献

[1] 姒莉莉，孟庆文. CY-4 呋喃树脂的研制与应用 ［J］. 四川化工与腐蚀控制，2000 （4）：14-17.

[2] 黄家康. 我国玻璃钢模压成型工艺的发展回顾及现状 ［J］. 玻璃钢/复合材料，2014 （9）：24-33.

4.89 塑料运动场聚氨酯材料

聚氨酯弹性体广泛应用于各工业部门，如胶辊、耐磨衬里、密封垫圈、鞋底、实心轮胎、胶带、机械零件、嵌缝材料、铺装材料等。由于聚氨酯弹性体具有高弹性和耐磨性，越来越多地应用于各类体育运动跑道及运动场地的铺设。

1. 产品性能

聚氨酯材料弹性适当，聚氨酯塑胶跑道能充分发挥运动员的技术水平，跑道平坦均匀，可吸收震动，能减少或减轻运动者的损伤；平整度好，摩擦力大，使运动员容易掌握平衡，便于运动员后蹬，有助于运动员速度和技术的发挥；施工简便，可直接在水泥或沥青地面上进行摊铺，维修和保养成本低；可根据需要调配各种颜色，色泽鲜艳，美观大方，舒适明快；强度、硬度、弹性等指标及厚度、样式的调节余地大，能适应各种比赛和训练的不同要求；整体性强，表面不透水，有一定程度的耐化学腐蚀性，污染后便于清洗，耐候性好，气温高低和温度大小对跑道均无影响，排水快，能保证雨后的训练和比赛。

2. 生产方法

聚氨酯塑胶跑道的基层铺设十分重要，用聚醚型聚氨酯橡胶作跑道胶面，基本能耐水解和防霉，但它不适于长期接触潮湿基层，为此，在基层设计时既要考虑基层地下水向上渗透，也要考虑胶面层的排水，聚氨酯橡胶跑道的基层一般用水泥混凝土和柏油混凝土两种。

场地应选择地下水位低的地方，先用压路机滚压，铺设一层粒径 100～150 mm 的碎石层。为隔断地下水，应在碎石层上铺一层塑料薄膜，在塑料薄膜上再铺一层厚 100 mm 的水泥混凝土。混凝土经 1 个月保养期，以完全除去水分。特别注意除去水泥凝土层表面析出的水泥沫，不然会影响胶面层与水泥混凝土基层的结合。考虑水泥混凝土的膨胀，混凝土接缝处用 7 mm 宽的泡沫聚苯乙烯条填补，最后铺设聚氨酯胶面层。

铺设柏油基层时先在碎石层上铺一层 60 mm 厚的粗号柏油混凝土，再铺一层 40 mm 厚的细号柏油混凝土，经 1 个月保养并用修整器把柏油层变成平滑面后，铺设塑胶面层。

3. 技术配方

聚氨酯运动场地胶面层的配方采用双组分，A 组分为预聚体，B 组分为色浆，有用醇交联与用胺交联两种。聚醚都是采用聚丙二醇与聚丙三醇，异氰酸酯大都采用两种异构体质量比 80%：20%甲苯二异氰酸酯，也有采用二苯基-4，4-甲烷 2 异氰酸酯，其成本较高，但施工时公害少，胶面层的物理性能好。

（1）用 MOCA 交联的浇注胶

甲组分为色浆，由 8 份聚丙三醇（相对分子质量为 3000）、76 份聚丙二醇（相对分子质量 2000）、10 份 MOCA、62.8 份陶土、10 份铁红、4 份白炭黑（汽相法）、6 份邻苯二甲酸二（2-乙基）己酯、0.6 份乙酸苯汞、0.6 份 2-乙基己酸铅、1.0 份 UV-327、1.0 份抗氧剂 1010 配制而成。以上配料经三辊研磨机进行研磨，色浆细度控制在 100 μm 以下，色浆黏度为 6.3 Pa·s（23 ℃），水分含量低于 0.2%。乙组分为预聚体，由 60 份聚丙三醇（相对分子质量 3000）、22.1 份甲苯二异氰酸酯[①]混合均匀，在 80～85 ℃反应 2.5 h，于室温下放置 4 h 后测定游离异氰酸酯含量为 9%～10%，黏度为 4.65 Pa·s（23 ℃），现场铺设时，称取 180 份甲组分、80 份乙组分（按异氰酸指数 1.02～1.05 计），迅速搅拌均匀就可以施工，该胶铺设后于室温下固化，经 12～24 h 可完全固化成胶。

---

① 是由 2，4-甲苯二异氰酸酯和 2，6-甲苯二异氰酸酯两种异构体的质量比为 80：20 构成的。

（2）用聚丁二烯二醇与 MDI 制成聚氨酯浇注胶

色浆组分内添加大量增量油，以减低成本与改进胶面的性能。由 205 份聚丁二烯二醇（相对分子质量为 2500～2800）、25 份 N，N-双（乙-羟丙基苯胺）、0.41 份二月桂酸二丁基锡、615 份增量油、62.5 份炭黑、162.5 份煅烧陶土、50 份氧化钙充分混合均匀组成，再添加 240 份废轮胎粒（通过 3# 标准筛子，胶粒最长 13 mm）组成浆料。将 166.5 份上述浆料加入 7.5 份 MDI，搅拌均匀后立即进行铺设，胶面层于室温下固化 2 h，铺设厚度为 50 mm，所铺跑道胶面层用模拟跑鞋长钉反复冲刺 5000 次，未发现胶面层质量有损失，如增大废轮胎胶粒的比例可制成多孔性胶面层。

（3）用聚醚型聚氨酯浇注胶

这种浇注胶由聚醚色浆（A 组分）与异氰酸酯预聚体（B 组分）组成。A 组分：102.6 份聚丙二醇（相对分子质量 2025）、1.0 份胶体硅（白炭黑）、0.2 份一氧化铅、93 份煅烧黏土、0.2 份 2-乙基乙酸钙、2 份 2.6-二特丁基甲酚、0.4 份醋酸苯汞、2 份乙二醇单-N-丁基醚。B 组分：173.4 份甲苯二异氰酸酯、12.0 份三羟甲基丙烷—环氧丙烷加聚物（相对分子质量 440）、14.6 份三羟甲基丙烷。

使用时，按 w（A）：w（B）=92%：8% 的比例 [n（异氰酸酯基）：n（羟基）=1：1]配制。A 组分与 B 组分内均加有适量的废胶粒（一般为聚氨酯胶的 35%～45%）。二者混合均匀后送入特制的铺设机械内，就能在基层上连续铺设。

配方中的醋酸苯汞是催化剂，采用醋酸苯汞与一氧化铅复合催化剂较为理想。胶体硅可帮助分散黏土填料。2-乙基乙酸钙是稀释剂，它使含有黏土比例很高的聚丙二醇也能保持流动性，在配方中有时也添加氧化钙，其作用是防止催化剂贮存时变质。制成的胶面层属于有部分三官能团醇交联的热塑性弹性体。

4. 铺设工艺

聚氨酯胶面层的施工有机械化铺设与手工铺设两种，一般面积在 2000 m² 以下，采用手工铺设。机械化铺设是将 A 组分与 B 组分贮槽装在一辆卡车上，通过计量泵进入螺旋混合头，然后与废轮胎胶粒一起进入叶轮式水泥混合机内混合均匀，由射槽浇注在柏油或水泥混凝土的基层上，车上还装有整平架，将胶面层自动摊平。一般经 12～24 h 可固化完全。也可在铺设机械设备上装有胶粒真空气泡的装置，以减少胶面层的气泡。

手工铺设仅采用一些小型机械施工设备，而在基层上铺设平整全是人工进行施工。基层铺设好后，先铺一层聚氨酯底胶层，厚度为 0.3～0.5 mm，底胶用量为 0.15 kg/m²，为了正确控制跑道的坡度，底胶铺设可分 2～3 次进行。胶料的黏度一般为 12 Pa·s 左右。操作时间为 30～60 min，接触时间为 3～6 h，可步行时间为 6～24 h，经 1～7 天可完全固化。铺设 10 mm 左右厚度的胶面层，聚氨酯胶料需要量为 17.5 kg/m²。

胶面层铺好后，在胶面层未完全固化前，将 0.30～1.25 cm 大小颗粒状聚氨酯橡胶粒均匀地散在胶面层上，等胶面层完全固化后，将多余的胶粒扫除掉，即成为胶面摩擦层。其胶粒还可用乙丙橡胶。在胶面层未固化前撒上聚乙烯或聚丙烯颗粒，等胶面完全固化后，由于聚烯烃与聚氨酯树脂不能黏合，因此，可将聚乙烯或聚丙烯颗粒除去，胶面层即形成凹凸面的摩擦层。还有在胶面层未固化前，将含有结晶水的硫酸钠颗粒撒在胶面上，在胶面层完全固化后，用水冲除所附的硫酸钠胶面也能成为很好的摩擦层。

5. 质量标准

	美国	德国
拉伸强度/MPa	0.85~1.71	1.96~2.90
伸长率	200%	270%
邵氏硬度	40~55	43~53
撕裂强度/（kN/m）	—	14.7
压缩永久变形	10%	5%
冲击弹性	30%	50%
泰伯磨耗	0.8~2.0	1.45

聚氨酯场地使用寿命的长短直接影响场地铺设的成本与推广使用，为此除应作一般物理性能测定外，还应作人工气候老化及耐臭氧等试验，以作使用寿命的考核依据。胶面层人工老化试验一般为 1000 h（相当于 5 年）或 2000 h（相当于 10 年）。此外还用模拟运动员钉鞋结构装置进行性能试验及耐油、耐化学腐蚀等性能的试验。目前用聚氨酯树脂铺设的运动场地一般都可使用 10 年。

6. 参考文献

［1］王庆安，高果桃．环保型水固化聚氨酯跑道材料［J］．聚氨酯工业，2005（5）：39-40，48.

［2］闫晗，严海．环境友好型聚氨酯塑胶跑道进展［J］．河南建材，2011（3）：144-146.

［3］康东伟．塑料及复合材料在体育教学中运动场地的选材：评《塑胶面层运动场地建设与保养指南》［J］．热固性树脂，2020，35（1）：75.

第五章　建筑用涂料

5.1　辐射固化装饰涂料

1. 产品性能

该涂料用于建筑物内壁、家具和橱柜等。其涂层具有良好的附着性、耐溶剂、耐磨和抗污损性能。引自日本公开专利 JP 04-117466。

2. 技术配方(质量，份)

聚酯丙烯酸酯	60
1，6-己二醇二丙烯酸酯	29
MEB-1 硅氧烷丙烯酸酯	1
三羟甲基丙烷三丙烯酸酯	10

3. 生产工艺

将各物料混合均匀，即得辐射固化装饰涂料。

4. 产品用途

涂于装饰印刷的纸基上，电子束固化，再用黏合剂将其层压于中密度纤维板上，制得性能良好的装饰板材。

5. 参考文献

[1] 向盉甲. 水性及辐射固化聚氨酯-丙烯酸酯涂料的制备及表征 [D]. 天津：天津大学，2014.

5.2　伪装涂料

1. 产品性能

伪装涂料由豆油改性醇酸树脂作成膜基料。对 700～2000 nm 红外线分光反射率在 10% 以下，且对 60°镜面光泽度在 2% 以下。

2. 技术配方(质量,份)

豆油改性醇酸树脂(油度53%,含固量50%)	44.40
含水硅酸微粒子	4.55
氧化铁红	3.89
铁蓝	6.98
铬黄	9.66
滑石粉	15.38
炭黑	0.78
催干剂(固体分30%)	0.93
溶剂	13.43

3. 生产工艺

将醇酸树脂、固体物料、催干剂和溶剂充分混合,在加玻璃球的油漆分散机中分散,过滤得伪装涂料。

4. 产品用途

用于舰艇、飞机、各种车辆、武器、地面建筑物、军用设施及装备等的伪装涂饰。刷涂、辊涂、喷涂或轮转凹印涂装。涂布在有防锈底漆的基材上,室温干燥。

5. 参考文献

[1] 刘艳霞,王聪. 低发射率红外伪装涂料的制备及性能研究 [J]. 山东化工,2019,48(7):10-11

[2] 孔凡猛. 军用汽车伪装涂料和涂装技术 [J]. 现代涂料与涂装,2012(3):48-50.

5.3　过氯乙烯建筑涂料

1. 产品性能

本品具有耐化学腐蚀性、不延燃、抗水防潮、电绝缘、耐寒、防霉等优良性能,是较优的建筑用涂料。但遇高温会放出有毒的氯气和氯化氢气体,必须注意。

2. 技术配方(质量,份)

过氯乙烯树脂	1.300
邻苯二甲酸二丁酯	0.450
滑石粉	0.400
氧化锌	0.650

钛白粉	0.130
二甲苯	7.250
松香酚醛改性树脂	0.250
二盐基亚磷酸铅	0.026
铁青蓝	0.001

3. 生产工艺

将过氯乙烯树脂、增塑剂、稳定剂、填料、颜料等按比例混合搅拌均匀,分批加入双辊炼胶机中加热混炼 30～40 min,混炼出的色片厚度为 1.5～2.0 mm,待色片放凉后,用切粒机切粒,将粒料和二甲苯放入搅拌器内加热搅拌 3 h 至粒料完全溶解均匀,加入已溶于二甲苯中的松香改性酚醛树脂液,搅匀后过滤得产品。

4. 产品用途

建筑用涂料。

5. 参考文献

[1] 师丽华,何桂兰. 过氯乙烯丙烯酸防腐涂料的研究 [J]. 涂料工业,2013,43 (3):63-65.

5.4   建筑用杀菌涂料

该涂料涂在砖上,所形成的涂膜具有很好的物化性能和杀菌作用。引自日本公开专利JP 89-232153。

1. 技术配方(质量,份)

丙烯酸乙酯-甲基丙烯酸-甲基丙烯酸甲酯共聚乳液	8.0
碳酸锌-氨络合物 (5.6%Zn)	0.05
丁烯二酐-苯乙烯共聚物	0.5
一缩二乙二醇单乙醚	0.4
Poly-Em40	1.5
磷酸三丁氧基乙酯	0.1
含氟表面活性剂 (F-120)	0.006
2,2,4'-三氯-2'-羟基二苯醚	0.05

2. 生产工艺

先将丙烯酸乙烯 30 份、甲基丙烯酸 5 份与甲基丙烯酸甲酯 65 份共聚成含固量 40% 的丙烯酸乙酯-甲基丙烯酸-甲基丙烯酸甲酯共聚乳液。然后加入各物料充分搅拌、分散均匀即得建筑用杀菌涂料。

3. 产品用途

建筑用杀菌涂料。

4. 参考文献

[1] 许莹. 无机抗菌剂的制备及在建筑用杀菌涂料中的应用 [J]. 新型建筑材料，2003（2）：17.

[2] 董兵海. 高性能防霉杀菌涂料的研究 [D]. 武汉：武汉理工大学，2002.

5.5 建筑装饰用不燃涂料

该涂料可用于建筑物壁板、地板、天花板等的装饰，具有良好的耐火性能。引自英国公开专利 UK 2139639。

1. 技术配方(质量，份)

磷酸（85%）	2.00
异丙醇	1.65
三水磷酸铝	57.00
壬基苯酚	0.15
二氧化钛（金红石型）	38.90
水	81.00

2. 生产工艺

将由磷酸、三水磷酸铝和 61 份的水组成的混合物加热溶解，冷却至室温，与由异丙醇和壬基苯酚组成的混合物进行搅拌混合，再加入用 20 份水湿润的二氧化钛，在高速搅拌下拌和，得到建筑装饰用不燃涂料。

喷或刷涂于干墙上，该墙暴露在 500 ℃的明火中不着火。

3. 参考文献

[1] 史记，于柏秋，安玉良. 膨胀型防火涂料研制及阻燃机理研究进展 [J]. 化学与粘合，2011（1）：51-54.

5.6 803 建筑涂料

本涂料主要用于内墙涂饰，它以 801 建筑胶水为基料，添加填料及其他助剂而成。

1. 技术配方（质量，份）

801 建筑胶水（含固量 8%～9%）*	10.0
钛白粉	0.4
锌钡白	1.0
碳酸钙	3.0
滑石粉	1.3
添加剂	0.8～1.0
分散剂	适量
尿素	适量
水	适量
甲醛	3.5～4.0

* 801 建筑胶水技术配方

聚乙烯醇	10.0
甲醛	3.5～4.0
盐酸	0.83～1.19
尿素	适量
水	80
氢氧化钠	适量

2. 生产工艺

先将水加入反应釜内，加热到 70 ℃，开动搅拌机，然后徐徐加入聚乙烯醇并升温至 90～95 ℃，使聚乙烯醇完全熔解。冷至 80～85 ℃，以细流方式加入盐酸，搅拌 20 min，再加入甲醛进行缩合反应，反应 1 h 结束。降温后加入尿素，用氢氧化钠调 pH 至中性，然后降温至 45～50 ℃，出料得 801 建筑胶水。采用球磨或三辊机研磨。先将颜料加入 801 胶中，再加入填料、添加剂。在高速分散机中分散混合，然后进行研磨，低速搅拌机内加入色料配色，搅拌均匀即得成品。

3. 产品用途

用作内墙涂饰。

5.7 彩色水泥瓦涂料

1. 产品性能

这种涂料对水泥瓦的附着力特别优异，形成的涂层在≥20 个热循环或在日光老化机内 2000 h 试验后，无风化、无开裂或粉化现象。引自日本公开特许 JP 58−32089。

2. 技术配方（质量，份）

（1）底层涂料

白水泥	34
石英砂	60
三氧化二铁（颜料）	6
水	10

（2）罩面层涂料

丙烯酸酯-苯乙烯共聚物	10
硫酸钡和二氧化硅填料	50
环氧树脂	1
聚酰胺交联剂	1
水	30
添加剂	4
三氧化二铁（颜料）	4
水	80

3. 生产工艺

底层和罩面层分别混合，研磨调匀即得。

4. 使用方法

将底层涂料涂于未固化的水泥瓦上，形成 1.5 mm 厚的涂层，待涂层干燥后，再涂刷罩面涂料，固化 10 天，将瓦加热至 55 ℃，喷涂 30 mm 厚罩面（丙烯酸丁酯-甲基丙烯酸甲酯-苯乙烯共聚物）涂料，再于 80 ℃烘烤 15 min 即得彩色水泥瓦。

5. 参考文献

[1] 徐峰. 水泥瓦用有机-无机复合涂料的研制 [J]. 化学建材，2002（5）：29-30.

5.8　类陶瓷涂层

1. 产品性能

该涂料可以用于多种物体上，既可采用喷涂工艺，又可用浸涂工艺，形成一种类陶瓷的涂层。涂层具有很好的防水性、抗划伤性、抗表面磨损性和抗褪色性，具有迷人的外观魅力，不但是建筑物及路面的装饰性表面材料，还可作为贴面砖的代用品，用在盥洗室、厨房、浴室及其他需用水洗的装饰场合。引自中国发明专利申请 CN 85103491。

2. 技术配方(kg/t)

普通硅酸盐水泥	10
高级脂肪酸盐	0.1～0.5
普通岩石粉（大理石粉或石灰石粉）	12～17
羧甲基纤维素（或醋酸纤维素）	0.007～0.05
天然胶乳（或氯丁胶乳、聚丁胶乳）	4～6
维尼龙（或聚酯纤维）	0.1～0.6
颜料（或染料）	适量

3. 生产工艺

将 10 kg 水泥混入岩石粉、纤维素衍生物（羧甲基纤维素）及高级脂肪酸金属盐，混合均匀后添加胶乳和适量的水，充分调和均匀，加入维尼龙和颜料。维尼龙（或其他纤维材料）的加入是为了获得具有韧性和抗撕裂的类陶瓷涂层。

4. 产品用途

用于盥洗室、厨房、浴室的装饰。采用喷涂工艺或浸涂工艺。

5. 参考文献

[1] 朱国强，刘洋，黄璐，等. 常温固化水性陶瓷涂料的制备及应用 [J]. 涂层与防护，2018，39（6）：13-17.

5.9　玻璃涂料

这种玻璃涂料首先刷涂树脂清漆，使之形成附着力良好的涂膜，再将此涂膜与分散染料染色得成品。成品色泽鲜明、外观高雅，可用于宾馆、饭店、展厅等场所装饰和镶嵌，使建筑物华丽大方。

1. 技术配方(质量，份)

（1）蓝色着色液技术配方

壬二酸	1
乙二醇	14.5
分散蓝 ZBLN	0.5
水	34

（2）红色着色液技术配方

癸二酸	1
丙二醇	13

分散红 BL-SE	0.6
水	36

（3）黄色着色液技术配方

丙二醇	14.5
壬二酸	1
分散黄 RGFL	0.5
水	34

2. 生产工艺

将二元酸用少量热水溶解后，再加入溶有染料的二元醇和余量水，充分搅拌分散均匀得到着色液，即玻璃涂料。

3. 使用方法

玻璃用三氯乙烯洗涤脱脂后，于 2% 氢氟酸水溶液（或 5% 氢氧化钠水溶液）中浸渍 5～300 s，水洗、干燥，然后在玻璃的一面涂布无色透明（聚酯、环氧树脂或丙烯酸）的清漆，干燥固化后，在 65～90 ℃的着色液中浸渍 20～180 s，取出后用水洗，干燥，得涂色玻璃。

4. 参考文献

[1] 郑志坚，林翠娜，陈喜东，等. 建筑玻璃水性透明隔热涂料 [J]. 东莞理工学院学报，2017，24（5）：92-96.

[2] 刘成楼，步兵，张建锋，等. 紫外光固化隔热玻璃涂料的研制 [J]. 中国涂料，2020，35（8）：48-54.

5.10　建筑用硅氧烷涂料

1. 产品性能

此涂料用于隧道内壁，寿命长、快干，制得涂膜耐水性、耐候性和抗污性好，透明度好。引自日本公开专利 JP 89-207363。

2. 技术配方(kg/t)

三甲氧基甲基硅烷	136
水	27
乙醇	25.4
硫酸氢钾	0.001
二氯化锡	5.7

3. 生产工艺

将 136 g 三甲氧基甲基硅烷、27 g 水、14 g 乙醇、0.001 g 硫酸氢钾制成主要组分，与 5.7 g 二氯化锡和 11.4 g 乙醇混合即得建材用硅氧烷涂料。

4. 参考文献

[1] 龚娇龙，杨绍云，袁佳佳. 一种高耐候环氧改性聚硅氧烷涂料的研制 [J]. 中国涂料，2017，32（11）：61-63.

[2] 敖国龙，赵梓年. 高耐候丙烯酸聚硅氧烷涂料的研究 [J]. 中国涂料，2017，32（6）：36-39.

5.11 优质装饰涂料

1. 产品性能

该涂料具有优异的装饰效果和耐久性。将本涂料在铝或铝合金表面电泳涂漆，再罩涂面漆，即可制得物理和化学综合性能好、光泽理想、耐久的装饰性涂漆制品。引自日本公开专利 JP 05-50033。

2. 技术配方（质量，份）

甲基丙烯酸-2，2，2-三氟代乙酯	552
甲基丙烯酸丁酯	216
丙烯酸	60
N-环己基马来酰亚胺	180
琥珀酐	3.6
丙烯酸-2-羟乙酯	192
乙二醇单丁醚	187.5
环己基乙烯基醚	11.0
三乙胺	27.3
乙基乙烯基醚	11.0
水	7672.7
4-羟丁基乙烯基醚	11.0
三氟氯乙烯	35.0
三聚氰胺甲醛树脂（Cymel-238）	187.5
异丙醇-丁醇	适量

3. 生产工艺

将甲基丙烯酸-2，2，2-三氟乙酯、甲基丙烯酸丁酯、丙烯酸-2-羟乙酯、N-环己基马来酰亚胺和丙烯酸在偶氮二异丁腈存在下，于异丙醇-丁醇中聚合，制得 50% 固体分的丙烯酸聚合物（A）。另将三氟氯乙烯、环己基乙烯基醚、乙基乙烯基醚和 4-羟丁基乙烯基醚在偶氮二异丁腈和碳酸钾存在下，于二甲苯-乙醇中聚合，将所得聚合物 100 g 在三乙胺存在下用琥珀酐处理，制得 60% 固体分的含氟聚合物（B，酸值 20 mg KOH/g）。将 300 份聚合物 A、1000 份聚合物 B、187.5 份 Cymel-238、27.3 份三乙胺、乙二醇单丁醚和水制成 10% 固体分的优质装饰涂料。

4. 使用方法

将该涂料电泳涂装在铝合金表面，凝定 20 min，于 180 ℃ 烘烤，形成 10 μm 厚涂层。然后用 New Garnet 3000 Primer 罩面，于 170 ℃ 烘烤 20 min，再用 New Garnet 3000 Primer 罩面两道，并于 170 ℃，烘烤 20 min，即得光泽好、耐久的装饰性涂漆制品。

5.12　过氯乙烯地面涂料

1. 产品性能

本涂料具有较好的耐水性、耐化学腐蚀性、耐大气稳定性、耐寒性，不易发脆干裂；耐磨性、抗菌性、不燃性也较好。适用于 60 ℃ 以下的环境，不宜在高温下使用。

2. 技术配方(质量，份)

过氯乙烯树脂	100
邻苯二甲酸二丁酯	5
氧化锑	2
滑石粉	10
二盐基性亚磷酸铅	30
氧化铁红	30
炭黑	1
溶剂（二甲苯）	705
10# 树脂液	75

3. 生产工艺

先将除溶剂和 10# 树脂液外的其他组分混匀、热混炼 40 min，混炼出的涂料色片厚 1.5～2.0 mm，切粒，切粒后与溶剂加热搅拌混溶，最后加入 10# 树脂液，搅匀，过滤包装。

4. 使用方法

该涂料含固量不高，适于喷涂、刷涂。一般对地面涂层厚度要求达到 0.3～0.4 mm 时，需要分 3～4 次涂覆，且一次不宜涂得过厚。

5. 参考文献

[1] 林宏峰，施德军. 二甲苯甲醛树脂在过氯乙烯涂料的应用研究 [J]. 广州化工，2020，48 (8)：52-53.

5.13　地板用涂料

该涂料具有良好的抗冲击性和耐候性，由大分子的硅氧烷、丙烯酸酯共聚物、引发剂和彩色骨料组成，可用于道路或地板的涂装。引自日本公开专利 JP 02-269112。

1. 技术配方(质量，份)

大分子硅氧烷（$M=4200$）	2.0
甲基丙烯酸甲酯	3.6
甲基丙烯酸丁酯	0.2
丙烯酸-2-乙基己酯	0.2
丙烯酸异丁酯	4.2
过氧化苯甲酰	0.1
石蜡	0.2
彩色骨料	10.5
二氧化硅	5.2

2. 生产工艺

将 4 种丙烯酸酯聚合得到共聚物，与硅氧烷混合，再加入其余物料，经研磨得地板用涂料。

3. 参考文献

[1] 刘彩迪，刘瑾珏，张菀祯，等. 新型环保地板及涂料的性能的研究 [J]. 地产，2019 (23)：13.

5.14　F80-31 酚醛地板漆

1. 产品性能

F80-31 酚醛地板漆（F80-31 phenolic floor paint）又称 306 紫红地板漆、铁红地板漆、F80-1 酚醛地板漆，由中油度松香改性酚醛树脂漆料、颜料、体质颜料、催干剂和 200# 油漆溶剂汽油组成。漆膜坚韧、平整光亮，耐水及耐磨性良好。

2. 技术配方(质量,份)

(1) 配方一(橘黄)

中油度松香改性酚醛树脂漆料*	62.0
中铬黄	21.0
大红粉	0.6
沉淀硫酸钡	5.0
轻质碳酸钙	5.0
200#油漆溶剂汽油	4.6
环烷酸钴(2%)	0.3
环烷酸锰(2%)	1.0
环烷酸铅(10%)	0.5

*中油度松香改性酚醛树脂漆料配方

松香改性酚醛树脂**	17.0
桐油	34.0
亚桐聚合油	6.0
乙酸铅	0.5
200#油漆溶剂汽油	42.5

**松香改性酚醛树脂配方

松香	69.64
苯酚	11.87
甲醛	11.5
甘油	6.3
氧化锌	0.14
H 促进剂	0.55

(2) 配方二(铁红)

中油度松香改性酚醛树脂漆料	63.0
氧化铁红	14.0
沉淀硫酸钡	8.0
轻质碳酸钙	8.0
200#油漆溶剂汽油	5.2
环烷酸锰(2%)	1.0
环烷酸钴(2%)	0.3
环烷酸铅(10%)	0.5

(3) 配方三(棕色)

中油度松香改性酚醛树脂漆料	63.0
氧化铁红	14.0
炭黑	0.5
沉淀硫酸钡	8.0
轻质碳酸钙	8.0

200[#]油漆溶剂汽油	4.7

200[#]油漆溶剂汽油　　　　　　　　4.7
环烷酸锰（2%）　　　　　　　　　1.0
环烷酸钴（2%）　　　　　　　　　0.3
环烷酸铅（10%）　　　　　　　　　0.5

3. 工艺流程

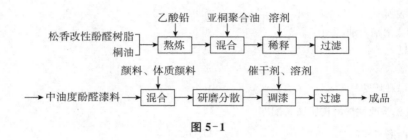

图 5-1

4. 生产工艺

将松香投入反应釜中，加热升温至 110 ℃，加入苯酚、甲醛和 H 促进剂，于 95～100 ℃保温缩合 4 h，然后升温至 200 ℃，加入氧化锌，升温至 260 ℃，加入甘油，于 260 ℃保温反应 2 h，升温至 280 ℃，保温 2 h，再升温至 290 ℃，至酸值小于 20 mg KOH/g、软化点（环球法）135～150 ℃即为合格，冷却、包装后得到松香改性酚醛树脂。外观为块状棕色透明固体。颜色（Fe-Co 比色）小于 12[#]。

将松香改性酚醛树脂与桐油投入熬炼锅中，混合，加热升温至 180 ℃，加入乙酸铅，继续升温至 270～275 ℃，保温至黏度合格，降温并加入亚桐聚合油，冷却至 160 ℃，加 200[#]油漆溶剂汽油稀释，过滤，得到中油度酚醛漆料。

将颜料、体质颜料与适量酚醛漆料混合，经磨漆机研磨分散至细度小于 40 μm，加入其余漆料，混匀后加入溶剂和催干剂，充分调和均匀得 F80-31 酚醛地板漆。

5. 质量标准

漆膜颜色及外观	符合标准样板及色差范围，漆膜平整光滑
黏度（涂-4 黏度计）/（mPa·s）	60～120
细度/μm	≤40
遮盖力/（g/m²）	≤60
干燥时间/h	
表干	≤4
实干	≤20
柔韧性（干 48 h 后）/mm	≤3
硬度	≥0.3
光泽	≥90%

注：该产品质量标准符合沪 Q/HG 14-250。

6. 产品用途

用于木质地板、楼梯、护栏等涂装。不宜用溶剂将地板漆过分稀释，以免影响耐磨性。

7. 参考文献

[1] 赵峰. 腰果树脂漆的制备 [J]. 上海涂料，2004（6）：4-7.

[2] 郑燕玉，卓东贤，顾芙蓉. 甲基苯基硅改性腰果酚醛树脂涂料的制备及性能 [J]. 泉州师范学院学报，2020，38（6）：1-5.

5.15 吸音防腐双层涂料

这种用于汽车车身底板的吸音、耐磨、防腐涂料，由内层和外层涂料构成。固化后的内层比外层厚且软。引自欧洲专利公开说明书 EP 453917（1991）。

1. 技术配方（质量，份）

内层涂料

甲基丙烯酸酯-甲基丙烯酸丁酯-乙烯基咪唑共聚物	20
二苄基甲苯	50
碳酸钙	28
氧化钙	2

外层涂料

聚氧乙烯塑溶胶	30
邻苯二甲酸二壬酯	30
碳酸钙	38
氧化钙	2

2. 生产工艺

内层涂料和外层涂料分别调配、研磨和过滤，分别包装。

3. 产品用途

用于汽车车身底板涂饰保护（具有吸音、减震、防腐功能），先喷内层，再湿喷外层涂料，160 ℃烘烤 0.5 h，形成吸音减震涂层。其初始抗张强度为 200 N/cm²，8 周后抗张强度为 277 N/cm²。

4. 参考文献

[1] 胡向阳，崔玉民，殷榕灿，等. Bi_2O_3 在隔热保温吸音仿石涂料中的应用 [J]. 材料保护，2019，52（12）：111-115.

5.16 彩色花纹墙纸涂料

这种丙烯酸酯乳液涂料喷涂于纸上，可制得光泽度良好的装饰墙纸。

1. 技术配方（质量，份）

丙烯酸酯乳液（含固量 50%）	3.50
纸浆粉	0.05
碳酸钙	6.30
硅溶胶（含固量 30%）	0.30
增黏剂	0.05
六偏磷酸钠	0.15
色料	0.05

2. 生产工艺

将各物料按配方量混匀，高速分散均匀即得成品。

3. 产品用途

用作彩色墙纸涂料。以 500 g/m^2 左右的量喷涂于黄色纸上，然后以 150 g/m^2 的量涂覆丙烯酸酯水溶胶，干燥后得墙纸。

4. 参考文献

[1] 何龙. 壁纸用多功能硅藻土涂料的研制 [D]. 大连：大连工业大学，2014.

5.17 815 内墙涂料

本品用于内墙的装饰涂层，具有良好的耐磨性。

1. 技术配方（质量，份）

聚乙烯醇	5.4
轻质碳酸钙	26.6
盐酸（36%）	0.6
滑石粉	13.4
水	128.6
硅酸钠（水玻璃）	10.6
立德粉	13.4
甲醛（37%）	1.4
颜料	适量

2. 生产工艺

将聚乙烯醇在加热条件下溶于水，滴入盐酸、甲醛搅拌，在 50 ℃以下加入少量水玻璃，搅拌均匀即得基料。在基料中补加水、剩余水玻璃及其他物料，在高速搅拌下混合均匀，经砂磨机研磨分散，出料装桶即得成品。

3. 产品用途

内墙涂饰。

4. 参考文献

[1] 梅燕. 水性内墙涂料的制备及其性能研究 [D]. 广州：华南理工大学，2012.
[2] 冯艳文，梁金生，梁广川，等. 健康环保型建筑内墙涂料的研制 [J]. 新型建筑材料，2003（10）：49.

5. 18　LT08-1内墙涂料

本品可用于内外墙、钢木质门窗的涂饰，是一种发展较快的新型涂料。

1. 技术配方（质量，份）

苯丙乳液*	10.0～15.0
水溶性纤维素	0.8～1.2
颜填料（钛白粉等）**	28.0～42.0
五氯酚钠	适量
消泡剂	0.25～0.35
乙二醇丁醚	1.0
乳化剂 OP-10	0.1～0.2
水	32～36
聚丙烯酸盐	0.4～0.6

* 苯丙乳液技术配方

苯乙烯	30～50
丙烯酸丁酯	20～50
甲基丙烯酸	1～5
甲基丙烯酸甲酯	10～30
乳化剂	1.8～2.5
保护胶	0.1～0.5
缓冲剂	0.2～0.4
引发剂	0.2～0.5
水	90～120

** 颜填料可用钛白粉、锌钡白、铁系及酞菁系颜料、碳酸钙、硫酸钡和滑石粉等。

2. 生产工艺

在反应釜中加入脱离子水,搅拌升温至 80 ℃。加入部分引发剂和全部保护胶的水溶液。继续升温至 80～90 ℃时滴加乳化剂、引发剂和缓冲剂的水溶液及混合单体,约 3 h 加完,保温 1 h,然后降温出料,即得白色乳液苯丙乳液。其 pH 为 5～6,含固量 48%,黏度为 0.20～0.75 Pa·s,无毒不燃。

在水中加入乳化剂,高速搅拌下加入颜填料,经研磨分散成白色浆。在低速搅拌下加入苯丙乳液、乙二醇丁醚、聚丙烯酸盐、消泡剂、水溶性纤维素、五氯酚钠分散均匀后得 LT08-1 内墙涂料。

3. 产品用途

内墙涂饰。

4. 参考文献

[1] 陈均炽. 水性内墙低气味耐污涂料的制备及性能研究 [J]. 新型建筑材料, 2021,48 (4):47-49.

[2] 朱敬林,姚飞,裴克梅. 水性调湿防霉沸石硅藻泥内墙涂料的制备与性能研究 [J]. 现代涂料与涂装,2020,23 (9):4-7.

5.19 新型无光内墙涂料

1. 产品性能

该涂料用于室内装饰,形成的涂膜不掉灰、不起皮,保光性好,表面平整光滑,并具有一定的防霉抗湿性。

2. 技术配方(质量,份)

A 组分

顺酐二异丁烯共聚物钠盐	3.12
2-氨基-2-甲基-1-丙醇	1.74
曲拉通 CF-10	0.66
消泡剂	0.60

B 组分

钛白粉	150
碳酸钙	60
黏土	75

C 组分

2-甲基丙酸-2,2,4-三甲基-1,3-戊二醇酯	8.34
乙二醇	16.74
消泡剂	1.20
煤油	158.16
丙酸钙防腐剂	0.90
水	69.24

3. 生产工艺

将 A 组分物料混合均匀后，加入 B 组分颜填料混匀后用球磨机研磨至一定粒度，再加入 C 组分原料的预混物，搅拌均匀得新型无光内墙涂料。

4. 质量标准

含固量	54%～56%
颜料体积浓度	50%
相对密度	1.43
开始黏度（25 ℃）/（Pa·s）	1.30～1.49
pH	9.1

5. 产品用途

内墙涂饰。

6. 参考文献

[1] 肖文清，尹国强，葛建芳，等. 功能性内墙涂料的研究进展 [J]. 广州化工，2011（16）：42-43.

[2] 张延奎，张粉霞，熊杨凯，等. 生态负氧离子健康内墙涂料的研制 [J]. 广州化学，2018，43（4）：10-16.

5.20 改性硅溶胶内外墙涂料

该涂料主要通过加入水溶性三聚氰胺和多元醇对硅溶胶进行改性，添加其他助剂后得到耐候、防水性优良的内外墙涂料。

1. 技术配方（质量，份）

	（一）	（二）
硅溶胶	10～20	10～20
水溶性三聚氰胺	0.2～0.5	0.2～0.5
丙二醇	1～2	—

三甘醇	—	0.5～1.5
钛白粉（或轻质碳酸钙）	65～90	65～90
增稠剂	0.05～0.20	0.05～0.20
有机硅消泡剂	2.0	1.5
色料	适量	适量
水	14.4～17.1	14.4～17.1

2. 生产工艺

在水中依次加入各物料，高速分散均匀即得成品。

3. 产品用途

用作防水性内外墙涂料。

4. 参考文献

[1] 蔡青青，孔志元. 内外墙多彩涂料的概况及研究进展 [J]. 涂料工业，2010，40（10）：76-79.

5.21 平光外墙涂料

1. 产品性能

这种高黏度、高触变性苯丙乳胶涂料，除具有一般苯丙乳胶涂料的性能外，还具有贮存稳定性高、黏度高、触变性高和施工性能好等特点，是水性建筑涂料的一种更新换代产品，具有广阔的应用前景。

2. 技术配方（质量，份）

（1）乳液配方

苯乙烯	1.77
MS-1 乳化剂	1.0～2.0
DZ-1 助剂	1.2～4.8
丙烯酸酯	20.05
甲基丙烯酸	0.25～1.9
引发剂	0.16～0.24
缓冲剂	0.2～0.3
水	1.41

（2）平光外墙漆配方

乳液	28.0
F-4 分散剂	0.2～0.4

羟乙基纤维素	0.10～0.25
防霉剂	0.2
消泡剂	0.2
钛白	10.0
重质碳酸钙	3.20
滑石粉	8.0
氨水	0.2
成膜助剂	1.0
水	20

3. 生产工艺

采用常规的引发体系和乳化体系将单体进行乳液聚合，其中聚合单体与水的质量比为 1∶1。乳液聚合采用预乳化工艺，即将单体与部分乳化剂及 DZ-1 助剂等在室温下进行预乳化，然后通过向反应器连续滴加预乳化液及分批加入引发剂的方法，进行乳液聚合反应，乳液制备总耗时 3～4 h。乳胶涂料的制法与常规乳胶涂料相同。

4. 产品用途

用作建筑外墙涂料。

5. 参考文献

[1] 张强国，孟运，毛现东，等．一种环保型外墙保温质感涂料的制备研究 [J]．现代涂料与涂装，2021，24（6）：19-22.

[2] 陈中华，张玲．水性建筑隔热保温外墙涂料的研制 [J]．电镀与涂饰，2012（12）57-62.

5.22　醇酸树脂外墙涂料

1. 产品性能

外墙涂料经受日晒雨淋和各种恶劣气候的侵袭，必须具有良好的性能。这里介绍的醇酸树脂外墙涂料，具有优异的抗水性、耐候性和防霉性，是一种理想的新型外墙涂料，其质量好、价格便宜。

2. 技术配方（质量，份）

A 组分

| 噁唑羟基聚甲醛（Nuosept 95） | 1.32 |
| 纤维增厚剂 | 64.08 |

防霉剂	3.6
诺卜扣（表面活性剂）	0.54
非离子润湿剂	1.44
顺丁烯二酐-二异丁烯共聚物钠盐	3.72
钛白粉	116.82
碳酸钙	150.24
乙二醇	18.72
去离子水	78.72

B 组分

水溶性醇酸树脂	89.16

C 组分

丙烯酸聚合物	90.30
诺卜扣	1.26
氨水（28%）	0.3
乳胶防缩孔剂	1.44
2-甲基丙酸-2，2，4-三甲基-1，3-戊二醇酯	3.60
环烷酸锌（6%）	1.38
环烷酸钴（6%）	2.76
去离子水	25.2

3. 生产工艺

将 A 组分各物料按技术配方量混合均匀后，经球磨机研磨至细度达 50 μm，加入水溶性醇酸树脂（B组分）高速分散 1 min。再加入 C 组分的预混合物，调配均匀得成品。含固量 56%~59%，黏度 1.20 Pa·s，颜料体积浓度 40.2%。

4. 产品用途

用作外墙涂料。经处理的外墙刷涂或喷涂均可。

5. 参考文献

[1] 叶新. 涂料用醇酸树脂的合成及发展方向 [J]. 中国新技术新产品，2011 (7)：29.

[2] 孙乾坤，王亚斌，栾福胜，等. 新型醇酸/硅丙树脂外墙涂料制备及性能研究 [J]. 天津化工，2017，31 (1)：13-15.

5.23 环氧树脂外墙涂料

这种涂料作为外墙装饰涂层的主体，在通常情况下，使用寿命在 10 年以上。

1. 技术配方（质量，份）

610# 环氧树脂	10
分散剂	0.1
石英粉（填充料）	22
水	适量
乳化剂	2.5
增稠剂	9.0
着色颜料	8.0

2. 生产工艺

将 610# 环氧树脂、乳化剂、增稠剂和水混合均匀后，在调整搅拌机内拌成乳液，再加入着色颜料、石英粉和分散剂进行调整搅拌，研磨即为产品。

3. 产品用途

用作外墙涂料。

4. 参考文献

[1] 温晓萌，刘小峯，董艳霞，等．建筑涂料现状及展望［J］．热固性树脂，2012，27（4）：70-73.

5.24　建筑物顶棚内壁涂料

本涂料以多孔结构的膨胀珍珠岩为填料，具有一定的吸湿防潮和吸音效果，装饰效果好，适用于涂饰各种建筑物顶棚内壁，也可作为一般建筑物的内墙涂料。

1. 技术配方（质量，份）

	（一）	（二）
聚醋酸乙烯酯乳液（50%）	15	5
改性聚乙烯醇缩甲醛（10%）	75	25
珍珠岩粉（20~60 目）	15	16
二氧化钛	6	10
滑石粉	7	36
沸石	6	—
轻质碳酸钙	7	—
羧甲基纤维素	1.24	1.24
六偏磷酸钠	0.4	0.4
磷酸三丁酯	0.8	0.8

五氯酚钠	0.4	0.4
乙二醇	6	6
水	60.2	100

2. 生产工艺

先用少量水将羧甲基纤维素溶解备用。然后，将余量水加入带搅拌器的反应锅内，加入六偏磷酸钠搅拌溶解后加入部分改性聚乙烯醇缩甲醛，混合均匀后加入其余的改性聚乙烯醇缩甲醛胶和聚醋酸乙烯酯乳液。搅拌均匀后，依次加入二氧化钛、轻质碳酸钙、滑石粉、珍珠岩粉、沸石和乙二醇，以及磷酸三丁酯、五氯酚钠，继续搅拌均匀后，再加入羧甲基纤维素研磨后过滤得建筑物顶棚内壁涂料。

3. 产品用途

用作建筑物顶棚内壁涂料，可用喷涂法、辊涂法或刷涂法施工。

4. 参考文献

[1] 崔锦峰，马永强，郭军红，等. 相变储能调温内墙涂料的研制 [J]. 涂料工业，2012（3）：1-4.

5.25　Y02-1 各色厚漆

1. 产品性能

Y02-1 各色厚漆（Y02-1 paste paint）又称甲乙级各色厚漆，价格便宜、容易刷涂，但漆膜柔软、干燥慢、耐久性差。由干性油和半干性植物油、颜料、体质颜料等调制而成。

2. 技术配方（质量，份）

	红	绿	黄	蓝	铁红	白	黑
大红粉	9	—	—	—	—	—	—
铬黄	—	21.6	37	—	—	—	—
铁红	—	—	—	—	40	—	—
铁蓝	—	3.0	—	9	—	—	—
群青	—	—	—	—	—	0.2	—
立德粉	—	—	—	10	—	32	—
氧化锌	—	—	—	—	—	48	—
炭黑	—	—	—	—	—	—	5
重质碳酸钙	156	147	137.2	153.8	134	90	157
松香钙皂液	2.0	2.0	3.6	3.0	2.0	1.0	2.0
熟油	33	26.2	22.2	24.2	24	28.8	36

3. 工艺流程

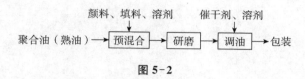

图 5-2

4. 生产工艺

将全部原料搅拌预混合均匀，研磨分散，包装即得成品。

5. 质量标准

原漆外观	不应有搅不开的硬块
遮盖力/（g/m²）	
红色	≤200
绿色、灰色	≤80
黄色	≤180
蓝色	≤100
铁红色	≤70
白色	≤250
黑色	≤40
干燥时间/h	≤24

注：该产品质量符合 ZBG 51012。

6. 产品用途

用于一般要求不高的建筑物或水管接头处的涂覆，也可用于木质物件的打底或油布之类的纺织品涂饰。

使用前加入清油调匀。调配方法为 2~3 份厚漆、1 份清油加适量催干剂、刷涂。贮存有效期为 2 年。

7. 参考文献

［1］水性家具面漆和水基白色厚漆［J］. 家具，2005（1）：34.

5.26　Y03-1 各色油性调和漆

1. 产品性能

Y03-1 各色油性调和漆又称油性船舱油，由干性植物油炼制后，加入颜料、体质颜料、催干剂、200# 溶剂汽油调制而成。

2. 技术配方（质量，份）

	红	绿	白	黑
油性漆料	130	134	82	136
大红粉	12	—	—	—
中铬黄	—	28.6	—	—
铁蓝	—	3.4	—	—
群青	—	—	0.2	—
立德粉	—	—	78	—
氧化锌	—	—	16	—
钛白粉	—	—	6	—
炭黑	—	—	—	6
重质碳酸钙	30	14	—	32
沉淀硫酸钡	10	6	—	8
环烷酸钴（2%）	1	0.6	0.6	1
环烷酸锰（20%）	1	0.6	0.6	1
环烷酸铝（10%）	6	4	4	6
200# 溶剂汽油	10	8.8	10.8	10

3. 工艺流程

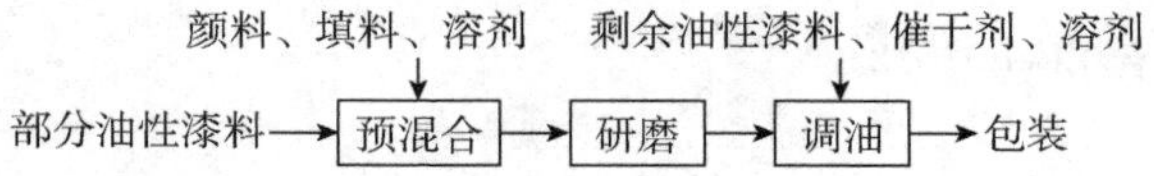

颜料、填料、溶剂　　剩余油性漆料、催干剂、溶剂

部分油性漆料 → 预混合 → 研磨 → 调油 → 包装

图 5-3

4. 生产工艺

将全部颜料、填料及部分油性漆料、溶剂混合均匀，经研磨机研至细度合格，加入剩余油性漆料、溶剂及催干剂，混合调匀，过滤、包装即得成品。

5. 质量标准

漆膜外观	漆膜平整光滑
黏度（涂-4 黏度计）/s	≥70
细度/μm	≤40
遮盖力/（g/m²）	
红色、黄色	≤180
绿色、灰色	≤80
白色	≤240
黑色	≤40

干燥时间/h	
表干	≤10
实干	≤24
光泽	≥70%
柔韧性/mm	1

注：该产品质量符合 ZBG 51013。

6. 产品用途

用于涂装室内外一般金属、木质对象及建筑物表面，作保护和装饰之用。使用前应搅拌调匀。用200#溶剂汽油调节黏度。贮存有效期为1年。

7. 参考文献

[1] 田文全，周志明，樊卫国，等．腰果壳油调合漆的研制 [J]．广东化工，2009，36（8）：191-192．

5.27　T01-1酯胶清漆

1. 产品性能

T01-1酯胶清漆（T01-1 oleoresinous varnish）也称清凡立水，所形成漆膜光亮、耐水性好，有一定的耐候性，由干性植物油、多元醇松香酯、催干剂和溶剂汽油组成。

2. 技术配方(质量，份)

甘油松香	10.4
桐油	25.6
松香铅皂	1.6
亚桐聚合油	6.4
200#溶剂汽油	35.2
环烷酸锰（2%）	0.56
环烷酸钴（2%）	0.24

3. 工艺流程

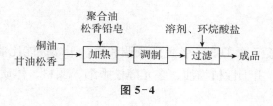

图 5-4

4. 生产工艺

将桐油、甘油松香和配方量 1/2 的亚桐聚合油、松香铅皂混合加热，升温至 275～280 ℃，保温熬炼，至黏度合格，稍降温后加入剩余亚桐聚合油，冷却至 150 ℃，加入溶剂汽油及催干剂，充分混合，调制均匀，再经过滤后得成品。

5. 质量标准

含固量	≥50%
酸值/（mg KOH/g）	≤10
黏度（涂-4 黏度计）/（mPa·s）	60～90
原漆颜色（铁钴比色计）	≤14
透明度	透明，无机械杂质
回黏性	≤2 级
耐水性（24 h）	不起泡，不脱落，允许变白，1 h 内恢复
柔韧性/mm	1
硬度	≥0.30
干燥时间/h	
表干	≤6
实干	≤18

6. 产品用途

适用于木制家具、门窗、板壁等的涂覆及金属制品表面的罩光。

7. 参考文献

[1] 丘子范，冯星俊，刘光勇. 一种实木刷新用水性双组分木器清漆的研制 [J]. 现代涂料与涂装，2021，24（8）：20-22.

[2] 王晓瑞，羊惠燕，许建明，等. 水性自清洁亚光罩面清漆的制备及其性能研究 [J]. 现代涂料与涂装，2020，23（5）：10-14.

5.28　T03-1 磁性调和漆

1. 产品性能

T03-1 磁性调和漆又称 T03-1 各色酯胶调和漆，干燥性能比油性调和漆好，漆膜较硬，有一定的耐水性。由干性植物油、多元醇松香酯、颜料、体质颜料、催干剂、200# 溶剂汽油调配而成。

2. 技术配方（质量，份）

	红	铁红	绿	黄	蓝	白	黑
大红粉	11.6	—	—	—	—	—	—
氧化铁红	—	28	—	—	—	—	—
中铬黄	—	—	16	30	—	—	—
柠檬黄	—	—	6	4	—	—	—
铁蓝	—	—	5	—	3	—	—
立德粉	—	—	—	—	24	104	—
群青	—	—	—	—	—	0.2	—
炭黑	—	—	—	—	—	—	6
轻质碳酸钙	10	6	10	10	8	—	10
沉淀硫酸钡	40	34	40	40	40	—	40
酯胶调和漆	116.4	109.4	101.4	94.4	103	74.4	120.4
亚桐聚合油	10.0	10.0	10.0	10.0	10.0	10.0	10.0
环烷酸钴（2%）	1	1	0.6	0.6	1	0.6	1
环烷酸锰（2%）	1	1.6	1	1	—	1	1
环烷酸铅（10%）	4	5	4	4	4	4	5
200#溶剂汽油	6	6	6	6	6	6	6

3. 工艺流程

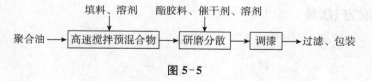

图 5-5

4. 生产工艺

将全部颜料、填料及聚合油及部分溶剂高速搅拌预混合，经研磨机研磨至细度合格，加入酯胶料、催干剂及溶剂，充分调匀，过滤、包装即得。

5. 质量标准

漆膜外观	漆膜平整光滑
黏度（涂-4 黏度计）/s	≥70
细度/μm	≤40
干燥时间/h	
表干	≤6
实干	≤24
回黏性/级	≤2
光泽	≥80%

柔韧性/mm	1
遮盖力/（g/m²）	
红色、黄色	≤180
绿色	≤80
蓝色	≤100
白色	≤200
黑色	≤40

6. 产品用途

用于室内外一般金属、木质对象及建筑物表面的涂覆，做保护和装饰之用。使用前必须搅匀，用200#溶剂汽油稀释，刷涂。

5.29　T03-82 各色酯胶无光调和漆

1. 产品性能

T03-82 各色酯胶无光调和漆（T03-82 various color oleoresinous flat ready mixed paint）也称磁性平光调和漆。该漆漆膜无光、色彩鲜明、色调柔和、光亮而脆硬、耐水洗，由酯胶漆料与颜料、体质颜料、溶剂汽油和催干剂组成。

2. 技术配方（质量，份）

	（一）	（二）	（三）	（四）
酯胶漆料*	18	18	18	18
沉淀硫酸钡	4	4	4	7
轻质碳酸钙	8	8	8	8
立德粉	59	52	52	55
柠檬黄	—	2	4	—
中铬黄	—	4	2	—
酞菁蓝	—	—	0.5	0.5
环烷酸钴（2%）	0.5	0.5	0.5	0.5
溶剂汽油	10.5	11.5	11	11

* 酯胶漆料配方

顺丁烯二酸酐树脂	1.2
石灰松香	4.4
甘油松香	2.4
桐油	20.0
亚桐聚合油	11.2

松香改性酚醛树脂	3.2
黄丹	0.8
200#溶剂汽油	36.8

3. 工艺流程

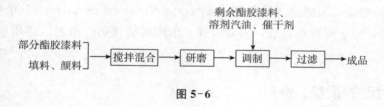

图 5-6

4. 生产工艺

先制备酯胶漆料。将树脂、桐油和部分亚桐聚合油混合加热，升温至 270~275 ℃，保温热炼至黏度合格，稍降温后加入剩余的亚桐聚合油，将物料冷却至 160 ℃，加入溶剂汽油调制均匀，过滤后即得酯胶漆料。

将 2/3 酯胶漆料与颜料、填料混合均匀，投入研磨机中研磨至细度合格，再加入剩余酯胶漆料、溶剂汽油和催干剂，充分搅拌，调制均匀，经过滤后即制得成品。

5. 质量标准

漆膜颜色	符合标准样板及色差范围
漆膜外观	平整
光泽	≤10%
遮盖力	≤200 g/m²
黏度（涂-4 黏度计）/s	30~60
细度/μm	≤60
干燥时间/h	
表干	≤2
实干	≤14

注：该产品质量符合沪 Q/HG14-060。

6. 产品用途

用于涂饰室内墙壁及要求不高的木材或钢铁表面。使用时以涂刷为主，可用 200# 溶剂汽油或松节油稀释。

7. 参考文献

[1] 田文全，周志明，樊卫国，等 . 腰果壳油调合漆的研制 [J]. 广东化工，2009，36 (8)：191-192.

5.30 T06-6 灰酯胶二道底漆

1. 产品性能

T06-6 灰酯胶二道底漆（T06-6 gray color oleoresinous surfacer）也称二道底漆，该漆填密性好，易于喷涂和打磨，附着力强。由酯胶底漆料、颜料、体质颜料、溶剂和催干剂组成。

2. 技术配方（质量，份）

酯胶底漆料*	22.80
硫酸钡	8.00
轻质碳酸钙	16.00
立德粉	14.00
滑石粉	10.00
炭黑	0.08
黄丹	0.40
200# 溶剂汽油	7.92
环烷酸锰（2%）	0.48
环烷酸钴（2%）	0.32

* 酯胶底漆料配方

甘油顺丁烯二酸酐树脂	1.5
松香改性酚醛树脂	4.0
石灰松香	5.5
甘油松香	3.0
亚桐聚合油	14.0
桐油	25.0
黄丹	1.0
200# 溶剂汽油	46.0

3. 工艺流程

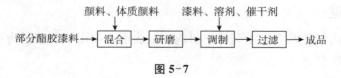

图 5-7

4. 生产工艺

将树脂、桐油和部分亚桐聚合油混合加热，升温至 270~275 ℃，保温热炼至黏度合格，稍降温后加入剩余的聚合油，冷却至 160 ℃，加溶剂汽油和黄丹充分调制，过滤后制得酯胶底漆料。

将一部分酯胶底漆料与颜料、体质颜料混合送入磨漆机中研磨至所需细度，再加入剩余漆料、溶剂和催干剂，调制均匀后过滤，即制得成品。

5. 质量标准

漆膜颜色	灰色，色调不定
漆膜外观	漆膜均匀，平整
遮盖力/（g/m²）	≤150
黏度（涂-4 黏度计）/s	70～90
细度/mm	≤50
干燥时间/h	
表干	≤4
实干	≤20

注：该产品质量符合沪 Q/HG 14-142。

6. 产品用途

用于已涂有底漆腻子的金属、木材、墙面作中间涂层，可填平腻子上的孔隙及纹路，作要求不高的钢铁、木质表面的底漆。

7. 参考文献

[1] 王家亮，陈俊英. 高填充性聚氨酯二道底漆的研制与应用 [J]. 现代涂料与涂装，2004（5）：25.

5.31　T09-3 油基大漆

1. 产品性能

T09-3 油基大漆（T09-3 prepared natural lacquer）也称 201 透明金漆、901 配色漆、揩漆，由生漆、亚麻仁油、顺丁烯二酸酐树脂和有机溶剂组成。该漆漆膜光亮、透明、附着力强，具有优良的耐腐蚀、耐水、耐烫、耐久和耐候性。

2. 技术配方（质量，份）

亚麻仁油	8.4
顺丁烯二酸酐树脂	10.0
生漆	56.0
松节油	5.6

3. 工艺流程

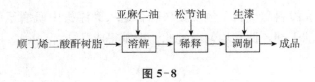

图 5-8

4. 生产工艺

将顺丁烯二酸酐树脂与热亚麻仁油混合溶解，再加入松节油稀释，然后加入生漆充分搅拌，调制均匀即得成品。

5. 质量标准

原漆外观	浅色黏稠液体
含固量	≥60%
干燥时间（15～35 ℃、相对湿度＞80%）/h	
表干	≤8
实干	≤12

注：该产品质量符合沪 Q/HG 14-493。

6. 产品用途

用于木器家具、门窗、手工艺品的贴金、罩光等，也可调入颜色制成色漆使用。

5.32　T50-32 各色酯胶耐酸漆

1. 产品性能

T50-32 各色酯胶耐酸漆又称 1# 各色酯胶耐酸漆、2# 各色酯胶耐酸漆，由干性植物油、颜料、体质颜料、催干剂及溶剂组成，具有一定的耐酸腐蚀性能，干燥较快。

2. 技术配方（质量，份）

	红	绿	白	黑
甲苯胺红	5	—	—	—
中铬黄	—	1	—	—
浅铬黄	—	15	—	—
铁蓝	—	2	—	—
群青	—	—	0.2	—
钛白粉	—	—	13	—
硫酸钡	27	20	25	33

酯胶漆料	60	55	54	55
200# 溶剂汽油	6.0	5.4	6.4	7.0
环烷酸钴（2%）	0.5	0.3	0.3	0.5
环烷酸锰（2%）	0.5	0.3	0.3	0.5
环烷酸铅（10%）	1	1	1	1

3. 工艺流程

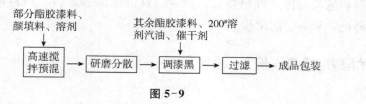

图 5-9

4. 生产工艺

将部分酯胶料和颜料、填料混合，高速搅拌混合均匀。经磨漆机研磨至细度合格，再加入其余酯胶漆料、200# 溶剂汽油及催干剂，充分调匀，过滤后即得成品。

5. 质量标准

漆膜颜色和外观	符合标准样板及其色差范围，漆膜平整
黏度（涂-4 黏度计）/s	60~90
遮盖力/（g/m²）	
黑色	≤40
灰色	≤80
白色	≤140
干燥时间/h	
表干	≤4
实干	≤24
硬度	≥0.30
细度/μm	≤40
耐酸性〔浸于（25±1）℃、40%硫酸溶液中，72 h〕	不起泡、不脱落，允许颜色变浅

6. 产品用途

主要用于工厂需防酸气腐蚀的金属或木质结构表面的涂覆，也可用于耐酸要求不高的工程结构物表面的涂装。施工时，用 200# 油漆溶剂汽油或松节油作稀释剂，采用刷涂法施工。

7. 参考文献

[1] 田涛. 环保型耐酸防腐涂料的研究 [D]. 长沙：国防科学技术大学，2005.

5.33 F03-1各色酚醛调和漆

1. 产品性能

F03-1各色酚醛调和漆（F03-1 all colors Phenolic ready-mixed paint）又称磁性调和漆、磁性调和色漆，由干性植物油、松香改性酚醛调和漆料、颜料和有机溶剂组成。漆膜光亮、鲜艳，有一定的耐候性。

2. 技术配方(质量，份)

（1）配方一

	白	黑	绿
松香改性酚醛调和漆料	25.0	37.0	33.0
亚桐聚合油	12.0	12.0	12.0
轻质碳酸钙	—	5.0	5.0
沉淀硫酸钡	—	30.0	20.0
钛白	50.0	—	—
柠檬黄	—	—	18.2
炭黑	—	3.0	—
铁蓝	—	—	1.8
200#油漆溶剂汽油	11.0	11.0	8.0
环烷酸钴（2%）	0.5	0.5	0.5
环烷酸锰（2%）	0.5	0.5	0.5
环烷酸铅（10%）	1.0	1.0	1.0

（2）配方二

	红	黄	蓝
松香改性酚醛调和漆料	34.0	33.0	35.0
亚桐聚合油	12.0	12.0	12.0
沉淀硫酸钡	30.0	20.0	20.0
轻质碳酸钙	5.0	5.0	5.0
大红粉	6.5	—	—
中铬黄	—	20.0	—
铁蓝	—	—	5.0
立德粉	—	—	12.0
环烷酸钴（2%）	0.5	0.3	0.3
环烷酸锰（2%）	0.5	0.3	0.3
环烷酸铅（10%）	1.0	1.0	1.0
200#油漆溶剂汽油	10.5	8.4	9.4

3. 工艺流程

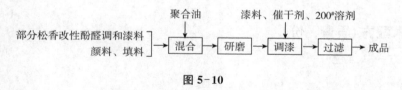

图 5-10

4. 生产工艺

将颜料、填料、部分松香改性酚醛调和漆料和亚桐聚合油混合均匀，经磨漆机研磨分散，至细度小于 35 μm，加入其余调和漆料，混匀后加入 200# 油漆溶剂汽油和催干剂，充分调和均匀，过滤得成品。

5. 质量标准

	Q/WST-JC 061 （武汉）	Q/NQ 15 （宁波）
漆膜颜色及外观	符合标准样板及色差范围，平整光滑	
黏度（涂-4 黏度计）/s	≥70	70～105
细度/μm	≤40	≤35
遮盖力/（g/m²）		
白	≤200	≤220
绿	≤80	—
天蓝	≤100	≤140
红、黄	≤180	≤150
黑	≤40	≤50
干燥时间/h		
表干	≤4	≤6
实干	≤24	≤24
光泽	≥85%	≥90%
柔韧性/mm	≤1	≤1
硬度	—	≥0.2

6. 产品用途

适用于室内、室外木材制品和金属表面涂饰。以刷涂为主，用 X-6 醇酸稀释剂或 200# 油漆溶剂油稀释。

5.34 F04-1 各色酚醛磁漆

1. 产品性能

F04-1 各色酚醛磁漆（F04-1 phenolic enamel）由干性植物油和松香改性酚醛树脂

熬炼后，与颜料、体质颜料研磨，加入催干剂和溶剂调制而成。该漆具有良好的附着力，光泽好、色彩鲜艳，但耐候性比醇酸磁漆差。

2. 技术配方（质量，份）

（1）配方一（红色）

	（一）	（二）
酚醛漆料（56%）	91.75	72.0
亚桐聚合油	8.75	7.0
甲苯胺红	11.0	—
轻质碳酸钙	7.0	5.0
大红粉	—	7.0
200#油漆溶剂汽油	10.0	7.0
环烷酸锌（3%）	0.7	—
环烷酸钴（2%）	0.18	0.5
环烷酸锰（2%）	0.84	0.5
环烷酸铅（10%）	0.45	1.0

（2）配方二（黄色）

	（一）	（二）
酚醛漆料（56%）	91.25	65.0
亚桐聚合油	8.75	7.0
轻质碳酸钙	3.5	3.0
中铬黄	20.0	35.0
环烷酸锌（3%）	0.7	—
环烷酸钴	0.18	0.5
环烷酸锰（2%）	0.84	0.5
环烷酸铅（10%）	—	1.0
200#油漆溶剂汽油	3.0	3.0

（3）配方三（蓝色）

	（一）	（二）
亚桐聚合油	7.0	8.75
酚醛漆料（56%）	68.0	91.25
钛白粉	2.0	2.7
立德粉	12.0	—
铁蓝	3.0	10.0
轻质碳酸钙	3.0	3.5
200#油漆溶剂汽油	3.0	5.0
环烷酸钴（2%）	0.5	0.18
环烷酸锰（2%）	0.5	0.84
环烷酸铅（10%）	1.0	—
环烷酸锌（3%）	—	0.7

（4）配方四（黑色）

	（一）	（二）
酚醛漆料（56％）	91.25	77.7
亚桐聚合油	8.75	7.0
轻质碳酸钙	7.0	5.0
硬质炭黑	3.5	3.0
环烷酸钴（2％）	0.51	0.5
环烷酸锰（2％）	0.84	0.8
环烷酸铅（10％）	—	1.0
环烷酸锌（3％）	0.7	—
200# 油漆溶剂汽油	9.0	5.0

（5）配方五（白色）

	（一）	（二）
白特酯胶漆料（58％）	100.0	53.0
亚桐聚合油	—	3.0
钛白粉	33.0	5.0
立德粉	—	35.0
轻质碳酸钙	3.5	—
群青	—	0.01
环烷酸锌（3％）	0.7	—
环烷酸钴（2％）	0.075	0.500
环烷酸锰（2％）	—	0.5
环烷酸铅（10％）	0.3	1.0
200# 油漆溶剂汽油	—	2.0

（6）配方六（绿色）

	（一）	（二）
酚醛漆料（56％）	68.0	91.25
亚桐聚合油	7.0	8.75
轻质碳酸钙	5.0	3.5
中铬黄	7.0	—
柠檬黄	6.0	—
铁蓝	2.0	—
中铬绿	—	19.0
环烷酸锌（3％）	—	0.7
环烷酸钴（2％）	0.5	0.18
环烷酸锰（2％）	0.5	0.84
环烷酸铅（10％）	1.0	—
200# 油漆溶剂汽油	3.0	5.0

（7）配方七

	中灰	铁红
酚醛漆料（56%）	91.25	91.25
亚桐聚合油	8.75	8.75
钛白粉（金红石型）	18.0	—
中铬黄	1.93	—
轻质碳酸钙	3.5	3.5
轻质炭黑	1.35	—
铁红	—	15.0
200# 油漆溶剂汽油	6.0	12.0
环烷酸锌（3%）	0.7	0.7
环烷酸钴（2%）	0.18	0.18
环烷酸锰（2%）	0.84	2.16

3. 工艺流程

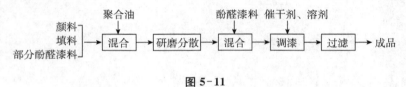

图 5-11

4. 生产工艺

将颜料、填料、部分酚醛漆料和聚合油混合均匀，经磨漆机研磨至细度小于 30 μm，再加入剩余的酚醛漆料，混匀后，加入溶剂油、催干剂，充分调和均匀，过滤得成品。

5. 质量标准

漆膜颜色及外观	符合标准样板及色差范围，平整光滑
黏度（涂-4 黏度计，25 ℃）/s	≥70
细度/μm	≤30
遮盖力/（g/m²）	
黑色	≤40
铁红、草绿	≤60
蓝色	≤70
浅灰	≤100
红、黄	≤160
干燥时间/h	
表干	≤6
实干	≤18
柔韧性/mm	1
冲击强度/MPa	50
附着力	≤2 级

光泽	≥90％
耐水性	2 h
硬度	≥0.25
回黏性	≤2 级

注：该产品质量符合 ZBG 51020。

6. 产品用途

主要适用于建筑、交通工具、机械设备等室内木质和金属表面的涂装，作保护装饰之用。以刷涂为主。用 200# 油漆溶剂汽油或松节油作稀释剂。

7. 参考文献

[1] 节昌澎. 浅谈风机行业水性自干高光磁漆的研制及应用 [J]. 中国涂料，2020，35（7）：44-48.

[2] 刘娟荣，祝婷，刘晓庆. 户外用丙烯酸改性醇酸树脂磁漆的制备 [J]. 上海涂料，2012，50（11）：10-12.

5.35　F50-31 各色酚醛耐酸漆

1. 产品性能

F50-31 各色酚醛耐酸漆（F50-31 deep color phenolic acid-resistant paints）又称 F50-1 各色酚醛耐酸漆，1#、2# 各色酚醛耐酸漆，浅灰、正蓝油基耐酸漆，灰耐酸漆。由松香改性酚醛树脂和干性油熬炼的漆料、颜料、催干剂和有机溶剂组成。干燥较快，具有一定的耐酸性，能抵御酸性气体的腐蚀，但不宜浸渍在酸中。

2. 技术配方（质量，份）

	红	白	黑
改性酚醛-干性油漆料	56.0	55.0	55.0
沉淀硫酸钡	31.5	24.5	33.0
甲苯胺红	5.0	—	—
钛白粉	—	13.5	—
炭黑	—	—	3.0
200# 油漆溶剂汽油	4.5	4.0	6.0
环烷酸钴（2％）	0.5	0.5	0.5
环烷酸锰（2％）	0.5	0.5	0.5
环烷酸铅（10％）	2.0	2.0	2.0

3. 工艺流程

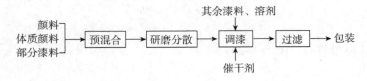

图 5-12

4. 生产工艺

将颜料、体质颜料和部分漆料（松香改性酚醛树脂-干性油漆料）预混合均匀，投入磨漆机研磨至细度小于 45 μm。然后加入其余漆料、溶剂和催干剂，充分调和均匀，过滤得成品。

5. 质量标准

漆膜颜色及外观	符合标准样板及其色差范围，漆膜平整光滑
黏度（涂-4 黏度计）/s	90~120
细度/μm	≤45
遮盖力/（g/m²）	
白、天蓝	≤140
灰色	≤100
黑色	≤50
干燥时间/h	
表干	≤3
实干	≤16
耐酸性（浸渍于 50%硫酸中，72 h）	允许轻微变色，漆膜不损坏

注：该产品质量符合沪 Q/HG14-076。

6. 产品用途

主要用于化工厂、化学品库房等建筑物内作一般防酸涂层。也用于一般设备保护，以防酸性气体侵蚀。使用量（两层）120~180 g/m²。金属除锈、除油后涂 X06-1 磷化底漆一层，然后涂该漆四层，必须在上层干透后才可涂下一层。可酌情加 200# 油漆溶剂汽油或松节油稀释。

7. 参考文献

[1] 王俊，胡琪，黄恩强，等．耐酸碱优异的水性氨基醇酸烤漆制备 [J]．江西科技师范大学学报，2019（6）：54-59．

5.36　草绿防滑甲板漆

1. 产品性能

草绿防滑甲板漆由环氧树脂、纯酚醛桐油漆料、颜料、填料、催干剂和溶剂组成。该漆膜具有良好的附着力、耐候性和耐磨性，防滑性能好。

2. 技术配方(质量，份)

1∶1.5 纯酚醛桐油漆料*	20.20
420# 漆料**	47.10
石英粉	4.81
重晶粉	3.84
中铬黄	15.12
炭黑	0.45
酞菁蓝	0.02
氧化锌	0.17
氧化铁蓝	0.35
环烷酸钴（2%）	0.40
环烷酸锰（2%）	0.40
环烷酸铅（10%）	1.00
二甲苯	3.91
松节油	2.23

*1∶1.5 纯酚醛桐油漆料配方

纯酚醛树脂	20.0
桐油	30.0
二甲苯	25.0
松节油	25.0

**420# 漆料配方

604# 环氧树脂	25.0
脱水蓖麻油酸	20.0
桐油酸	5.0
松节油	25.0
二甲苯	25.0

3. 工艺流程

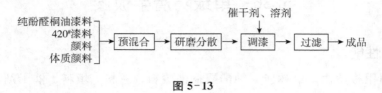

图 5-13

4. 生产工艺

将部分漆料与全部颜料、体质颜料预混合均匀，经磨漆机研磨分散至细度小于40 μm，加入溶剂和催干剂，充分调和均匀，过滤得成品。

5. 质量标准

漆膜颜色及外观	符合标准样板及其色差范围，漆膜平整光滑
细度/μm	≤40
黏度（涂-4 黏度计，25 ℃）/s	60~120
干燥时间/h	
表干	≤4
实干	≤24
柔韧性/mm	≤1
冲击强度/［（kg·m）/cm］	50
遮盖力/（g/m²）	≤60

6. 产品用途

用于涂刷船舶甲板、码头、浮桥等防滑部位，可刷涂、滚涂或无空气高压喷涂。

7. 参考文献

［1］方指利．快干甲板漆的研制［J］．宁波化工，2003（Z1）：37.

［2］郑劲东．国外舰载飞机甲板用防滑涂层的研究与进展［J］．舰船科学技术，2003（5）：87.

5.37　F53-40 云铁酚醛防锈漆

1. 产品性能

F53-40 云铁酚醛防锈漆（F53-40 micaclous iron oxide phenolic anti-rust paint）又称 F53-10 云铁酚醛防锈漆，由长油度酚醛树脂漆料、云母氧化铁、铝粉浆、体质颜料、催干剂和有机溶剂组成。漆膜附着力强，防锈性能好。干燥快，遮盖力好。

2. 技术配方(质量，份)

长油度酚醛树脂漆料	35.0
云母氧化铁	42.0
氧化铁红	2.0
铝粉浆	3.0
磷酸锌	5.0
滑石粉	5.5
膨润土	0.5
200# 油漆溶剂汽油	5.0
环烷酸钴（2%）	0.5
环烷酸锰（2%）	0.5
环烷酸铅（10%）	1.0

3. 工艺流程

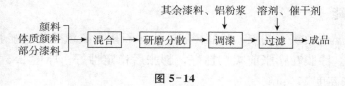

图 5-14

4. 生产工艺

将颜料、体质颜料和部分酚醛漆料混合均匀，研磨分散至细度小于 75 μm，然后加入其余酚醛漆料、铝粉浆，混匀后加入溶剂、催干剂，充分调和均匀，过滤得 F53-40 云铁酚醛防锈漆。

5. 质量标准

漆膜颜色和外观	红褐色，色调不定，允许略有刷痕
黏度（涂-4 黏度计）/s	70～100
细度/μm	≤75
干燥时间/h	
表干	≤3
实干	≤20
遮盖力/（g/m²）	≤65
硬度	≥0.3
冲击强度/（N/cm²）	490
柔韧性/mm	1
附着力	1 级
耐盐水性（浸 120 h）	不起泡、不生锈

注：该产品质量符合 ZBG 51104。

6. 产品用途

适用于钢铁桥梁、铁塔、车辆、船舶、油罐等户外钢铁结构上作防锈打底涂装。喷涂或刷涂。可用200#油漆溶剂汽油稀释。

7. 参考文献

[1] 孙彩侠. 云母氧化铁在醇酸防锈漆中的应用 [J]. 淮北职业技术学院学报，2011 (3)：37.

[2] 庄海燕，陈翔，任润桃. 船舶管道外壁用耐高温防锈漆的研制 [J]. 材料开发与应用，2014，29 (2)：82-86.

5.38 氯丁酚醛阻燃漆

1. 产品性能

氯丁酚醛阻燃漆由氯丁乳胶、酚醛树脂、膨胀石墨、氢氧化铝和矿物纤维组成，具有良好的阻燃性。漆膜在膨胀前柔韧性好，膨胀后稳定性好。厚度2.5 mm，膨胀压力0.68 MPa，膨胀高度17 mm。

2. 技术配方(质量，份)

水性氯丁乳胶（50%水分散液）	72.0
酚醛树脂	9.6
氢氧化铝	26.4
膨胀石墨	127.2
矿物纤维	4.8

3. 工艺流程

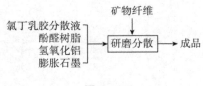

图 5-15

4. 生产工艺

将50%的水性氯丁乳胶、酚醛树脂、氢氧化铝、膨胀石墨和矿物纤维混合后研磨分散1 h，然后用氢氧化钾调节pH至10即得成品。

5. 质量标准

黏度（布氏黏度计，7.2 r/min，30 ℃）/（Pa·s）	4
pH	10.0

6. 产品用途

用作阻燃涂料。用于墙壁接缝处、房屋夹层或间壁、电缆通道或类似部位作阻燃涂装。

7. 参考文献

[1] 王浩新，邢国华，李亮亮. 轨道交通变压器用浸涂阻燃漆的制备 [J]. 现代涂料与涂装，2021，24（6）：8-10.

[2] 胥宝贤，梁兵. 不饱和树脂绝缘阻燃漆的合成与性能研究 [J]. 沈阳化工大学学报，2012，26（3）：242-246.

5.39 改性聚苯乙烯系列涂料

这里介绍以废聚苯乙烯塑料为基料的防水装饰涂料、路标涂料、外墙涂料、地板涂料。利用废聚苯乙烯泡沫塑料生产涂料是一项投资少、见效快、变废为宝的有效途径。

1. 技术配方（质量，份）

	（一）	（二）	（三）	（四）
废苯乙烯塑料	28	25	28	25
二甲苯	7	5	5	—
甲苯	10	13	9	12
乙苯	—	2	5	—
三氯乙烯	2	—	3	2
丁酮	—	3	—	1
醋酸乙酯	8	5	—	6
醋酸丁酯	2	—	5	4
C-7 油（溶剂油）	10	12	8	15
C-12 油（溶剂油）	15	13	17	10
羧乙基纤维素（CA）	1	1	—	—
聚氯乙烯共聚物（PVCC）	—	—	3	3
酚醛树脂（PF-2）	2	5	1	2
甲苯二异氰酸酯（TDI）	—	1	1	—
邻苯二甲酸二丁酯	0.5	0.5	0.5	0.2
填料	5	5	—	5
钛白	10	10	10	—
氧化铁红	—	—	—	12

2. 生产工艺

将废聚苯乙烯塑料洗净晾干后粉碎，加至混合溶剂中，同时加入改性剂（CA、PVCC、PF-2、TDI 均为改性剂），制备基料，然后加入填料、增塑剂、颜料后在 JTⅡ-20 分散设备中分散均匀，再用 BAS-1 型压滤机过滤得成品。

3. 产品用途

配方（一）为防水装饰涂料配方，配方（二）为路标涂料配方，配方（三）为外墙涂料配方，配方（四）为地板涂料配方。

4. 参考文献

[1] 夏媛媛，鞠晓玲. 聚苯乙烯在涂料制备领域的应用 [J]. 合成树脂及塑料，2020，37（6）：80-83.

[2] 刘西振，张晓雅，朱康，等. 基于废弃聚苯乙烯泡沫的无溶剂快固化涂料 [J]. 化工科技，2019，27（1）：40-43.

5.40 L40-32 沥青防污漆

1. 产品性能

L40-32 沥青防污漆（L40-32 asphalt anti-fouling paint；L40-32 coal tar pitch anti-fouling paint），也称 813 棕色木船船底防污漆、909 热带防虫漆、木船船底漆、L40-2 沥青防污漆，由煤焦沥青液、松香液、颜料（体质颜料、无机和有机毒料）、溶剂汽油、重质苯和煤焦溶剂组成。该漆常温干燥快，具有良好的附着力，能耐海水冲击，并有防止和杀死船蛆及海中附着生物的功效，是性能优良的防污漆。

2. 技术配方（质量，份）

氧化亚铜	14
氧化铁红	12
氧化锌	15
萘酸铜液	9
滴滴涕	3
硫酸铜	3
松香液	16
200# 煤焦溶剂	8
200# 溶剂汽油	4
重质苯	7
煤焦沥青液	5

3. 工艺流程

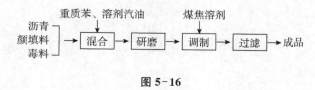

图 5-16

4. 生产工艺

将除煤焦溶剂外的原料混合，搅拌均匀，送入球磨机中研磨至细度合格后，加入煤焦溶剂，调制均匀，过滤后即得成品。

5. 质量标准

漆膜颜色	棕黄至棕黑
漆膜外观	光亮，允许略有刷痕
细度/μm	$\leqslant 80$
黏度（涂-4 黏度计）/s	$30\sim60$
遮盖力/（g/m²）	$\leqslant 80$
干燥时间/h	
表干	$\leqslant 3$
实干	$\leqslant 12$

注：该产品质量符合 Q/HG 2-47 和沪 Q-HG 14-527。

6. 产品用途

用于木质海船的船底和码头、海中木质建筑物水下对象表面的涂覆，可有效防污。

7. 参考文献

[1] 金晓鸿. 中国船舶防污漆技术的发展过程 [J]. 材料开发与应用，2006（2）：44-46.

5.41　含烃蜡醇酸涂料

该涂料适用于墙壁和天花板等室内涂饰，其中含有中到长油醇酸树脂、熟油、石蜡和填料，该涂料对涂饰表面的缺陷有良好的遮盖性。德国专利 DE 288168（1991）。

1. 技术配方（质量，份）

豆油（50%）醇酸树脂	40
浓缩干料	8

熟油	190
石蜡乳液（16%）	150
钛白	150
锌钡白	127
方解石粉	322
防结皮剂	5

2. 生产工艺

先将醇酸树脂、熟油、浓缩干料和石蜡乳液混匀，然后加入粉料和防结皮剂，经球磨研磨过筛得醇酸内装饰涂料。

3. 产品用途

与一般醇酸树脂涂料相同。

5.42 C03-1 各色醇酸调和漆

1. 产品性能

C03-1 各色醇酸调和漆（C03-1 alkyd readymixed paint）由松香改性醇酸树脂等醇酸调和漆料、颜料、填料、催干剂及溶剂经研磨分散调制而成。常温干燥，其光泽、硬度、附着力、耐久性优于酯胶调和漆。

2. 技术配方（质量，份）

	红	绿
醇酸调和漆料	65.0	60.0
大红粉	4.2	—
中铬黄	—	2.0
柠檬黄	—	11.0
铁蓝	—	2.0
沉淀硫酸钡	6.5	5.0
轻质碳酸钙	4.5	5.0
200#溶剂汽油	14.8	10.0
环烷酸钙（2%）	1.0	1.0
环烷酸钴（2%）	0.5	0.5
环烷酸锰（2%）	0.5	0.5
环烷酸铅（10%）	2.0	2.0
环烷酸锌（4%）	1.0	1.0

	白	黑
醇酸调和漆料	55.0	65.0
钛白	5.0	—
立德粉	25.0	—
炭黑	—	2.0
沉淀硫酸钡	—	10.0
轻质碳酸钙	—	6.0
200#溶剂汽油	10.0	11.5
环烷酸钙（2%）	1.0	1.0
环烷酸钴（2%）	0.5	1.0
环烷酸锰（2%）	0.5	0.5
环烷酸铅（10%）	2.0	2.0
环烷酸锌（4%）	1.0	1.0

3. 工艺流程

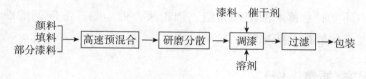

图 5-17

4. 生产工艺

将一部分醇酸调和漆料与颜料、填料经高速搅拌预混合，研磨分散至细度≤35 μm，过滤，加入其余醇酸调和漆料、催干剂、溶剂，充分调匀，过滤，包装。

5. 质量标准

漆膜颜色及外观	符合标准样板，在色差范围内，漆膜平整光滑
黏度（涂-4黏度计）/s	60～90
细度/μm	≤35
遮盖力/（g/m²）	
红	≤180
绿	≤80
白	≤200
黑	≤40
干燥时间/h	
表干	≤6
实干	≤24
柔韧性/mm	1
光泽	≥85%

6. 产品用途

适用于一般金属、木材对象及建筑物表面的涂装。

7. 参考文献

[1] 赵国立，张永利. 利用废涤纶制备醇酸调合漆的研究 [J]. 工业技术经济，1999（3）：99-100.

[2] 有机硅醇酸调合漆涂料组合物及其制备方法 [J]. 有机硅氟资讯，2007（10）：38.

5.43 银色脱水蓖麻油醇酸磁漆

1. 产品性能

该磁漆由中油度脱水蓖麻油醇酸树脂、铝粉浆、催干剂、溶剂调配而成。该漆具有较好的机械强度、耐候性及防锈性。

2. 技术配方（质量，份）

中油度脱水蓖麻油醇酸树脂	62.0
环烷酸钴（2.0%）	0.7
环烷酸锰（2.0%）	1.3
松节油	10.0
二甲苯	6.0
铝粉浆	20.0

3. 工艺流程

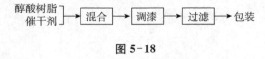

图 5-18

4. 生产工艺

将脱水蓖麻油醇酸树脂与干料混合后加入溶剂，搅拌均匀，然后过滤，包装。铝粉浆分开包装，使用时混合均匀。

5. 质量标准

漆膜颜色和外观	符合标准色样板及色差范围
黏度（涂-4黏度计）/s	≥60

细度/μm	≤20
遮盖力（灰色）/（g/m²）	≤65
干燥时间/h	
表干	≤5
实干	≤15
光泽	≥90%
硬度	≥0.25
冲击强度/（N/cm²）	490
附着力	≤2级
柔韧性/mm	≤1

6. 产品用途

适用于一般金属表面和建筑物表面，如建筑工程、交通工具、船舶及机械器材等的涂装。使用量 60～80 g/m²。

7. 参考文献

[1] 于国玲，赵万赛，王学克. 国内水性醇酸树脂涂料改性的研究进展 [J]. 弹性体，2021，31（2）：66-69.

5.44　C04-4 各色醇酸磁漆

1. 产品性能

C04-4 各色醇酸磁漆（C04-4 all colors alkyd resin enamel）由长油度醇酸树脂、颜料、催干剂和溶剂组成。该漆膜具有良好的坚韧性和附着力，具有较好的耐候性。

2. 技术配方（质量，份）

季戊四醇	11.540
豆油（双漂）	24.040
苯酐	11.530
氧化铅	0.055
200# 溶剂汽油	36.590
钛白粉（金红石型）	15.700
铁蓝	0.020
深铬黄	0.100
炭黑（通用）	0.080
环烷酸钙（2%）	0.800
环烷酸钴（3%）	0.400
环烷酸锰（3%）	0.400

环烷酸铅（12%）	1.400
环烷酸锌（3%）	0.400
硅油（1%）	0.200
双戊二烯	3.000

3. 工艺流程

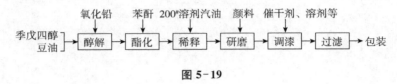

图 5-19

4. 生产工艺

将 11.54 份季戊四醇和 24.04 份豆油投入反应釜中，升温，通入 CO_2，搅拌，于 40 min 内升温至 120 ℃，加入氧化铅 0.005 份，升温于 230~240 ℃醇解反应。醇解完毕，降温至 200 ℃，加入 11.53 份苯酐，于 200 ℃下保温反应 1 h，然后升温至 220 ℃，反应 2 h 后，测定酸价和黏度合格后，立即停止加热。降温至 150 ℃，加入 30.14 份 200# 溶剂汽油稀释，制得醇酸树脂液。

取部分醇酸树脂液与 15.7 份钛白粉、0.02 份铁蓝、0.1 份深铬黄、0.05 份氧化铅（黄丹）、0.08 份炭黑预混合，研磨分散至细度小于 30 μm，然后加入催干剂、硅油、双戊二烯和 6.45 份 200# 溶剂汽油充分调匀，过滤后得 C04-4 各色醇酸磁漆。

5. 质量标准

漆膜颜色及外观	符合标准样板及色差范围漆膜平整光滑
黏度（涂-4 黏度计）/s	≥60
细度/μm	≤30
干燥时间/h	
表干	≤8
实干	≤48
柔韧性/mm	1
冲击强度/（N/cm²）	50

6. 产品用途

用于大型结构表面的涂装。

7. 参考文献

[1] 付涌，余会成，谭政亮，等. 改性醇酸树脂磁漆 [J]. 热固性树脂，2021，36（3）：31-35.

5.45 C04-45 灰醇酸磁漆（分装）

1. 产品性能

C04-45 灰醇酸磁漆（C04-45 gray alkyd enamel）又称 66 灰色户外面漆，由中油度豆油季戊四醇醇酸树脂、催干剂、溶剂和分装的铝锌浆组成，使用时按比例混合。该漆漆膜呈现花纹，内部片状颜料，层层相叠，透水性很低，对紫外线有反射作用。

2. 技术配方（质量，份）

中油度豆油季戊四醇醇酸树脂（50%）	75.75
环烷酸钙（2%）	1.00
环烷酸钴（2%）	0.50
环烷酸锰（2%）	0.60
环烷酸铅（10%）	2.00
环烷酸锌（4%）	1.00
200# 油漆溶剂汽油	3.00
二甲苯	1.00
金属铝锌浆（分装）	15.15

3. 工艺流程

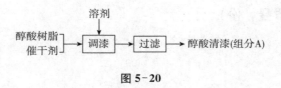

图 5-20

4. 生产工艺

将中油度豆油季戊四醇醇酸树脂与催干剂、溶剂混合，充分调匀，过滤得醇酸清漆组分（组分 A），包装。金属铝锌浆另外包装（组分 B）。使用时按配方量混合均匀即可。

5. 质量标准

漆膜颜色和外观	符合标准样板，在色差范围内，平整光滑
黏度（涂-4 黏度计）/s	≥45
遮盖力/（g/m²）	≤45
干燥时间/h	
表干	≤12
实干	≤24
硬度	≥0.25

柔韧性/mm	1
冲击强度/（N/cm²）	490
附着力	≤2级
耐水性（浸5 h）	允许轻微失光，变白，在1 h内恢复
水汽渗透率/［mg/（mm²·μm^{-1}·h）］	≤0.28

注：该产品质量符合 ZBG 51096。

6. 产品用途

专供桥梁、高压线铁塔及户外大型钢铁构筑物的表面涂装。使用前，将组分A、组分B混合均匀，过140目筛网后即可使用，混合后一周内用完。使用量120～140 g/m²。

7. 参考文献

[1] 沈希萍. 丙烯酸改性醇酸磁漆的研制 [J]. 安徽化工，2007（6）：40-43.

5.46 高遮盖力醇酸涂料

1. 产品性能

这种醇酸树脂涂料主要用于木材，如窗户框架的涂饰和保护，具有良好的耐候性和耐紫外旋光性且遮盖力强。

2. 技术配方（质量，份）

钛白	140
苯二甲酸醇酸树脂	400
氧化锌	370
挥发油	28
丁醇	20
添加剂	28
铅干料（20%）	10
锰干料（6%）	3
群青	1

3. 生产工艺

将含菜油55%、季戊四醇5.5%和乙二醇1%的苯二甲酸醇酸树脂与溶剂、催干剂和填料混合，经球磨过筛后，得到高遮盖力醇酸树脂漆。

4. 产品用途

与一般醇酸树脂漆相同，直接涂覆形成40～50 μm 厚的漆膜。

5. 参考文献

[1] 叶新. 水性醇酸树脂涂料的研究及应用 [J]. 黑龙江科技信息，2011 (17)：20.

[2] 于国玲，赵万赛，王学克. 国内水性醇酸树脂涂料改性的研究进展 [J]. 弹性体，2021，31 (2)：66-69.

5.47 银色醇酸磁漆

1. 产品性能

该磁漆具有优良的耐候性及防锈性能，附着性好且耐磨。可用于金属表面和建筑物表面的涂装，如船舶、机械器材、房屋及交通工具等。

2. 技术配方 (质量，份)

中油度脱水蓖麻油醇酸树脂	62.00
环烷酸钴液（25%）	0.70
二甲苯	6.00
环烷酸钴液（2%）	1.30
铝粉浆	20.00
松节油	10.00

3. 生产工艺

将中油度脱水蓖麻油醇酸树脂与干料混合后加入溶剂，搅拌均匀，然后过滤包装。铝粉浆另外包装，使用时临时混合。

4. 产品用途

用于金属表面和建筑物表面的涂装。将铝粉浆加入混合液中，搅拌混合均匀，然后涂刷于对象表面。

5. 参考文献

[1] 沈希萍. 丙烯酸改性醇酸磁漆的研制 [J]. 安徽化工，2007 (6)：40.

[2] 卢亦文，彭卓宇，彭永标，等. 接枝熔融法超低 VOCs 水性醇酸涂料的制备与应用 [J]. 中国涂料，2021，36 (5)：46-51.

5.48 带锈防锈涂料

这种涂料可以不将金属表面的锈除去而涂漆，使之转化成为非活性或钝化态的形式，与涂层结合为一体，从而形成具有防锈功能的漆膜。引自美国专利 US 4462829。

1. 技术配方(kg/t)

（1）配方一

醇酸树脂乳液（按固体分计）	10.0
颜料［其中 m（Fe_2O_3）$\geqslant$5.0 kg］	15.0～27.5
催干剂（环烷酸钴、环烷酸锰）	0.05～0.15
三乙醇胺油酸酯	0.1～0.7
石油溶剂	8～10

（2）配方二

豆油醇酸树脂（100％固体分，24％苯酐）	85
甲醇	12
白土（防沉剂）	1.7
大豆卵磷脂（分散剂）	2.8
三氧化二铁	45
碳酸钙	150
环烷酸钴（12％）	1.36
环烷酸锰	1.8
环烷酸锆	1.8
石油溶剂	91
水	94.5
三乙醇胺油酸酯	2

2. 生产工艺

配方一为基本技术配方，配方二为具体技术配方。现以技术配方二为例：将 85 kg 豆油醇酸树脂（100％固体分，23％～25％邻苯二甲酸酐）、1.7 kg 白土、12 kg 甲醇和 2.8 kg 大豆卵磷脂颜料分散剂在室温下混合，研磨至赫格曼细度 6 级，与 1.36 kg 12％ 环烷酸钴、1.8 kg 6％的环烷酸锰、1.8 kg 环烷酸锆和 91 kg 石油溶剂相混合，再与 94.5 kg 水和 2 kg 三乙醇胺油酸酯相混合得到带锈防锈涂料。

3. 产品用途

用作带锈防锈涂料，用于带锈钢铁表面涂装。在生锈的钢铁件上涂刷 3 mm 厚的该漆，干燥 18 h。所得的漆膜在盐雾中暴露 800 h 后仍无锈迹。

4. 参考文献

［1］高微．环保型密闭高性能带锈防锈涂料制备及其性能研究［D］．南昌：南昌大学，2011.

［2］肖涛，石雷，徐林霞，等．水性带锈防锈涂料的研制［J］．广州化工，2012（23）：67-69.

［3］岳华东．新型转锈剂及水性带锈防锈涂料的制备［D］．长沙：湖南大学，2012.

5.49　C06-2 铁红醇酸带锈底漆

1. 产品性能

C06-2 铁红醇酸带锈底漆由中油度醇酸树脂、稳锈原料、颜料、体质颜料、催干剂及溶剂调配而成。可以直接涂在已锈蚀钢铁表面，不仅能抑制锈蚀的发展，而且还能逐步转化锈蚀为有益的保护性物质，常温干燥。

2. 技术配方(质量，份)

氧化铁红	4.00
中油度醇酸树脂（50%）	48.00
轻质碳酸钙	4.00
四盐基锌黄	2.40
磷酸锌	2.40
氧化锌	4.00
滑石粉	0.80
铬酸二苯胍	1.50
重晶石粉	8.00
催干剂	4.64～5.62
200# 油漆溶剂汽油	3.10～3.38
二甲苯	3.10～3.38
亚油酸胺	1.00

3. 工艺流程

图 5-21

4. 生产工艺

将部分中油度醇酸树脂与颜料、填料预混合，研磨至细度小于 60 μm，加入其余中油度醇酸树脂，混匀后加入亚油酸胺、催干剂，再加入二甲苯和溶剂油，调整黏度至（涂-4 黏度计，25 ℃）60～90 s，过滤，包装。

5. 质量标准

黏度（涂-4黏度计，25℃）/s	60~90
细度/μm	≤60
干燥时间/h	
表干	≤4
实干	≤24
硬度	≥0.3
柔韧性/mm	1
冲击强度/（N/cm²）	490

6. 产品用途

用于带锈钢铁表面涂装。供车辆、船舶、桥梁、化工设备等钢铁表面涂饰。

7. 参考文献

[1] 周宇帆，徐晓鸣，张震.湿面带锈防锈底漆的研制 [J]. 武汉交通科技大学学报，1996（3）：349-352.

[2] 袁任绍，黄海诚，付子林.环氧酯带锈底漆的生产应用研究 [J]. 江西化工，1996（2）：31-33.

[3] 吕钊，李伟华，宗成中.一种环氧带锈底漆的研制 [J]. 腐蚀与防护，2011（9）：728-730.

5.50　C06-18 铁红醇酸带锈底漆

1. 产品性能

C06-18 铁红醇酸带锈底漆（C06-18 iron red alkyd on-rust primer）又称7108转化型带锈底漆、稳定型醇酸带锈底漆，由醇酸树脂、稳锈原料、颜料、催干剂和溶剂组成。可直接在已锈蚀的钢铁表面涂覆，干燥快，附着力好，有较好的耐硝基性、耐热性和耐低温性。

2. 技术配方（质量，份）

	（一）	（二）
氧化铁红	11.0	30.0
铬酸锌	11.0	29.0
磷酸锌	5.5	20.0
氧化锌	3.5	10.0
铬酸钡	2.0	5.0

铝粉浆	2.0	5.0
亚硝酸钠	0.5	1.0
155# 醇酸树脂*	—	75.0
中油度亚麻油醇酸树脂	37.0	—
环烷酸铅（10%）	2.0	4.4
环烷酸钴（3%）	0.5	0.08
环烷酸锰（3%）	0.5	0.3
环烷酸锌（4%）	—	1.1
环烷酸钙（2%）	—	1.1
200# 溶剂汽油	14.5	—
二甲苯	10.0	15.0

* 155# 醇酸树脂配方

胡麻油（双漂）	52.43
甘油（98%）	14.3
黄丹	0.02
苯酐	33.25
200# 油漆溶剂汽油	78.00
二甲苯	12.00

3. 工艺流程

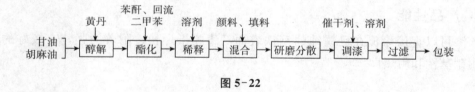

图 5-22

4. 生产工艺

将甘油、胡麻油投入反应釜，加热至 160 ℃加入黄丹醇解，加热至 240 ℃醇解完全，于 200 ℃加入苯酐，在 200～230 ℃酯化至酸价、黏度合格，降温，于 150 ℃加入溶剂稀释，得到 50% 的 155# 醇酸树脂。

将部分 155# 醇酸树脂与颜料、填料混合，研磨分散至细度小于 50 μm，加入其余的 155# 醇酸树脂，混匀后加入溶剂、催干剂，充分调匀，过滤，包装。

5. 质量标准

	津 Q/HG 3992	黑 G 51040
漆膜颜色及外观	铁红色，色调不定，漆膜平整	
黏度（涂-4 黏度计，25 ℃）/s	40～70	50
细度/μm	≤60	≤50

干燥时间/h		
表干	≤4	≤4
实干	≤24	≤24
柔韧性/mm	1	—
冲击强度/（N/cm²）	490	—
遮盖力/（g/m²）	—	≤70
含固量	40%～60%	
稳锈性	—	漆膜不出现锈斑
附着力	≤2 级	≤1 级

6. 产品用途

适用于车辆、船舶、机械、桥梁、化工设备等已锈蚀的钢铁表面作打底涂装（锈厚度在 80 μm 以下）。喷涂或刷涂，用 X-6 醇酸稀释剂调整黏度。

7. 参考文献

[1] 吴贤官. 带锈涂料及其应用 [J]. 涂料涂装与电镀，2003（1）：34.

5.51　645 稳定型带锈底漆

1. 产品性能

该漆可以直接涂覆在已锈蚀的钢铁表面，漆膜干燥快、附着力强，有较好的防锈性、耐硝基性和耐热性。

2. 技术配方（质量，份）

	（一）	（二）
645 醇酸酚醛树脂	84.5	84.5
209 锌黄	18.02	18.02
铬酸锌	10.8	10.0
磷酸锌	14.0	14.0
氧化锌	16.02	16.02
碳酸胍	—	2.7
亚硝酸钠	2.0	—
铁红	29.2	28.8
萘酸钴（2.5%）	0.28	0.28
萘酸锰（2%）	0.72	0.72
萘酸锌（3%）	1.26	1.26
促进剂 M	1.0	1.0
二甲苯（或200#溶剂汽油）	20.0	20.0

3. 工艺流程

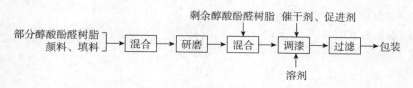

图 5-23

4. 生产工艺

将部分醇酸酚醛树脂与颜料、填料预混合均匀，研磨分散至细度小于 $50~\mu m$，然后与其余的醇酸酚醛树脂、催干剂、溶剂、促进剂混合，充分调和，过滤，包装。

5. 质量标准

漆膜颜色及外观	铁红色，色调不定，漆膜平整
黏度（涂-4 黏度计）/s	100～150
干燥时间/h	
表干	≤4
实干	≤24
柔韧性/mm	1
冲击强度/（N/cm²）	490
附着力（划圈法）	≤2 级

6. 产品用途

适用于车辆、船舶、机械、桥梁、化工设备等锈蚀的钢铁表面打底。

5.52　C43-31 各色醇酸船壳漆

1. 产品性能

C43-31 各色醇酸船壳漆（C43-31 alkyd ship hull paint）又称 C43-1 各色醇酸船壳漆、867 白醇酸船壳漆。该漆漆膜光亮、耐候性优良、附着力好，并有一定的耐水性。

2. 技术配方(质量，份)

(1) 配方一

	白 1	白 2
长油度亚麻油季戊四醇 醇酸树脂（50%）	60.00	44.54

酚醛树脂液（50%）	7.00	—
043# 厚油*	—	13.80
炼油（熟梓油）	—	0.49
钛白粉（金刚石型）	25.00	22.80
氧化锌（一级）	—	4.55
群青	0.20	0.01
环烷酸钴（2%）	0.50	0.99
环烷酸铅（10%）	2.00	1.23
环烷酸锌（4%）	1.00	—
环烷酸锰（2%）	0.50	—
环烷酸钙（2%）	1.00	—
松香水	—	10.85
双戊烯	—	0.74
二甲苯	1.80	—
200# 油漆溶剂汽油	1.00	—

* 043# 厚油配方

梓油（双漂）	45.0
桐油	20.0
豆油	35.0

（2）配方二

	蓝灰	黑
长油度亚麻油季戊四醇醇酸树脂*	65.0	70.0
酚醛树脂（50%）	6.5	7.0
炭黑	0.5	3.2
酞菁蓝	0.5	—
钛白粉	17.0	—
环烷酸钙（2%）	1.0	1.0
环烷酸钴（2%）	0.5	0.8
环烷酸锰（2%）	0.5	0.5
环烷酸铅（10%）	2.0	2.5
环烷酸锌（4%）	1.0	1.0
二甲苯	3.5	10.0
200# 油漆溶剂汽油	2.0	4.0

* 长油度亚麻油季戊四醇醇酸树脂配方

亚麻油（双漂）	69.6
季戊四醇	10.6
邻苯二甲酸酐	19.8
黄丹	0.035
松节油	12.0
200# 油漆溶剂汽油	80.0

3. 工艺流程

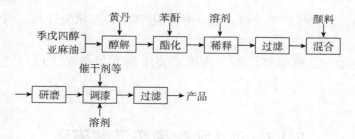

图 5-24

4. 生产工艺

将季戊四醇、亚麻油投入反应釜，搅拌，加热，120 ℃加入黄丹，加热至 240 ℃，醇解完全后，降温至 200 ℃，加入苯酐，于 210～230 ℃保温酯化，至酸值、黏度合格后，冷却，160 ℃加入溶剂稀释，制得 50％长油度亚油醇酸树脂液。

将部分醇酸树脂与颜料混合，研磨至细度≤30 μm，加入醇酸树脂、酚醛树脂及其他物料，混匀，加入催干剂、溶剂，充分调匀得成品。

5. 质量标准

	重 QCYQG 51084	鄂 Q/WST-JC 025
漆膜颜色及外观	符合标准样板及色差范围，平整光滑	
黏度（涂-4 黏度计）/s	60～100	≥60
细度/μm	≤30	≤35
遮盖力/（g/m²）		
白色	≤200	≤140
黑色	≤50	≤40
蓝	—	≤80
干燥时间/h		
表干	≤4	≤8
实干	≤20	≤24
附着力	—	≤2 级
光泽	≥80％	≥80％
耐水性/h	—	8

6. 产品用途

适用于涂装水线以上的船壳部位，也可用于船舱、房间、桅杆等部位的涂装。刷涂或喷涂。用 X-6 醇酸稀释剂或 200# 油漆溶剂汽油稀释。用量：白色≤150 g/m²，黑色≤50 g/m²。

7. 参考文献

[1] 曹京宜，尹德祥，杨光付，等. 舰船防腐涂料与涂装 [J]. 中国涂料，2005 (8)：39-41.

[2] 王晓，雷剑，郭年华，等. 我国船壳漆的发展概况 [J]. 上海涂料，2011 (3)：30-33.

5.53 960 氯化橡胶醇酸磁漆

1. 产品性能

该磁漆施工性能好，表干快，附着力强，具有良好的耐碱性、耐水性。由 $C_{5\sim9}$ 低碳合成脂肪酸与桐油改性醇酸树脂（960 醇酸树脂）、中度氯化橡胶、颜料和溶剂组成。

2. 技术配方(质量，份)

	白	中灰	绿
960 醇酸树脂* （50%）	42.0	45.0	46.0
氯化橡胶液（30%）	28.0	34.0	32.0
钛白（R-820）	23.0	16.0	—
美术绿	—	—	17.0
炭黑（滚筒）	—	0.4	—
二甲苯	7.0	4.6	5.0

* 960 醇酸树脂配方

$C_{5\sim9}$ 合成脂肪酸（酸值 320～420 mg KOH/g）	27.0
桐油	33.0
季戊四醇	16.2
顺丁烯二酸松香（软化点≥130 ℃）	10.0
邻苯二甲酸酐（苯酐）	13.8
二甲苯	50.0
松节油	42.0

3. 工艺流程

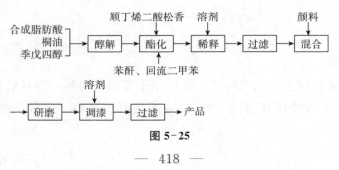

图 5-25

4. 生产工艺

将合成脂肪酸、桐油投入反应釜，搅拌，加热，加入季戊四醇，升温至（240±2）℃，保温醇解 1.5～2.0 h。取样测定至醇解物与无水乙醇体积比为 1∶10 透明澄清为醇解终点。降温至 200 ℃，停止搅拌，加入顺丁烯二酸松香，待其溶解后，启动搅拌，加入苯酐和回流用二甲苯（8 份）。于 195～210 ℃保温酯化至酸价、黏度合格，降温，于 160 ℃加入 42 份二甲苯和 42 份松节油，用离心机过滤，得 50% 960 醇酸树脂。

将颜料和适量 960 醇酸树脂混合均匀，研磨分散至细度小于 30 μm，再加入其余 960 醇酸树脂和溶剂，充分调和均匀，过滤，得 960 氯化橡胶醇酸磁漆。

5. 产品用途

适用于金属或带碱性的水泥表面涂装。

6. 参考文献

[1] 秦国治，张晓玲. 氯化橡胶防腐涂料及其应用综述［J］. 化工设备与防腐蚀，2000（2）：52.

5.54　C53-34 云铁醇酸防锈漆

1. 产品性能

C53-34 云铁醇酸防锈漆（C53-34 micaceous iron oxide alkyd anticorrosive paint）又称云母氧化铁醇酸维护漆、C53-4 云铁醇酸防锈漆，由长油度亚麻油季戊四醇醇酸树脂、云母氧化铁等颜料、体质颜料、催干剂和有机溶剂组成。漆膜坚韧，具有良好的附着力、防潮性和耐候性。

2. 技术配方（质量，份）

长油度亚麻油季戊四醇醇酸树脂（50%）	36.0
云母氧化铁	40.0
氧化铁黑	3.0
铝银粉浆	5.0
滑石粉	5.0
环烷酸钴（2%）	0.5
环烷酸锰（2%）	0.5
环烷酸铅（10%）	1.5
环烷酸锌（4%）	0.5
二甲苯	3.0
200# 油漆溶剂汽油	5.0

3. 工艺流程

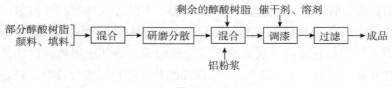

图 5-26

4. 生产工艺

先将颜料、体质颜料与适量醇酸树脂混合均匀，经磨漆机研磨至细度小于 70 μm，再加入剩余的醇酸树脂，混匀后加入溶剂、催干剂，充分调和均匀，过滤得 C53-34 云铁醇酸防锈漆。

5. 质量标准

	鄂 Q/WST-JC065	苏 Q/3201-NQJ-042-
漆膜颜色及外观	灰至褐色，色调不定，允许有刷痕	
黏度（涂-4 黏度计）/s	100～150	60～100
细度/μm	≤70	≤70
干燥时间/h		
表干	≤4	≤3
实干	≤24	≤24
柔韧性/mm	≤2	—
冲击强度/（N/cm²）	490	50
硬度	—	≥0.3
附着力	≤2 级	—
遮盖力/（g/m²）	≤120	≤70
耐盐水性/天	1	5

6. 产品用途

适用于户外大型钢铁结构件，如桥梁、铁路、交通设备、高压电线铁塔、锅炉、船舶、车辆等的表面，作防锈打底涂装漆。以刷涂为主，亦可喷涂。用 X-6 醇酸漆稀释剂或用二甲苯、200# 油漆溶剂汽油、松节油调整黏度。

7. 参考文献

［1］孙彩侠. 云母氧化铁在醇酸防锈漆中的应用［J］. 淮北职业技术学院学报，2011（3）：37.

［2］周立新，程江，杨卓如，等. 几种水性防锈漆的性能比较［J］. 合成材料老化与应用，2004（2）：23.

5.55　氨基耐候涂料

1. 产品性能

氨基耐候涂料由原油醇酸树脂、氨基树脂、颜料和溶剂组成，具有优良的耐候性和一定的耐酸碱性。

2. 技术配方(质量，份)

加氢聚合油	20.0
氢氧化锂	0.01
乙二醇	14.0
三羟甲基丙烷	6.67
苯酐	30
二甲苯	47.0
丁醇醚化三聚氰胺树脂（60％）	50.38
二氧化钛	100.76

3. 工艺流程

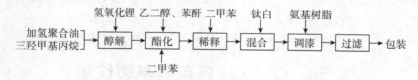

图 5-27

4. 生产工艺

在反应锅中加入 100 份亚麻仁油，用氮气驱尽反应锅内空气，在氮气保护下，于 320 ℃时，搅拌熬炼 10 h，得到碘值 110 g I$_2$/100g 的聚合油。在高压反应釜中，加入 100 份聚合油和 1 份阮氏镍催化剂，于 200 ℃时通氢气氢化 10 h 至碘值降至 30 g I$_2$/100g 以下为终点，得到加氢聚合油。

在反应锅中，加入加氢聚合油、氢氧化锂、三羟甲基丙烷于氮气保护下，逐渐加热至 250 ℃，保温醇解 1 h，然后加入乙二醇、苯酐和 2.7 份二甲苯，于 160～180 ℃下保温 3 h，再于 2 h 内慢慢升温至 220 ℃，保温酯化 3 h。酯化完成后，冷却至 140 ℃，加入剩余二甲苯稀释至含固量为 60％（羟值 90 mg KOH/g、酸值 4.8 mg KOH/g），得醇酸树脂。将适量的醇酸树脂和钛白混合，研磨分散至细度小于 30 μm，加入氨基树脂，充分调和均匀，过滤得到氨基耐候涂料。

5. 质量标准

漆膜颜色及外观	白色，漆膜平整光滑
细度/μm	≤30
光泽（60°镜面）	96.2%
冲击强度/（kg·cm）	＞50
耐酸性（5% H_2SO_4 浸 24 h）	良
耐碱性（5% NaOH 浸 24 h）	良
耐温水（70 ℃温水浸渍）	良
耐腐蚀性	1.2
耐候性	
天然暴晒 1 年保光率	85.0%
加速老化 1000 h，保光率	88.0%

6. 产品用途

可用于金属、木质、水泥等表面的涂装，应用广泛。刷涂或喷涂。

7. 参考文献

[1] 周卫东，张光国，刘秀生，等．自清洁型桥梁长效防蚀耐候涂料的研究 [J]．材料保护，2004（10）：43-44.

[2] 李震，孙红尧，陈水根．水利水电工程中钢结构耐候涂料的研制 [J]．水利水运工程学报，2002（2）：12-15.

5.56　Q18-31 各色硝基裂纹漆

1. 产品性能

Q18-31 各色硝基裂纹漆（Q18-31 nitrocellulose crack paint）又称 Q12-1 各色硝基裂纹漆，由硝化棉、颜料、较多的体质颜料和溶剂组成。具有均匀美观的裂纹，但附着力较差。

2. 技术配方(质量，份)

	深蓝	中黄	大红
硝化棉（70%）	23.48	23.48	23.48
乙酸乙酯	5.27	5.27	5.27
乙酸丁酯	3.19	3.19	3.19
苯	47.92	47.92	47.92
硬脂酸镁	3.5	3.5	3.5
碳酸镁	15.0	15.0	15.0

绀青	2.0	—	—
铬黄浆	—	2.0	—
红色浆	—	—	2.0

3. 工艺流程

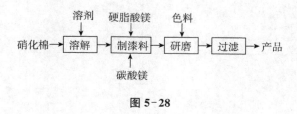

图 5-28

4. 生产工艺

将硝化棉溶于由乙酸乙酯、乙酸丁酯和苯组成的有机溶剂中，然后加入硬脂酸镁和碳酸镁，混合均匀后再加入色料，研磨分散至细度小于 30 μm 以下，过滤得成品。

5. 质量标准

颜色及外观	色调不定，呈现均匀的裂纹
黏度（涂-4 黏度计）/s	60～120
干燥时间/min	≤30
含固量	
黑色	≥16.5%
其他色	≥20.0%

注：该产品质量符合甘 Q/HG 2122。

6. 产品用途

用于室内墙壁、仪器、仪表、医疗器械表面涂装，但需罩光。使用量 200～300 g/m²。

7. 参考文献

[1] 王军，孙友军，陈湘奎，等. 防盗门用裂纹漆的研制与涂装 [J]. 涂料技术与文摘，2004 (5)：19-20.

[2] 赵永超，魏新庭，管猛，等. 弹性乳液制备水性裂纹漆的研究 [J]. 上海涂料，2012 (7)：9-12.

5.57　Q22-1硝基木器漆

1. 产品性能

该漆光泽好、硬度高、耐热性好，可用砂蜡、光蜡打磨上光，由硝化棉、改性醇酸树脂、松香甘油酯、增韧剂及有机溶剂等调制而成。

2. 技术配方（质量，份）

松香改性蓖麻油醇酸树脂	60
2# 硝化棉（70%）	43
乙酸丁酯	28
甲苯	28
二丁酯	5
乙酸乙酯	12
丁醇	16
无水乙醇	8

3. 工艺流程

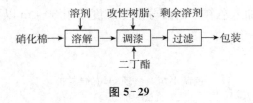

图 5-29

4. 生产工艺

先将硝化棉溶解于部分混合溶剂中，在搅拌下，加入改性树脂、二丁酯（必要时加入松香甘油酯）和剩余溶剂，充分搅拌后过滤、包装即得。

5. 质量标准

原漆颜色	≤8#
原漆外观	透明，无机械杂质
漆膜	平整光亮
黏度（落球黏度计）/s	15～25
含固量	≥32%
干燥时间/min	
表干	≤10
实干	≤50
光泽	≥95%
硬度	≥0.65
柔韧性/mm	≤2
附着力	≤1级
耐沸水（浸 10 min）	无异常
耐油性（汽油 1# 浸 2 h）	无异常

注：该产品质量符合 Q/GHTB-2。

6. 产品用途

适用于各种高级木器、家具、缝纫机台板、无线电、仪表木壳等表面作装饰保护涂料。

用前须充分调匀，如有机械杂质，应进行过滤。被涂物表面应进行预处理。喷涂、刷涂、揩涂均可，用 X-1 稀释剂，有效贮存期为 1 年。

7. 参考文献

[1] 肖邵博，余云，杨宁宁，等．再生硝基木器漆的制备与性能探究 [J]．林产化学与工业，2017，37（3）：95-100．

[2] 邓朝霞，叶代勇，傅和清，等．透明阻燃硝基木器漆的研制 [J]．化学建材，2006（5）：4-6．

5.58　G52-2 过氯乙烯防腐漆

1. 产品性能

G52-2 过氯乙烯防腐漆（G52-2 chlorinated PVC anti-corrosive paint）也称过氯乙烯防腐漆，由过氯乙烯树脂、磷酸酚酯、增塑剂和有机混合溶剂组成。该漆具有优良的防腐蚀和防火性，可与各色过氯乙烯防腐漆配套使用，也可单独使用，但附着力差，加紫外线吸收剂可用于室外的耐腐蚀设备表面涂装。

2. 技术配方(质量，份)

过氯乙烯树脂	14.40
五氯联苯	1.50
环氧氯丙烷	0.48
磷酸二甲酚酯	1.20
邻苯二甲酸二丁酯	1.50
有机混合溶剂	101.00

3. 工艺流程

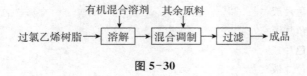

图 5-30

4. 生产工艺

先将过氯乙烯树脂溶于有机混合溶剂中，溶解完全后，再加入其余原料，充分搅拌，调制均匀，过滤后即得到成品。

5. 质量标准

原漆外观和透明度	浅黄色透明液体，允许带乳光，无机械杂质溶液
黏度（涂-4黏度计）/s	20～25
含固量	≥15%
干燥时间（实干）/min	≤60
硬度	≥0.5
柔韧性/mm	1
冲击强度/[（kg·m）/cm]	≥40
复合涂层耐酸性（浸30天）	不起泡，不脱落
复合涂层耐碱性（浸20天）	不起泡，不脱落

6. 产品用途

与各色过氯乙烯防腐漆配套使用，适用于化工机械、设备、管道、建筑物表面的涂饰，以防止酸、碱、盐、煤油等腐蚀性物质的侵蚀，加有紫外线吸收剂的漆料可用于室外设备的防腐蚀涂装。

5.59　G52-31 各色过氯乙烯防腐漆

1. 产品性能

G52-31 各色过氯乙烯防腐漆（G52-31 various color chlorinated polyvinyl chloride anti-corrosive paint）也称 G52-1 各色过氯乙烯防腐漆，由过氯乙烯树脂、醇酸树脂、各色过氯乙烯色片液、增韧剂和混合有机溶剂组成。该漆漆膜具有优良的耐腐蚀性和耐潮性。

2. 技术配方（质量，份）

	红	绿	白	黑
过氯乙烯树脂液（20%）	52	55	30	65
红过氯乙烯树脂色片液	32	—	—	—
白过氯乙烯树脂色片液	—	—	48	—
黑过氯乙烯树脂色片液	—	—	—	22
黄过氯乙烯树脂色片液	—	22	—	—
蓝过氯乙烯树脂色片液	—	7	—	—
中油度亚麻油醇酸树脂	6	5	8	5
邻苯二甲酸二丁酯	2	2	1	2
混合有机溶剂	9	9	13	3

3. 工艺流程

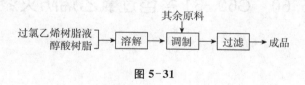

图 5-31

4. 生产工艺

将过氯乙烯树脂液与中油度亚麻油醇酸树脂混合溶解，溶解完全后加入其余原料，充分搅拌，调制均匀，过滤得成品。

5. 质量标准

漆膜颜色和外观	符合标准样板及其色差范围，平整光滑
黏度（涂-4 黏度计）/s	30～75
含固量	
银白、红、蓝、黑色	≥20%
其他色	≥28%
遮盖力（以干膜计）/（g/m²）	
黑色	≤30
深复色	≤50
浅复色	≤65
白色	≤70
红色、黄色	≤90
深蓝色	≤110
干燥时间（实干）/min	≤60
硬度	≥0.4
柔韧性/mm	1
冲击强度/（kg·cm）	50
附着力	≤3 级
复合涂层耐酸性（浸 30 天）	不起泡、不脱落
复合涂层耐碱性（浸 20 天）	不起泡、不脱落（铝色不测）

注：该产品质量符合 ZBG51067。

6. 产品用途

适用于各种化工机械、管道、设备、建筑等金属或木质对象表面的涂覆，可防止酸、碱及其他化学试剂的腐蚀。

7. 参考文献

[1] 刘竟凯. 过氯乙烯防腐漆的施工 [J]. 中国集体经济，2011（10）：205.

5.60 G60-31各色过氯乙烯防火漆

1. 产品性能

G60-31各色过氯乙烯防火漆（G60-31 various color chlorinated polyvinyl chloride fire-proof paint）也称G60-31各色过氯乙烯缓燃漆、G60-1各色过氯乙烯防火漆，由过氯乙烯树脂液、醇酸树脂、锑白过氯乙烯防火色片、增韧剂、稳定剂、混合有机溶剂组成。该漆具有阻止火焰蔓延的作用，可使木材在火源短时间作用下不易燃烧。

2. 技术配方（质量，份）

过氯乙烯树脂液（20%）	13.5
锑白过氯乙烯防火色片	39.0
中油度亚麻油醇酸树脂	6.0
松香改性酚醛树脂液（50%）	2.0
邻苯二甲酸二丁酯	2.0
磷酸三甲酚酯	3.0
混合有机溶剂（苯、酮、酯类）	34.5

3. 工艺流程

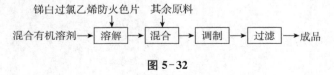

图 5-32

4. 生产工艺

先将锑白过氯乙烯防火色片溶解于混合有机溶剂中，剧烈搅拌，使其完全溶解。再加入其余原料混合，充分搅拌，调制均匀，过滤得成品。

5. 质量标准

漆膜颜色和外观	符合标准样板
含固量	≥37%
黏度（涂-4黏度计）/s	≥150
冲击强度/［（kg·m）/cm］	≥30
使用量/（g/m²）	≤600
遮盖力/（g/m²）	≤700

柔韧性/mm	≤1
耐燃烧损失	≤20%
干燥时间（实干）/h	≤3

注：该产品质量符合 QJ/DQ 02·G13。

6. 产品用途

适用于露天或室内建筑物板壁、木质结构部位的涂覆，作防火配套用漆。

7. 参考文献

[1] 张勇. 过氯乙烯树脂防火涂料的应用研究 [J]. 广东化工，2010（8）：25.

[2] 安晓晗，钱金均，胡明. 基于 P-N-C 体系的新型抑烟型室内防火涂料的制备 [J]. 涂层与防护，2021，42（8）：28-30.

5.61　B04-11 各色丙烯酸磁漆

1. 产品性能

B04-11 各色丙烯酸磁漆（B04-11 all color acrylic enamels）由邻苯甲酸二丁酯、丙烯酸酯树脂、过氯乙烯树脂、颜料、增塑剂和溶剂组成。漆膜光泽高，大气耐久性好，并有较好的防湿热、防盐雾、防霉菌性能，保光、保色性好。

2. 技术配方（质量，份）

丙烯酸酯树脂溶液（50%）	48.0
过氯乙烯树脂	5.8
邻苯二甲酸二丁酯	1.6
金红石型钛白粉	8.0
其他配色颜料	0.6
乙酸丁酯	7.2
丙酮	6.5
甲苯	22.3

3. 工艺流程

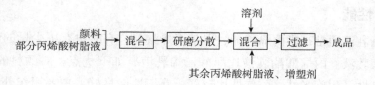

图 5-33

4. 生产工艺

将颜料与部分丙烯酸树脂液混合，研磨分散后，加入溶剂、其余的丙烯酸树脂、过氯乙烯树脂、邻苯二甲酸二丁酯，充分调和均匀，过滤得成品。

5. 质量标准

漆膜颜色和外观	符合标准样板及色差范围，平整光滑
黏度（涂-4黏度计）/s	
白色	80～160
其他色	30～160
含固量	
白色	≥38%
银白色	≥26%
干燥时间/h	
表干	≤0.5
实干	≤2
硬度	≥0.5
附着力	≤2级
柔韧性/mm	≤3
耐水性（24h）	漆膜无变化
耐机油（24h）	漆膜无变化

注：该产品质量符合沪 Q/HG14-553。

6. 产品用途

主要用于钢铁桥梁、电视塔，以及三防要求的轻工、仪表、电器等金属产品喷涂。

7. 参考文献

[1] 刘娟荣，祝婷，刘晓庆. 户外用丙烯酸改性醇酸树脂磁漆的制备 [J]. 上海涂料，2012，50（11）：10-12.

5.62　聚丙烯酸酯乳胶漆

1. 产品性能

丙烯酸酯乳液通常是指丙烯酸酯、甲基丙烯酸酯，有时也有用少量的丙烯酸或甲基丙烯酸等共聚乳液。丙烯酸酯乳液比醋酸乙烯乳液有如下优点：对颜料的黏结能力强，耐水性、耐碱性、耐旋光性、耐候性比较好，施工性能良好。主要用作外用涂层。这里提供的是用聚苯丙烯乳胶改性的聚丙烯酸酯乳胶漆的配方。

2. 技术配方(质量，份)

聚苯丙烯乳胶（50%）	448.0
聚丙烯酸铵分散剂	1.0
多聚磷酸钠（10%水溶液）	4.5
浓氨水	0.5
防霉剂	3.0
高黏度羟乙基纤维素（2%水溶液）	87.5
丁氧基乙醇	27
200# 溶剂汽油	2.25
金红石型钛白粉	179
碳酸钙	179
松油醇（消泡剂）	4.5
六偏磷酸钠（20%水溶液）	22.5

3. 生产工艺

先将颜料（钛白粉）、碳酸钙、六偏磷酸钠等混合打浆，然后加入乳液和助剂调漆，过筛后即得产品。

4. 产品用途

与一般乳胶漆相同。

5. 参考文献

[1] 孟晓桥，杨冶. 聚丙烯酸酯乳胶漆的稳定性研究 [J]. 化工科技市场，2010 (4)：23.

[2] 韦筠寰. 丙烯酸外墙乳胶漆的研制 [J]. 大众科技，2008 (9)：129-130.

5.63　有光乳胶涂料

1. 产品性能

本乳胶涂料的光泽优于一般其他乳胶涂料，抗粉化性能也较优异，老化试验经 2000 h 仍保持优良状态。

2. 技术配方(质量，份)

A 组分

钛白粉 R-820	220
丙烯酸乳液	136

醋酸卡必醇丁酯	7
磷酸三丁酯	7
自来水	18

B 组分

聚偏氯乙烯-丙烯酸乳液	
共聚物（TD1133）	595
氨水	3
丙烯酸乳液	14

3. 生产工艺

将 100 份聚偏氯乙烯与 47.7 份丙烯酸乳液加氨水或 3.3 份 Na_2CO_3 混炼制成聚偏氯乙烯-丙烯酸乳液。先将甲组分中各物料按配方量投入胶体磨中研磨半小时后，再加入乙组分共研磨，达到要求细度即可。若泡沫较多，可滴加硅酮和松油消泡。

4. 产品用途

可用作室内外涂料。其耐水、耐大气腐蚀均比市售聚醋酸乙烯乳胶内墙涂料优良。

5. 参考文献

[1] 张梅. 室温交联丙烯酸乳胶漆的研制 [D]. 青岛：青岛科技大学，2005.

5.64　桥梁用涂料

这种涂料具有优良的耐候性，涂饰桥梁，6 年无显著变化。

1. 技术配方（质量，份）

丙烯酸酯树脂溶液	4.8
邻苯二甲酸二丁酯	0.16
醋酸丁酯	0.72
甲苯	2.23
过氯乙烯树脂	0.6
钛白粉	0.8
配色颜料	0.06
丙酮	0.65

2. 生产工艺

将各物料混合搅拌均匀，过滤即得。

3. 产品用途

用作桥梁涂料。喷涂或刷涂。

4. 参考文献

[1] 李敏风，钱胜杰. 我国桥梁涂料发展特点分析 [J]. 上海涂料，2011 (11)：36-40.

[2] 魏代军. 道路桥梁用水性防腐涂料的配方设计探讨 [J]. 全面腐蚀控制，2019，33 (4)：89-90.

5.65 桥梁面漆

1. 产品性能

该面漆主要用于钢铁、桥梁表面涂装，具有优良的耐水性、耐候性、附着力，漆膜外观平整光滑。

2. 技术配方（质量，份）

160# 长油度亚桐醇酸树脂	44.9
环烷酸锌液（4%）	0.5
环烷酸钴液（3%）	0.2
环烷酸钙液（2%）	0.5
环烷酸铅液（15 g）	0.7
锌钡白	42
炭黑	0.2
200# 溶剂汽油	8

3. 生产工艺

将配方中的原料混合搅拌均匀，研磨至细度小于或等于 30 μm，然后过滤包装。

4. 产品用途

用作桥梁涂料。涂刷于物体表面，干燥时间：表面干 8 h，实干 20 h。漆膜平整光滑呈灰色。

5. 参考文献

[1] 卢义光. 高耐候性防腐面漆研究及在桥梁中的应用分析 [J]. 全面腐蚀控制，2018，32 (6)：22-23.

5.66 桥梁及交通设施用涂料

1. 产品性能

此涂料用于桥梁、交通车行道及相关设施，对混凝土附着力好，具有良好耐碱性、耐氧化性和耐水性。

2. 技术配方（质量，份）

酮-甲醛改性蓖麻油	100
三氧化二铬	2
气相二氧化硅	1.0
芳族二异氰酸酯与端羟基聚丁二烯的反应产物	30.0
二月桂酸二丁基锡	0.1
碳酸钙	27
三乙撑二胺（LV33）	0.3
分子筛	6
芳族二异氰酸酯与端羟基丁二烯缩合物	60

3. 生产工艺

按配方量将上述物混合均匀，经研磨即得成品。

4. 产品用途

用作桥梁、交通设施涂料。

5. 参考文献

[1] 李海燕，温立光. 新型铁路桥梁防水涂料的研究及应用 [J]. 中国铁道科学，2001（1）：118-122.

[2] 魏代军. 道路桥梁用水性防腐涂料的配方设计探讨 [J]. 全面腐蚀控制，2019，33（4）：89-90.

5.67 H01-4 环氧沥青清漆（分装）

1. 产品性能

H01-4 环氧沥青清漆又称环氧沥青漆（coal tar epoxy resin varnish），由环氧树脂、煤焦沥青、有机溶剂调配而成，使用时加入固化剂。该清漆具有优良的机械性能和耐化学品性、耐水性，对金属、水泥制品表面有优良的附着力，形成的漆膜坚韧、耐磨、平整光滑。

2. 技术配方(质量，份)

A 组分

	（一）	（二）
601# 环氧树脂（E-20）	25.0	—
634# 环氧树脂（E-42）	—	31.25
煤焦沥青	25.0	31.25
二甲苯	25.0	—
环氧树脂稀释剂［V（二甲苯）：V（丁醇）＝4∶1］	25.0	—
氯苯/甲苯混合溶剂	—	37.5

B 组分

二乙撑三胺	—	50
氯苯	—	50
己二胺	50	—
乙醇	50	—

3. 工艺流程

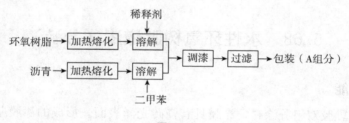

图 5-34

4. 生产工艺

将环氧树脂加热熔化后用稀释剂溶解；另将沥青加热熔化，用二甲苯溶解，然后将环氧树脂溶液与沥青溶液混合，充分搅拌分散均匀，过滤得 A 组分。

将胺溶于乙醇（或氯苯）中，过滤，得固化剂组成 B 组分。A 组分、B 组分分别分装，使用时将组分［配方（一）m（A 组分）∶m（B 组分）＝100∶3.5；配方（二）m（A 组分）∶m（B 组分）＝100∶5］混合，立即施工。

5. 质量标准

漆膜颜色及外观	黑色，平整光滑
黏度（涂-4 黏度计）/s	40～120
干燥时间/h	
表干	≤4
实干	≤24
完全固化/天	≤7

柔韧性/mm	1
硬度	≥0.4
冲击强度/（kg·cm）	50
耐水性（在蒸馏水中煮沸）/h	6
耐盐水性/天	10

注：该产品质量符合鄂 B/W 343。

6. 产品用途

用于高压水管内壁、化工设备、水下建筑物、海水输送、地下输水、输气管线、钢板桩、闸门等内外壁保护涂层。A 组分、B 组分混合后，应在 4 h 内用完。

7. 参考文献

[1] 丛培良. 环氧沥青及其混合料的制备与性能研究 [D]. 武汉：武汉理工大学，2009.

[2] 彭军，张习文，杜柱康，等. 水性环氧乳液及清漆的制备与性能研究 [J]. 现代涂料与涂装，2020，23（12）：1-3

5.68　水性环氧树脂磁漆（分装）

1. 产品性能

该磁漆为水乳胶双组分涂料，涂膜具有瓷砖光泽表面。形成的漆膜坚硬、耐磨、耐化学品。涂膜 6.5 h 拭干，7 天内完全固化。

2. 技术配方(质量，份)

A 组分

双酚 A 型环氧树脂（黏度 0.5～0.7 Pa·s）	38.0～40.0
壬基酚聚氧乙烯醚（$n=40$，$n=44$；质量比为 4：3）混合物	1.3～2.0
豆油卵磷脂	0.2～0.3
丁基溶纤剂	4.0～5.4
硅酮消泡剂	0.4～0.8
惰性颜料	0～30.0
精制水	加至 100.0

B 组分

改性聚酰胺-胺和聚酰胺-胺混合物	75.0～85.0
丁基溶纤剂	1.0～8.0
精制水	加至 100.0

3. 生产工艺

在调漆罐中，加入 100 L 30~36 ℃的温水、1.37 kg 硅酮消泡剂、2.741 kg 壬基酚聚氧乙烯醚（$n=40$）、2.054 kg 壬基酚聚氧乙烯醚（$n=44$）、1.028 kg 豆油卵磷脂和 7.191 kg 丁基溶纤剂。搅拌均匀后，加入 143.45 kg 双酚 A 型环氧树脂，搅拌下再加 3.767 kg 丁基溶纤剂，得无色漆料。根据颜色需要，可添加二氧化钛（白色）、氧化铁黄、氧化铁红、铬氧化物等惰性颜料，并连续搅拌均匀，过滤得有色漆料（组分 A）。

组分 B 最好使用含 59.0%~85.0%的水可乳化改性聚酰胺-胺和 15.0%~40.0%的水可乳化聚酰胺-胺混合物。改性聚酰胺-胺是由亚麻油脂肪酸和脂肪族二胺（如己二胺）制得，相对分子质量 2 000~18 000；聚酰胺-胺是由二聚脂肪酸（C_{36}）和脂肪二胺制得的，相对分子质量 2 000~15 000。组分 A、组分 B 分别包装。

4. 产品用途

用于地板、阳台、地下室、洗澡间、油盒、汽车库、机器、金属物件、木质板条、水泥面、玻璃纤维等涂装。使用时，将组分 A 和组分 B 等体积混合，混合后放置 25 min 即可使用。25 ℃时，涂料的使用期为 4 h，适当延长使用期，涂料不会胶化。

5. 参考文献

[1] 刘兢科，刘孝. 固体环氧树脂水性涂料的研制 [J]. 现代涂料与涂装，2011 (7)：1-3.

[2] 陈铤，施雪珍，顾国芳. 双组分水性环氧树脂涂料 [J]. 高分子通报，2002 (6)：63.

5.69　H04-1 各色环氧磁漆（分装）

1. 产品性能

用中等分子量环氧树脂，加入颜料、体质颜料混合研磨，以线型环氧树脂或邻苯二甲酸二辛酯为增塑剂，将漆料和增塑剂溶于二甲苯、丁醇等有机溶剂为 A 组分；己二胺环氧加成物或己二胺乙醇溶液为 B 组分。该漆具有良好的附着力，耐碱、耐油，抗潮性能好，能常温固化。

2. 技术配方(质量，份)

	白色	绿色	银白色
A 组分			
E-20 环氧树脂（50%）	78	72	85
三聚氰胺甲醛树脂	2	2	—

钛白粉	20	—	—
氧化铬绿	—	19	—
铝粉浆	—	—	15
滑石粉	—	7	—
二甲苯-丁醇 [w（甲苯）：w（丁醇）＝8∶2] 混合液	适量	适量	适量
B 组分			
己二胺乙醇溶液（50%）	5.0	4.5	5.5

3. 工艺流程

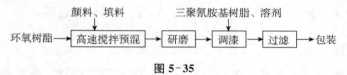

图 5-35

4. 生产工艺

将颜料、填料与环氧树脂经高速搅拌预混后研磨，研磨至规定细度后，加入三聚氰胺树脂和适量稀释剂，充分调匀达规定黏度后，过滤包装得 A 组分。

将己二胺溶于乙醇中得 B 组分（固化剂），A 组分、B 组分分装。

5. 质量标准

	南京 Q/3201-NQJ-064	津 Q/HG-3855
漆膜及外观	符合标准样板及色差范围，平整光滑	
黏度（涂-4 黏度计）/s	25～50	—
细度/μm	≤30	≤35
干燥时间/h		
表干	≤6	≤6
实干	—	≤24
硬度	≥0.5	≥0.6
柔韧性/mm	≤1	≤1
冲击强度/（kg·cm）	50	50
耐水性/h	—	24
耐汽油性（25±1）℃/h	—	24

6. 产品用途

适用于大型化工设备、管道、贮槽及混凝土表面涂装。

5.70　H53-2 红丹环氧酯醇酸防锈漆

1. 产品性能

H53-2 红丹环氧酯醇酸防锈漆又称 H53-32 红丹环氧酯醇酸防锈漆、环氧酯红丹底漆，由环氧酯、醇酸树脂、颜料、红丹、填料、催干剂及溶剂调配而成。该漆干燥迅速，漆膜坚硬，附着力好，耐水、防潮和防锈性比油性醇酸红丹防锈漆好。

2. 技术配方(质量，份)

红丹	240
沉淀硫酸钡	20
滑石粉	20
防沉剂	2
604# 环氧树脂干性植物油酸酯漆料	52
中油度干性油改性醇酸树脂	48
环烷酸钴（2%）	1.6
环烷酸铅（10%）	2.0
环烷酸锰（2%）	2.4
环氧漆稀释剂	12.0

3. 工艺流程

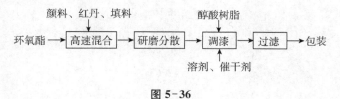

图 5-36

4. 生产工艺

将环氧酯、颜料、红丹、填料在高速搅拌下进行预混合，然后研磨分散，再加入醇酸树脂、催干剂和溶剂，搅拌调匀，过滤、包装。

5. 质量标准

漆膜外观	橘红色，平整，允许略有刷痕
黏度（涂-4 黏度计）/s	30～60
干燥时间/h	
表干	≤1

实干	≤24
遮盖力/（g/m²）	≤200
柔韧性/mm	≤3

6. 产品用途

可供黑色金属防锈，适用于车皮、桥梁、船壳的打底漆用。刷涂、喷涂均可，用有机溶剂调整黏度。与酚醛醇酸面漆配套使用。有效贮存期1年。

7. 参考文献

[1] 孙彩侠. 云母氧化铁在醇酸防锈漆中的应用 [J]. 淮北职业技术学院学报，2011（3）：37.

5.71　环化橡胶耐碱漆

1. 产品性能

环化橡胶耐碱漆由环化橡胶、氧化铁红、助剂和溶剂组成。漆膜坚韧平整，耐碱性优良。

2. 技术配方（质量，份）

环化橡胶	22.50
合成氧化铁红	8.10
氯化联苯	4.05
二甲苯	2.70
松香水	12.65

3. 工艺流程

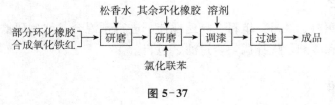

图 5-37

4. 生产工艺

将合成氧化铁红、适量环化橡胶和1.8份松香水混合，经三辊机式球磨研磨分散，再加入其余环化橡胶和氯化联苯，研磨合格后，用溶剂稀释，过滤制得耐碱漆。

5. 质量标准

相对密度（d_4^{20}）	1.06
颜料固体体积	9%
黏度（涂-4 黏度计）/s	120
干燥时间/min	
表干	≤40
实干	≤360
耐碱性（20%NaOH 溶液）	合格

6. 产品用途

用作化工、仪器装备、实验室等耐碱面漆。刷涂、辊涂或喷涂，常温干燥。

5.72　环氧树脂水性涂料

1. 产品性能

这种空气干燥的阳离子环氧树脂水性涂料，具有干燥成膜快、漆面光亮耐磨的特点。引自美国专利 US 4358551。

2. 技术配方（质量，份）

环氧树脂（70.47%）*	110.80
丙氧基乙醇	6.00
乙酸	0.93
新戊酸锌（含锌 16%）	0.48
环烷酸钴（6%）	0.65
消泡剂（L475）	0.70
二氧化钛	85.00
水	61.00

* 环氧树脂配方

双酚 A	35.28
妥儿油脂肪酸	66.33
双酚 A 二缩水甘油醚（环氧当量 193）	79.68
N，N-二乙基乙醇胺	72.45
丙氧基乙醇	72.09

3. 工艺流程

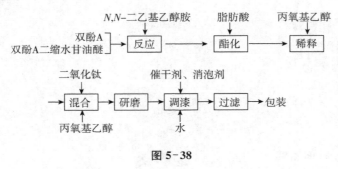

图 5-38

4. 生产工艺

将双酚 A、双酚 A 二缩水甘油醚（环氧当量 193）和 N，N-二乙基乙醇胺混合，搅拌下于 71～163 ℃反应，蒸除过量的胺，加入妥尔油脂肪酸酯化，酯化产物加入丙氧基乙醇稀释，得到 70.47％的环氧树脂液。

将得到的树脂液（70.47％）与二氧化钛混合研磨分散，研磨料与丙氧基乙醇、乙酸、环烷酸钴（6％Co）、新戊酸锌、消泡剂和水混合调漆，过滤后得环氧树脂水性涂料。

5. 质量标准

含固量	≥61.8％
pH	6.2
无印迹干燥时间/h	≤8
涂膜不黏时间/h	≤1

6. 产品用途

用于结构件、金属对象、水泥表面涂装。

7. 参考文献

[1] 苏春海. 环氧聚酯水性涂料的制备与涂装 [J]. 现代涂料与涂装，2003（1）：21-23.

5.73 热融型路标漆

1. 产品性能

该路标漆由改性烃类树脂、增塑剂、颜料、体质颜料组成，具有良好的耐候性和抗裂纹性。

2. 技术配方（质量，份）

改性烃类树脂	14.68
邻苯二甲酸二辛酯	2.75
钛白（锐钛型）	9.17
玻璃珠	19.26
粒状碳酸钙	26.61
碳酸钙微粉	26.61
氧化锌	0.92

3. 工艺流程

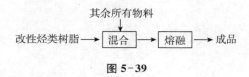

图 5-39

4. 生产工艺

将改性烃类树脂（由顺丁烯二酸与聚丁二烯和石脑油混合物滴加三氟化硼苯酚络合物反应制得）、邻苯二甲酸二辛酯、钛白、碳酸钙（微粉和粒状产品）、玻璃珠、氧化锌等按配方比混合均匀，升温至 200～210 ℃时，熔融制得热融性路标漆。

5. 质量标准

软化点/℃	96.5
酸值/（mg KOH/g）	≤1.7
熔融加氏色相	6

6. 产品用途

用于路面路标。将涂料于 150～250 ℃时熔融，涂布在路面上，冷却固化。可根据需要加入色料。

7. 参考文献

[1] 孙学红，吕锡元，赵菲，等 . 热熔型路标涂料的研制 [J] . 青岛化工学院学报（自然科学版），2001（1）：94-95.

[2] 佚名 . 热熔型路标漆专用树脂 DL-100 [J] . 涂料工业，2000（4）：46.

5.74　改性醇酸树脂路标漆

1. 产品性能

这种改性的醇酸树脂道路标志用白漆，与混凝土具有非常强的黏附性，其形成的漆膜耐候性、耐磨性优异。

2. 技术配方（质量，份）

豆油	293
季戊四醇	145
氧化铝	0.03
苯甲酸	61.20
邻苯二甲酸酐	183.50
石油溶剂	适量

3. 生产工艺

将豆油、季戊四醇和氧化铝在 245 ℃加热，直至可与甲醇混溶，然后用苯甲酸在二甲苯中酯化，同时除去水，再与邻苯二甲酸酐在 180~230 ℃加热至酸值为 10 mg KOH/g，用石油溶剂稀释至黏度 266 mPa·s，制得羟值为 93 mg KOH/g 的改性醇酸树脂，再与钛白粉和催干剂调和使用即可。

4. 产品用途

用作道路标志涂料。

5.75　萜烯橡胶马路画线漆

1. 产品性能

萜烯橡胶马路画线漆由萜烯树脂、天然生橡胶、石油树脂和溶剂组成，具有优良的附着力，耐磨性和耐候性好。

2. 技术配方（质量，份）

萜烯树脂（软化点 20 ℃）	20
天然生橡胶	3
脂肪族石油树脂（软化点 80 ℃）	20
甲苯	157

3. 工艺流程

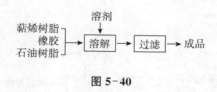

图 5-40

4. 生产工艺

将萜烯树脂、天然生橡胶、脂肪族石油树脂溶于甲苯中，充分调和均匀，过滤得成品。

5. 质量标准

原漆液酸值/（mg KOH/g）	0.1
色相	5～6
加热残留分	20.5%
马路附着力（1年）	无异常

6. 产品用途

用于混凝土路面画线。施工时，加入三氯乙烯调整黏度至 5～15 mPa·s，采用熔融喷涂法施工，涂覆量 50～150 g/m²。

7. 参考文献

[1] 热熔型路标漆专用树脂 DL-100 [J]. 涂料工业，2000（4）：46.

5.76　J86-31 白色氯化橡胶公路画线漆

1. 产品性能

J86-31 白色氯化橡胶公路画线漆（J86-31 white chlorinated rubber road marking paint）又称 J-960 氯化橡胶公路画线漆，由氯化橡胶、醇酸树脂、颜料、体质颜料及溶剂组成。该漆干燥快、附着力强，具有优良的耐磨性。

2. 技术配方（质量，份）

低黏度氯化橡胶	15.0
中油度醇酸树脂	15.0
沉淀硫酸钡	10.0
滑石粉	10.0
钛白粉	20.0

| 丙酮 | 10.0 |
| 甲苯 | 20.0 |

3. 工艺流程

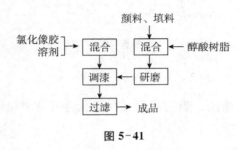

图 5-41

4. 生产工艺

将氯丁橡胶溶解于甲苯和丙酮组成的混合溶剂中，得低黏度氯丁橡胶液。另将颜料、填料和醇酸树脂混合后，经磨漆机研磨分散，至细度小于 60 μm，加入低黏度氯丁橡胶液，充分调和均匀，过滤得成品。

5. 质量标准

漆膜颜色及外观	白色，平整光滑
黏度（涂-4 黏度计）/s	60～100
细度/μm	≤60
遮盖力/（g/m²）	≤150
干燥时间/min	
表干	≤5
实干	≤60
硬度	≥0.3
附着力（画圈法）	2 级
耐水性（24 h）	漆膜不起泡、不脱落

注：该产品质量符合广州 Q/HG 2-167。

6. 产品用途

适于公路水泥或柏油路面画线标志用，刷涂或喷涂，用甲苯稀释。

5.77　游泳池用白色氯化橡胶漆

1. 产品性能

该氯化橡胶漆由中黏度氯化橡胶、增塑剂、黏土凝胶剂、颜料和溶剂组成，具有较好的耐水性。

2. 技术配方(质量,份)

中黏度氯化橡胶	36.0
氯化石蜡(含氯 42%)	24.0
黏土凝胶剂	1.0
二氧化钛(金红石型)	40.0
乙醇	0.4
二甲苯	73.8
200# 油漆溶剂油	24.8

3. 工艺流程

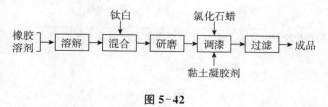

图 5-42

4. 生产工艺

将氯化橡胶溶解于二甲苯和 200# 油漆溶剂油中,溶解完全后,加入钛白粉,混匀后经磨漆机,研磨分散至细度小于 40 μm,加入氯化石蜡、黏土凝胶剂(乙醇),充分调和均匀,过滤得游泳池用白色氯化橡胶漆。

5. 产品用途

用于游泳池混凝土建筑的涂装。

6. 参考文献

[1] 王家聪. 氯化橡胶的生产工艺研究 [D]. 杭州:浙江大学,2010.

[2] 秦国治,张晓玲. 氯化橡胶防腐涂料及其应用综述 [J]. 化工设备与防腐蚀,2000(2):52.

5.78 氯化橡胶建筑涂料

1. 产品性能

氯化橡胶建筑涂料由氯化橡胶、增塑剂、颜料和有机溶剂组成。漆膜平整,附着力强,具有较好的耐候性。

2. 技术配方（质量，份）

氯化橡胶（中黏度）	21.0
氯化石蜡	14.25
黏土凝胶剂	0.75
瓷土	24.0
二氧化钛（金红石型）	22.5
甲苯	50.2
乙醇	0.3
200#油漆溶剂油	17.0

3. 工艺流程

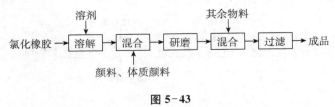

图 5-43

4. 生产工艺

将氯化橡胶溶于混合溶剂中得橡胶溶液，得到的橡胶溶液与颜料、体质颜料混匀，研磨分散至细度小于 40 μm，然后加入其余物料，充分调和均匀，过滤得氯化橡胶白色建筑涂料。

5. 产品用途

用于混凝土表面涂装。刷涂或喷涂。

6. 参考文献

[1] 王家聪. 氯化橡胶的生产工艺研究 [D]. 杭州：浙江大学，2010.

[2] 佟丽萍，李健，孙亚君. 氯化橡胶及其涂料的现状与发展 [J]. 涂料工业，2003（4）：39.

5.79 氯化橡胶防腐漆

1. 产品性能

在常温下具有良好的耐酸、耐碱、耐盐类溶液、耐氯化氢和二氧化硫等介质的腐蚀性能，并且具有良好的附着力、弹性和耐晒、耐磨、防延燃等优点，适宜涂刷在金属或木质材料上，也可刷在混凝土等物体表面。

2. 技术配方(质量,份)

氯化橡胶	18.2
苯(或甲苯)	36.4
桐油	9.1
颜料(氧化铁或钛白粉)	12.0
松节油(或石油)	36.4

3. 生产工艺

将氯化橡胶切碎溶解于松节油或苯组成的混合溶液中,橡胶溶解后,再加入其他物料混匀即得产品。

4. 产品用途

用作金属、木质材料、混凝土等物件的涂料。

5. 参考文献

[1] 佟丽萍,李健,孙亚君. 氯化橡胶及其涂料的现状与发展 [J]. 涂料工业,2003(4):39.

5.80　无机富锌防腐漆

无机富锌防腐漆适用于海水、海洋大气、工业大气和油类等介质。它广泛应用于船舶、水闸、桥梁建筑、电气、车辆和石油贮罐等方面,但不适于酸碱较强的介质中。

1. 技术配方(质量,份)

(1) 配方一

锌粉(120~200目)	100
水	100
水玻璃(模数3)	17~19
氧化铜	1~2
磷酸(固化剂)	适量
磷酸(35%)	10~15

(2) 配方二

锌粉	30
海藻酸钠溶液	5
水玻璃	2

* 海藻酸钠溶液的配制

海藻酸钠	1
水	99

2. 生产工艺

该工艺为配方的生产工艺。把水玻璃用水调稀，再倒入锌粉、氧化铜磷酸和适量固化剂搅拌均匀，放置 1～2 h 即可涂刷。

3. 使用方法

（1）配方一所得产品使用方法

表面除油除锈后，涂刷第一道漆料（自然干燥 2 h），酸洗固化（涂刷 2～3 道，固化 2 h），水洗。此漆一般涂刷 1～2 层。

（2）配方二所得产品使用方法

表面处理后，涂刷漆料，厚度以小刀轻刮呈金属光泽即可，再涂刷固化剂，自然固化 24 h，水洗。

4. 参考文献

[1] 王亦工，陈华辉，裴嵩峰，等．水性无机硅酸锌防腐涂料的研究进展 [J]．腐蚀科学与防护技术，2006（1）：41-45.

[2] 郭金彦．耐高浓度无机酸防腐涂层的研制 [J]．化工新型材料，2010（8）：121-124.

5.81 耐腐蚀的环氧-糠醇树脂涂料

本涂料具有很好的耐酸碱化学腐蚀性、耐热性及机械性能。

1. 技术配方（质量，份）

清漆

601# 环氧树脂	325～335
糠醇树脂（60%）	300～310
甲苯-二甲苯-环己酮（三者体积比为 1：3：1）混合溶剂	690～700

磁漆

	面漆	底漆
环氧-糠醇树脂（60%）	380～390	130
钛白粉	70～80	—
硫酸钡	20～25	—
红丹	—	100

滑石粉	—	17
二乙烯三胺（固化剂）	14～17	5～7

2. 生产工艺

清漆是将糠醇树脂、环氧树脂加在一起，并加部分混合溶剂，经热混炼后，再将其余量的混合溶剂加入，充分搅拌均匀即得。

磁漆是将除固化剂二乙烯三胺外的其余物料混匀，上辊磨或砂磨机研磨，研磨到要求细度后即为成品。

3. 产品用途

用于中和罐、塔和反应器。先将设备内壁打擦干净，涂 1 道清漆。再涂刷 1～2 道磁漆中的底漆，最后涂 1 道磁漆面漆。注意：在使用磁漆时，固化剂二乙烯三胺按技术配方量现配现加，用多少配多少，以免磁漆固化造成浪费。

4. 参考文献

[1] 田涛. 环保型耐酸防腐涂料的研究 [D]. 长沙：国防科学技术大学，2005.

[2] 李芙梅，李玉林. 环氧-呋喃防护材料的研制 [J]. 洛阳大学学报，2004（2）：43-45.

5.82　厚涂层氯化橡胶涂料

1. 产品性能

涂层氯化橡胶涂料由低黏度氯化橡胶、氢化蓖麻油、增塑剂、颜料、体质颜料和溶剂组成。涂膜平整坚韧，附着力好。

2. 技术配方(质量，份)

低黏度氯化橡胶	28.6
氢化蓖麻油	1.6
氯化石蜡	15.4
云母粉	2.0
沉淀硫酸钡	27.0
轻质碳酸钙	18.4
钛白粉	36.0
α-乙氧基乙酸酯	14.2
二甲苯	56.8

3. 工艺流程

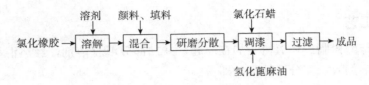

图 5-44

4. 生产工艺

将氯化橡胶溶于二甲苯和 α-乙氧基乙酸酯组成的混合溶剂中，然后加入颜料和填料，混匀后经研磨机研磨至细度小于 40 μm，再加入氯化石蜡和氢化蓖麻油，充分调和均匀，过滤得成品（白色）。

5. 产品用途

用作建筑厚涂层涂料，主要用于混凝土表面涂装。

6. 参考文献

[1] 吕维华，伍家卫，张远欣，等. 室温快干氯化橡胶重防腐导静电涂料 [J]. 特种橡胶制品，2011（4）：11-15.

[2] 李少香，刘光烨，李超勤. 氯化橡胶生产技术及在涂料中的应用 [J]. 中国涂料，2004（6）：40.

5.83　S04-1 各色聚氨酯磁漆

1. 产品性能

S04-1 各色聚氨酯磁漆又称 S04-1 各色聚氨酯家具漆、S04-14 双组分聚氨酯彩色磁漆、聚氨基甲酸酯白色磁漆，由三羟甲基丙烷与甲苯二异氰酸酯（TDI）制得预聚物后，再与有机溶剂调制成 A 组分；由醇酸树脂与有机溶剂，颜料调制成 B 组分，为分装型涂料。漆膜坚韧光亮，附着力、耐水、耐热、抗化学腐蚀性均好。

2. 技术配方（质量，份）

A 组分

三羟甲基丙烷	10.2
甲苯二异氰酸酯	39.8
无水环己酮	50.0

B组分

	红	灰	绿	黑
灰黑	—	1.5	—	4
大红粉	8	—	—	—
氧化铬绿	—	—	25	—
钛白粉	—	28	—	—
沉淀硫酸钡	14	—	—	18
中油度蓖麻油醇酸树脂	63	63	63	63
滑石粉	10.0	3.5	70.0	100.0
二甲苯	5	5	5	5

3. 工艺流程

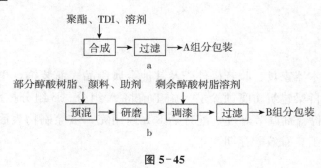

图 5-45

4. 生产工艺

（1）A组分的生产工艺

将甲苯二异氰酸酯投入反应釜，将三羟甲基丙烷溶于部分无水环己酮后，控制温度不超过 40 ℃，于搅拌下缓慢加入反应釜内，再将剩余无水环己酮清净容器后加入反应釜，控制温度 40 ℃，反应 1 h，升温至 60 ℃后保温反应 2～3 h，控制温度 85～90 ℃保温反应 5 h，测定异氰酸基（—NCO）达到 11.3％～13％时，冷却降温，过滤、包装得 A 组分。

（2）B组分的生产工艺

将一部分醇酸树脂与二甲苯、颜料和填料混合，搅拌均匀后投入磨漆机研磨至细度合格，再加入其余醇酸树脂和二甲苯充分调匀，过滤、包装得 B 组分。

5. 质量标准

原漆颜色及外观	
A 组分	浅黄至棕黄色透明液体
B 组分	各色均为浆状物
漆膜颜色及外观	符合标准色板，平整光滑

黏度（涂-4黏度计）/s	
A组分	15～60
B组分	60～100
含固量	
A组分	≥50%
B组分	≥50%
干燥时间/h	
表干	≤4
实干	≤24
细度（B组分）/μm	≤30
硬度	≤0.6
冲击强度/（kg·cm）	50
柔韧性/mm	≤1
附着力	≤2级

6. 产品用途

该漆主要用于木器家具、收音机外壳及其他金属制品表面装饰，也可用于各种机械设备、化工管道、桥梁建筑防腐蚀涂层。施工前将 A 组分、B 组分按配方量混合均匀，再用 X-10 聚氨酯稀释剂调节黏度，配好后 8 h 内用完，被涂刷物表面要处理平整，可采用喷或刷涂法施工。有效贮存期 1 年。

7. 参考文献

[1] 陈晓东. 新型丙烯酸聚氨酯锤纹磁漆的研制 [J]. 现代涂料与涂装，2000（4）：3-4.

5.84   S06-1 锌黄聚氨酯底漆

1. 产品性能

S06-1 锌黄聚氨酯底漆又称 S06-5 各色聚氨酯底漆，由甲苯二异氰酸酯和三羟甲基丙烷的预聚物与合成树脂漆料、防锈颜料及有机溶剂调制而成。漆膜坚韧，具有良好的耐油、耐酸碱和耐各种化学品性。

2. 技术配方（质量，份）

A 组分

甲苯二异氰酸酯	39.8
三羟甲基丙烷	10.2
无水环己酮	50.0

B 组分

锌铬黄	25
环己酮	20
滑石粉	4
二甲苯	20
中油度蓖麻油醇酸树脂（50%）	31

3. 工艺流程

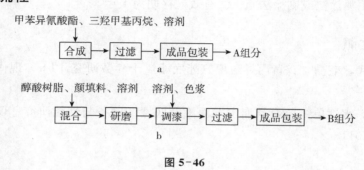

图 5-46

4. 生产工艺

（1）组分 A 的生产工艺

先将甲苯二异氰酸酯加入反应釜中，然后将溶有三羟甲基丙烷的部分无水环己酮在温度不超过 40 ℃时，于搅拌下慢慢加入反应釜内，再将剩余无水环己酮清洗盛上述溶液的容器后一并倾入反应釜内，在 40 ℃保温反应 1 h，升温至 60 ℃保温反应 2～3 h，升温至 85～90 ℃保温反应 5 h，测定异氰酸基（—NCO）达 11.3%～13.0%时，反应完毕，冷却、过滤、包装得 A 组分。

（2）组分 B 的生产工艺

将醇酸树脂和颜料、填料混合后搅拌均匀，经磨漆机研磨至细度合格，再加入二甲苯和环己酮，充分调匀，过滤后包装得 B 组分。

5. 质量标准

漆膜颜色及外观	锌黄，漆膜平整
含固量	75±2%
硬度	≥0.4
冲击强度/（kg·cm）	50
柔韧性/mm	1
附着力	≤2 级
细度/μm	≤60
干燥时间/h	
表干	4

| 实干 | 24 |
| 耐水性/h | 24 |

注：该产品质量符合 QJ/SYQ 021207。

6. 产品用途

主要用于为 S04-1 各色聚氨酯磁漆打底，也适用于铁路、桥梁和各种金属设备的底层涂饰。施工前组分 A、组分 B 按比例调匀，黏度用聚氨酯稀释剂或二甲苯调节，8 h 内用完，可采用喷涂法或刷涂法施工。有效贮存期为 1 年。

7. 参考文献

［1］黄红武，毛喆. 锌黄丙烯酸聚氨酯底漆烘干参数研究［J］. 现代涂料与涂装，2012（5）：16.

［2］徐宁. 水性单组分聚氨酯木器面漆及底漆的制备与性能研究［D］. 广州：华南理工大学，2011.

5.85　S07-2 各色聚氨酯腻子

1. 产品性能

该腻子具有良好的涂刮性和打磨性，由异氰酸酯和三羟甲基丙烷的预聚物作聚氨酯漆料，同醇酸树脂和颜料、填料调配成的腻子浆组成。

2. 技术配方(质量，份)

A 组分

甲苯二异氰酸酯	39.8
三羟甲基丙烷	10.2
无水环己酮	50

B 组分

	铁红	灰
立德粉	—	3.5
氧化铁红	4	—
炭黑	—	适量
滑石粉	15	15
水磨石粉	43	43.5
沉淀硫酸钡	11	11
中油度蓖麻油醇酸树脂	27	27
二甲苯	适量	适量

3. 工艺流程

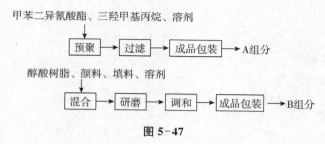

图 5-47

4. 生产工艺

将甲苯二异氰酸酯加入反应釜，再将溶有三羟甲基丙烷的部分环己酮在不超于40 ℃时，于搅拌下缓慢加入釜内，然后将剩余环己酮清洗容器后加入反应釜内，在 40 ℃保持 1 h，升温至 60 ℃保持 2～3 h，升温至 85～90 ℃保持 5 h，测定异氰酸基（—NCO）达 11.3%～13.0%时，冷却、过滤、包装得 A 组分。

5. 质量标准

刮涂性	无严重卷边
干燥时间/h	$\leqslant 2$
柔韧性/mm	50
打磨性（400#水砂纸）	易打磨成平滑表面

6. 产品用途

适用于填嵌金属、木材、水泥等对象表面不平之处。使用时，两组分按配方量调匀，并在 6 h 内用完。用聚氨酯稀释剂调节黏度。有效贮存期为 1 年。

5.86　聚醋酸乙烯乳胶涂料

聚醋酸乙烯乳胶涂料是用聚醋酸乙烯乳液加入颜料和体质颜料及各种助剂制得。

1. 技术配方(质量，份)

	（一）	（二）	（三）	（四）
聚醋酸乙烯乳液（50%）	42	36	30	26
钛白	26	10	7.5	20
锌钡白	—	18	7.5	—
碳酸钙	—	—	—	10
硫酸钡	—	—	15	—

滑石粉	8	8	5	—
磁土	—	—	—	9
乙二醇	—	—	3	—
磷酸三丁酯	—	—	0.4	—
一缩乙二醇丁醚酸酯	—	—	—	2
羧甲基纤维素	0.10	0.10	0.17	—
羧乙基纤维素	—	—	—	0.3
聚甲基丙烯酸钠	0.08	0.08	—	—
六偏磷酸钠	0.15	0.15	0.20	0.10
五氯酚钠		0.1	0.2	0.3
苯甲酸钠	—	—	0.17	—
亚硝酸钠	0.3	0.3	0.02	—
醋酸苯汞	0.1	—	—	—
水	23.27	27.27	30.84	32.3
m（基料）：m（颜料）	1.00：1.62	1.00：2	1：2.33	1：3

2. 说明

配方（一）颜料用量较大而体质颜料用量小，颜料全部用金红石型钛白，乳液用量较大，因此漆的遮盖力强，耐洗刷性也好，用于一般要求较高的室内墙面涂装，也能作为一般的外用平光漆。

配方（二）颜料用部分锌钡白代替钛白，遮盖力稍差，是较经济的一般室内平光墙漆，耐洗刷性也差些。

配方（三）颜料用量较低，体质颜料用量增加很多，乳液用量也少，所以遮盖力、耐洗刷性能都较差，是一种较为便宜的室内用涂料。

配方（四）颜料的比例较大，主要用于室内要求白度、遮盖力较好，而对洗刷性要求不高的场合。

3. 生产工艺

先将分散剂、增稠剂的一部分或全部防锈剂、消泡剂、防霉剂等溶解成水溶液和颜料、体质颜料一起加入球磨或砂磨机中研磨，使颜料分散到一定程度，然后在搅拌下加入聚醋酸乙烯乳液，搅拌均匀后再缓慢加入防冻剂、增稠剂的一部分和成膜助剂。最后用氨水调节 pH 至微碱性。

4. 参考文献

[1] 肖孝辉，刘俊华，杜敬星．改性聚醋酸乙烯酯乳液涂料的研究 [J]．化工技术与开发，2002（3）：15-16.

[2] 熊联明，王成钢．聚醋酸乙烯乳液涂料的新改性方法 [J]．中小企业科技，2000（10）：15.

5.87 X12-71各色乙酸乙烯无光乳胶漆

1. 产品性能

X12-71各色乙酸乙烯无光乳胶漆（X12-71 various color polyvinyl acetate flat latex paint）也称X08-1各色乙酸乙烯无光乳胶漆，由聚乙酸乙烯乳液、钛白粉、颜料、体质颜料、乙二醇及其他各种助剂组成的水分散性涂料。该漆干燥快、涂刷方便，无有机溶剂的刺激味，具有不燃性，能在略湿的物体表面涂刷。

2. 技术配方(质量，份)

	黄	白	绿	蓝
聚乙酸乙烯乳液（50%）	30	30	30	30
乙二醇	3	3	3	3
六偏磷酸钠	0.2	0.2	0.2	0.2
苯甲酸钠	0.2	0.2	0.2	0.2
羧甲基纤维素钠	0.2	0.2	0.2	0.2
亚硝酸钠	0.2	0.2	0.2	0.2
五氯酚钠	0.2	0.2	0.2	0.2
钛白粉	3	3	3	3
立德粉	11.5	12	11.5	11.5
滑石粉	5	5	5	5
沉淀硫酸钡	15	15	15	15
酞菁绿	—	—	0.5	—
酞菁蓝	—	—	—	0.5
耐晒黄	0.5	—	—	—
水	31	31	31	31

3. 工艺流程

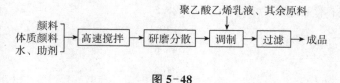

图 5-48

4. 生产工艺

先将颜料、填料、五氯酚钠、羧甲基纤维素钠、苯甲酸钠、亚硝酸钠和六偏磷酸钠溶解于水中，高速搅拌，分散均匀送入研磨机中，研磨至所需细度，再加入聚乙酸乙烯乳液和其余原料，充分混合，调制均匀，最后用氨水调至物料pH为8.0±0.2后，过滤即得成品。

5. 质量标准

漆膜颜色和外观	符合标准样板，在其色差范围内，平整无光
黏度/（mPa·s）	≥700
涂-4 黏度计/s	≥15
含固量	≥45％
遮盖力（白色及浅色）/（g/m²）	≤190
干燥时间（实干）/h	≤2
光泽	≤10％

注：该产品质量符合 ZBG 51070。

6. 产品用途

适用于涂饰混凝土、胶泥、灰泥和木质对象的表面，作建筑用内外墙涂料。

7. 参考文献

[1] 尹诗衡，张心亚，雷淑梅，等. 聚醋酸乙烯乳液聚合工艺及改性研究进展 [J].
涂料工业，2007（4）：59-63.

5.88　酚醛防火漆

1. 产品性能

酚醛防火漆由酚醛漆料、锑白、催干剂等组成，能有效制止火焰蔓延，耐火性强。

2. 技术配方（质量，份）

酚醛树脂	26.2
顺丁烯酸酐松香甘油树脂	26.2
厚油	13.4
桐油	46.6
松香水	94.6
锑白	529.7
钛白粉	29.4
炼油	1.7
群青	0.33
环烷酸铅（10％）	3.52
环烷酸锰（4％）	0.08
环烷酸钛（3％）	2.37

3. 工艺流程

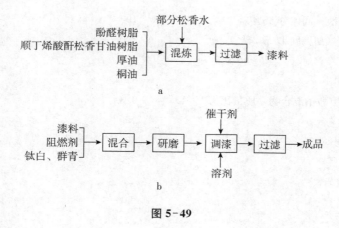

图 5-49

4. 生产工艺

先将酚醛树脂、顺丁烯酸酐甘油松香树脂、厚油、桐油和 43.8 份松香水混合均匀后热炼，过滤后得到漆料。将漆料与阻燃剂、钛白、群青混匀后研磨分散，至细度小于 40 μm，加入炼油、催干剂和其余的松香水，充分调和均匀，过滤得酚醛防火漆。

5. 质量标准

黏度（涂-4 黏度计，25 ℃）/s	75～120
细度/μm	≤40

6. 产品用途

适用于船舶及公共建筑、民房等钢铁、金属及木质结构件的防火涂装。刷涂或喷涂。

7. 参考文献

[1] 赵智. 建筑消防酚醛防火材料研究 [J]. 科协论坛（下半月），2013 (2)：38.
[2] 崔锦峰，杜勇，郭军红，等. 超薄型溴碳酚醛环氧钢结构防火涂料的研制 [J]. 涂料工业，2010 (6)：9-12，17.

5.89　新型防火乳胶涂料

本涂料为美国研制的一种新型防火乳胶涂料。可用于室内墙壁和顶棚（天花板）。

1. 技术配方（质量，份）

聚醋酸乙烯乳液（固体分55%）	190
羟乙基纤维素（高稠度1.25 25%水液）	200
三聚磷酸钾	2
乳化剂OP-10	1
亚硝酸钠-苯甲酸钠混合物（质量比为1∶10）	0.3
金红石型钛白粉	150
FR-28防火剂	30
云母粉（325目）	25
三氯乙基磷酸酯	26
硼酸	30
滑石粉	250
水	175

2. 生产工艺

将除聚醋酸乙烯乳液及三氯乙基磷酸酯以外的其他原料依次称量加入砂磨机打细浆后，出料浆与聚醋酸乙烯乳液、三氯乙基磷酸酯搅拌均匀即得防火乳胶涂料。

3. 产品用途

与一般乳胶涂料涂刷方法相同，一般需涂刷两遍，若要增强防火能力，可涂刷3遍。

4. 参考文献

[1] 秦国治，田志明. 乳液膨胀型防火涂料 [J]. 现代涂料与涂装，2002（4）：9-10.

5.90　氯丁橡胶防火涂料

1. 产品性能

氯丁橡胶防火涂料属发泡型防火涂料，当涂膜与强热或火焰接触时，形成可膨胀到100～200倍的内含阻燃性气体的碳化层，使物体与火焰隔开，从而起到防火的作用。

2. 技术配方（质量，份）

氯丁橡胶	13.64
六次甲基四胺	5.19
淀粉	8.44

氯化橡胶	3.25
磷酸铵	16.23
季戊四醇	7.79
二甲苯	45.46

3. 工艺流程

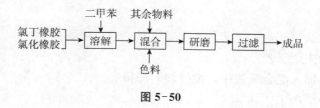

图 5-50

4. 生产工艺

将氯丁橡胶、氯化橡胶溶于二甲苯中，然后于搅拌下加入其余物料，混匀后研磨分散至细度小于 10 μm，过滤后得氯丁胶防火涂料。

5. 产品用途

用于建筑物、电线电缆、船舶等的防火涂装。由于在火焰中产生有毒的氯气，故不宜在室内使用。

5.91 防火墙壁涂料

这种防火涂料可用于加油站的混凝土砖墙的涂饰。一般先用水泥砂浆抹面，然后涂饰底漆，最后用罩面涂料。引自日本公开专利 JP 60-72964。

1. 技术配方(质量，份)

（1）底漆的配方

丙烯酸-2-乙基己酯、丙烯酸丁酯、甲基丙烯酸甲酯、苯乙烯（质量比 4：4：5：1）共聚物乳液	7
双酚环氧树脂乳液	3
硫酸钡	20
固化剂	2
石英砂	15
二氧化钛	3.5
添加剂	1.5
425# 水泥	48
水	32

（2）罩面涂料的配方

丙烯酸多元醇树脂	26.0
二氧化钛	24.0
添加剂	0.4
溶剂	39.6
多异氰酸酯	10.0

2. 生产工艺

（1）配方一的生产工艺

将各固体粉料加入混合乳液中，搅拌均匀即得底漆。

（2）配方二的生产工艺

先将树脂分散于 29.6 份的溶剂中，再加入由多异氰酸酯与 10 份溶剂组成的混合物，然后加入其余物料，高速分散均匀即得。

3. 使用方法

先用砂浆将混凝土抹面，然后涂刷底漆厚度为 400 μm，最后用罩面涂料罩面 2 次，罩面厚度为 40 μm，形成的涂层经 2 年后不膨胀、不剥落。而同等条件下，聚氯乙烯防火涂料 1 年后就发生膨胀和脱落。

4. 参考文献

［1］郭铁军，沈大铭，刘青鑫，等．膨胀型丙烯酸树脂防火涂料的研制［J］．化工时刊，2005（2）：41-42.

5.92　聚氨酯塑料面漆

1. 产品性能

该漆主要用于塑料制品的装饰性刷涂，与塑料具有良好的结合性，漆膜平整、坚韧、光亮。

2. 技术配方（质量，份）

A 组分

聚酯树脂	28.94
溶纤剂-二甲苯（质量比 1∶1）混合溶剂	14.69
改性膨润土	0.30
碳酸丙酯	0.15
聚羟乙基丙烯酸酯（1%溶纤剂溶液）	1.05

1，3，5-三［3-（二甲基氨基）丙基］	
六氢三嗪（10％）	1.65
聚硅氧烷（Byk 303）	0.30
聚硅氧烷（Byk 141）	0.75
癸二酸双（1，2，2，6，6-五甲基-4-呱啶）酯（10％二甲苯液）	5.55
钛白粉	43.80

B 组分

改性膨润土	0.30
溶纤剂	12.45
芳烃溶剂	6.30

C 组分

聚氨基甲酸酯	34.65

3. 生产工艺

将配方中 A 组分的聚酯树脂溶于混合溶剂中，再与 1％聚羟乙基丙烯酸酯的溶纤剂溶液、10％1，3，5-三［3-（二甲基氨基）丙基］六氢三嗪的溶纤剂溶液、癸二酸双（1，2，2，6，6-五甲基-4-呱啶基）酯的 10％二甲苯溶液、聚硅氧烷、碳酸酯及填颜料混合，然后用球磨机研至细度在 7.0 μm 以下。再加 B 组分的混合物，混合均匀后再添加 C 组分，调和均匀得到塑料用面漆。

4. 产品用途

塑料制品涂料，喷涂。

5. 参考文献

［1］陈顺凉，黄瑞村，薛永富．耐黄变型 UV 塑料面漆［J］．涂料工业，2004（10）：25-30.

5.93　强力聚氨酯涂料

1. 产品性能

该涂料对金属、塑料、木材和纤维板等都有很强的良好的附着力。手触摸较软，但其耐磨和抗划伤性良好。

— 465 —

2. 技术配方（质量，份）

聚（亚丁基己二酸酯）-甲苯二异氰酸酯-1，4-丁二醇共聚物（40%溶液）	100.0
乙基溶纤剂乙酸酯	25.0
甲基异丁基甲酮	165.0
甲苯	45.0
月桂酸二丁基锡	0.2
聚丁二烯橡胶液	4.0
Snmidur N75	3.0
NipsiLE-220A	8.0

3. 生产工艺

将上述原料按技术配方量混合搅匀，经三辊机或砂磨机研磨打浆，即得成品。

4. 产品用途

适宜涂刷在丙烯腈塑料、丁二烯塑料、苯乙烯塑料，硬质聚氯乙烯塑料，木材、纤维板及纸张上，有美观装饰及保护底材的作用。

5. 参考文献

[1] 陆刚. 聚氨酯涂料现状及发展趋势 [J]. 化学工业，2013 (1)：23-26.
[2] 陈菲斐，章奕. 水性双组分聚氨酯涂料的研制及性能研究 [J]. 上海涂料，2012 (8)：5-10.

5.94 聚醚-聚氨酯水性涂料

该涂料具有优良的附着力和耐水浸渍性。引自欧洲公开专利 EP 517043 (1992)。

1. 技术配方(kg/t)

聚 N-醇三羟甲基丙烷醚	83.30
氧化镁	16.70
马来酸二辛基锡	0.33
颜料浆	16.70
二环己基甲烷二异氰酸酯三聚体	50.00
聚氧乙烯化丁醇	8.08
水	20.00
聚氧乙烯化 3-乙基-3-螺 [4，4] 二氧己烷甲醇	50.00

2. 生产工艺

先将氧化镁（平均粒度 30 μm）混溶于聚 N-醇三羟甲基丙烷醚（质量比 3∶1，羟值 380 mg KOH/g）中构成分散体（羟基含量 9.6％，黏度 1.5 Pa·s、23 ℃）。取该分散体 26.7 g 备用。再将二环己基甲烷二异氰酸酯三聚体与聚氧乙烯化丁醇混合后反应。取该反应产物 50 g，与聚氧乙烯化 3-乙基-3-螺［4,4］二氧己烷甲醇反应，制成多异氰酸酯（—NCO 含量 19％）。取其 33.3g 及上述备好的分散体与颜料浆、马来酸二辛基锡和水混合，砂磨分散均匀，制得聚醚-聚氨酯水性涂料［固体分 72％，黏度（涂-4 黏度计）180 s］。

3. 产品用途

主要用于砖石建筑、混凝土、石膏等对象表面的涂饰。将涂料在底材上刷涂 2 道，至涂层厚 15 μm。室温下浸渍水中 10 天，涂层无明显变化。

4. 参考文献

［1］李冰. 水性聚氨酯涂料的制备、改性及其性能研究［D］. 天津：天津大学，2006.

［2］邱圣军，吴晓青，卫晓利. 水性聚氨酯涂料的制备与性能研究［J］. 应用化工，2005（12）：760-762.

5.95　地下工程用改性聚氨酯涂料

1. 产品性能

本涂料能在地下建筑的墙壁、地板、人防工程、地下商店、隧道、地下油罐内壁使用，能很快自干固化，涂膜在较长时间内无变化，耐酸碱性强，耐辐射，施工方便。

2. 技术配方(质量，份)

(1) 清漆

甲苯二异氰酸酯	230～240
*醇解物	195～205
环氧树脂	300～305
二甲苯	160

*醇解物的技术配方

蓖麻油	845
甘油	78
环烷酸钙（2％）	1.6～1.9

二甲苯	480

（2）面漆

甲苯二异氰酸酯	4.8
钛白粉	160
环氧树脂	600
云母粉	30
滑石粉	40～50

3. 生产工艺

先用醇解物配方中的 4 种原料经热混炼制成醇解物，然后按清漆技术配方量在有搅拌的反应器或分散机中配制成清漆。制面漆按技术配方量放入三辊机或砂磨机中研磨 2～3 次，达到细度为 40 μm 左右后出料即得。

4. 产品用途

用作建筑的墙壁、地板、人防工程、地下商店、隧道、地下油罐内壁涂料。底材擦洗干净，涂本技术配方的清漆 1～2 道，干后再涂刷面漆 1 道。施工方便，使用期长。

5. 参考文献

［1］李佩鲜，刘晨曦，于晓燕，等．环氧树脂改性水性聚氨酯涂料的制备及性能研究［J］．胶体与聚合物，2020，38（3）：120-122.

［2］左一杰．氟硅复合改性水性聚氨酯的制备及性能研究［D］．北京：北京石油化工学院，2020.

5.96　塑料装饰用底漆

1. 产品性能

该涂料特别适用于聚烯烃模塑物，含有由异戊二烯-苯乙烯嵌段共聚物或它们的氢化衍生物用含羟基的乙烯类单体接枝而成的共聚物。具有良好的附着力和耐划伤性。

2. 技术配方（质量，份）

氢化苯乙烯-异戊二烯-苯乙烯三元共聚物	250
丙烯酸-2-羟丙基酯	25

3. 生产工艺

将两种物料混合后进行接枝共聚反应，然后将所制得接枝共聚物制成分散体，即得成品。

4. 产品用途

用作塑料底漆。该底漆涂于聚丙烯板上，在 100 ℃干燥 30 min 得划格法附着力初始值，和在 40 ℃水中 240 h 后的均为 100/100 的涂层。

5. 参考文献

[1] 高原，姚增祥，黄铁垓. 水性超支化 PP 塑料漆的研发及应用 [J]. 现代涂料与涂装，2018，21（9）：1-3，69.

[2] 张玉兴，许飞，何庆迪，等. 汽车保险杠用聚丙烯塑料涂料底漆的研制及应用 [J]. 涂料技术与文摘，2017，38（9）：1-5，11.

第六章　建筑用胶粘剂

6.1　纤维用黏合剂

该黏合剂贮存稳定，黏合力强。将墙纸等纤维材料黏合于基质上，取下材料后基质上不残留黏合剂。引自欧洲专利申请 EP 233685。

1. 技术配方(质量，份)

羧化丙烯酸辛基酯（70％水分散液）	24
羧化丙烯酸乙基己基酯（45％水分散液）	36
聚乙烯醇（40％水分散液）	9
聚乙烯基吡咯烷酮	4
EP 型聚醚	4
丙二醇	5
水	6
十四碳酸	9
氢氧化钠	3

2. 生产工艺

将各物料按配方量于 60～90 ℃混合均匀，得到纤维用黏合剂。

3. 产品用途

用于墙纸及纤维材料的黏合。

4. 参考文献

[1] 曹会玲. 一种长效抗菌防霉墙纸湿胶的制备方法 ［J］. 粘接，2015，36（9）：80-81.

6.2　地毯底衬黏合剂

该黏合剂可用于毛地毯、纤维地毯底衬的黏合，具有黏着力强、防潮性好等特点。

1. 技术配方(质量，份)

丁二烯	5.50
苯乙烯	4.40
十二烷基苯磺酸钠	0.05
叔十二烷基硫醇	0.05
水	10.00
碳酸钙	35.00
消泡剂	0.05
增塑剂	0.10
聚乙二醇壬基苯基醚	0.10
聚氧乙烯二甲基硅氧烷	0.05
过二硫酸钠	0.08
氢氧化钠	0.015

2. 生产工艺

先将丁二烯、苯乙烯、叔十二烷基硫醇、十二烷基苯磺酸钠、过二硫酸钠、氢氧化钠和水经聚合制成胶乳，然后与其他组分混合均匀即得成品。

3. 产品用途

用于地毯底衬的黏合。每平方米地毯底衬涂胶 150 g，在 140 ℃黏合 10 min。

4. 参考文献

[1] 董常涛. 常用地毯胶研究 [J]. 山东纺织科技，2019，60（4）：11-13.

6.3　墙纸用改性胶

该胶通过添加羧甲基纤维素，对改性的聚乙烯缩甲醛胶进一步改性，提高了黏合强度，降低了甲醛含量。原料易得，操作容易，使用方便。凡表面平整光洁、无疏松、不掉粉的墙面，都可使用该胶粘贴墙纸。

1. 技术配方(质量，份)

改性聚乙烯醇缩甲醛胶	40
羧甲基纤维素（2.5%）	12
水	20

* 其中改性聚乙烯醇缩甲醛胶的技术配方

聚乙烯醇（聚合度 1700）	40

甲醛（39%）	16
盐酸（36%～37%）	2.4
尿素	适量
氢氧化钠（10%）	8
水	310

2. 生产工艺

将水加入反应锅内，加热至 80 ℃，在搅拌下加入聚乙烯醇，升温至 90～95 ℃，保温至全溶。然后冷却至 80 ℃，缓慢加入盐酸，继续搅拌 20～30 min，加入甲醛，混匀后于 70～80 ℃保持 40～60 min，加入 10% 的氢氧化钠溶液得聚乙烯醇缩甲醛胶。再加入适量尿素，进行氨基化处理，得到改性胶（其 pH＝7～8，含固量 10%～12%，密度 1.06 g/cm³）。

混合器内先加入改性胶，在不断搅拌下加入羧甲基纤维素水溶液和水，继续搅拌，随时用手指沾混合液涂于墙纸背面，用手指轻按此胶液感到发黏，当手指离开有细胶丝提起时，表明已达适宜黏度，停止搅拌即可使用。

3. 使用方法

一般采用刷涂法，施胶量 0.8 kg/m² 左右。最好在墙面和墙纸背面同时涂胶。

6.4 屋面胶粘剂

该胶粘剂可用于屋面保温防水材料的黏合，其剪切模量为屋面保温材料杨氏模量的 80% 以上。可有效将聚氨酯泡沫塑料等黏合在混凝土墙上。引自匈牙利专利申请 HU 37162。

1. 技术配方（质量，份）

聚丙烯酸乙烯酯	52.5
石油烃树脂	6.5
聚丙烯酸酯	2.0
云石灰	34.0
增稠剂（市售）	5.0

2. 生产工艺

将云石灰于搅拌下加入聚合物中，然后加入增稠剂，调匀后得屋面胶粘剂。

3. 产品用途

主要用于屋面保温防水材料的黏合。

6.5　土木建筑万用胶

1. 产品性能

这种胶粘剂对各类建筑基材，都有良好的粘接性，具有良好的耐水性、耐候性，并可在潮湿基材表面黏合，固化快、施工效率高。

2. 技术配方(质量，份)

	(一)	(二)	(三)
丙烯酸丁酯	24	—	20.0
丙烯酸异辛酯	—	18	—
甲基丙烯乙酯	—	2	—
偏氯乙烯	16	—	—
苯乙烯	—	20	20
三甲基十二烷基氯化铵	0.4	0.4	0.4
壬基酚聚氧乙烯醚	0.8	0.8	0.8
偶氮二（2-脒基丙烷）盐酸盐	0.2	0.2	0.2
水	60	60	60
波特兰水泥	1010	—	507
环氧乙烷（M＝130万）	2.03	—	—
普通水泥	—	676	—
环氧乙烷（M＝160万）	—	—	1.52
聚丙烯酰胺（M＝1000万）	—	1.35	—
铝酸钠	5.07	—	1.52
铝酸钾	—	3.38	—
甲基纤维素	3.04	—	—
水	253.5	203	127

3. 生产工艺

先将前9种物料配制成阳离子聚丙烯酸乳化剂：将三甲基十二烷基氯化铵、壬基酚聚氧乙烯醚加入水中，搅拌均匀后加入单体（丙烯酸酯、苯乙烯、偏氯乙烯），强烈搅拌使之均质乳化，得混合单体乳化液。取其1/5加入反应釜内，再加入1/2引发剂（偶氮化合物），升温至70～72 ℃，保温至料液呈蓝色，开始滴加其余的混合单体乳化液。在滴加过程中每半小时补加一次引发剂，并注意保持反应体系温度稳定。混合单体加料完毕，升温至95 ℃，保温30 min，减压脱去游离单体，冷却得含固量为40％的阳离子聚丙烯酸乳化液。将分散剂（聚环氧乙烷或聚丙烯酰胺）和固化剂（铝酸钾或铝酸钠）加水溶解后，再加入阳离子聚丙烯酸乳化液及其他物料，经充分混炼后得到土木建筑万用胶。

4. 产品用途

用于各种土木建筑基材的粘接，如用于硬质玻璃、硬质氯乙烯、钢板、屋顶板等的粘接。

5. 参考文献

[1] 陈登龙. 建筑用的新型 SBS 万能胶的研制 [J]. 化学与粘合，2003（3）：141-142.

[2] 陈炳强，陈炳耀，张意田，等. 环保型 SBS 万能胶的研制 [J]. 中国胶粘剂，2008（6）：31-33.

6.6 玻璃粘接胶

该胶由芳香二异氰酸酯制备的预聚物、固化催化剂、嵌段固化剂及溶剂组成，用于玻璃粘接或密封。引自欧洲专利申请 EP 351728。

1. 技术配方(质量，份)

聚醚-MDI 低聚物	524.4
邻苯二甲酸烷基酯	149.7
三丁基二硫代氨基甲酸镍	2.0
二丁基锡马来酸盐	0.4
炭黑	209
碳酸钙	104.5
次甲基二苯胺	7.5
氯化钠	2.5
丁内酯（70%水溶液）	适量

2. 生产工艺

将—NCO 封端的聚醚与二苯基甲烷二异氰酸酯预聚，得到—NCO 当量为 3400 的聚醚-MDI 低聚物，与炭黑-碳酸钙混合物、邻苯二甲酸烷基酯、有机镍、锡化合物，以及次甲基二苯胺、氯化钠配合物混合均匀，再与 70% 的丁内酯水溶液混合得到胶粘剂。

3. 产品用途

用于玻璃等材料的粘接。

4. 参考文献

[1] 孙会宁，张建. 玻璃用 UV 固化胶粘剂的研究与应用 [J]. 粘接，2009（3）：67-69.

［2］孙辉，周朝栋，孟君伟，等．双组份聚氨酯风挡玻璃胶的制备及其性能研究［J］．粘接，2019，40（6）：23-27.

6.7　510 胶

1. 技术配方（质量，份）

509# 酚醛环氧树脂	8.0
丁腈混炼胶液	8.0
E-51 环氧树脂	10.0
647 酸酐	14.0
氧化锌	6.0

2. 生产工艺

按配方比混合均匀。

胶接工艺在 0.03 MPa 下，120 ℃固化 3 h。其性能如下。

3. 产品性能

抗剪强度/MPa			
	室温	100 ℃	120 ℃
铝合金	22.8	24	21
H62 铜	21.6	22.2	20.4
不均匀扯离强度/（kg/cm）	21		

4. 产品用途

该胶主要用于胶接各种金属、玻璃、陶瓷等。耐丙酮、煤油、50％NaOH 溶液、天然海水、沸水性能良好。

6.8　715 环氧胶粘剂

715 环氧胶粘剂（715 epoxy adhesive）为单组分胶，由 E-44 环氧树脂、D-17 环氧树脂、600# 环氧稀释剂、三氧化二铝、203# 聚酰胺等成分组成。

1. 技术配方（质量，份）

E-44 环氧树脂	100
D-17 环氧树脂	28.5
600# 环氧稀释剂	10
203# 聚酰胺	94
三氧化二铝（250～300 目）	20

2. 生产工艺

按配方量先将环氧树脂和环氧稀释剂混合均匀，再加入三氧化二铝搅拌调匀，最后加入聚酰胺充分搅拌，混合均匀即得 715 环氧胶粘剂。

3. 质量标准

硬铝胶接件测试强度（室温）	
剪切强度/MPa	32～35
不均匀扯离强度（N/cm）	600～700

4. 产品用途

用于粘接金属、陶瓷、木材、水泥等。固化条件：80 ℃、1 h 后 150 ℃、1 h。

5. 参考文献

[1] 景惧斌. 建筑物加固用低温水中固化改性环氧胶粘剂的研制 [D]. 北京：煤炭科学研究总院，2006.

[2] 钟震，任天斌，黄超. 低放热室温固化环氧胶粘剂的制备及其性能研究 [J]. 热固性树脂，2011（3）：29.

6.9　6201#环氧树脂胶

6201#环氧树脂胶（No. 6201 epoxy adhesive），可粘接在高温下使用的金属与塑料之间的部件，具有良好的耐热性。它是由环氧树脂、酸酐、甘油组成的单组分胶粘剂。

1. 技术配方（质量，份）

H-71 环氧树脂	85
647# 酸酐	58～65
甘油	3.1

2. 生产工艺

按配方比例配制，混合后充分搅拌均匀即得。

3. 产品用途

适用于金属和塑料两种材料之间的粘接。固化条件为压力 0.4 MPa、120 ℃下 1 h 后，160 ℃下 1 h，然后将粘接件冷至 60 ℃，再升温至 160 ℃、3 h，200 ℃、4 h，250 ℃、3 h。

4. 参考文献

［1］孙永成，戎贤，任泽民．环氧树脂胶技术研究及其工程应用［J］．化学建材，2008（1）：29.

6.10　6207#环氧树脂胶

6207#环氧树脂胶（No.6207 epoxy adhesive），是由环氧树脂、酸酐、甘油组成的单组分胶粘剂。本胶使用范围较广，具有良好的耐热性和耐候性。

1. 技术配方（质量，份）

R-122 环氧树脂	80
顺丁烯二酸酐	38.4～40.0
甘油	6

2. 生产工艺

按配方比例配制，混合后充分搅拌均匀即得。

3. 产品用途

用于制造耐热玻璃钢及缠绕法制造玻璃纤维层压塑料，也可用于粘接金属材料。固化条件为 160 ℃、6 h，200 ℃固化 6 h。

4. 参考文献

［1］阎睿，虞鑫海，李恩，等．新型环氧胶粘剂的制备及其性能研究［J］．绝缘材料，2012（2）：12-14.

［2］高广颖，刘哲，沈镭．耐热环氧胶粘剂的研究进展［J］．化工新型材料，2012（9）：12-13.

6.11　AFG-80 胶粘剂

AFG-80 胶粘剂（AFG-80 adhesive），是由环氧树脂、丁腈、酸酐、咪唑衍生物组成的单组分黏合剂。可用于多种材料的粘接及低温条件下工作部件的粘接。

1. 技术配方（质量，份）

AFG-80 氨基四官能团环氧树脂	80
647#酸酐	64

液态丁腈	8
2-乙基-4-甲基咪唑	1.6

2. 生产工艺

将各物料按配方量依次混合，搅拌均匀即得。

3. 质量标准

铝合金粘接件不同温度下的剪切强度/MPa

−196 ℃	15
20 ℃	7.5
200 ℃	8.5

4. 产品用途

主要用于粘接金属、玻璃、瓷器、玻璃钢等材料。固化条件为压力 0.05 MPa、150 ℃下固化 3 h。

6.12　E-3 胶

E-3 胶可用于金属材料胶接点焊，也可胶接、密封、灌注金属和部分非金属材料。

1. 技术配方(质量，份)

A 组分

聚丁二烯环氧树脂	3.0
环氧树脂	10.0
聚硫橡胶	1.0

B 组分

咪唑	0.300
60%过氧化甲乙酮	0.056
2-乙基-4-甲基咪唑	0.7
邻苯二甲酸二丙烯酸酯	0.5

C 组分

己二胺	0.4

2. 生产工艺

将各组分分别混合熔融均匀，分别包装。使用时按 $m(A) : m(B) : m(C) = 35 : 39 : 1$ 的比例混合均匀，得黄色黏性液体。

3. 产品用途

用于金属和部分非金属材料粘接和密封。

6.13　E-4 胶粘剂

1. 产品性能

E-4 胶粘剂（E-4 adhesive），是由酚醛、聚乙烯醇缩甲乙醛、环氧树脂及咪唑衍生物组成的双组分溶剂型胶粘剂。本胶具有优良的粘接性和耐热性，短时间内可耐200 ℃。

2. 技术配方（质量，份）

甲组分

E-44 环氧树脂	18.8
聚乙烯醇缩甲乙醛	50.4
锌酚醛树脂	62.8
溶剂 [V（乙酸乙酯）：V（无水乙醇）＝7：3]	268.0

乙组分

2-乙基-4-甲基咪唑	4

3. 生产工艺

按配方比例将甲组分中的各成分加入溶剂中混合溶解，调制均匀。将甲组分、乙组分分别用铁听包装。本胶为易燃品，贮存和运输时均按易燃品规则处理。贮存期为1年，过期胶经测试强度合格后可继续使用。

4. 质量标准

铝合金粘接件的测试强度

	－40 ℃	45 ℃	180 ℃
剪切强度/MPa	≥10	≥20	≥5
不均匀扯离强度（室温）/（N/cm）		≥20	

5. 产品用途

主要用于铝合金、钢和玻璃钢等材料的粘接。适用于需耐热部件的胶接。使用时按 m（甲）：m（乙）＝100：（0.5～1.0）的比例混合甲组分、乙组分，充分搅拌后放置片刻，待气泡大部分消失后即可使用。甲组分、乙组分混合后，胶液在室温下可使用时间为24 h。胶接前，被粘接物表面需作处理，铝合金用 0# 或 2# 砂纸打毛后，经硫酸-重铬酸溶液进行化学清洗；钢材料表面先喷砂处理后用丙酮等溶剂去油污；玻璃钢用 0# 砂纸打毛后，用丙酮等溶剂去油污。将配好的胶液均匀地涂刷于已经表面处理过的被粘物表面，室温下放置 10～15 min 后涂第 2 次胶，共涂刷 3 次后再放置 10～15 min 即可胶接。涂胶温度为 20～25 ℃，相对湿度≤80%，胶厚度 0.05～0.10 mm，涂胶量约 500 g/m²。固化条件：固化压力 0.1 MPa～0.2 MPa，温度 80 ℃固化 1 h，再在 130 ℃固化4 h，待烘箱自然冷却至室温后将被粘物取出。

6. 参考文献

[1] 胡国胜，周秀苗，王久芬. 酚醛-环氧结构胶粘剂的研制 [J]. 粘接，2002 (2)：13-14.

6.14 E-5 胶粘剂

1. 产品性能

E-5 胶粘剂（E-5 adhesive），是由酚醛、聚乙烯醇缩甲乙醛、环氧树脂、丁腈橡胶及咪唑衍生物等组成的双组分溶剂型胶粘剂。本胶耐水、耐油、耐乙醇等介质性能好，并具有良好的韧性和密封性。

2. 技术配方（质量，份）

甲组分

锌醛树脂	43.25
聚乙烯醇缩甲乙醛	35.00
丁腈橡胶-40	4.50
E-44 环氧树脂	4.50
溶剂 [V（乙酸乙酯）：V（无水乙醇）＝7：3]	162.50

乙组分

2-乙基-4-甲基咪唑	2.50

3. 生产工艺

按配方比例将甲组分中的各成分加入溶剂中混合溶解，配制均匀。甲、乙两组分分别包装，配套贮运。贮运时按易燃品处理。

4. 质量标准

	−70 ℃	室温	180 ℃
剪切强度/MPa	22.5	22.5	7.2
不均匀扯离强度/（N/cm）	—	245	—
使用温度/℃		−70～180	

5. 产品用途

主要用于胶接铝、钢、铜等金属材料和玻璃钢材料。也适用于胶铆方法制造密封的容器胶接。使用时按 m（甲）：m（乙）$=100$：1 的比例将甲、乙两组分混合搅拌均匀，即可进行胶接。固化条件为 0.05 MPa、130 ℃固化 4 h。

6.15　E-10 胶

1. 产品性能

E-10 胶（E-10 adhesive）别名为 JW-1 修补胶（JW-1 adhesive），是由环氧树脂、聚醚、混合胺及偶联剂组成的三组分胶粘剂。本胶使用温度范围为 $-60\sim60$ ℃。具有良好的粘接性，且耐水、耐油、耐气候性能好。中温固化，固化时间短，强度高。

2. 技术配方(质量，份)

甲组分

E-44 环氧树脂	90
N-330 聚醚	6

乙组分

650# 聚酰胺	60
间苯二胺-DMP 30 反应物	15
三乙醇胺	6
高岭土	30

丙组分

KH-550 偶联剂	1

3. 生产工艺

将甲、乙两组分分别按配方比例配制，各自混合，搅拌均匀。然后将甲、乙、丙三组分别用玻璃瓶或马口铁桶包装，配套供应。室温密闭，干燥条件下贮存。贮存期为 1 年。

4. 质量标准

铝合金粘接件在不同温度下的测试强度

测试温度/℃	-60	25	60
剪切强度/MPa	≥13	≥18	≥15
不均匀扯离强度/（N/cm)		≥200	

不同材料粘接件的常温剪切强度/MPa

铁	不锈钢	45# 钢	黄铜
～30	25～30	～26.5	16.7～20.8
紫铜	酚醛玻璃钢		胶木 PVC 板
16～19	8（材料破坏）		断裂

铝粘接件在不同介质中浸泡 30 天后常温剪切强度/MPa

自来水	海水	煤油	空白
24.8	20.8	24.3	23.8

室外大气老化后的测试强度

老化时间/年	0	1	2
−60 ℃	15.1	13.2	13.2
剪切强度/MPa			
常温	23.2	19.7	16.1
60 ℃	20.1	18.4	16.3
常温不均匀扯离强度/（N/cm）	460	360	340

5. 产品用途

主要用于铝、钢、铜等金属及玻璃钢、胶木、陶瓷、玻璃、PVC 板、木材等多种材料的粘接。使用时将甲、乙、丙三组分按 m（甲）：m（乙）：m（丙）＝2：1：0.05 的比例混合，充分搅拌至均匀即可使用。适用期：20 g，25 ℃、30 min。涂胶时，用玻璃棒将胶涂布于被粘件表面。固化条件为接触压力、60 ℃固化 2 h，或 80 ℃固化 1 h；也可在常温下预固化，然后再在 80 ℃固化 1 h 即可。

6.16　EPHA 胶

1. 产品性能

本品为建筑防腐胶。胶合强度：水泥砂浆板与水泥砂浆板为 2.8 MPa，耐酸瓷砖与耐酸瓷砖为 2.9 MPa。此胶最适宜作耐酸块材的胶粘剂，或用于酸碱交替的中和池、容器、地面等建筑防腐面层。

2. 技术配方（质量，份）

E-44 环氧树脂	70
2124# 酚醛配合树脂（或 2130# 酚醛树脂）	30
石英粉（或辉绿岩粉 4900 孔/cm²）	适量
丙酮	0～10
乙二胺	3～4

3. 产品用途

按比例称取配制成糊状，室温固化或 50 ℃固化 32 h。

6.17　F-4 胶

1. 产品性能

F-4 胶为双组分胶，由 E-44 环氧树脂、酚醛树脂、聚乙烯醇缩甲乙醛及咪唑衍生物组成。本胶耐热性优良，适用于高温（150 ℃）材料的粘接。

2. 技术配方（质量，份）

甲组分

E-44 环氧树脂	24
酚醛树脂	80
聚乙烯醇缩甲乙醛	64

乙组分

2-乙基-4-甲基咪唑	4

3. 生产工艺

先将甲组分按配方比混合配制均匀，使用时再将甲、乙两组分混合均匀。

4. 质量标准

不同粘接材料在不同温度下的剪切强度/MPa

	室温	250 ℃
45# 钢	17.6	5.0
45# 钢/玻璃钢	>11.8	6.8
铝	22.8～27.2	7.1～7.5

5. 产品用途

用于铝、钢、玻璃钢等材料的粘接。使用时将甲、乙两组分按 m（甲）：m（乙）= 100：1 的比例混合均匀，即可使用。固化条件为粘接压力 0.05 MPa～0.1 MPa，80 ℃固化 1 h，再在 130 ℃固化 4 h。

6.18　GXA-1 胶

GXA-1 胶主要用于金属材料、玻璃钢、陶瓷的胶接。该胶为乳黄色液体。

1. 技术配方（质量，份）

环氧树脂-聚酰胺（HT-1）	0.45
F-44 酚醛环氧树脂	3.00
β-萘酚	0.01
4，4′-二氨基二苯砜	0.75
三乙烯四胺	0.10
20%羟甲基尼龙液	1.00
丁酮	5.50

2. 生产工艺

将树脂、HT-1 等固体物料溶于丁酮，再加 20%羟甲基尼龙液，混匀即可。

3. 产品用途

用于金属材料、玻璃钢、陶瓷的胶接。

4. 质量标准

接触压，室温 24 h 后，由 150 ℃升至 190 ℃固化 2 h。抗剪强度 20 MPa（室温），不均匀扯离强度＞43.7 kN/m^2。该胶具有良好的耐汽油、丙酮和变压器油性能，但耐水性差。

6.19 FHJ-14 胶

FHJ-14 胶（FHJ-14 adhesive），是由环氧树脂、酚醛树脂、氧化铝粉、六亚甲基四胺、喹啉衍生物等组成的单组分体系。本胶耐热性好，最高使用温度 150 ℃，粘接性能良好。

1. 技术配方（质量，份）

E-44 环氧树脂	10.0
钡酚醛树脂	100.0
六亚甲基四胺	4.0
8-羟基喹啉	1.1
氧化铝粉（300 目）	50.0

2. 生产工艺

按配方比例配制，混合后充分搅拌，调制均匀即得。

3. 质量标准

不同材料在不同温度下的剪切强度/MPa

	铝合金	不锈钢	酚醛玻璃钢
常温	＞9.0	＞18.0	30
150 ℃	＞9.0	＞16.0	20

4. 产品用途

主要用于各种金属及玻璃钢等材料的粘接。固化条件为 100 ℃固态 12 h。

6.20　HC-1 胶

HC-1 胶（HC-1 adhesive），是由环氧树脂、缩水甘油醚及聚酰胺树脂、偶联剂、氧化铝粉等组成的双组分黏合剂。本胶粘接强度高，可用于多种材料的粘接。

1. 技术配方(质量，份)

甲组分

634# 环氧树脂	60
662# 甘油环氧树脂	12
690# 苯基缩水甘油醚	6

乙组分

650# 聚酰胺树脂	84
硅烷偶联剂 B201	1.8
氧化铝粉（300 目）	30.0

2. 生产工艺

将甲、乙两组分按配方量分别配制，各自混合，搅拌均匀，配制完成后分别包装，配套供应。

3. 质量标准

常温剪切强度/MPa	35

4. 产品用途

用于金属、陶瓷、硬塑料等多种材料的粘接。使用时，将甲、乙两组分按 m（甲）：m（乙）＝39：57.9 的比例混合，充分搅拌，配制均匀。固化条件为 25 ℃固化 24 h，或 80 ℃固化 2 h。

6.21 HC-2 环氧胶

HC-2 环氧胶（HC-2 epoxy adhesive），由环氧树脂、聚硫橡胶、氧化铝粉、聚酰胺、促进剂、偶联剂组成。其剪切强度>30 MPa。

1. 技术配方（质量，份）

E-51 环氧树脂	100
JLY-121 聚硫橡胶	20
JLY-124 聚硫橡胶	10
氧化铝粉（300 目）	30
200# 低分子聚酰胺	30
多乙烯多胺	6
DMP-30	3
KH-550 偶联剂	2

2. 生产工艺

将各物料按配方量依次混合，充分搅拌，调制均匀即得成品。

3. 产品用途

用于金属、陶瓷、混凝土、胶木、硬塑料、木材等材料的胶接或互黏。固化条件为室温固化 24 h，或 80 ℃固化 1 h。

6.22 HY-913 环氧胶

HY-913 环氧胶（HY-913 epoxy adhesive），属于双组分胶粘剂，由 E-20 环氧树脂、600# 二缩水甘油醚、621# 多羟基聚醚、铝粉、石英粉、三氟化硼乙醚溶液、四氢呋喃和磷酸等组成。可在-15 ℃的低温下固化，也可于常温下固化。使用方便，使用温度范围宽。

1. 技术配方（质量，份）

甲组分

600# 二缩水甘油醚	100
E-20 环氧树脂	40
621# 多羟基聚醚	10
铝粉	8
石英粉	40

乙组分

三氟化硼乙醚溶液	142
四氢呋喃	72
磷酸	294

2. 生产工艺

将甲、乙两组分按配方量分别配制，混合均匀后分装。使用时按 m（甲）：m（乙）＝ 2：（2～5）的比例滴加混合。

3. 质量标准

使用温度/℃	−15～60
剪切粘接强度/MPa	
铝合金	10.7～12.74
玻璃钢	9.8～11.8
铜	13.7～14.7
固化条件（0～20 ℃）/h	6～24

4. 产品用途

适用于粘接金属、硬质塑料、玻璃、陶瓷、木材等材料，还用于冬季野外小型机件的临时急修。在−10～20 ℃时适用，2 g 1～3 min。

5. 参考文献

[1] 王春飞．室温快固化环氧胶的制备技术及性能研究［D］．杭州：浙江大学，2006.

6.23　HY-914 胶粘剂

该胶粘剂具有优良的耐老化和耐热性，且耐水性和耐汽油性好，粘接铝合金剪切强度 23 MPa～25 MPa；粘接黄铜 15 MPa～17 MPa；粘接紫铜 14 MPa～16 MPa；粘接不锈钢 28 MPa～30 MPa。

1. 技术配方（质量，份）

甲组分

711# 环氧树脂	70
E-20 环氧树脂	20
气相二氧化硅	2
712# 环氧树脂	52

LP-2 聚硫橡胶	20
石英粉	40

乙组分

703 固化剂	36
KH-550 偶联剂	2
K54 促进剂	1

2. 生产工艺

将甲组分各物料按配方量混合至均匀；再将乙组分各物料按配方量混合至均匀，分别包装。使用时按 m（甲组分）：m（乙组分）＝（5～6）：1 的比例混合使用。

3. 产品用途

用于金属、塑料、陶瓷等器件的胶接。将甲、乙两组分按比例混合后施胶于对象待胶接处，黏合后固化压力 0.05 MPa、固化温度 25 ℃、固化时间 3 h。黏合处耐大气老化性能：铝合金试样在大气中暴露 1 年，剪切强度为 18 MPa～23 MPa。耐热性能：在 120 ℃经 200 h，剪切强度为 22 MPa～25 MPa。耐介质性能：铝合金试样在水中浸泡 1 个月，在汽油中浸泡 3 个月，性能基本不变。铝合金 T 型剥离强度为 2.29 kN/m。

6.24　J-02 胶

1. 产品性能

J-02 胶（J-02 adhesive）是由酚醛-丁腈橡胶共聚物、环氧树脂和固化剂组成的双组分低温固化胶。本胶耐介质、耐疲劳、耐持久性良好。

2. 技术配方（质量，份）

甲组分

E-42 环氧树脂	80
酚醛-丁腈橡胶共聚物	80
丙酮	80

乙组分

乙二胺	8

3. 生产工艺

将甲组分中各物料按配方量混合后搅拌均匀，甲、乙两组分分别用瓶包装，贮存于阴凉干燥通风处，贮存期为 1 年。按一般危险品运输。

4. 产品用途

可用于不锈钢、铝合金、木质层压塑料、赛璐珞及其他金属和非金属材料的粘接。使用时按 m（甲）：m（乙）＝30：1 的比例混合，充分搅拌均匀。涂胶前将铝合金表面经化学氧化或阳极化处理，不锈钢经喷砂处理后涂胶黏合。使用温度范围－60～60 ℃。固化条件：固化压力≥0.3 MPa，60 ℃固化 9 h 或 80 ℃固化 6 h。

5. 质量标准

不锈钢粘接件的剪切强度/MPa	
室温	≥11
60 ℃	≥5.8
铝合金粘接件的剪切强度/MPa	
室温	≥21.8
60 ℃	≥18
弯曲冲击强度（20 ℃）/（kJ/m²）	2.0～3.0
抗拉强度/MPa	
20 ℃	30～33
60 ℃	10～12
不均匀扯离强度（20 ℃）/（N/cm）	400～500

铝合金粘接件在不同介质中浸泡 15 天后的剪切强度（20 ℃）/MPa

空白	自来水	丙酮	乙醇	乙醚	汽油	机油
21.8	24	25.3	25.4	23.4	23.7	24.6

6.25　KH-508 环氧胶

1. 产品性能

KH-508 环氧胶（KH-508epoxy adhesive）由环氧树脂、酸酐、玻璃粉、二氧化钛组成的单组分黏合剂。本胶具有良好的耐高温性，可长时期耐 150 ℃高温，短时期耐 200 ℃高温。适用于金属材料的粘接。

2. 技术配方(质量，份)

E-44 环氧树脂	80
647# 酸酐	52
玻璃粉（200 目）	40
二氧化钛（200 目）	40

3. 生产工艺

将各物料按配方量在 40～50 ℃下配制，充分搅拌，混合均匀即制得成品。

4. 质量标准

不同材料在不同温度下的剪切强度/MPa

	铝/铝	钢/钢	铝/钢
20 ℃	19	23.7	13.1
200 ℃	10.7	20.7	7.4

5. 产品用途

主要用于铝、钢、钢铝之间、不锈钢、铝合金、铜合金等金属材料的粘接。固化条件为粘接压力 0.05 MPa～0.10 MPa，100 ℃固化 8 h 或 150 ℃固化 3 h。

6. 参考文献

[1] 王春飞. 室温快固化环氧胶的制备技术及性能研究 [D]. 杭州：浙江大学，2006.

6.26　KH-509 环氧胶粘剂

KH-509 环氧胶粘剂（KH-509 adhesive），由 F-44 环氧树脂、647# 酸酐、二氧化钛、玻璃粉组成。本胶使用温度-40～250 ℃，配方简单，工艺性能良好，胶层耐烧蚀、耐蠕变，但胶层较脆、韧性差。

1. 技术配方（质量，份）

F-44 环氧树脂	100
647# 酸酐	80
二氧化钛（200 目）	50
玻璃粉（200 目）	50

2. 生产工艺

将 F-44 环氧树脂和 647# 酸酐于 80 ℃加热熔融，混合均匀，再加入二氧化钛和玻璃粉，混合后调制均匀即得成品。

3. 质量标准

粘接不同材料的粘接性能如表 6-1 所示。

表 6-1　粘接不同材料的粘接性能

材料	剪切强度/MPa			拉伸强度/MPa	
	20 ℃	200 ℃	250 ℃	20 ℃	200 ℃
铝	13.3	10.2	5.8	—	—
钢	12.7		8.8	41.3	4.6
耐老化性能					
材料	剪切强度/MPa				
	时间/h	0	50	200	400
铝	常温	13.3	14.5	14.2	11.8
	200 ℃	10.2	11.2	9.6	9.4
	250 ℃	8.8	5.1	5.5	—
钢	常温	12.7	12.1	12.2	12.5
	200 ℃	—	13.5	7.5	7.9
	250 ℃	8	6.9	6.4	—

4. 产品用途

适用于耐高温结构的胶接和耐烧蚀材料的粘接，可用于 200～250 ℃高温长期工作的金属零件的粘接或瞬间超高温（1000 ℃）的密封，也可用于粘贴高温应变片、耐高温传光束及紧固高温螺栓等，主要粘接不锈钢、铝合金，也可粘接陶瓷、玻璃、木材、热固性塑料等材料。固化条件为接触压力，150 ℃固化 3 h，或 150 ℃固化 1 h 后，再在 200 ℃固化 2 h。使用时将胶涂刷在粘接件表面即可。

5. 参考文献

[1] 钟震，任天斌，黄超. 低放热室温固化环氧胶粘剂的制备及其性能研究 [J]. 热固性树脂，2011 (3)：29.

6.27　KH-512 胶

KH-512 胶（KH-512 adhesive），是由环氧树脂、酸酐、丁腈、咪唑衍生物组成的单组分粘接剂。本胶粘接性能好，可用于多种材料的粘接。

1. 技术配方(质量，份)

E-51 环氧树脂	65
647# 酸酐	52
液体丁腈	13
2-乙基-4-甲基咪唑	1.3

2. 生产工艺

按配方量配制，充分搅拌，混合均匀。

3. 产品用途

适用于铝与玻璃钢粘接金属、硬质塑料等。使用温度范围为 $-60\sim150$ ℃，固化条件为 120 ℃固化 3～4 h。

6.28 KH-225 胶

KH-225 胶（KH-225 adhesive），是由环氧树脂、端羧基丁腈橡胶及咪唑类固化剂、白炭黑组成的三组分粘接剂。使用温度至 100 ℃。可中温固化，粘接强度高。适用于粘接对热敏感的部件、形状复杂的部件和某些线膨胀系数不匹配的部件。

1. 技术配方（质量，份）

甲组分

E-51 环氧树脂	50
端羧基丁腈橡胶-21	15

乙组分

2-乙基-4-甲基咪唑	5

丙组分

气相法白炭黑	1

2. 生产工艺

将甲组分各物料按配方量混合均匀，再将甲、乙、丙三组分分别包装，配套供应。

3. 质量标准

铝合金粘接件常温不均匀扯离强度/（N/cm）			≥600
碳钢粘接件（120 ℃固化）的剪切强度/MPa			
常温			≥40
100 ℃			≥15
铝合金粘接件 120 ℃老化 400 h			强度不变
铝合金粘接件在相对湿度为 95%、55 ℃老化 2000 h			25
后剪切强度/MPa			
铝粘接件经沸水煮后的剪切强度/MPa			
100 ℃水煮时间/h	0	100	500
常温	>30.0	24.5	23.7
60 ℃	27.8	20.2	18.9

4. 产品用途

用于粘接铝、钢、不锈钢等金属材料；硬塑料、玻璃钢等非金属材料及玻璃、玉石、陶瓷等材料。使用时将按 m（甲）：m（乙）：m（丙）＝65：5：1 的比例混合，充分搅拌均匀。适用期：常温、4～8 h。涂胶时将胶刮涂在待粘对象表面。固化条件为接触压力，120 ℃固化 1～3 h，或 80 ℃固化 4～8 h。

6.29　MS-3 胶

MS-3 胶（MS-3 adhesive），是由环氧树脂、丁腈橡胶、双氰胺、苯基二丁脲、白炭黑等组成的单组分胶粘剂。本胶适用于多种材料的粘接。粘接性能优良，固化温度不高，可在 100 ℃下使用，且毒性小。

1. 技术配方(质量，份)

E-51 环氧树脂	120
液体丁腈橡胶-40	24
苯基二丁脲	19.2
双氰胺	12.0
气相法白炭黑	2.4

2. 生产工艺

按配方量先将其中液体成分加热、混合，搅拌均匀，然后加入固体成分混合，充分搅拌至均匀。

3. 质量标准

不同温度下不同粘接件的剪切强度/MPa

	铝	不锈钢	黄铜
室温	23	28	15.5
60 ℃	25	—	—
100 ℃	18	—	15
不均匀扯离强度/（N/cm）		630	

在不同介质中浸泡 1 个月后的剪切强度/MPa

水	酒精	丙酮	煤油
12	23	21	18

4. 产品用途

适用于铝、钢、铜等金属材料和陶瓷、玻璃、电木等非金属材料的粘接，也可作密封胶使用。使用前需将胶料充分搅拌均匀后再进行涂胶。固化条件为 90 ℃固化 8 h，或 100 ℃固化 6 h，或 130 ℃固化 2 h。

5. 参考文献

[1] 姚兴芳，范时军，张世锋. 丁腈橡胶增韧环氧树脂研究进展 [J]. 热固性树脂，2009 (3)：52-55.

[2] 魏丽娟，黄鹏程，魏然，等. 中温固化丁腈橡胶改性环氧树脂胶黏剂的研究 [J]. 化学与粘合，2010 (4)：6-9.

6.30　XY-921 环氧胶粘剂

XY-921 环氧胶粘剂（XY-921 epoxy adhesive），是由环氧树脂、环烷酸钴及过氧化环己酮乙醇组成的双组分粘接剂。本胶毒性低，可用于多种材料的粘接。

1. 技术配方（质量，份）

甲组分

711# 环氧树脂	60.00
环烷酸钴	0.12

乙组分

46%过氧化环己酮乙醇溶液	2.25

2. 生产工艺

先按配方量配制甲组分，再将甲、乙两组分分别包装，配套供应。

3. 产品用途

主要用于各种金属材料，硬聚氯乙烯、聚苯乙烯、硬泡沫塑料、有机玻璃等非金属材料的粘接。使用时将甲、乙两组分混合，搅拌均匀后即可进行粘接。固化条件为室温固化 1～2 天。

4. 参考文献

[1] 钟震，任天斌，黄超. 低放热室温固化环氧胶粘剂的制备及其性能研究 [J]. 热固性树脂，2011 (3)：29.

6.31　Z-11 胶

Z-11 胶为单组分胶，由环氧树脂、聚硫橡胶、聚酰胺、三氧化二铝组成。具有较强的粘接强度，可用于多种材料的粘接。

1. 技术配方(质量，份)

E-51 环氧树脂	70
JLY-121 聚硫橡胶	21
651# 聚酰胺	35
三氧化二铝（300 目）	35

2. 生产工艺

按配方量将各物料混合后配制均匀。

3. 质量标准

铝合金粘接件的测试强度剪切强度/MPa	28.5
不均匀扯离强度/（N/cm）	450

4. 产品用途

用于粘接金属、木材、陶瓷等材料。固化条件为 100 ℃固化 3 h。

6.32　环氧酚醛耐酸碱胶

该胶用于粘贴瓷砖或酸碱池中用于瓷砖勾缝，具有耐酸碱的特性，耐温、耐压性能也较好。

1. 技术配方(质量，份)

E-42 环氧树脂	70
2130# 酚醛树脂液	30
丙酮	10～20
乙二胺	3
邻苯二甲酸二丁酯	10
辉绿岩粉	适量

2. 生产工艺

先将环氧树脂和酚醛树脂液混合均匀，再依次加入各物料，搅拌均匀即得成品。

3. 产品用途

用于化工行业及实验室瓷砖粘接。

6.33　木质素/环氧胶粘剂

这种胶粘剂的粘接力强，抗折断强度好，制作简单、方便，广泛用于金属、木材、陶瓷等的粘接。

1. 技术配方（质量，份）

木质素	17.3	25.8
E-44 环氧树脂	49.5	34.5
邻苯二甲酸酐	32.7	10
水	适量	适量

2. 生产工艺

将上述原料按配方量混合搅拌均匀，加热继续搅拌至胶状液体出现即得。

3. 产品用途

适于粘接金属、木材及陶瓷。其主要性能：

抗折断强度/MPa	93.1
抗冲击强度/（kg/m²）	0.98
耐水性	0.04%

6.34　环氧水下胶

环氧水下胶（Epoxy underwater adhesive），由环氧树脂、填料、固化剂等组成，可在水下常温固化。

1. 技术配方（质量，份）

（1）配方一

E-44 环氧树脂	40
702# 聚酯树脂	4～8
石油磺酸	0～2
生石灰（160目）	20
二亚乙基三胺	4

（2）配方二

E-44 环氧树脂	40
生石灰（160～180目）	20
双丙酮丙烯酰胺-二亚乙基三胺（固化剂）	16

石油磺酸	2

（3）配方三

E-42 环氧树脂	40
聚硫橡胶	8
酮亚胺	16
生石灰	4

（4）配方四

E-42 环氧树脂	40
乙二胺氨基甲酸酯	6
熟石灰	8
生石灰	16
石棉粉	8
水	4

（5）配方五

E-44 环氧树脂	40
酮亚胺	12
乙二胺	1.2
邻苯二甲酸二丁酯	4
填料 [m（石英砂）：m（水泥）＝3：2]	200
丙酮	2
水	6

（6）配方六

E-44 环氧树脂	40
邻苯二甲酸二丁酯	4
KH-560 偶联剂	0.8
810# 水下环氧固化剂	12
丙酮	2～4
石英砂、滑石粉	适量

（7）配方七

E-44 环氧树脂	40
酮亚胺	8
填料 [m（水泥）：m（沙）＝2：3]	200～220
水	2

2. 生产工艺

配方二的生产工艺如下：

按 n（双丙酮丙烯酰胺）：n（二亚乙基三胺）＝1：1 的比缩合，得到固化剂。将 E-44环氧树脂与生石灰、固化剂、石油磺酸混合均匀得环氧水下胶。

3. 产品用途

（1）配方一所得产品用途

该胶主要用于船尾轴管堵漏、船体裂缝和孔洞临时修补。水下常温固化。粘接钢剪切强度为 16.5 MPa，钢-帆布剥离强度为 43~57 N/cm，纯胶拉伸强度为 13.9 MPa~29.8 MPa。

（2）配方二所得产品用途

主要用于船舰尾轴管堵漏和船体裂缝修补。水下常温固化 5~24 h，粘接钢剪强度为 4 MPa。

（3）配方三所得产品用途

该胶主要用于地下工程粘接涂敷。水下常温吸水固化 28 h。

（4）配方四所得产品用途

该胶可用于船体裂缝粘接和修补。常温吸水固化 24 h。粘接钢剪切强度为 15 MPa。

（5）配方五所得产品用途

该胶适用于潮湿和水下混凝土面的粘接。在水中涂胶养护，水温 10~15 ℃，24 h 固化。粘接强度：3 天为 1.5 MPa，7 天为 2.2 MPa。50%试件不在原粘接面拉断。

（6）配方六所得产品用途

该胶用于引水隧洞补裂。水下常温固化。

（7）配方七所得产品用途

该胶主要用于水下工程涂敷。常温吸水固化 24 h。水泥拉伸强度为 3.35 MPa。

4. 参考文献

[1] 熊建波，岑文杰，彭良聪，等．环氧水下粘结剂的水下灌注施工工艺及应用 [J]．水运工程，2012（2）：138.

[2] 黄月文，刘伟区．低温潮湿或水下固化改性环氧胶 [J]．新型建筑材料，2006（6）：67.

6.35 耐火环氧树脂胶粘剂

该胶由硬和软环氧树脂、填料、添加剂、氢氧化铝组成。剪切强度为 27.5 MPa，具有良好的耐水性。该配方引自日本公开特许公报 JP 02-11686。

1. 技术配方（质量，份）

双酚 A 环氧树脂	50
聚氨酯改性环氧树脂	50
氢氧化铝	25
三氧化二锑	75
双氰胺	10

| 咪唑 | 5 |
| 1，6-己二醇二环氧甘油醚 | 20 |

2. 生产工艺

依次将各物料按配方量投入拌料罐中，分散均匀即到耐火环氧树脂胶粘剂。

3. 产品用途

用于金属、陶瓷、玻璃、木材电木等材料的粘接。

6.36　化工建筑防腐胶

本制品的胶合抗压强度为 1.23×10^4 N/cm²，抗拉强度为 1225 N/cm²，该胶耐腐蚀性能好，可用于化工建筑防腐工程上，做耐酸耐碱池或槽粘瓷板、瓷砖和勾缝等。

1. 技术配方(质量，份)

E-44 环氧树脂	70
丙酮	0～10
呋喃树脂（糠酮树脂或糠醛树脂）	30
石英粉（或辉绿岩粉）	适量
乙二胺	6～8

2. 生产工艺

将环氧树脂与呋喃树脂加热至 40 ℃混匀，再依次加入其他物料，搅拌均匀后即可使用。

3. 产品用途

用于化工行业的黏合。将该胶涂于粘接部位或勾缝处，固化温度为（25±5）℃。

4. 参考文献

[1] 张微，李涛，刘永丰. AZ31 镁合金表面防腐胶粘涂层的研制 [J]. 电镀与涂饰，2009（2）：60-62.

[2] 黄月文，刘伟区. 高渗透有机硅改性环氧防腐胶的研制与应用 [J]. 化学建材，2007（3）：35-37.

6.37　改性聚氨酯 2 号胶

该胶粘剂适用于金属或金属与非金属之间的胶接。铝胶接件剪切强度 5 MPa～

7 MPa,铝-橡胶胶接件剥离强度＞2 kN/m。

1. 技术配方(质量,份)

蓖麻油改性甲苯二异氰酸酯	20
聚醚（N204）改性甲苯二异氰酸酯	50
聚醚（N220）改性甲苯二异氰酸酯	30
生石灰	60
甘油	10

2. 生产工艺

将各物料按配方比加在一起,进行混炼,调制成胶即可。

3. 产品用途

用于金属、非金属材料的粘接,施胶黏合后,固化压力为 0.05 MPa,温度为20 ℃,时间为 24 h。

4. 参考文献

[1] 杨燕,沈一丁,赖小娟,等. 多羟基化合物改性聚氨酯胶黏剂的制备与应用 [J]. 现代化工,2011 (1)：43-45.

[2] 邓威,黄洪,傅和青. 改性水性聚氨酯胶黏剂研究进展 [J]. 化工进展,2011 (6)：1341-1346.

6.38　101#胶粘剂

该胶粘剂有良好的黏附性、柔软性、绝缘性、耐水性和耐磨性,且能耐稀酸、油脂,还具有良好的耐寒性。主要用于粘接金属（铝、铁、钢）、非金属（玻璃、陶瓷、木材、皮革、塑料、泡沫塑料）及它们之间相互粘接,还可用作尼龙等织物、皮革、涤纶薄膜的涂料。

1. 技术配方(质量,份)

甲组分

端羟基线型聚酯型聚氨酯丙酮溶液	100

乙组分

聚酯改性二异氰酸酯醋酸乙酯溶液	10～50

2. 生产工艺

施胶前按 m（甲）：m（乙）＝100：（10～50）的比例依不同要求调配均匀。甲液外观为微黄色透明黏稠液体，黏度（涂-4 黏度计，25 ℃）30～90 s，含固量（60±2）％，异氰酸基含量 11％～13％。

3. 产品用途

涂胶 2 次，第 1 次涂布后晾置 5～10 min，涂第 2 次后晾置 20～30 min，黏合后固化压力 0.05 MPa，固化温度 20 ℃，固化时间 120 h；固化温度 100 ℃，固化时间 2 h。

4. 产品性能

（1）不同温度下铝胶接件 m（甲）：m（乙）＝100：50 的剪切强度

温度/℃	−73	20	50	70	100
剪切强度/MPa	24	23	9.5	8	7.5

（2）不同配比粘接不同材料的常温剥离强度

材料	牛皮	铝-聚氯乙烯	人造革	布
m（甲）：m（乙）	100：5	100：100	100：50	100：（5～20）
剥离强度/（kN/m）	>3～4	>2.2	3	8.3

（3）不同材料的剪切强度/MPa

铝	钢	玻璃钢	硬聚氯乙烯	皮革
6.5～8.0	5～6	6.0～7.5	5.5～7.0	>4

（4）耐老化性能

铝合金粘接件在下列条件老化后，取出，常温放置 12 h 再测试常温剪切强度

温度/℃	48～53	
相对湿度	95％～100％	
老化条件时间/h	240	96
剪切强度/MPa	7.2～10.7	4.7～5.9

（5）耐介质性能

铝合金粘接件在下列介质中，浸泡后的常温测试剪切强度

介质	水	汽油	煤油	机油
时间/h	96	96	72	72
剪切强度/MPa	4.4～5.8	6.3～7.9	4.4～4.7	4.1～5

6.39　长城 405 黏合剂

长城 405 黏合剂（Great Wall 405 adhesive），由异氰酸酯和羟基聚酯组成。常温固化，使用方便，可粘接多种材料。使用温度范围−50～105 ℃。

1. 技术配方（质量，份）

A 组分

聚酯型聚氨酯乙酸乙酯溶液	10

B 组分

端羟基线型聚酯甲苯溶液	20

2. 产品性能

剥离强度/（N/2.5 cm）	
橡胶	20～30
冲击强度/ [（N·cm）/cm²]	
铁	132
铝	130
剪切强度/MPa	
铝	≥4.7
铁	≥4.6
铜	≥4.8
玻璃	≥2.5（试片断）

3. 产品用途

适用于金属、玻璃、陶瓷、木材和塑料等的粘接。按 m（A）：m（B）＝1：2 比例配胶，涂胶后晾置 30～40 min，叠合，常温固化 24～48 h。

6.40　改性聚氨酯热熔胶

这种新型的改性聚氨酯热熔胶粘剂，具有低黏度、高初始黏合力、良好的耐热性，在不加增稠剂或增塑剂的情况下，120 ℃的黏度为 3～50 Pa·s。引自日本公开特许公报昭和 JP63-6076。

1. 技术配方（质量，份）

二苯甲烷二异氰酸酯	131.10
1，6-己二酸新戊二醇酯	118.20
甲基丙烯酸甲酯	63.00
甲基丙烯酸丁酯	111.90
聚丙二醇	275.80
十二烷硫醇	0.68

2. 生产工艺

将各物料按配方量调配均匀，即得改性聚氨酯热熔胶。

3. 产品用途

用作金属和非金属材料的热熔胶。

4. 参考文献

[1] 田俊玲.热塑性聚氨酯热熔胶的合成及改性研究 [D].广州：广东工业大学，2012.

[2] 高洁，曹有名.硅烷 Y9669 改性湿固化聚氨酯热熔胶的研制 [J].中国胶粘剂，2013（3）：39-42.

6.41　聚氨酯密封胶

1. 技术配方(质量，份)

（1）配方一

聚酯型聚氨酯	50
填料	适量
溶剂	25~60

（2）配方二

A 组分

聚醚聚氨酯预聚物	50

B 组分

蓖麻油	5
甘油	1
钛白粉	5
邻苯二甲酸二丁酯	1.5
二月桂酸二丁基锡	0.01
生石灰粉	5
颜料	适量

2. 生产工艺

配方二的生产工艺如下：A、B组分分别配制，分装。使用时混合均匀。

3. 产品用途

（1）配方一所得产品用途

该密封胶耐油性较好，耐热温度 250 ℃左右，主要用于法兰盘及机床密封。室温下涂胶，待溶剂挥发后进行密封连接。

（2）配方二所得产品用途

用于船甲板和混凝土建筑物的嵌缝密封。室温固化 2～7 天。

4. 参考文献

[1] 史小萌，马启元，戴海林．硅烷化聚氨酯密封胶的研究进展［J］．新型建筑材料，2003（2）：44.

[2] 刘恋．双组分聚氨酯密封胶的制备及性能研究［D］．秦皇岛：燕山大学，2010.

6.42　聚氨酯厌氧胶粘剂

厌氧胶粘剂又称嫌气性黏合剂，接触空气时不会固化，一旦与空（氧）气隔绝，就会立即固化。

厌氧胶大部分是以丙烯酸酯或甲基丙烯酸单体为主要原料，典型的厌氧胶则是以双甲基丙烯酸三缩四乙二醇酯及双甲基丙烯酸乙二醇酯单体为主要组分，另添加过氧化物为催化剂、对苯二酚为阻聚剂及邻磺酰苯酰亚胺（糖精）为促进剂配制而成的，是一种在空气中稳定存在的室温固化黏合剂。这种厌氧胶已用于各种机械产品，特别是在振动条件下使用的产品，如汽车、拖拉机、船舶、机床等的螺钉、螺栓的紧固，轴套的装配及管接头的密封等。

厌氧胶由于脆性较大，所以在一定程度上限制了它的应用范围。但若在丙烯酸树脂的骨架中适当的引入聚氨酯链段，便可提高厌氧胶的冲击和剪切强度，其耐低温和耐水解性能也能有一定程度的提高。厌氧胶的改性一般由带有羟基的甲基丙烯酸酯或丙烯酸酯单体与异氰酸酯或含有游离异氰酸酯基的聚氨酯预聚体反应来实现。

1. 主要原料

（1）甲基丙烯酸羟丙酯-TDI 树脂的制备

在 5 L 装有搅拌器、温度计、回流冷凝管及滴液漏斗的三口烧瓶里加入 2700 g 甲基丙烯酸羟丙酯、2 g 对苯二酚、30 g 冰醋酸。开动搅拌器，加入 1210 g TDI，在室温下进行反应，温度将自行上升至 100 ℃以上，注意适当冷却，但不要让温度低于 95 ℃，待温度不再上升时，再于 95～100 ℃加热反应 1.5 h。开始取样测定异氰酸酯基含量，以后每隔 0.5 h 测 1 次，直到异氰酸酯基含量降到 0.5％以下为止。停止反应，趁热倒出制得的树脂（简称为 1# 树脂），保存于避光的聚乙烯桶内待用。

（2）甲基丙烯酸羟丙酯-聚醚-TDI 树脂的制备

装置同前，于 5 L 的三口烧瓶内加入 2500 g 聚醚（分子量为 2000 的聚丙二醇）、430 g TDI，开动搅拌器，升温至 80～85 ℃反应 3 h，再加入 770 g 甲基丙烯酸羟丙酯、37 g 冰醋酸（催化剂）、3 g 对苯二酚，升温至（100±2）℃，反应 2 h 后，开始测定异氰酸酯基含量，每隔 0.5 h 测 1 次，直到异氰酸酯基含量降至 0.5％以下停止反应，趁热倒出，制得的树脂（简称 4# 树脂）保存于避光的聚乙烯桶内。

2. 技术配方

1# 树脂是刚性链段结构的树脂，4# 树脂是刚性-柔性混合链段结构的树脂，调节 1# 树脂和 4# 树脂的用量，胶液固化后的性能会有一定的变化。因此，可根据被粘物质的需要，调节其配方，以达到预期的效果（表 6-2）。

（1）配方一

表 6-2　根据被粘物质选择的调配方法

原料（质量，份）	1	2	3	4
甲基丙烯酸羟丙酯	30	26	30	30
1# 树脂	20	30	36	45
4# 树脂	50	40	36	25
过氧化异丙苯	3	3	3	3
N，N-二甲基苯胺	0.5	0.5	0.5	0.5
邻苯甲酰磺酰亚胺（糖精）	1	1	1	1
丙烯酸	2	2	2	2
对苯二酚	0.02	0.02	0.02	0.02

厌氧胶的剪切强度

被黏合材料及表面处理	固化条件℃/18 h	测试条件	剪切强度/MPa			
			1	2	3	4
45# 钢经喷砂处理	25～27 ℃	常温	17	19	26	29
		50 ℃黏合 45 min 后测定	12	14	17	21
		-40 ℃黏合 45 min 后测定	23	16	12	9

从表 6-2 可以看出，当 1# 树脂用量增加时，它的常温和高温剪切强度相应提高，而低温剪切强度相应下降。当 4# 树脂用量增加时，随着柔性链段的增多，常温及低温剪切强度就上升，而高温剪切强度就下降。由于 4# 树脂用量的增加，厌氧胶的低温性能得到改善，反映出聚醚型聚氨酯的特点，也就是说，丙烯酸酯黏合剂可用聚氨酯树脂来改变低温性能差的缺点。

（2）配方二（质量，份）

1# 异氰酸酯甲基丙烯酸酯	80
4# 聚醚型聚氨酯丙烯酸双酯	60
甲基丙烯酸	4
甲基丙烯酸羟丙酯	60
过氧化异丙苯	8

三甲基苯胺	1
三乙胺	2
糖精	1
对苯二酚	0.08
促进剂（1%甲基丙烯酸铁的丙酮溶液）	4～6

将该配方中各物料混合均匀后，隔绝空气 1～5 min 后凝胶，1～2 天后完全固化。固化后剪切强度为 31.6 MPa。

3. 产品用途

可用于金属、陶瓷、玻璃、硬塑料粘接。

4. 参考文献

[1] 李和国，刘江歌，李护兵，等．聚氨酯厌氧胶树脂的制备及固化影响因素的研究［J］．化学与粘合，2003（5）：220.

[2] 张丽丽，庞小琳，姜繁鼎，等．厌氧胶粘剂的合成研究［J］．辽宁化工，2009（6）：378.

6.43 耐水耐热的水基胶

这种耐水、耐热的水基黏合剂，适用于木材、纸品、纤维等的黏合，由烯丙醇-乙烯醇共聚物的水溶液、合成橡胶胶乳及聚异氰酸酯在高沸点有机溶剂中混合而成。引自日本公开专利 JP 02 -3488。

1. 技术配方(kg/t)

烯丙醇-乙烯醇共聚物	5
丁二烯-苯乙烯共聚胶乳（45%固体）	50
甲撑二苯基二异氰酸酯（MDI）	14
水	95
邻苯二甲酸二丁酯	2

2. 生产工艺

将 5 kg 共聚物在 95 kg 水中混合均匀再与共聚胶乳混合，然后与 MDI、二丁酯混合制得耐水耐热的水基胶。

3. 产品用途

用于木材等纤维基材的黏合，自然固化。

6.44 防水胶粘剂

该胶粘剂为长适用期的水中防水胶粘剂,其耐水性能优良,室温下适用期为 4 h。由含水聚合物分散体、多异氰酸酯和乳化剂组成,引自日本公开特许 JP 04-246489。

1. 技术配方(kg/t)

共聚物分散体	100
多异氰酸酯组合物	3
三甲醇乙烷己二异氰酸酯加成物	100

2. 生产工艺

将 100 g 含水 50%丙烯酸、丙烯酸丁酯、β-丙烯酸羟乙基酯、甲基丙烯酸甲酯的共聚物分散体和 3 g 含有异佛尔酮二异氰酸酯和聚氧乙烯单甲基醚乳化剂的多异氰酸酯组合物与 100 g 三甲醇乙烷己二异氰酸酯加成物混合,制得防水胶粘剂。

3. 产品用途

用于聚氨酯材料、木材、织物等粘接。

6.45 玻璃纤维增强用聚酯胶

该胶粘剂可在室温下使用,使用前无须对底物进行预处理。玻璃纤维-聚酯板模塑胶接件剪切强度为 8.1 N/mm²,由异氰酸酯预聚物、NCO 活性组分及作催化剂的多胺组成。

1. 技术配方(质量,份)

甲撑二苯基二异氰酸酯(MDI)碳化二亚胺(30% NCO)	750
聚乙二醇-聚丙二醇三羟甲基丙醚 [m(乙二醇): m(聚丙二醇三羟甲基丙醚) = (3:1)] 加合物(羟值 28 mg KOH/g)	204.3
1,4-丁二醇	10
IPDA	2
沸石糊	6
多元醇(羟值 28 mg KOH/g)	100
顺 2-丁烯-1,4-二醇	15
[(CH$_3$)$_2$N(CH$_2$)$_3$]$_2$NCHO	0.4

2. 生产工艺

将甲撑二苯基二异氰酸酯（MDI）碳化二亚胺（30%NCO）与聚乙二醇-聚丙二醇三羟甲基丙醚的加合物配成混合物（NCO）指数为115），再与100 g由5070 g聚乙二醇-聚丙二醇三羟甲基丙醚加合物、380 g $N_2H_4 \cdot H_2O$ 及1320 g二异氰酸甲苯酯制得的多元醇（羟值28 mg KOH/g）及配方中的其余组分组成的混合物（羟值269 mg KOH/g）混合，制得玻璃纤维增用强聚酯黏合胶粘剂。

3. 产品用途

用于制造玻璃钢。将该胶涂布在玻璃纤维-聚酯板模塑表面，在室温下黏合。

6.46 塑料和金属粘接用聚氨酯胶

该胶以聚醚或聚酯多元醇衍生物的聚氨酯为主要黏合基料，可用于玻璃纤维增强的塑料或金属的粘接，特别适用于汽车制造工业。引自澳大利亚公开专利 AU 586960。

1. 技术配方(kg/t)

二醇聚氧丙烯醚（M=3 000）	414
苯乙烯改性的二苯胺	4
4，4′-二亚甲基双（异氰酸苯酯）	300
滑石粉	282

2. 生产工艺

在110 ℃真空下将二醇聚氧丙烯醚、苯乙烯改性的二苯胺和滑石粉边搅拌边加热，再在同样温度下与150 g 4，4′-二亚甲基双（异氰酸苯酯）混合2 h，然后再加150 g异氰酸苯酯，在真空状态下混合，并冷却至30 ℃得到胶粘剂。

3. 产品用途

用于塑料、玻璃钢与金属的粘接。

4. 参考文献

[1] 计纲. 我国聚氨酯胶黏剂的市场现状和发展态势 [N]. 中国包装报，2010-08-16 (5).

[2] 阎利民，朱长春，宋文生. 聚氨酯胶黏剂 [J]. 化学与粘合，2009 (5)：53-56.

6.47 灌浆胶粘剂

该胶粘剂由聚氨酯预聚体、增塑剂、填料和溶剂组成。

1. 技术配方（质量，份）

聚氨酯预聚体	80
聚氧化乙烯山梨醇甘油酯	0.8
邻苯二甲酸二丁酯	8
丙酮	8
水泥	40～64

2. 生产工艺

将各物料按配方比混合均匀得灌浆胶粘剂。

3. 产品用途

用于建筑材料的粘接。

4. 参考文献

[1] 刘广建，陈冲冲，陈国富. 新型聚氨酯灌浆材料的研制 [J]. 塑料，2012（4）：38-39.

[2] 刘洋，李娜，张良均. 环氧/聚氨酯共混灌浆材料的制备及性能 [J]. 粘接，2012（12）：53-56.

6.48 201 胶粘剂

该胶粘剂为橙黄色或棕黄色透明液体，用于金属材料、陶瓷、电木、玻璃等的胶接，也可浸渍玻璃布作层压玻璃钢。耐温范围为 $-70～150$ ℃。

1. 技术配方（质量，份）

酚醛树脂	12.5
聚乙烯醇缩甲醛	10.0
苯-乙醇混合液（体积比为 6：4）	适量
对苯二酚（防老剂）	0.2

2. 生产工艺

将树脂料溶于溶剂中，再加入防老剂混合均匀即得。

3. 产品用途

用于金属、非金属材料的粘接。也可与浸胶玻璃布配合使用。一般在 9.8 N 压力下，160 ℃固化 3 h。不均匀扯离强度 362.6 cm；抗拉强度为 3263.4 N/cm²。

6.49   203#酚醛树脂胶

该胶粘剂产品用途广泛，粘接力良好，可用于金属、胶木、陶瓷、木材等的胶接。剪切强度（钢）>8 MPa；剪切强度（胶木）>6 MPa。

1. 技术配方（质量，份）

203#酚醛树脂	90
六次甲基四胺	10
乙醇	适量

2. 生产工艺

将 203#酚醛树脂、六次甲基四胺按配方量加在一起进行混合，然后加入乙醇调制成胶即可。

3. 产品用途

用于金属、胶木、陶瓷、木材等材料的胶接。施胶黏合后固化压力 0.1 MPa～0.3 MPa，固化温度 20 ℃，固化时间 24 h。

4. 参考文献

[1] 范东斌，常建民，林翔. 低成本酚醛树脂胶黏剂研究进展 [J]. 林产工业，2008 (5)：14-17.

6.50   2133 酚醛树脂胶

该胶粘剂用途广泛，可用于陶瓷、胶木、电木、木材等的胶接。该胶使用方便，粘接力强。陶瓷剪切强度>8 MPa；胶木剪切强度>6 MPa。

1. 技术配方（质量，份）

2133#酚醛树脂	100
六次甲基四胺	10～15
乙醇	适量

2. 生产工艺

将各组分加在一起混合成胶。

3. 产品用途

可用于陶瓷、胶木、电木、木材等的胶接。施胶粘合后，固化压力 0.1 MPa～0.5 MPa，固化温度 20 ℃，固化时间 24 h。

4. 参考文献

[1] 王东旭，陈泽明，张广鑫，等. 一种快速固化酚醛树脂胶黏剂的研制 [J]. 化学与粘合，2016，38 (6)：447-449.

6.51　FHJ-12 胶

FHJ-12 胶可用于金属、玻璃钢的胶接。该胶在 1500～1700 ℃、15 min 内，其胶缝不裂。

1. 技术配方(质量，份)

酚醛树脂（FQS-2）	10.00
E-51 环氧树脂	1.00
8-羟基喹啉	0.11
六次甲基四胺	0.40
氧化铝粉	5.00
溶剂	2.00

2. 生产工艺

先将两种树脂分散于溶剂中，然后加入其余组分，搅拌均匀即可。

3. 产品用途

用于金属、玻璃钢的胶接。接触压 100 ℃ 固化 12 h。抗剪强度：室温下玻璃钢＞30 MPa；不锈钢＞18 MPa；铝合金＞90 MPa。

4. 参考文献

[1] 隋月梅. 酚醛树脂胶黏剂的研究进展 [J]. 黑龙江科学，2011 (3)：42-44.

[2] 钟树良. 环保型水性酚醛树脂胶的研究 [J]. 粘接，2009 (4)：62-65.

6.52　FSC-1胶

1. 产品性能

该胶具有优良的耐高温老化性能，粘接力强，弹性好，可作150 ℃以下长期使用的结构胶。

2. 技术配方(质量，份)

锌酚醛树脂	125
聚乙烯醇缩甲醛	100
苯-乙醇混合液 [V（苯）∶V（乙醇）=（60∶40）]	900

3. 生产工艺

将锌酚醛树脂及聚乙烯醇缩甲醛溶于苯-乙醇的混合溶剂中，搅拌至均匀即可。

4. 产品用途

用于钢、铝、陶瓷、玻璃、胶木等材料胶接。施胶黏合后固化压力0.1 MPa，固化温度160 ℃，固化时间2~3 h。

5. 质量标准

（1）剪切强度/MPa

铝	不锈钢	耐热钢	黄铜
22.4	23.5~25	23.2	23.2~24.4

（2）拉伸强度/MPa

铝合金	31.2~35.7

（3）不均匀扯离强度/（kN/m）

铝合金	35~39

（4）不同温度下的剪切强度（铝合金）

温度/℃	-70	20	60	100	150	200
剪切强度/MPa	23	22.4	22	20.6	13.5	3.7

（5）高温老化性能（铝合金）

150 ℃老化时间/h	0	100	500	1 000
剪切强度/MPa	21.3~21.4	19.1~21.1	16.3~19.2	12.7~14

6.53　FSC-2 胶

1. 产品性能

该胶粘接力强、弹性好，用途广泛。可作为 100～120 ℃下长期使用的结构胶。用于钢、铝等金属及陶瓷、玻璃、玻璃钢等胶接，亦称铁锚 202 胶粘剂。

2. 技术配方（质量，份）

锌酚醛树脂	100
聚乙烯醇缩甲醛	125
苯-乙醇混合溶剂 [V（苯）∶V（乙醇）=60∶40]	900

3. 生产工艺

将锌酚醛树脂和聚乙烯醇缩甲醛溶于苯-乙醇的混合溶剂中，搅拌至均匀即得。

4. 质量标准

（1）剪切强度/MPa

铝合金	不锈钢	耐热钢	黄铜
27	32	＞22	25

（2）拉伸强度/MPa

铝合金	
	35

（3）不均匀扯离强度/（kN/m）

铝合金	
	40

（4）不同温度下的剪切强度（铝合金）

温度/℃	−70	20	60	100	120	150
剪切强度/MPa	26.9	26.5	26	24.3	20	10.8

5. 产品用途

用于钢、铝等金属及陶瓷、玻璃、玻璃钢等胶接。施胶黏合后，固化压力 0.1 MPa～0.15 MPa，固化温度 160 ℃，固化时间 2 h。

6.54　J-08 胶粘剂

1. 产品性能

J-08 胶粘剂具有良好的耐水、耐海水、耐乙醇、耐丙酮、耐润滑油、耐燃油性能，耐候性好，耐温范围-60~350 ℃。

2. 技术配方(质量，份)

苯酚糠醛树脂	10.0
聚有机硅氧烷	2.0
六次甲基四胺	0.5
聚乙烯醇缩丁醛	1.5
没食子酸丙酯	0.3
苯和乙醇恒沸物	27.0

3. 生产工艺

先将树脂和聚合物溶解分散于溶剂中，然后加其余物料搅拌均匀即得。

4. 产品用途

用于碳钢、合金钢、铝合金、钛合金、酚醛布板和玻璃的粘接。在 0.5 MPa 压力下，200 ℃条件下固化 3 h。室温抗剪强度>11 MPa；不均匀扯离强度 10~14 kg/cm；弯曲冲击强度 1.0~1.5（kg·cm）/cm²。

5. 参考文献

[1] 张晓鑫. 多醛改性的环保型酚醛树脂胶黏剂 [D]. 北京：北京化工大学，2013.

6.55 磺化甲醛共聚胶粘剂

这种缩甲醛树脂胶粘剂贮存稳定，粘接强度高，用于木材等材料的黏合。引自日本公开特许 JP 02-141684。

1. 技术配方(质量，份)

磺化甲醛脲共聚物	500
磺化蜜胺甲醛共聚物	400
氯化铵	8
磺化甲醛酚共聚物	100
填料（粉末）	130
水	180

2. 生产工艺

先将 3 种共聚物热混溶，再加入填料、水和氯化铵，混匀后即得成品。

3. 产品用途

用于木材等材料的黏合。以 28 g/900 cm² 量施胶于木材等基质上，以 0.98 MPa 加压 20 min，然后于 120 ℃、0.98 MPa 下固化 2 min。

6.56　木材用间苯二酚树脂胶

该胶粘剂含有结构黏度指数为 2～7 的间苯二酚树脂，适合于喷涂机使用，用于木质层压材料的黏合。

1. 技术配方(质量，份)

甲醛（37%）	170
乙醇	160
多聚甲醛	10
间苯二酚	440
粉状二氧化硅	2
木粉	5

2. 生产工艺

将甲醛、间苯二酚和乙醇投入反应器，在 65～70 ℃加热 6 h，加入二氧化硅至半黏度指数为 3.6，再与多聚甲醛和木粉混合，制得成品。

3. 产品用途

用于木材及木质材料的粘接，常温固化。

6.57　耐火复合材料黏合剂

该黏合剂是用环氧基终止的低聚碳酸酯改性的酚醛树脂耐火黏合剂。其耐火性能优良，粘接力强。引自德国公开专利 DE 4109053。

1. 技术配方(质量，份)

CH₂ 基团交联的酚醛树脂（聚合度 730）	700
环氧丙基终止的双酚 A 低聚碳酸酯	175
六亚甲基四胺	70
二氯甲烷	适量

2. 生产工艺

将酚醛树脂和低聚碳酸酯（环氧基当量 1500、软化点 81～85 ℃）及六亚甲基四胺

溶解在加热的 CH_2Cl_2 溶剂中，制成 50%～55% 的树脂溶液，即为成品。

3. 产品用途

用于耐火复合材料黏合。用 42%（以固体计）这种溶液浸渍玻璃纤维（基本重量 163 g/m²），在 130 ℃ 下干燥，然后在 8 MPa 下压制 60 min，具有极限氧指数 355%，UL-94 可燃性等级 U-0，OSU 释热（HR）40（kW·min）/m²。

4. 参考文献

[1] 龙彦辉. 一种新型高温胶粘剂的研制 [J]. 重庆工业高等专科学校学报，2001 (3): 24-26.

6.58　脲醛树脂胶粘剂

1. 产品性能

脲醛树脂是由尿素与甲醛以 [n（尿素）：n（甲醛）＝1：（1.75～2.00）] 在碱性催化剂存在下，经加热反应而生成的黏稠液体。该树脂添加 1%～5% 的酸性固化剂即得脲醛树脂胶粘剂。该类胶粘剂无色、耐光性好、毒性小，可室温固化，但耐水性差、性脆。通常添加酚醛树脂、三聚氰胺以改善其耐水性；加入聚醋酸乙烯乳液、聚乙烯醇作增黏剂以提高起始粘接力。

2. 技术配方（质量，份）

（1）配方一

脲醛树脂	100
氯化铵	2.7
六次甲基四胺	0.9
水	14.4

（2）配方二

尿素	120
甲醛（35%）	200
三聚甲醛	32
硫酸钠	1
乙酸钠	5
蔗糖	4
水	20
木屑	7

（3）配方三

脲醛树脂（50％溶液）	25
聚醋酸乙烯乳液（40％）	75

（4）配方四

尿素（98％）	408～464
甲醛（37％）	800
三聚氰胺（99.6％）	8.7～20.4
氢氧化钠	适量

（5）配方五

尿素	60
甲醛（37％）	126
聚乙烯醇	3
乙酸	0.3
氨水	0.1
氢氧化钠	0.1
氯化铵	0.3
三聚氰胺	10
羧甲基纤维素	0.2
面粉	17.5
骨胶	17.5
血粉	10.0
添加树脂	5.0

（6）配方六

脲醛树脂	200
小麦粉	46
氯化铵	1
水	34

（7）配方七

563# 脲醛树脂	100
固化剂（20％氯化铵水溶液）	1～4

（8）配方八（改性脲醛树脂）

甲醛（37％）	54.20
尿素	6.00
三聚氰胺	21.00
氢氧化钠（50％）	0.30
甲醇	2.84
聚乙烯醇	1.00
氢氧化钠	适量

3. 生产工艺

（1）配方一的生产工艺

先将氯化铵、六次甲基四胺溶于水，制得固化剂，再将固化剂与脲醛树脂混合均匀得 GNS-1 脲醛胶粘剂。

（2）配方二的生产工艺

硫酸钠、三聚甲醛与甲醛水溶液混合，调 pH 至 7.2，然后加入尿素，于 40～50 ℃进行缩聚。反应结束后，加入 5 份乙酸钠、4 份蔗糖溶解于 20 份水制成的溶液，在 70～80 ℃下保持 1 h。然后加入 7 份木屑作填料，拌和得成品。

（3）配方三的生产工艺

将 720 份 37％甲醛与 266.4 份尿素制得浊化点为 5 ℃的脲醛树脂。然后与含固量40％的聚醋酸乙烯乳液混合，制得兼容性良好的胶粘剂。

（4）配方四的生产工艺

将甲醛加入反应釜，搅拌下加入 40％氢氧化钠调溶液 pH 至 8.0～8.2。

按 n（尿素）：n（甲醛）＝1：（1.30～1.47）计算尿素用量。尿素分 4 次加入。若甲醛加入量为 800 份，则尿素的 4 次投入量分别为 300～320 份、35～50 份、50～60份、23～34 份。在加第 1 次尿素的同时，加入三聚氰胺，并通入蒸汽加热至 50 ℃，自然升温至 88～92 ℃，于 90 ℃左右保温 30 min。加入第 2 次尿素 35～50 份，并用 40％甲酸调 pH 至 5.5±0.1，保温 15～25 min。再加 40％甲酸调 pH 至 4.8～5.0，当黏度（涂-4 黏度计）达 14～16 s 时，加入第 3 次尿素。当黏度（涂-4 黏度计）达 19～21 s时，用 40％氢氧化钠调 pH 至 7.0～7.2，冷至 60 ℃，加入第 4 次尿素 23～34 份。搅拌30 min 后继续冷却到 35 ℃，调整 pH 至 7.0～7.2，得脲醛树脂胶粘剂。

（5）配方五的生产工艺

将甲醛加入反应釜中，加入第一批尿素和未改性聚乙烯醇，升温至 60 ℃，加入乙酸，保温反应。加入氨水和氢氧化钠溶液，维持碱性条件下继续升温至 90～92 ℃，保温缩聚 70～100 min，加入第二批尿素，再保温 30 min，然后加入氯化铵至反应物出现不溶性物质。用 40％氢氧化钠调 pH 至 7.0，温度继续维持 90～92 ℃，加入三聚氰胺和第三批尿素，反应 0.5 h。用 30％氢氧化钠调 pH 至 7.5，降温至 60 ℃，补加适量尿素，反应 20 min。降温至 30 ℃，加入羧甲基纤维素，搅拌 30 min，过滤出料，制得游离醛含量≤0.35％的脲醛树脂。

将面粉、骨胶、血粉、添加树脂（AB 浸润树脂）加入上述脲醛树脂中，混合均匀后得低毒复合脲醛树脂胶。

（6）配方六的生产工艺

先将 73 份 37％甲醛、30 份尿素和 1.03 份烯丙磺酸钠-醋酸乙烯加入反应釜中，用氨水调 pH 至 8.0。搅拌下于 0.5 h 内升温至 90 ℃，反应 1.5 h，然后用 20％碳酸钠溶液调 pH 至 7.5，得脲醛树脂。

将其加入小麦粉和氯化铵水溶液得耐水木材用脲醛胶粘剂。

（7）配方八的生产工艺

先制脲醛树脂，然后加入三聚氰胺，搅拌后加入聚乙烯醇，于 90 ℃反应 3 h。当 pH 降至 7.4，即达反应终点，得改性脲醛树脂。

另将 48.6 份甲醛、28.2 份苯酚和 1.44 份 50%氢氧化钠于 80 ℃下反应 3.5 h，制得酚醛树脂。

将 700 份改性脲醛树脂与 350 份酚醛树脂在 30 ℃下混合均匀，得到黏度 1 Pa·s 的胶粘剂。

4. 产品用途

（1）配方一所得产品用途

主要用于木材、家具和胶合板的粘接。于 0.3 MPa～0.5 MPa 常温固化 24 h。木材剪切强度为 3 MPa。

（2）配方二所得产品用途

用作木材胶粘剂。使用时，可用水和酸性固化剂拌和。施胶后，加热至 90～120 ℃，然后在 0.6 MPa 固化。

（3）配方三所得产品用途

用于胶合板黏合，用作木材、纸的胶粘剂。引自日本公开特许 JP 07-11221。

（4）配方五所得产品用途

主要用于胶合板黏合。

（5）配方六所得产品用途

用于木材黏合。该胶制成的胶合板在 60 ℃浸泡 3 h，其剪切强度为 2.04 MPa。施胶后室温、0.1 MPa 固化 8 h。

（6）配方七所得产品用途

该胶粘剂主要用于粘接木器、农具和竹器等。20 ℃、0.05 MPa 固化 8 h；或 110 ℃、0.05 MPa 固化 5～7 min。木材剪切强度 2.5 MPa～2.8 MPa。

（7）配方八所得产品用途

用于木材、竹器等粘接。黏合柳桉木剪切强度为 1.97 MPa，72 h 煮沸后剪切强度仍可达到 1.97 MPa。

5. 参考文献

[1] 张岚. 添加剂改性脲醛树脂胶黏剂研究进展 [J]. 橡塑技术与装备，2021，47（16）：25-28.

[2] 毛安，李建章，雷得定，等. 脲醛树脂胶粘剂研究进展 [J]. 粘接，2007（1）：51.

[3] 郭嘉，郑治超，舒伟. 绿色环保型脲醛树脂胶粘剂的研究与展望 [J]. 中国胶粘剂，2006（2）：40.

6.59　低毒脲醛胶粘剂

该胶用于粘接碎料板、胶合板和家具，其甲醛释放量只有 7.5 mg/100 g，粘接强度为 17.3 MPa，抗拉强度为 0.45 MPa，是一种高粘接强度的低毒脲醛胶粘剂。

1. 技术配方(kg/t)

A 组分

甲醛（37%）	6350
脲	4600
蜜胺	375
水	2100

B 组分

甲醛	6850
脲	2256
氨水（28%）	287

2. 生产工艺

将 350 L 37%甲醛水溶液的 pH 调节至 4.0～4.5，与 2500 kg 脲和 375 kg 蜜胺混合，使 pH 达到 6.5～7.5，再与 2100 kg 脲和 2100 L 水作用，得到 A 组分。由 6600 L 甲醛（pH 4.5）和 2256 kg 脲制备的加合物，与 325 L 37%甲醛和 287 L 28%氨水溶液作用制备的加合物混合，在 80～105 ℃、pH 7.5～13 下缩合，调节 pH 至 6.5～7.5，使脲的水溶液改性得到 B 组分。然后，A 组分和 B 组分按质量比 3∶2 的比例混合，在 60 ℃真空蒸发，得到含 65%固体和 3.1%蜜胺的胶粘剂。

3. 产品用途

与一般脲醛树脂胶粘剂相同，用于胶合板、家具等木质材料的黏合。

4. 参考文献

[1] 殷亚庆，张运明，王勇，等. 两步法制备改性脲醛胶的工艺原理及应用实践 [J]. 中国人造板，2020，27（6）：25-28.

6.60　低游离醛脲醛树脂胶

该胶粘剂摘自中国发明专利申请公开说明书 CN 1047879，通过对脲醛树脂胶的改性，得到的胶粘剂游离醛＜0.05%，pH 为 6.8～7.5，含固量（51±2）%。

1. 技术配方(kg/t)

尿素	239
甲醛	460
淀粉	66

2. 生产工艺

在 35 ℃下，将 173 kg 尿素加入甲醛和淀粉中，此时控制 pH 至 7.5，然后在 80 ℃、pH 为 6.4~6.6 时，加热 30 min，再提高反应温度至 94~97 ℃，并加热至产物与冷水混合时无颗粒出现。再于 pH 7.5、80 ℃加入 66 kg 尿素，制得改性脲醛树脂胶粘剂。

3. 产品用途

用于制层压板、胶合板及竹、木质材料的粘接。常温下固化 24 h。

4. 参考文献

[1] 陈代祥，白富栋，马晓明，等. 基于纤维素乙醇水溶液添加的微游离醛脲醛树脂制备工艺研究 [J]. 中国胶粘剂，2021，30 (7)：13-17.

6.61　木材通用黏合剂

木材最常用的黏合剂是脲醛树脂胶。因其生产脲醛树脂的配方、工艺及助剂的不同，所得黏合剂的性价比也不同。这里介绍几种木材通用黏合剂配方。

1. 技术配方(质量，份)

(1) 配方一

泡沫脲醛树脂	200
氯化铵	0.4~1.0
豆粉	1.0
血粉	1.0

(2) 配方二

GNS-65 脲醛树脂	500
尿素	5.8
乌洛托品	2.3
氯化铵	2.3
水	9.6

（3）配方三

尿素（含氮量46%）	45.6
甲醛（37%）	123.3
水	31.1
甲酸（2 mol/L，调pH）	适量
氢氧化钠（4 mol/L，调pH）	适量

（4）配方四

甲醛（36%）	95.0
尿素（97%）	37.12
氯化铵（20%，调pH）	适量
氢氧化钠（30%，调pH）	适量

（5）配方五

尿素（97%）	56
甲醛（37%）	132
水	8
氯化铵（20%，调pH）	适量
氢氧化钠（15%，调pH）	适量

（6）配方六

NQ-64脲醛树脂	500
氯化锌	6
氯化铵	2.5

（7）配方七

脲醛树脂	200
氯化铵	3.2
水	12.8

（8）配方八

甲醛（37%）	74.4
尿素（97%）	20.0
乌洛托品	1.04
氯化铵（40%，调pH）	适量
氢氧化钠（10%，调pH）	适量

（9）配方九

尿素（97%）	50
甲醛（37%）	108.5
氯化锌	0.4
水	5
乌洛托品	3.75
氯化铵（固化剂）	为树脂量的0.3%

（10）配方十

5011 脲醛树脂	200
豆粉	18
水	36
氯化铵	4

（11）配方十一

NQ-63 脲醛树脂	100
氯化铵	5

（12）配方十二

尿素（97%）	40
甲醛（37%）	86.48
氯化铵（20%）	调 pH
氢氧化钠（30%）	调 pH

2. 生产工艺

（1）配方一的生产工艺

泡沫脲醛树脂制备时尿素与甲醛的物质的量比为 1.0∶1.8，用于该配方的树脂含量为 44%～46%。将各物料与树脂混合均匀即得木材用黏合剂。

（2）配方二的生产工艺

先制备 GNS-65 脲醛树脂：尿素与甲醛物质的量比为 1.0∶1.8。用于该配方的树脂含量为 58%～60%。将尿素、乌洛托品、氯化铵溶于水，然后与 GNS-65 脲醛树脂混合均匀即可。

（3）配方三的生产工艺

将甲醛和 7.1 份水加入反应釜中，搅拌下加入浓度为 4 mol/L 氢氧化钠调 pH 至 4.5～5.5（或用 2 mol/L 甲酸调 pH 至 4.5～5.5）。加热至 80～85 ℃，在 60～90 min，缓慢加入已用 24 份水溶解完全的尿素溶液，由于反应放热，物料会自动升温至 95～100 ℃，控制加料速度，使体系温度不超过 100 ℃。抽样测 pH 应在 4.7～5.5，若 pH 过高，用甲酸进行调整。每隔 10～20 min 抽样测定浊度，直到浊度达 25～32 TU 时，即为反应终点。

达反应终点时，立即用 4 mol/L 氢氧化钠调 pH 至 7.5～8.5，进行真空脱水。真空度以不溢釜为前提。当黏度达到要求时，停止脱水，降温至 40 ℃ 以下，放料，得木材黏合剂用脲醛树脂。

（4）配方四的生产工艺

将 95 份 36% 甲醛加入反应釜，搅拌下，用 30% 氢氧化钠溶液，调 pH 至 7.5～8.0，加热至 40 ℃，加 27.84 份尿素，于 30 min 内升温至 80 ℃，保温反应 3 h。然后加入 9.28 份尿素，在 80 ℃ 保温反应 0.5 h，此时 pH 为 6.0～6.5。立即用 20% 氯化铵溶液调 pH 至 5.0～5.3，在此 pH 下继续保温反应 60～90 min。在保温 20～30 min 时，反应液开始混浊。当反应物料黏度达 5×10^{-3} Pa·s 时，立即用 30% 氢氧化钠调 pH 至 6.0，同时降温至 60 ℃。开始真空脱水，真空脱水温度不宜高于 65 ℃。

当脱水量达甲醛水溶液含水量的 70% 时，停止脱水。通水冷却，并用 30% 氢氧化钠调 pH 至 6.8～7.0。降温至 40 ℃ 以下，放料，得木材黏合剂用脲醛树脂。

（5）配方五的生产工艺

将 132 份 37% 甲醛水溶液加入反应釜中，搅拌下，用 15% 氢氧化钠溶液调 pH 至 6.9～7.1。加入 42 份尿素，于 1 h 内升温至 93～96 ℃，保温反应 0.5 h 后，用 20% 氯化铵溶液调 pH 至 4.7～4.9，继续保温 0.5 h。缓慢地在 0.5 h 内加入 11.2 份尿素和 8 份水组成的尿素水溶液，用氯化铵溶液调 pH 至 4.5～4.7，于 94～96 ℃ 下反应 30～60 min，至黏度合格。

黏度合格后，通水冷却，用 15%NaOH 调 pH 至 6.8～7.0，降内温至 80 ℃，开始真空脱水。待物料沸腾正常后，使真空度逐渐上升到 83.2kPa～84.4 kPa。在脱水过程中，内温应控制在 70 ℃ 以下，外温控制不高于 110 ℃。当达到合格黏度时，立即停止脱水，并通冷水冷却。内温降至 60 ℃ 时，加入 2.8 份尿素，待尿素溶解后，调 pH 至 7.0～7.5。内温降至 40 ℃ 以下，放料得木材用黏合剂。

（6）配方六的生产工艺

先将甲醛与尿素以 1：1.6 物质的量比制成 NQ-64 脲醛树脂，树脂含量 63%～65%。再将 NQ-64 脲醛树脂与其余物料混合均匀，得木材用黏合剂。

（7）配方七的生产工艺

将氯化铵溶于水，然后与脲醛树脂混合均匀，得木材用黏合剂。

（8）配方八的生产工艺

将 37% 甲醛溶液和乌洛托品加入反应釜中，搅拌溶解后，加入尿素加热，使尿素全部溶解。将物料加热至 60 ℃，保温 15 min，再加热至 94 ℃，于 94～96 ℃ 下保温反应，每隔 10 min 取样测定一次 pH，当 pH 为 6.0 时，每隔 5 min 测一次 pH，直至树脂由橙黄色变为红色（以 1 份树脂液与 2 份水混合后，混合液不呈现混浊）。继续反应 40 min，当样品冷却至 20 ℃ 后，透明而无沉淀，则缩合反应停止。降温至 60 ℃，加入 10% 氢氧化钠溶液，调 pH 至 7。此时树脂的相对密度为 1.15，黏度为 $(6～8) \times 10^{-3}$ Pa·s。于 42～55 ℃，真空脱水（真空度 84.4 kPa～96.6 kPa）至相对密度 1.29～1.30 为止，冷却至 40 ℃ 以下，出料，得 RC-1 脲醛树脂胶。

（9）配方九的生产工艺

先将甲醛、乌洛托品加入反应釜，加热升温，于 40～45 ℃ 加入尿素总量的 75%，于 92～95 ℃ 进行反应，然后加入剩余的尿素，反应达终点后，真空脱水，至黏度合格，加入氯化锌水溶液，搅拌，降温至 40 ℃，得脲醛树脂。加入树脂量 0.3% 的氯化铵，得木材用黏合剂。

（10）配方十的生产工艺

5011 脲醛树脂是将尿素与甲醛的摩尔比为 1：2.0 进行缩聚得到的，树脂含量

58%～60%。将氯化铵溶于水，加入豆粉得混合物，得到的混合物与树脂混合均匀得木材用黏合剂。

（11）配方十一的生产工艺

将尿素和甲醛以 1∶1.9 的摩尔比制得 NQ-63 脲醛树脂。树脂含量为 65%～67%。将脲醛树脂与氯化铵（固化剂）混合均匀得木材用黏合剂。

（12）配方十二的生产工艺

在装有搅拌器和回流冷凝器的反应釜中，加入 86.48 份 37% 甲醛，搅拌下加入 30% 氢氧化钠调 pH 为 7.5～8.0。加热到 40 ℃，加入 30 份 97% 尿素，在 30～40 min 内加热使内温升到 90 ℃，于 90～92 ℃ 保温反应 1 h，此时 pH 应为 6.1～6.3。然后加入 10 份尿素，继续在 90 ℃ 下反应 30 min。用 20% 氯化铵水溶液调 pH 为 5.4～5.7。在微酸性下继续于 90 ℃ 保持 30～40 min。观察树脂浑浊点，即取样不经冷却倒入 15 ℃ 水中，如呈白云状，表示达到反应终点。立即降温至 50～60 ℃，用 30% 氢氧化钠溶液调 pH 至 6.0。真空脱水，控制脱水条件：65～70 ℃，系统真空度为 7.54 kPa～8.84 kPa。当脱水量和黏度达 到标准后，停止脱水，调 pH 为 6.8～7.2。冷却至 40 ℃ 以下，放料得脲醛树脂胶。

3. 产品用途

（1）配方一所得产品用途

用于黏合三层椴木胶合板。在 1.2 MPa、115 ℃ 固化 12 min。黏合强度为 1.3 MPa～1.4 MPa。

（2）配方二所得产品用途

用于三层板的胶合，在 1.2 MPa、110～115 ℃ 固化 8 min。粘接椴木三层板粘接强度（63 ℃、3 h）为 1.8 MPa～1.9 MPa。

（3）配方六所得产品用途

用于椴木三层胶合板黏合。在 1.0 MPa、104～110 ℃ 固化 12 min。黏合强度为 1.8 MPa～1.9 MPa。

（4）配方七所得产品用途

用于木材、家具的粘接。于 0.1 MPa～0.3 MPa、20 ℃ 固化 20 h。粘接木材剪切强度为 3.0 MPa。

（5）配方八所得产品用途

用于配制木材、胶合板粘接的 RC-1 脲醛胶粘剂：

RC-1 脲醛树脂	200
氯化铵	1.23
氨水	6.15
尿素	6.92
水	7.69

于 0.3 MPa～0.5 MPa、20 ℃ 固化 24 h。木材剪切强度为 2.7 MPa～2.8 MPa。

(6) 配方九所得产品用途

用于木材、胶合板及其他木质材料的黏合。20 MPa、110～115 ℃下，固化 4～6 min。木材剪切强度为 3.3 MPa。黏合剂 20 ℃以下保存期为 10～20 天。

(7) 配方十所得的产品用途

用于椴木三层胶合板黏合。在 1.2 MPa、115 ℃固化 12 min。胶接强度为 1.7 MPa～1.8 MPa。

(8) 配方十一所得的产品用途

用于椴木三层胶合板黏合。在 1.0 MPa、110～115 ℃固化 12 min。粘接强度为 1.90 MPa～1.95 MPa。

(9) 配方十二所得产品用途

适用于胶合板、细木工板黏合。该胶含固量较高，游离甲醛较低。

4. 质量标准

(1) 配方五所得产品质量标准

外观	乳白色黏稠液体
含固量	60％～65％
游离甲醛	0.6％～1.2％
pH	6.8～7.2
贮存期/月	1～2
固化时间（100 ℃）/s	30～36

(2) 配方十二所得产品质量标准

外观	乳白色黏稠液体
含固量	58％～62％
游离甲醛	＜2.5％
黏度/（Pa·s）	0.3～0.5
pH	7.0～7.5

该胶具有含固量高、黏度低和加热固化快等特点，主要用于刨花板黏合。

5. 参考文献

[1] 翁显英. 低温固化低毒脲醛树脂胶的研制 [D]. 福州：福建农林大学，2008.

[2] 杨明平，彭荣华，李国斌. 环保型脲醛树脂胶合成工艺的探讨 [J]. 中国胶粘剂，2004 (1)：7.

6.62 湿润木材黏合胶

一般湿润木材粘接工艺只在木材纤维的饱和点（即含水率）低于 28％时使用，实际黏合时只限于含水率 5%～15% 时进行。而当含水率高于 15% 时，只能待木材干燥使含水率降至 15% 以下再进行粘接，或者在黏合剂中使用大量的增塑剂，或使用价格高的黏合胶。这里介绍的是以廉价的脲醛树脂为基料，并配以其他乳胶和水性树脂制得的湿润木材黏合剂，对含水 40% 的杉、松、杨、柳及其他混合材质进行粘接，其黏合强度可达到木材破坏之前贴合面不被破坏。

1. 技术配方(质量，份)

	(一)	(二)	(三)
脲醛树脂黏合剂	12	11	14
三聚氰胺树脂黏合剂	4	—	—
苯酚树脂黏合剂	—	5.0	—
醋酸乙烯乳胶	4	4.0	—
间苯二酚黏合剂	—	—	2
丙烯酸酯乳胶	—	—	4
豆粉	2	2	2
氯化铵 (20%)	4	4	4

2. 生产工艺

将配方中 3 种黏合剂混匀后，加入豆粉和 20% 氯化铵，混匀制得湿润木材黏合胶。

3. 产品用途

可用于木材材料、装饰板、多层板的黏合。

6.63 胶合板黏合剂

该黏合剂具有粘接力强、成本低等特点，主要用于胶合板及竹胶板等的层压黏合。引自日本公开特许昭和 JP 57-66905。

1. 技术配方(质量，份)

脲醛树脂	25.0
氯丹 (60%)	0.67
聚乙二醇	1.0
尿素	0.5
面粉	3.5
氯化铵	0.2
对甲苯亚磺酸胺	0.5
水	4.0

2. 生产工艺

将脲醛树脂溶于水中，加热后加入面粉，熟化后加入其余物料，均匀后得胶合板黏合剂。

3. 产品用途

用于制造胶木板。涂胶后，经 120 ℃、1 MPa 加压 60 s，即制得胶合板黏合剂。

6.64　胶合板用聚醚脲醛树脂粘接剂

1. 技术配方（质量，份）

烷基酚聚氧乙烯醚	0.5
脲醛树脂（100%计）	500
小麦粉	200
氯化铵	适量
水	130

2. 生产工艺

先将聚醚与尿醛树脂混合，然后加入小麦粉、水和氯化铵，搅拌 0.5 h 即得。

3. 产品用途

用于胶合板粘接。

4. 参考文献

[1] 郑云武，朱丽滨，顾继友，等. 环境友好型胶合板用脲醛树脂胶黏剂的研究 [J]. 西南林业大学学报，2011（2）：66.

[2] 郑云武，朱丽滨，顾继友. E-0 级胶合板用脲醛树脂胶黏剂的研究 [J]. 林产工业，2010（6）：14.

6.65　改性脲醛树脂胶粘剂

脲醛树脂胶粘剂是由尿素与甲醛以物质的量比 1∶（1.75～2.00）的比例，在碱性催化剂存在下，经加热反应生成的黏稠液体树脂。再改性脲醛树脂胶粘剂通过加入改性剂以提高其使用性能，如添加三聚氰胺或酚醛树脂以改善其耐水性；加入淀粉、聚醋酸乙烯乳液、聚乙烯醇等以提高起始粘接力。

1. 技术配方(质量,份)

(1) 配方一

尿素	100
甲醛(40%)	322
三聚氰胺	66
液碱(40%)	适量

(2) 配方二

甲醛(40%)	100
尿素	30
糠醇	25
氯化铵	4~6

(3) 配方三

A 组分

聚乙烯醇(1799)	100
氯化铵	10
水	适量

B 组分

脲醛树脂	150
聚乙烯醇	75
水	适量

(4) 配方四

脲醛树脂	50
聚醋酸乙烯乳液	15
氯化铵水溶液(10%)	5

2. 生产工艺

(1) 配方一的生产工艺

在反应釜中,加入 161 份 40%甲醛溶液,搅拌下加入液碱调 pH 至 6~8,然后加入 50 份尿素、33 份三聚氰胺。加热至 45~50 ℃,停止加热,开始反应并自动升温至 80 ℃,每隔 5 min 取样分析,直至 1 mL 样品加入 5 mL 冷水中不出现混浊,开始保温进行缩聚反应;若 pH 为 6 时,80 ℃保温 40~50 min;pH 为 6.5~7.0 时,保温 60~70 ℃;pH 为 7.5~8.0 时,保温 70~90 min。缩聚完毕,树脂的 pH 为 6.5~7.5,于 65~70 ℃真空(余压 20.8 kPa)脱水,得黏度(3.7~7.0)×10^{-1} Pa·s 的改性脲醛树脂胶。

(2) 配方二的生产工艺

将 100 份甲醛投入反应釜中,用 40%液碱调 pH 至 8.0,然后加入 30 份尿素,快速升温至 95~97 ℃，反应约 30 min。加入 25 份糠醇，搅拌，当温度回升至 95~97 ℃时，缓慢加入甲酸，调 pH 至 4~5，继续加热至检验合格。用液碱调 pH 至 8~9，再加热 5 min得糠醇改性脲醛树脂，加入 4%~6%氯化铵得糠醇改性脲醛树脂胶。

（3）配方三的生产工艺

将 A、B 组分分别配制，分别包装，得聚乙烯醇改性脲醛胶，又名长城 751 胶。使用时，按 *m*（A）∶*m*（B）=1∶1 配胶，室温下固化 24 h。

该胶起始粘接强度大，耐油脂、耐溶剂性能好。可用于苯乙烯泡沫塑料、聚氯乙烯泡沫塑料的粘接。

（4）配方四的生产工艺

将各物料混合均匀即得。室温下，0.3 MPa~0.5 MPa 固化 4 h。

3. 产品用途

主要用于装饰板与基板的胶粘。

4. 参考文献

[1] 李璐，王晓立，王茹，等. 改性脲醛树脂胶粘剂合成的研究 [J]. 当代化工，2006（2）：87.

[2] 陈连清. 改性脲醛树脂胶粘剂合成的研究 [J]. 粘接，2007（4）：12.

6.66 苯酚改性脲醛树脂胶

1. 产品性能

该胶游离甲醛含量＜0.48%，游离酚含量＜0.45%，25 ℃可贮存 2~3 个月。粘接试样在 60 ℃浸泡 15 h，其浸泡前后的静曲强度分别为 16.25 N/mm^2 和 8.17 N/mm^2。

2. 技术配方（质量，份）

甲醛（37%）	250
苯酚	20
尿素	80
氨水	3~4

3. 生产工艺

将 230 mL 37%甲醛用 50% NaOH 调 pH 至 8.5，加入尿素搅拌 30 min，温度升至 90 ℃，再反应 35 min 后，加入 20 g 苯酚、20 mL 37%甲醛及 3~4 mL 氨水，反应 1 min后用甲酸调 pH 至 4，搅拌 20~25 min，降温至 58 ℃，抽真空加入稀释剂（20%~25%的体积比为 40∶60 无水乙醇与甲苯溶液），制得乳白色液体树脂胶。

4. 产品用途

用于制造层压板、胶合板，也用于竹、木质材料、天然纤维质的黏合。常温下固化 24 h。

5. 参考文献

[1] 杨建洲，徐亮. 苯酚改性脲醛树脂合成工艺及性能的研究 [J]. 中国胶粘剂，2006（5）：31.

[2] 顾顺飞，侍斌，彭卫，等. 对氨基苯酚改性脲醛树脂的合成及其在胶合板中的应用 [J]. 中国胶粘剂，2017，26（5）：34-37.

6.67　改性脲醛树脂胶

该胶粘剂摘自中国发明专利申请公开说明书 CN 1047879（1990），通过对脲醛树脂胶改性得胶粘剂，其中，游离醛含量<0.05%，pH 为 6.8～7.5，含固量（51±2)%。

1. 技术配方（kg/t）

尿素	239
淀粉	66
甲醛	460

2. 生产工艺

在 35 ℃下，将 173 kg 尿素加入甲醛和淀粉中，此时控制 pH 至 7.5，然后在 80 ℃、pH 6.4～6.6 时加热 30 min，再提高反应温度至 94～97 ℃，并加热至产物与冷水混合时无颗粒出现。再于 pH 7.5 和 80 ℃下加入 66 kg 尿素，制得改性脲醛树脂胶粘剂。

3. 产品用途

用于制层压板、胶合板及竹、木质材料的粘接。常温下固化 24 h。

4. 参考文献

[1] 王飚，滕桢，李照远. 改性脲醛树脂胶的研制及其应用 [J]. 林产工业，2011（2）：31-33.

[2] 张运明，刘幽燕. 强酸工艺下改性脲醛树脂胶的合成原理及应用 [J]. 中国人造板，2013（1）：17-19.

6.68　氧化淀粉改性脲醛胶

该胶由粉状氧化淀粉和脲醛树脂等组成。

1. 技术配方(质量，份)

(1) 氧化淀粉配方

硫酸镁	0.5
氢氧化钠	12.5
过氧化氢（30%）	18.0
水	480
玉米淀粉	1000

(2) 脲醛树脂配方

尿素	8510
甲醛（37%）	17 250
氨水（28%，调 pH）	适量
氢氧化钠（15%，调 pH）	适量

2. 生产工艺

将 480 份水加入配制锅中，加入 12.5 份氢氧化钠和 0.5 份硫酸镁，溶解后加入 18 份30%双氧水，得氧化液。将 1000 份干基精玉米淀粉放入搪瓷浅盘中，搅拌下喷洒上述制得的氧化液，充分混匀后，置于浅盘中约 1.5 cm 厚，于（64±2）℃恒温干燥箱反应 2 h。冷却研细得氧化淀粉。将尿素与甲醛按物质的量比 1:1.5 计量。先将 37%甲醛加入反应器中，用 28%氨水调 pH 至 7.5～8.0，然后一次性加入全部尿素，稍加热使尿素全部溶解后，升温至 60～75 ℃保温反应 15～20 min，再升温至 90 ℃以上，在 90～100 ℃反应。每隔 10 min 取样测试反应液 pH 1 次。当 pH 至 6 时，每隔 5 min 取样测试反应液与水的混溶情况，当 2 份水与 1 份反应液混合后不呈混浊时，再反应 30 min，至反应液黏度（涂-4 黏度计）达 40～120 s。降温至 70～75 ℃，用 15%氢氧化钠调 pH 至 7.5～8.0。

将脲醛树脂液降温至 65 ℃，在控制体系温度 62～65 ℃下，加入脲醛树脂量的 5%～10%的粉状氧化淀粉，边加边搅拌，加毕于 60～65 ℃反应 30 min。用 15%氢氧化钠调 pH 至 7.5～8.0，降温出料。

3. 产品用途

用于木材及夹合板粘接。

4. 参考文献

[1] 孙丽丽，邱凤仙，杨冬亚，等．氧化淀粉改性脲醛树脂的研究［J］．化工时刊，2007（9）：14.

[2] 刘毅．淀粉胶粘剂用改性脲醛树脂防水剂的制备［D］．南昌：南昌大学，2012.

6.69 耐水混凝土胶粘剂

该胶粘剂由甲醛-尿素树脂和填料组成，引自波兰专利 PL162797。

1. 技术配方(质量，份)

甲醛-尿素树脂-丙酮（含固量 42%～60%）	50
水合石灰（氢氧化钙）	5～40
水泥	5～30
沙（粒径 0.1～0.4 mm）	100～170

2. 产品用途

用于建筑业材料、构件的粘接、修补、防漏等。

6.70 胶合板用 UF 树脂胶

1. 技术配方(质量，份)

尿素（含氮量≥46%）	150～180
甲醛（37%）	300
氯化铵（20%）	适量
烧碱（30%）	适量

2. 生产工艺

将甲醛加入反应器中，搅拌下加入 30% 的烧碱，调 pH 至 7.0～8.0。通入蒸汽加热升温至 40 ℃，加第一次尿素（为尿素总量的 80%），边搅拌边升温，于 30～40 min 升温至 90～94 ℃，保温 1 h，然后用氯化铵溶液调 pH 至 4.8～5.2。继续加热反应，至胶液黏度至 50 mPa·s 以上，用 30% 液碱中和至 pH 7.5～8.0，加剩余尿素。保温 10 min，冷却至 40 ℃ 以下，检测合格后出料。

3. 质量标准

外观	乳白色液体
树脂含量	(50±2)%
pH	7.5～8.0
黏度（20 ℃）/（mPa·s）	50～100

4. 产品用途

用作杨木胶木板胶粘剂。

6.71　KH-502 胶

KH-502 胶（KH-502 adhesive）为 α-氰基丙烯酸胶粘剂。

1. 技术配方（质量，份）

α-氰基丙烯酸乙酯	100
甲基丙烯酸甲酯-丙烯酸甲酯共聚粉末	3.0
磷酸三甲酚酯	15
对苯二酚	0.000 2~0.002
二氧化硫	微量

2. 质量标准

拉伸强度/MPa	
铝	19.5
45# 钢材	>30
剥离强度（钢/PVC）	PVC 断裂
剪切强度/MPa	≥10

3. 产品用途

用于金属、塑料、玻璃、橡胶粘接。0.01 MPa、室温，固化 5~8 min，然后常压固化 48 h。

6.72　3#丙烯酸树脂胶粘剂

该胶粘剂粘接力强，有机玻璃剪切强度>8 MPa，铝合金剪切强度>20 MPa，聚碳酸酯剪切强度>15 MPa。

1. 技术配方（质量，份）

甲基丙烯酸甲酯	80.00
甲基丙烯酸	10.00
丙烯酸	5.00
环烷酸钴（6%）	0.05
过氧化甲乙酮	0.10
二乙基苯胺	0.10
聚甲基丙烯酸甲酯模塑粉	30.00

2. 生产工艺

将各物料加在一起进行混炼，调制成胶即得。

3. 产品用途

主要用于金属、有机玻璃等材料的胶接。施胶黏合后固化压力为 0.1 MPa～0.2 MPa，固化温度 20 ℃，固化时间 24 h。

6.73　反应型丙烯酸酯胶粘剂

单纯的丙烯酸酯胶粘剂因受热软化，不耐有机溶剂。近年来，研制出紫外光固化或电子束固化的反应型丙烯酸胶粘剂称为改性的第二代、第三代丙烯酸酯胶粘剂，具有优良的粘接性能，抗冲击性能好，抗剥离强度高，耐老化、耐候性、耐水性都很好。

1. 技术配方(质量，份)

A 组分

	(一)	(二)	(三)	(四)	(五)
甲基丙烯酸甲酯	51	51	54	34	—
甲基丙烯酸	1	10	10	—	10
甲基丙烯酸茚酯	—	—	—	—	49
甲基丙烯酸丁酯	10	8	—	—	—
苯乙烯	35	—	—	—	—
二甲基丙烯酸二醇酯	—	—	—	1	15
氯磺化聚乙烯	—	—	—	35	26
氯丁橡胶	3	—	—	—	—
丁腈橡胶	—	8	33	—	—
MMA-BA-EA 共聚物	—	21	0.5	—	0.5
异丙烯过氧化氢	—	—	0.5	—	0.5
过氧化苯甲酰	3	1.5	—	5	—
对苯二酚	0.015	0.3	—	0.5	—
2,6-二叔丁基-4-甲基苯酚	—	—	0.15	—	—
阻聚剂	—	0.005	—	—	—
石蜡	0.2	—	—	—	—
二氧化硅	0.7	—	—	—	—

B 组分

二异羟丙基对甲苯胺	0.5	—	—	—	—
活化剂 808	—	—	刷	底	层
光敏剂	配制紫外光固化胶粘剂用				
增感剂	制电子束固化胶配粘剂用				

2. 生产工艺

将上述促进剂二异羟丙基对甲苯胺，活化剂 808 配成单独的 B 组分。将其余组分原料混合混炼，配方（一）、配方（二）加有机溶剂调到一定黏度配成 A 组分。

3. 产品用途

广泛用于金属材料、非金属材料的胶接。先将 B 组分涂刷在被粘接材料的两表面作底层，然后再刷 A 组分，稍待片刻将两表面贴合，就牢牢黏着。配方（三）、配方（四）、配方（五）为无溶剂型胶粘剂，固化时间非常快，常温只需数分钟即可达10 MPa 以上的粘接强度。对于有油表面也具有良好的粘接性能。

6.74　耐冲击丙烯酸共聚物胶

该胶以多种丙烯酸衍生物单体聚合物为主要成分，具有很好的耐冲击性。

1. 技术配方（质量，份）

乙烯-顺酐-甲基丙烯酸甲酯 ［20（乙烯）：20（顺酐）： 　20（甲基丙烯酸甲酯）＝80％：4％：16％］共聚物	18
甲基丙烯酸异冰片基酯	40
三羟甲基丙烷三甲基丙烯酸酯	3
甲基丙烯酸	10
氯磺化聚乙烯	12
叔丁基过氧新戊酸酯	7

2. 生产工艺

将甲基丙烯酸异冰片基酯、三羟甲基丙烷三甲基丙烯酸酯、甲基丙烯酸在叔丁基过氧新戊酸酯引发下发生聚合反应得聚合物乳液。将该聚合物乳液与氯磺化聚乙烯、乙烯-顺酐-甲基丙烯酸甲酯共聚物混合均匀得到耐冲击性良好的耐冲击丙烯酸共聚物胶。

3. 产品用途

用于金属、陶瓷、塑料等材料的黏合。

6.75　苯乙烯-丙烯酸防水胶

该胶粘剂含有苯乙烯和多种丙烯酸及衍生物，胶乳稳定，黏合力强，防水性能好。

1. 技术配方(质量,份)

苯乙烯	492
丙烯酸丁酯	425
甲基丙烯酰胺	24
丙烯酸	10
甲基丙烯酸	20
N-烯丙基乙酰胺	29
水	适量

2. 生产工艺

将苯乙烯、丙烯酸、丙酸烯丁酯、甲基丙烯酸、甲基丙烯酰胺和 N-烯丙基乙酰胺的混合水溶液,于 83~87 ℃加热 30 min,得黏度为 830 mPa·s、pH=4.4 的黏合剂。

3. 产品用途

用于建筑行业及特殊的防水部位粘接。施胶后黏合,常温接触压下固化 24 h。

4. 参考文献

[1] 蔡娜. 苯乙烯/丙烯酸系单体的微滴乳液聚合 [D]. 天津:天津大学,2007.
[2] 李德贵. 碱溶性苯乙烯-丙烯酸树脂的合成及应用 [D]. 广州:华南理工大学,2011.

6.76 丙苯建筑乳胶

该乳液胶粘剂主要由苯乙烯和丙烯酸丁酯共聚物组成,具有良好的使用性能和粘接强度。

1. 技术配方(质量,份)

丙烯酸丁酯	15
苯乙烯	15
丙烯酸	1.2
十二烷基硫酸钠(乳化剂)	0.2~0.6
乳化剂 OP-10	0.5~0.7
亚硫酸钠	0.06~0.10
过硫酸钾水溶液(10%)	1.2~2.0
软水	32

2. 生产工艺

将 15 份苯乙烯和 15 份丙烯酸丁酯投入反应锅中，依次用 5% 氢氧化钠和软水将其洗至中性，得到纯化的混合单体。将 32 份软水、1.2 份丙烯酸、0.53 份十二烷基硫酸钠、0.6 份乳化剂 OP-10 和 0.08 份亚硫酸钠加入配料锅中，加入上述纯化的混合单体，搅拌得乳化单体混合液。

将乳化的单体混合液总量的 2/3 打入高位槽，剩余的 1/3 的单体混合液加入反应釜中。加温至 30～40 ℃，加入总量 1/3 的过硫酸钾水溶液。加热，回流反应 0.5 h 后，见回流减弱时，开始滴加高位槽的乳化单体混合液，同时滴加剩余的过硫酸钾水溶液，于 1 h 内加完。于 40～45 ℃ 聚合 1 h，再升温至 60～70 ℃，补加微量过硫酸钾水溶液，保温反应 30 min。

降温至 30 ℃，加氨水中和 pH 至 8～9，过滤出料得丙苯建筑乳胶。

3. 质量标准

外观	带蓝光的白色胶液
含固量	≥46%
pH	8～9

4. 产品用途

用作建筑行业和装修用胶粘剂。

5. 参考文献

[1] 曲勃燕，袁才登，邢竞男，等. 水溶性聚合物存在下的苯乙烯/丙烯酸丁酯乳液共聚 [J]. 弹性体，2012 (5)：14-18.

6.77 陶瓷用水溶胶

1. 产品性能

这种陶瓷砖及其他制品用水溶胶粘剂，具有良好的黏着性和耐水性，在 23 ℃ 和 50% 相对湿度下，7 天和 14 天黏接瓷砖的粘着力分别为 0.16 N/mm² 和 0.28 N/mm²。

2. 技术配方（质量，份）

（1）乳液配方

巯基硅氧烷-乙烯基单体聚合物	3～30
增塑剂	～15

无机填料	40～90
水	5～40
丙烯酸	3
苯乙烯	47.8
丙烯酸丁酯	48.8
硫基硅氧烷〔$(CH_3O)_3Si(CH_2)_3SH$〕	0.4

（2）胶粘剂配方

乳液	10.0
$C_4H_9(OCH_2CH_2)_2OCH_3$	0.5
甲基羟丙基纤维素（5%水液）	4.5
石英粉（164 μm）	17.2
石英粉（32 μm）	17.25

3. 生产工艺

先将聚合物、无机填料、增塑剂和水混合乳化，另将丙烯酸及酯、苯乙烯在硫基硅氧烷存在下进行乳液聚合物。将两种乳化混合液混合，制得玻璃化温度为 20 ℃的共聚物 60.1%乳液。

将共聚物乳液与醚衍生物、甲基羟丙基纤维素水溶液混合，在高速搅拌下加入石英粉，混合制得胶粘剂。

4. 产品用途

用于瓷砖及其他陶瓷制品的黏合，常温接触压下固化。

5. 参考文献

[1] 王佳，彭兵，柴立元，等．稳定纳米二氧化钛水溶胶的制备研究 [J]．中国陶瓷工业，2007（2）：12-17.

6.78　木地板用胶粘剂

该胶粘剂粘接性能好，使用方便，在用于木制地板胶接时可防止地板发出"嘎嘎"的响声。引自日本公开特许 JP 04-198386。

1. 技术配方(质量，份)

丙烯酸及酯混合物	120
苯乙烯-二乙烯基苯混合物	80
黏土	20

碳酸钙	80
滑石	20
聚丙烯酸钠	0.5
乙基卡必醇	5
羟乙基纤维素	1

2. 生产工艺

将 120 份 w（2-乙基己基丙烯酸酯）：w（乙酸乙烯酯）：w（丙烯酸）＝75％：23％：2％的丙烯酸及酯混合物，加入水乳液聚合体系 20 min（总加料时间为 2 h）后，将 80 份苯乙烯-二乙烯基苯混合物 w（苯乙烯）：w（二乙烯基苯）＝95％：5％混合物滴加进上述单体混合物进料器，用此方式使两种单体混合物的进料同时完成，连续聚合 1 h，用氨水处理聚合混合物 pH 至 7，得到含固量 50.4％的乳液，取该乳液 100 份（以固体计）与剩余组分混合后，加水至含固量 65％，即制得木地板用胶粘剂。

3. 产品用途

用于木地板的黏合。

6.79　木料胶粘剂

这种木料胶粘剂具有良好的防水性和粘合强度，且生产成本低。该胶是以羧酸或酸酐作催化剂，使聚乙烯醇与甲醛缩合而成的。引自中国发明专利申请 CN 1039033（1990）。

1. 技术配方（质量，份）

聚乙烯醇	50
草酸	5
甲醛（36％）	45
硫酸铝水溶液（20％）	20
水	300

2. 生产工艺

在反应器中加入水，加热至 90～95 ℃使聚乙烯醇溶解，然后添加草酸和甲醛，在 60 ℃下反应直至其黏度达 4.5 Pa·s，加入 20％$Al_2(SO_4)_3$ 溶液，用 $Ca(OH)_2$ 中和 pH 至 7，在 40 ℃、5.9 kPa 下用热水喷淋除去未反应的甲醛，制得木料胶粘剂。

3. 产品用途

用作木料胶粘剂。施胶于木质基材上，常温接触压固化。

4. 参考文献

[1] 郭本辉，邹向菲，田端正，等. 改性水溶性 PUF 木材胶粘剂合成与研究 [J].
浙江化工，2013（3）：36-39.

[2] 俞丽珍，孙才，周健，等. 脲醛树脂木材胶粘剂的改性研究 [J]. 新型建筑材
料，2013（1）：30-33.

6.80 木材用氨基胶粘剂

该胶粘剂使用方便，具有优良的利用喷嘴可喷性，用作胶合板的粘合剂。引自日本
公开特许公报 JP 04-239579。

1. 技术配方（质量，份）

脲醛树脂	100
甲醇（CH_3OH）	10
小麦粉	15

2. 生产工艺

将甲醇、小麦粉和脲醛树脂（Esuresin SF-5，含固量 48%）在室温下混合 60 min，
制得木材用氨基塑料胶粘剂。

3. 产品用途

用作胶合板的黏合剂。喷涂于制备胶合板的木材表面黏合后压固。

6.81 热塑性酯-聚氨多相共聚物

这种酯-聚胺多相共聚的热熔型共聚物，是一种具有很宽黏合范围的黏合材料。

1. 技术配方（质量，份）

壬二酸	450
对苯二甲酸	240
间苯二甲酸	310
1，4-丁二醇	680

1，6-己二胺	30.4
己二酸-1，6-己二胺盐	130
二丁基锡二月桂酸酯	2.52

2. 生产工艺

在 180～230 ℃将壬二酸、间苯二甲酸、对苯二甲酸和 1，4-丁二醇以二丁基锡二月桂酸酯（2.52 g）为催化剂，酯化反应 5 h。然后将酯化产物于真空下，加热至 250 ℃，缩合至相对分子质量为 5000～10 000，再加入己二酸-1，6-己二胺盐，熔化为清澈的溶液，再添加 1，6-己二胺，并在 150 ℃连续搅拌 25 min。最后得到熔化黏度为 1000～1500 Pa·s 的共聚物。

3. 产品用途

用作金属材料和金属-非金属材料的热熔胶。

6.82　人造大理石胶

该胶由 191# 聚酯树脂、过氧化物和铸石粉等组成。用于人造大理石生产中的黏合，其工艺性能好、成本低。

1. 技术配方（质量，份）

191# 聚酯树脂	50
过氧化环己酮	2
苯酸钴（10%）	2
铸石粉（或白云石粉）	168

2. 产品用途

用于制造人造大理石。铸石粉的巴氏硬度为 50～55，且耐盐酸、磷酸和 5% 氢氧化钠。先制成 16 mm 厚、含胶量 12%～14% 的芯材，固化后置于模具中，进行二次整体浇铸，固化后脱模。

3. 参考文献

[1] 李顺如，邹春林. 活性碳酸钙粉改性 AB 胶制备大理石/陶瓷胶粘剂的研究 [J]. 石材，2005（9）：18-21.

6.83　不饱和聚酯胶粘剂

由饱和二元酸和不饱和二元酸的混合酸与二元醇缩聚得到的主链上含有不饱和键的

聚酯称不饱和聚酯。不饱和聚酯胶粘剂具有黏度小、常温固化、使用方便、价格低廉等特点，耐酸、耐碱性较好。但收缩性大、性脆，一般通过加玻璃布、填料及热塑性高分子来增加韧性。主要用于制造玻璃钢，也用于玻璃钢材料、金属、混凝土、陶瓷等的粘接。

1. 技术配方(质量，份)

(1) 配方一

不饱和聚酯树脂	70
苯乙烯	30
环烷酸钴	1～3
过氧化环己酮	2～6

(2) 配方二

306# 不饱和聚酯	50.0
过氧化苯甲酰糊（含50%DBP）	1.0
二甲苯胺溶液（10%苯乙烯溶液）	0.5～2.0

(3) 配方三

异酞型不饱和聚酯	100.00
二丙酮丙烯酰胺	20.00
过氧化苯甲酰溶液（50%）	2.40
二叔丁基对甲苯酚	0.07
胶质二氧化硅	2.40
正磷酸有机酯	3.60
2-丁酮	43.00
丙酮	21.00

(4) 配方四

顺丁烯二酸酐	39.00
邻苯二甲酸酐	89.00
丙二醇	83.50
对苯二酚	0.03
苯乙烯	105.00
过氧环己酮	适量
环烷酸钴	适量

(5) 配方五

反-丁烯二酸	216.8
己二酸	21.9
邻苯二甲酸酐	155.4
乙二醇	204.6

| 对苯二酚 | 0.33 |
| 苯乙烯 | 156.0 |

（6）配方六

顺丁烯二酸酐	39.20
间苯二甲酸	66.20
戊二醇	43.52
乙二醇	26.14
对苯二酚	0.028
苯乙烯	90.20
醋酸锌	适量

（7）配方七

不饱和聚酯树脂	100
过氧化甲乙酮糊（DBP 含量 50%）	2
环烷酸钴（含钴量 0.42%）	1～4

（8）配方八

307# 不饱和聚酯树脂	100
过氧化环己酮（DBP 含量 50%）	3～4
环烷酸钴（2% 溶液）	2
苯乙烯石蜡液（0.5%）	2～4

2. 生产工艺

（1）配方四的生产工艺

将 39 份顺丁烯二酸酐、89 份邻苯二甲酸酐和 83.5 份丙二醇投入反应釜中，通入氮气驱尽空气。在 1 h 内加热至 150～160 ℃，保温 1 h，然后迅速加热至 210 ℃，并增加通氮速度。测样若酸值≤30 mg KOH/g，停止反应，将混合物冷却至 140 ℃，加入 0.03 份对苯二酚，搅拌后加入 105 份苯乙烯。

加入总物料量 4% 的过氧化环己酮溶液（50%DBP）和总物料量 1%～4% 的环烷酸钴溶液（0.42%Co），得不饱和聚酯黏合剂。

（2）配方五的生产工艺

将酸、酸酐和乙二醇投入反应釜中，通入 CO_2 驱尽空气，加热升温至 140 ℃，并于 140～160 ℃保温 2 h。然后升温至 190～205 ℃，保温 2 h。当酸值≤56 mg KOH/g 时，停止加热。降温至 70 ℃加入对苯二酚和苯乙烯，混合均匀得不饱和聚酯。

（3）配方六的生产工艺

将间苯二甲酸、戊二醇、乙二醇和催化量醋酸锌投入反应釜，0.5 h 内升温至 140～160 ℃，于 160 ℃保温 2 h，再升温至 180 ℃。酸值达 80～95 mg KOH/g，加入顺丁烯二酸酐，补加适量醇，于 200～220 ℃保温，酸值为 50～60 mg KOH/g 时，开始接通真空系统，真空度保持在 78 kPa，待酸值达 30 mg KOH/g 时，停止加热。于 80 ℃加入对苯二酚和苯乙烯，混匀后冷至室温过滤。

①升温过快，会使乙二醇大量馏出，应补加乙二醇。

②反应在 CO_2 气氛下进行。反应生成的水如果带不出去，应加大 CO_2 流量。

③如放置时发生分层现象，相容不好，则应加大饱和酸比例。

④加入苯乙烯后如有白色絮状物生成，说明苯乙烯部分聚合。可加 1％ H_2SO_4 重新蒸馏原料苯乙烯。

3. 产品用途

（1）配方一所得产品用途

该配方为纸塑料板制备用胶粘剂。于 60～80 ℃固化 10～15 min，剪切强度＞15 MPa。

（2）配方二所得产品用途

该黏合剂用于有机玻璃、玻璃钢粘接，室温固化。

（3）配方三所得产品用途

用于浸渍纸张以制备聚酯纸质塑料板。具有较高的透明度和光泽。室温固化或 0.05 MPa～0.1 MPa、120～140 ℃固化 5～15 min。

（4）配方四所得产品用途

用作玻璃钢制作用黏合剂。

（5）配方五所得产品用途

加入过氧化物引发剂进行固化，用于玻璃钢制造。固化温度不得超过单体的沸点。

（6）配方六所得产品用途

加入过氧化物、环烷酸钴进行固化，用于粘接金属、混凝土等。

（7）配方七所得产品用途

用作玻璃钢黏合剂。

（8）配方八所得产品用途

用于有机玻璃、玻璃钢、聚苯乙烯、聚碳酸酯、木材、陶瓷等黏合。在 0.05 MPa、20 ℃固化 24 h。粘接剪切强度/MPa

铝	8.0
有机玻璃	6.0
玻璃钢	7.5

4. 参考文献

[1] 尹若祥. 高性能不饱和聚酯树脂的合成研究 [D]. 淮南：安徽理工大学，2005.

6.84　不饱和聚酯胶

该胶粘剂粘接强度高，绝缘及耐磨性均好，使用方便。铝合金胶接件剪切强度 20 ℃、12 MPa，100 ℃、10 MPa。主要用于玻璃钢、金属、陶瓷、石料、混凝土、硬质塑料等材料的胶接。

1. 技术配方（质量，份）

不饱和聚酯树脂	100
过氧化环己酮（50%苯二甲酸二丁酯溶液）	3～4
苯乙烯石蜡液（0.5%）	2～4
环烷酸钴	适量

2. 生产工艺

先将聚酯和过氧化环己酮混匀，再加入环烷酸钴搅至均匀即可。如用作修补胶接时，粘接前加入苯乙烯石蜡液（0.5%）2～4 g 混匀即可使用。

3. 产品用途

主要用于玻璃钢、陶瓷、石料、玻璃钢混凝土、硬质塑料等材料的粘接。施胶黏合后，固化压力 0.05 MPa，固化温度 20 ℃，固化时间 24 h。

6.85　塑料与金属粘接胶

这种胶粘剂含有不饱和聚酯和丙烯酸单体，用于塑料与金属的粘接，其剪切强度 5.3 MPa。

1. 技术配方（质量，份）

脂肪二醇-马来酸酐-邻苯二甲酸酐聚酯	8.0
甲基丙烯酸甲酯	2.0～4.0
甲基丙烯酸丁酯	0.3～1.5
甲基丙烯酸	0.5～1.5
丁羟基甲苯	0.002～0.010
无机添加剂	0.2～8.0
过氧化苯甲酰	0.05～0.50
二氧化硅	0.01～0.80
芳胺	0.02～0.30

2. 生产工艺

将丙烯酸及酯在过氧化苯甲酰引发下聚合，然后加入聚酯、二氧化硅、无机添加剂和芳胺，最后加入丁羟基甲苯即得。

3. 产品用途

用于塑料、玻璃钢等对金属基质材料的粘接。

6.86 751 胶

751 胶（751 adhesive）是聚乙烯醇双组分胶，具有初黏度大、低毒无臭、不易燃及耐各种溶剂等特点。使用温度范围−30～100 ℃。

1. 技术配方(质量，份)

A 组分

聚乙烯醇	100
氯化铵	10
水	适量

B 组分

聚乙烯醇	75
脲醛树脂	150
水	适量

2. 生产工艺

将 A 组分、B 组分分别配制，分装。使用时按 V（A）：V（B）＝1∶1 的比例混合均匀。

3. 产品用途

用于聚苯乙烯、聚氯乙烯泡沫塑料、纸制品、木材等粘接。常温固化 24 h。

4. 参考文献

[1] 姚兴芳，郭英，贾堤，等. 环保型聚乙烯醇胶黏剂的研制 [J]. 山东建材，2005（5）：45-47.

6.87 装饰用乳液胶粘剂

该胶粘剂由乙烯酯聚合乳液、阴离子聚氨酯乳液和聚乙烯醇混合物及异氰酸酯组成。引自日本公开特许 JP 2000-186266。用于 PVC 装饰片与中密度纤维板黏合，最初剥离强度为 1608 N/mm，在 20 ℃水中浸泡 24 h 后的剥离强度为 1019 N/mm。

1. 技术配方(质量，份)

乙烯酯聚合乳液（含固量 55%）	100
阴离子聚氨酯乳液（含固量 45%）	30
聚乙烯醇乳液（含 PVA10%）	10
异氰酸酯	2

2. 生产工艺

先将前 3 种乳液混合得混合组分，使用时，加入异氰酸酯（固化剂）混合均匀即得。

3. 产品用途

用于装饰、装修黏合。

4. 参考文献

[1] 王平华，汪倩文，宋功品. 共聚型聚醋酸乙烯酯乳液胶粘剂的研制 [J]. 中国胶粘剂，2004（1）：33-35.

[2] 韩豫东，顾继友. 刨花板用异氰酸酯乳液胶粘剂的研究 [J]. 林产工业，2001（3）：22-25.

6.88　装饰板与基板用粘接剂

将几层牛皮纸与木纹纸通过叠合加压，制成厚 1 mm 左右的木纹装饰板。将它黏合在基板上，制成家具，美观大方、耐热耐用。

1. 技术配方(质量，份)

（1）配方一

聚醋酸乙烯乳液	30
脲醛树脂	100
10%氯化铵（固化剂）	10

（2）配方二

乙二醇-马来酸酐-苯二甲酸酐共聚物 [m（乙二醇）：m（马来酸酐）：m（苯二甲酸酐）＝2.00：1.00：1.02]	50
聚甲基丙烯酸丙二醇酯	10

苯二甲酸二烯丙酯	40
对苯二酚	0.05
陶土粉	30
过氧化苯甲酰	3

2. 生产工艺

（1）配方一的生产工艺

将上述物料均匀混合，即成为黏稠状液体。按照 130～150 g/m² 涂布，用 0.3 MPa～0.5 MPa 的压力，加压 4 h 后即成。

（2）配方二的生产工艺

将上述物料混合均匀即得成品。先用苯二甲酸二烯丙酯与它的预聚物浸渍，然后涂上这种胶粘剂，在 130 ℃、1.0 MPa 热压 10 min，得黏合良好的层压装饰板。

3. 参考文献

［1］王传霞，曹长青，胡正水. 新型丙烯酸酯乳液胶粘剂的应用研究［J］. 中国胶粘剂，2012（9）：26-29.

［2］尚林，李有兰. 纸塑复合用丙烯酸酯乳液胶粘剂的制备［J］. 粘接，2007（4）：16-18.

6.89　超厚型防水胶

该胶由聚乙烯醇、生糯米粉、石灰、滑石粉、大明珠等组成，引自中国专利 CN 1104672A。

1. 技术配方（质量，份）

聚乙烯醇水溶液（10%）	100
石灰（含水 30%）	18
生糯米粉	2
滑石粉	8
大明珠	0.8

2. 生产工艺

将各物料按配方比混合均匀，即得超厚型防水胶。

3. 产品用途

用于建筑业中的防水处理。

4. 参考文献

[1] 郑国钧，孟宪有，郑玉杰. 新型防水卷材冷施工胶粘剂 [J]. 吉林建材，1997 (2)：42-44.

[2] 李维盈. VAE乳液的复合改性研究 [D]. 北京：北京工业大学，2001.

6.90　聚醋酸乙烯乳胶

聚醋酸乙烯乳胶是生产最早、产量最大的黏合剂品种，具有良好的起始胶接强度，可任意调节黏度，易与各种添加剂混溶，可配制性能多样的胶粘剂。

1. 技术配方(质量，份)

(1) 配方一

聚乙烯醇（水解度88%）	8.0
醋酸乙烯酯	88.0
邻苯二甲酸二丁酯	12.0
辛醇	0.4
水	110.0
过硫酸铵	适量

(2) 配方二

醋酸乙烯	100
油酸钠	0.1~0.5
过氧化氢	0.5~1.5
水	100~200

(3) 配方三

醋酸乙烯（10%~40%）	80
聚乙烯醇（1799）	20
乳化剂（OP-10）	1.4~1.6
邻苯二甲酸二丁酯	20
甲醛	28
水	50.0~26.5

(4) 配方四

聚乙烯醇（水解度99%~100%）	6.0
聚醋酸乙烯乳液（55%）	110.0
邻苯二甲酸二丁酯	11.0
三氯乙烯	18.0
消泡剂（辛醇）	0.4
防腐剂	0.6

（5）配方五

醋酸乙烯	20
聚乙烯醇	1.8
过硫酸铵	0.04
辛基苯酚聚氧乙烯醇（OP-10）	0.24
碳酸氢钠	0.06
邻苯二甲酸二丁酯	2.26
水	18

（6）配方六

醋酸乙烯	200
甲基丙烯酸甲酯	3.75
N-羟甲基丙烯酰胺（10%水溶液）	75
聚乙烯醇	7.5
碳酸钠	0.025
邻苯二甲酸二丁酯	10
水	80

（7）配方七

醋酸乙烯（≥99.8%）	200.0
聚乙烯醇	16.0
丙烯腈（99%）	15.6
甲基丙烯酸缩水甘油酯	6.4
辛醇	0.8
过硫酸铵	0.4
十二烷基磺酸钠	10.8
丙烯酸甲酯	4.0
精制水	360.0

（8）配方八

醋酸乙烯酯	209.4
聚乙烯醇（5%）	209.4
甲醇	0.208
过氧化氢	0.66

2. 生产工艺

（1）配方一的生产工艺

在 66～69 ℃进行乳液聚合。

（2）配方二的生产工艺

于 65～75 ℃进行聚合，聚合时间为 90～120 min。

（3）配方三的生产工艺

将 8%～12%的聚乙烯醇于 90～95 ℃，溶于水中，用酸调 pH 至 2～3，加入甲醛水溶液，保温 1 h，降温至 60 ℃，用碱调 pH 至 6～8。加入乳化剂、邻苯二甲酸二丁酯，于 50～60 ℃保温 1 h。搅拌下滴加 10%～40%醋酸乙烯，在搅拌下回流 3～4 h。加碱调节 pH 至 6～8 得成品。

（4）配方五的生产工艺

于 70～80 ℃乳液聚合，即得。

（5）配方七的生产工艺

在反应锅中加入水，搅拌升温，同时加入聚乙烯醇和十二烷基磺酸钠，于 85 ℃溶解完全。降温至 50 ℃，加入辛醇，加入总量 1/3 的醋酸乙烯、丙烯腈、丙烯酸酯等单体，加入总量 1/5 的过硫酸铵，搅拌下升温，当温度升至 62 ℃，停止加热，反应开始，并自动升温至回流。在物料回流状态下，滴加剩余量的单体混合物和总量 3/5 的过硫酸铵（配成 5%水溶液），于 6.5～7.0 h 加完。加料完毕，保温 15 min，加入剩余的过硫酸铵。再于 95 ℃保温 15 min。然后于大于 0.08 MPa 真空、小于 80 ℃抽真空 40 min 以脱除未反应的单体。冷却至 60 ℃以下，搅拌 40 min，冷至 30 ℃，出料得胶粘剂。

（6）配方八的生产工艺

在聚合反应釜中，先加入总量 14.5%的醋酸乙烯酯、聚乙烯醇、甲醇和过氧化氢，升温至 70 ℃，达到 72 ℃后逐渐加入其余的醋酸乙烯酯。2 h 后升温至 92 ℃，真空脱去单体得醋酸乙烯胶。

3. 产品用途

（1）配方一所得产品用途

用于木材、纸张、包装、建筑等。

（2）配方二所得产品用途

用于木材、纸张、包装等。

（3）配方五所得产品用途

用于木材、陶瓷、水泥制件等材料粘接。室温固化 24 h。

（4）配方八所得产品用途

用于木材、纸张、纤维等非金属材料的黏合。

4. 参考文献

[1] 王平华，汪倩文，宋功品. 共聚型聚醋酸乙烯酯乳液胶粘剂的研制 [J]. 中国胶粘剂，2004（1）：33-35.

6.91 丙烯酸改性聚醋酸乙烯乳胶

该乳液胶粘剂具有良好初黏性和黏合强度，由醋酸乙烯酯和改性单体丙烯酸酯共聚制得改性聚醋酸乙烯乳液胶粘剂。

1. 技术配方(质量，份)

醋酸乙烯酯	100
聚乙烯醇缩甲醛水溶液（10％）	35～55
改性单体丙烯酸酯	3～7
乳化剂 A	0.6～1.3
乳化剂 OP-10	0.6～1.3
过硫酸钾（10％水溶液）	2.0～5.0
碳酸氢钠水溶液（10％）	2～4
邻苯二甲酸二丁酯	9～11
精制水	50～60

2. 生产工艺

将聚乙烯醇缩甲醛水溶液、精制水、乳化剂 A 和乳化剂 OP-10 加入反应器中，混合均匀。加入总量 15％醋酸乙烯酯，搅拌 3～5 min，加入占总量 40％的过硫酸钾水溶液。加热，升温 75～80 ℃，保温反应，滴加剩余的醋酸乙烯酯和丙烯酸酯单体的混合溶液，同时滴加剩余的过硫酸钾，于 3～5 h 加完。然后升温至 90～95 ℃，保温反应 30 min。冷却至 45 ℃，加入碳酸氢钠水溶液和邻苯二甲酸二丁酯，搅拌 0.5 h。冷却、出料得成品。

3. 产品用途

用于木材粘接。

6.92　VA-MMA 共聚乳液

醋酸乙烯酯（VA)-甲基丙烯酸甲酯（MMA）共聚乳液是配制优良耐水性胶粘剂的重要共聚物。

1. 技术配方(质量，份)

醋酸乙烯酯（工业品）	10
甲基丙烯酸甲酯	3～4
邻苯二甲酸二丁酯	0.8～0.9
十二烷基硫酸钠	0.10～0.12
聚乙烯醇	0.7～0.9
过硫酸铵	0.03～0.04
碳酸氢钠	适量
蒸馏水	13～18

2. 生产工艺

将蒸馏水和聚乙烯醇同时投入反应器中，搅拌升温至 70 ℃，待聚乙烯醇溶解后加入十二烷基硫酸钠，加入总量 1/5 的引发剂，在 75 ℃下滴加总量 1/5 的单体，当观察到有蓝色荧光时，温度开始自动上升，至 80 ℃加入其余单体，并滴加总量 3/5 的引发剂，一般 4～5 h 滴完。然后在 80 ℃保温 0.5 h，再升温至 90 ℃，加入余下的引发剂，在 90 ℃保温 0.5 h。降温至 65 ℃，加入增塑剂邻苯二甲酸二丁酯，搅拌均匀，用碳酸氢钠调 pH 至 6，30 min 后降温至 50 ℃，出料。

3. 质量标准

外观	乳白色乳液
含固量	40%
pH	6.0～6.5
黏度 [涂-4 黏度计，V（乳液）：V（水）＝4：1，20 ℃] /s	50

4. 产品用途

用于制胶合板及木材加工业。

5. 参考文献

[1] 王灏. PVAc 乳液的共聚共混改性研究 [J]. 广州化工，2010 (12)：160.
[2] 沈海军，杨灿，李绵贵，等. 碱溶性 MAA/VAc 共聚乳液的合成与研究 [J]. 甘肃石油和化工，2008 (3)：27.

6.93 815 胶粘剂

该胶粘剂以混炼氯丁胶为基料，并添加交联剂和改性叔丁基酚醛树脂，为单组分胶粘剂。

1. 技术配方（质量，份）

LDJ-240 型氯丁橡胶混炼胶	20
甲苯	48
汽油	32
交联剂	适量
改性叔丁基酚醛树脂	适量

2. 生产工艺

先将 LDJ-240 型氯丁胶投入炼胶机，然后加入氧化镁、氧化锌制成混炼胶，切碎后溶于混合溶剂中。最后加入交联剂及改性叔丁基酚醛树脂，混合均匀得 815 胶粘剂。

3. 产品用途

主要用于粘接棉布、皮革、橡胶等材料，也可用于粘接钢铁、玻璃和陶瓷。先将被粘物表面清洁后，涂胶两次，每次涂胶后晾置 10～15 min，然后贴合，于 0.4 MPa～0.7 MPa、40～50 ℃固化。剪切强度（铁片）为 26.2 MPa，剥离强度（布料）为 137～174 N/cm。

4. 参考文献

［1］赵俊勇，杨洪记，刘文涛，等. 环保溶剂型氯丁胶的制备［J］. 中国胶粘剂，2012（5）：49-52.

［2］张宫. 冷溶法生产氯丁胶［J］. 太原科技，2004（5）：27-28.

6.94　铁锚 801 强力胶

铁锚 801 强力胶（Strong adhesive tiemao 801）由氯丁橡胶-酚醛树脂等组成，为单组分室温固化的黏合剂。使用温度范围：常温～80 ℃。

1. 技术配方(质量, 份)

氯丁混炼胶	200
2402# 酚醛树脂	150
甲苯	544
乙酸乙酯	272

2. 生产工艺

将甲苯和乙酸乙酯投入溶解锅中，加入氯丁混炼胶，溶解后加入 2402# 酚醛树脂，混合均匀得铁锚 801 强力胶。

3. 质量标准

剪切强度/MPa	
铝	4.16
聚丙烯	2
剥离强度/（N/2.5 cm）	
橡胶	≥60
帆布	≥80
丁腈橡胶-铝	≥100

4. 产品用途

主要用于橡胶、皮革、织物、金属、塑料和木材等材料粘接。先将被粘面打毛、清洁后，涂胶 1～3 次，每次晾置 20～30 min，合拢后于 0.1 MPa～0.3 MPa 下室温固化 4 天。

6.95 氯丁胶乳强力胶

氯丁胶乳与天然胶乳一样，常被直接用于配制高强黏合性的胶粘剂。

1. 技术配方(质量，份)

	（一）	（二）
氯丁胶乳 LV-60（以干胶计）	30	—
氯丁胶乳 LM-50（以干胶计）	—	30
氧化锌	1.5	1.5
萜烯酚醛树脂	9～18	—
酪蛋白	—	6
硅酸钠	—	0.075
防老剂 D	0.6	0.6
硫化促进剂 （TMTD 或 M）	0.3	—

2. 生产工艺

在氯丁胶乳中加入增粘剂（萜烯树脂或硅酸钠），然后加入硫化促进剂、氧化锌、防老剂及其他添加剂，分散均匀得到强力胶。

3. 产品用途

配方（一）为通用强力胶，用于木、水泥、金属、装饰材料、塑料等黏合。配方（二）为铝箔和玻璃纸用黏合剂，其性能类似于氯丁黏合剂。

4. 参考文献

[1] 李吉，马文石，胡维浦. 水性氯丁胶乳的制备、改性及应用 [J]. 粘接，2012（3）：71.

6.96 叔丁酚醛氯丁胶

该胶以氯丁混炼胶为基料，使用叔丁基酚甲醛为改性树脂，得到粘接力强、适用范围广、贮存性能好的黏合剂。

1. 技术配方(质量，份)

粘接型氯丁胶	50
氧化镁	4
氧化锌	2.5
防老剂 D	1
叔丁基酚甲醛树脂	50
水	0.25～0.5
甲苯-乙酸乙酯	适量

2. 生产工艺

先将 50 份叔丁基酚甲醛树脂与 2 份氧化镁预反应（加入 0.25～0.50 份水），然后溶解于溶剂中。另将 50 份粘接型氯丁胶与 2 份氧化镁、2.5 份氧化锌、1 份防老剂 D 混炼，压成薄片，切碎后溶于树脂中，混合均匀，得成品。

3. 产品用途

用于织物、皮革、木材、玻璃等的黏合。

4. 参考文献

[1] 赵俊勇，杨洪记，刘文涛，等. 环保溶剂型氯丁胶的制备 [J]. 中国胶粘剂，2012（5）：49-52.

6.97　钙塑地板专用胶

这种专用于建筑室内铺设地板的胶，是以氯丁橡胶为主体原料，其粘接力强，在43 ℃温水中浸泡 3 天或常温水中浸泡 7 天粘接强度不变。

1. 技术配方(质量，份)

氯丁胶乳	100
500# 水泥	50～70
氧化锌	10
钛白粉	70～90
水	适量

2. 生产工艺

先将水和 500# 水泥拌成浆，然后依次加入其他 3 种物料，迅速搅拌均匀，若太浓稠，则再加适量水稀释即可。

3. 产品用途

钙塑地板专用胶。涂刷在地板和钙塑板要贴的一面，边涂边黏合，用手压实，粘好的钙塑板第 3 天即可使用，第 7 天达到最大强度的 80%。

粘接不同材料，在常温下测得其强度为：

	抗剪强度/MPa	扯离强度/（kg/cm²）
石棉胶地板-硬聚氯乙烯	0.58	5.2
硬聚氯乙烯间	15	—
铝-铝	9.0	—
石棉地板-铝（或铁）	—	5
石棉地板-不锈钢	—	5.8

这种专用胶，在常温下使用，对钙塑地板不溶胀，防水性优良，每千克胶可粘 5.5 m²，但必须现配现用，放置稍久，即自行结块固化。

6.98 丁基橡胶热熔胶

该热熔胶含有 20%～90% 具有可形成氢键的反应性基团的聚合物，具有熔融流动性好、熔融流动温度高等特点。

1. 技术配方（质量，份）

丁基橡胶（PB 402）	100
羧酸改性烃油（Lucant A 5560）	100
增黏剂（Escorez 1315）	50
氨基三唑	4.2

2. 生产工艺

将各物料按配方比投入熔化罐中，加热熔混即得。熔融流动温度 66.5 ℃，室温下不粘。

3. 产品用途

用于包装、建筑、汽车等行业。

6.99 丁基密封胶

以丁基胶为主的密封胶，有非弹性、半弹性及弹性 3 种。非弹性密封胶很软；半弹性密封胶带能使压缩与弹性达到平衡；弹性密封胶具有较大的回弹性及延伸性。

1. 技术配方(质量，份)

	(一)	(二)
丁基橡胶 065	200	—
丁基橡胶 208	—	100
聚丁烯	300	200
滑石粉（200 目）	300	150
二氧化钛（300 目）	25	50
二氧化硅（300 目）	20	50
钴催干剂	0.5	—
特制豆油	15	—
矿油精	55	—
硬脂酸	5	—
蒎烯酚醛树脂	35	—
抗氧化剂	—	2
聚异丁烯 LM-25	20	—

2. 生产工艺

依次将上述物料加入，混匀，加热混溶即得成品。

3. 产品用途

广泛用于电子工业、建筑工业、汽车及包装等工业部门，也可以制复合材料的粘接。

4. 参考文献

[1] 马静怡，邵文佶. 车用丁基密封胶的研制 [J]. 中国胶粘剂，2006（2）：25.
[2] 曹天笑，张秀斌，靳佳. 中空玻璃用热熔密封胶的研制 [J]. 沈阳化工学院学报，2009（3）：246-249.

6.100 丁苯乳液墙纸胶

室内粘贴墙纸用的丁苯橡胶乳液胶粘剂，含有丁苯橡胶、脲醛树脂、羧甲基纤维素钠和脂肪酸单乙醇酰胺等。

1. 技术配方(质量，份)

丁苯橡胶胶乳	4.0～17.0
脂肪酸单乙醇酰胺	0.01～0.10

羧甲基纤维素钠	1.25～2.20
脲醛树脂	3.0～14.0
高岭土	0.1～2.0
尿素	0.12～0.72
水	加至 100

2. 生产工艺

将羟甲基纤维素钠溶于水中，加入尿素，再与其余物料在 80 ℃下拌和均匀，得到墙纸用黏合剂。

3. 参考文献

［1］丁苯系橡胶及其胶粘剂［J］．天津橡胶，2000（4）：17-22.

6.101　不可燃丁苯胶粘剂

这种不可燃乳液胶粘剂适用于家具、聚氨酯泡沫的黏合，其中含有丁苯橡胶、苯并呋喃茚树脂和四氯乙烯等。

1. 技术配方（质量，份）

丁苯橡胶胶乳	525
苯并呋喃茚树脂	125
碳酸钙	70
四氯乙烯	250
菜籽油醇聚氧乙烯醚	30

2. 生产工艺

先将丁苯橡胶胶乳、苯并呋喃树脂投入四氯乙烯中，搅匀后加入菜籽油醇聚氧乙烯醚，然后在搅拌下加入碳酸钙即得成品。

3. 产品用途

用于家具及室内装修。施胶后黏合，常温固化。

4. 参考文献

［1］陆波，艾迪，胡刚，等．天然橡胶/丁苯橡胶-金属热硫化黏合剂的研制［J］．中国胶粘剂，2016，25（12）：38-41.

6.102 硅橡胶黏合剂

1. 技术配方(质量,份)

（1）配方一

107# 硅橡胶	100
正硅橡胶乙酯	5
偶联剂	2
二丁基二月桂酸锡	0.5

（2）配方二

A 组分

107# 硅橡胶	100
气相二氧化硅	25
氧化铁	5
二苯基硅二醇	4

B 组分

正硅酸乙酸	10
二丁基二月桂酸锡	2
硼酸正丁酯	3

（3）配方三

A 组分

107# 硅橡胶	100
八甲基环四硅氧烷处理气相 SiO_2	20
氧化铁	2
钛白粉（R-4）	4

B 组分

正硅酸乙酯	7
硼酸正丁酯	3
钛酸正丁酯	3
二丁基二月桂酸锡	2

（4）配方四

乙烯基硅橡胶	100
气相法白炭黑	45
二苯基硅二醇	3.0

过氧化二异丙苯	0.2
2，5-二叔丁基过氧化-2，5-二甲基己烷	0.2
增黏剂	8.0

（5）配方五

107# 硅橡胶	100
气相二氧化硅	20～25
甲基三乙氧基硅烷	5～8
二甲基二乙氧基硅烷	15
异辛酸亚锡	0.02

2. 产品用途

（1）配方一所得产品用途

该胶用于耐热、耐寒、绝缘、防潮、抗震条件下硅橡胶与金属或非金属材料的粘接。室温固化 7 天。抗拉强度为 2.0 MPa～2.5 MPa，剥离强度为 50～90 N/cm。

（2）配方二所得产品用途

A 组分与 B 组分按质量比 9∶1 配套使用。用于硅橡胶、金属或非金属材料的粘接。室温固化 3～7 天，或室温固化 1 天后，80～90 ℃固化 4～5 h。

（3）配方三所得产品用途

A 组分与 B 组分按质量比为 8.4∶1.0 混合。该胶为 GPS-2 胶。在－60～200 ℃下用于的硅橡胶、硅橡胶-金属的粘接。粘接时，粘接面用 50 份正硅酸乙酯、30 份甲基三乙氧基硅烷、0.4 份硼酸配制的溶液处理，放置 2 h，涂胶，晾 10～20 min，叠合。室温固化 3～7 天，或 0.1 MPa、25 ℃固化 24 h 后，80～90 ℃固化 4～5 h。

粘接铝-硅橡胶的抗拉强度/MPa

| 20 ℃ | 1.6～2.1 |
| 200 ℃ | 0.4～0.5 |

（4）配方四所得产品用途

该胶为 GP-5304 硅橡胶胶粘剂，可用于硅橡胶与金属之间粘接。一次硫化 160～170 ℃、20 min，二次硫化 160 ℃、1 h 再在 180 ℃、5 h。

胶料与钢材拉伸强度/MPa

－55 ℃	3.4
25 ℃	2.3
100 ℃	1.7
150 ℃	1.7
200 ℃	0.7～0.8

（5）配方五所得产品用途

该硅橡胶黏合剂主要用于粘接玻璃、陶瓷和塑料的粘接。粘接面清洁后涂胶，叠合，室温下固化 24 h。

3. 参考文献

[1] 郭安儒，于越，王泽华，等．硅橡胶黏合剂改性研究进展 [J]．中国胶粘剂，2016，25（8）：54-58.

[2] 赵欣，刘彦军．光固化硅橡胶胶粘剂的研制 [J]．化工新型材料，2007（3）：67-68.

6.103　三聚氰胺甲醛胶粘剂

1. 产品性能

三聚氰胺与甲醛以物质的量比 1∶3 在中性或弱碱性下加聚，生成无色透明的黏稠状树脂，用作胶粘剂时加固化剂氯化铵。该胶的耐水性、耐热性和耐老化性均比脲醛树脂胶粘剂优良，粘接力高，主要用于制造装饰板、层压板，特适用于制耐水胶合板及木质家具。

2. 技术配方（质量，份）

（1）配方一

三聚氰胺	50
甲醛（37%）	101
乙醇（92%）	75
氢氧化钠（30%）	适量
固化剂	10

（2）配方二

甲醛（37%）	48.64
三聚氰胺	25.2
乙醇（95%）	3.86
对甲苯磺酰胺	3.42
水	11.36
氢氧化钠（30%）	适量

（3）配方三

尿素（98%）	61.2
三聚氰胺（100%计）	126
甲醛（37%）	324.3

3. 生产工艺

(1) 配方一的生产工艺

将 37％甲醛加入反应釜，用 30％氢氧化钠调 pH 至 8.8～8.9。加入三聚氰胺，在 40 min 内升温至 90 ℃，保温反应 0.5 h 后，降温加入 92％乙醇，用 30％氢氧化钠调节 pH＞8.5。然后升温至 78～80 ℃反应。当水稀释度达 1.8～2.2 时，立即降温 35 ℃，即可出料。

固化剂制备：将 4.7 份苯酐、1.9 份尿素、3.0 份六亚甲基四胺和少量水加入反应釜中，于 70 ℃，待全部溶于水后，使其总量为 10 份得固化剂。

使用时将固化剂加入上述树脂料中，混合均匀，即得黏合剂。现配现用。

(2) 配方二的生产工艺

将甲醛和水投入反应釜中，用 30％氢氧化钠调节 pH 至 8.5～9.0。然后加入三聚氰胺，在 30 min 内升温到 84～86 ℃，保温 0.5 h。降温加入乙醇和对甲苯磺酰胺，升温至 (65±1) ℃，保温反应 30 min。冷至 30 ℃，用 30％氢氧化钠调 pH 至 9.0，出料。

(3) 配方三的生产工艺

先将甲醛投入反应釜，然后加入三聚氰胺、尿素制得尿素三聚氰胺甲醛树脂。加入水，配成 50％～70％水溶液。

4. 产品用途

(1) 配方一所得产品用途

主要用于塑料装饰表层纸和装饰纸的浸渍和贴合。

(2) 配方二所得产品用途

主要用于装饰板表层纸的浸渍。

(3) 配方三所得产品用途

该胶主要用于木材和胶合板粘接。在 1 MPa、120 ℃固化 5～10 min。木材剪切强度＞5 MPa，在 20 ℃下水浸 24 h 后，其剪切强度仍可达到 3 MPa。

5. 参考文献

[1] 张岚. 添加剂改性脲醛树脂胶黏剂研究进展 [J]. 橡塑技术与装备，2021，47 (16)：25-28.

[2] 董泽刚，高华，杜海军，等. 三聚氰胺改性脲醛树脂胶黏剂的固化性能 [J]. 合成树脂及塑料，2018，35 (3)：72-75.

6.104　复合树脂黏合剂

该黏合剂由改性丙烯酸树脂、聚乙烯醇缩醛和松醇油组成。

1. 技术配方(质量，份)

改性丙烯酸酯树脂乳液（含固量 36％～40％）	30～45
聚乙烯醇缩醛溶液	9～11
松醇油	18～22

2. 生产工艺

常压常温下，将 40 份改性丙烯酸酯树脂乳液加入配料罐中，在搅拌下加入 20 份松油醇，混匀后加 9.5 份聚乙烯醇缩醛溶液，搅拌 1 h 得复合树脂黏合剂。

3. 产品用途

用于橡胶、木材、皮革、陶瓷等非金属材料的粘接。

6.105　J-10 胶粘剂

本胶粘剂适用于耐辐射、高真空、高低温变条件，具有粘接力强、适用温度范围宽的特点，用于金属之间及金属与塑料、织物、木材等之间的粘接。

1. 技术配方(质量，份)

酚醛-丁腈共聚物	20
酚醛树脂	6
有机溶剂	适量
没食子酸丙酯	0.6

2. 生产工艺

将酚醛-丁腈共聚物、酚醛树脂、没食子酸丙酯加在一起混炼后，再用有机溶剂溶解稀释到需要黏度。

3. 产品性能

固化温度 160 ℃、压力 0.3 MPa～0.4 MPa、固化时间 3 h，铝材的粘接抗剪强度如下：

温度/℃	-120	20	120	150
抗剪切强度/MPa	28～30	24～26	14～16	10
不均匀扯离强度/（N/cm）		5～6		

使用温度范围-120～120 ℃，耐辐射，且可在高真空、高低温变化大的情况下使用。

4. 产品用途

用于金属之间及金属与塑料、织物、木材等之间的粘接。

6.106 SY-7 胶

1. 产品性能

SY-7 胶（SY-7 adhesive），是由氨酚醛树脂、羟甲基聚酰胺树脂、乙醇组成的单组分粘接剂。本胶耐水、耐乙醇性差，但耐油性好且强度较高。

2. 技术配方（质量，份）

氨酚醛树脂	2
羟甲基聚酰胺树脂	8
乙醇	25

3. 质量标准

外观	浅黄色透明液体
含固量	23％
铝合金粘接件的测试强度：	
剪切强度/MPa	
常温	16.8～22.4
60 ℃	9.3～9.4
不均匀扯离强度/（N/cm）	480～520

4. 产品用途

用于粘接铝合金、钢、玻璃钢、硬质泡沫塑料等多种材料。使用温度范围－60～60 ℃。固化条件：固化压力 0.3 MPa、（155±5）℃固化 1 h。

6.107 F-4 胶

F-4 胶（F-4 adheive），是由酚醛树脂、环氧树脂、聚乙烯醇缩甲醛和咪唑衍生物组成的双组分胶粘剂。本胶可在 150 ℃下长期工作。

1. 技术配方(质量，份)

甲组分

酚醛环氧树脂	20
6101# 环氧树脂	6
聚乙烯醇缩甲醛	16

乙组分

2-乙基-4-甲基咪唑	1

2. 生产工艺

将甲组分按配方比例混合、调制均匀，甲、乙两组分分别包装，配套贮运。

3. 质量标准

45# 钢粘接件剪切强度/MPa	
室温	18
250 ℃	5.1
铜粘接件不均匀扯离强度/（N/cm）	258
铝粘接件剪切强度/MPa	
室温	24
250 ℃	7.4

4. 产品用途

用于铝、钢、铜和玻璃钢等材料的粘接。固化条件：固化压力 0.05 MPa～0.10 MPa，80 ℃固化 1 h，再在 130 ℃固化 3～4 h。

6.108　硅酸盐热粘接剂

本品为无机黏合剂，具有较好的粘附性。

1. 技术配方(质量，份)

硅酸钠（35%～45%）	800
尿素	60
糖	10
硫酸镁	20
重铬酸钠	7.5
白土	40
水	1000

2. 生产工艺

先将各固体原料混匀，磨细过 120 目筛，再与硅酸钠混合，加水调成糊状即得。

3. 产品用途

用于金属、陶瓷的粘接。

4. 参考文献

[1] 张新荔，吴义强，李贤军. 硅酸盐胶黏剂的研究与应用［J］. 化工新型材料，2014，42（10）：233-235.

参考文献

[1] 姚燕. 新型绿色工程化建筑材料 [M]. 北京：化学工业出版社，2018.

[2] 仕帅. 混凝土外加剂工程应用手册 [M]. 3版. 北京：中国建筑工业出版社，2018.

[3] 王子明. 化工产品手册：混凝土外加剂 [M]. 6版. 北京：化学工业出版社，2020.

[4] 蒋勇，贾陆军. 混凝土外加剂实用技术 [M]. 武汉：武汉理工大学出版社，2020.

[5] 夏寿荣. 混凝土外加剂配方手册 [M]. 2版. 北京：化学工业出版社，2021.

[6] 混凝土外加剂及其应用技术论坛. 聚羧酸系高性能减水剂及其应用技术新进展：2019 [M]. 北京：北京理工大学出版社，2019.

[7] 刘经强，冯竟竟，李涛，等. 混凝土外加剂实用技术手册 [M]. 北京：化学工业出版社，2020.

[8] 马清浩，杭美艳. 水泥混凝土外加剂550问 [M]. 北京：中国建材工业出版社，2008.

[9] 沈春林. 新型建筑防水材料手册 [M]. 北京：中国建材工业出版社，2015.

[10] 马清浩，杭美艳. 混凝土外加剂与防水材料 [M]. 北京：化学工业出版社，2016.

[11] 秦景燕，贺行洋. 防水材料学 [M]. 北京：中国建筑工业出版社，2018.

[12] 李东光. 水泥混凝土外加剂配方与制备 [M]. 北京：中国纺织出版社，2011.

[13] 沈春林. 建筑防水工程常用材料 [M]. 北京：中国建材工业出版社，2019.

[14] 曹亚玲. 建筑材料 [M]. 2版. 北京：化学工业出版社，2019.

[15] 宋小平. 建筑用化学品制造技术 [M]. 北京：科学技术文献出版社，2007.

[16] 李东光. 建筑胶黏剂和防水密封材料配方与制备 [M]. 北京：中国纺织出版社，2010.

[17] 刘栋，张玉龙. 建筑涂料配方设计与制造技术 [M]. 北京：中国石化出版社，2011.

[18] 陈泽森. 水性建筑涂料生产技术 [M]. 北京：中国纺织出版社，2010.

[19] 韩长日，宋小平. 涂料制造技术 [M]. 北京：科学技术文献出版社，1998.

[20] 侯建华. 建筑装饰石材 [M]. 北京：化学工业出版社，2011.

[21] 纪士斌，纪婕. 建筑装饰装修材料 [M]. 北京：中国建筑工业出版社，2011.

[22] 王凤洁. 涂料与胶黏剂 [M]. 北京：中国石化出版社，2019.

[23] 宋小平，韩长日. 胶黏剂实用生产技术500例 [M]. 北京：中国纺织出版社，2011.

[24] 窦强. 高分子材料 [M]. 北京：科学出版社，2021.

[25] 陈平，刘胜平，王德中. 合成树脂及应用丛书：环氧树脂及其应用 [M]. 北京：化学工业出版社，2020.

[26] 刘益军. 合成树脂及应用丛书：聚氨酯树脂及其应用 [M]. 北京：化学工业出版社，2020.

[27] 厉蕾，颜悦. 合成树脂及应用丛书：丙烯酸树脂及其应用 [M]. 北京：化学工业出版社，2019.

[28] 吴忠文，方省众. 合成树脂及应用丛书：特种工程塑料及其应用 [M]. 北京：化学工业出版社，2016.

[29] 张春红. 高分子材料 [M]. 北京：北京航空航天大学出版社，2016.

[30] 赵陈超，章基凯. 合成树脂及应用丛书：有机硅树脂及其应用 [M]. 北京：化学工业出版社，2016.

［31］翟海潮．工程胶黏剂及其应用［M］．北京：化学工业出版社，2017.

［32］宋小平，韩长日，瞿平．胶粘剂制造技术［M］．北京：科学技术文献出版社，2003.

［33］张玉龙，宫平．建筑胶黏剂：制备·配方·应用［M］．北京：化学工业出版社，2016.

［34］杨保宏，杜飞，李志健．胶黏剂：配方、工艺及设备［M］．北京：化学工业出版社，2018.

［35］张军营，展喜兵，程珏．化工产品手册：胶黏剂［M］．6版．北京：化学工业出版社，2019.

［36］贺曼罗，王文军，贺湘凌．建筑结构胶黏剂与施工应用技术［M］．2版．北京：化学工业出版社，2016.